智能原理

Principles of Intelligence

杨学山　著

電子工業出版社
Publishing House of Electronics Industry
北京 · BEIJING

内 容 简 介

本书全面梳理了各个学科与智能研究相关的成果，在此基础上归纳了一般智能的构成要素，形成了生物智能和非生物智能统一的智能理论体系。同时，本书系统分析了智能的进化、发展、使用和评价，提出了语义逻辑的主要准则和不同于冯·诺伊曼体系的智能计算架构，并且为构建本书所述非生物智能体或人工智能学界讨论的通用人工智能提出了一条可实现的路径。

本书适合对智能和人工智能感兴趣的学者、实践工作者和学生阅读。

图书在版编目（CIP）数据

智能原理 / 杨学山著. —北京：电子工业出版社，2018.3

ISBN 978-7-121-33678-2

Ⅰ. ①智… Ⅱ. ①杨… Ⅲ. ①人工智能－理论 Ⅳ.①TP18

中国版本图书馆 CIP 数据核字（2018）第 028208 号

责任编辑：董亚峰　　特约编辑：曲　岩
印　　刷：北京虎彩文化传播有限公司
装　　订：北京虎彩文化传播有限公司
出版发行：电子工业出版社
　　　　　北京市海淀区万寿路 173 信箱　邮编 100036
开　　本：720×1 000　1/16　印张：28.5　字数：424 千字
版　　次：2018 年 3 月第 1 版
印　　次：2021 年 3 月第 5 次印刷
定　　价：88.00 元

凡所购买电子工业出版社图书有缺损问题，请向购买书店调换。若书店售缺，请与本社发行部联系，联系及邮购电话：（010）88254888，88258888。

质量投诉请发邮件至 zlts@phei.com.cn，盗版侵权举报请发邮件至 dbqq@phei.com.cn。

本书咨询联系方式：（010）88254694。

前　言

“智能”是当前最热的词，然而没有相关领域专家学者共同认可的定义。人类社会正在走向智能时代，已经成为多数人的共识。但是，什么可以称为智能，它的起点在哪里，发生和发展遵循什么规律，却似乎成为研究的禁区。没有智能原理的告诫不止在一本关于智能或人工智能的著作中出现，当我告诉这个领域的一些朋友我准备写智能原理的著作，我从对方的眼神中看到了怀疑和担心。感谢他们，使我更小心地去求证。无论路途是平坦还是坎坷，似乎有一只无形的手在推着我，似乎有一个声音在督促我，要尽最大努力去研究、去探索，哪怕只是为这一领域的研究铺下一颗石子。

30 多年来，我对智能的研究虽时断时续，但从没有放弃。1984 年，我完成的硕士论文《基于规则的汉语科技文献自动标引》本质上就是一个专家系统，但当时我对专家系统几乎还是个文盲。以这篇论文为基础，我申请了教育部的博士研究课题。我作为项目实际执行人，带领 6 个师弟、师妹经过两年时间，于 1987 年初开发出了在微机上运行的科技文献自动标引系统，得到业界一致的充分肯定。正是这个经历，使我对人工智能、专家系统有了兴趣。毕业之后，我的工作性质决定了没有时间专门从事研究，但学习与思考没有停止，1990 年前后还抽空编著了《专家系统及其在管理中的应用》一书，1991 年由清华大学出版社出版。此后个人的兴趣依然未减，一有时间，便看文献、做笔记，对不同学科的研究成果和路径进行分析、比较，对智能发展的态势进行研判。2009 年 5 月，我在广州中山大学做了一次题为“18 世纪中期到 22 世纪中期：人类文明演进的脚步”的报告，报告中预言，到 2150 年，“工资性劳动时间将不超过每周 10 小时。机器人为主体承担物质产品生产、生产性和生活性服务的产业和商业模式成形。所有国家基本完成这样的产业体系重构”。提出“随着智能技术、生物技术和信息基础设施的发展，人、非生物智能体将在各项经济、社会活动中并存，后者的作用随着信息文明的深入而不断增强，建立多种智能行为主体环境下的社会治理结构，是工业文明向信息文明跃迁的重要任务，也是考验人类的理性和智慧的试金石”。2011 年 5 月，在百度做了题为“信息革命三部曲：解放人的脑力、延伸人的智力、独立于人的智能”的报告。2015 年 10 月，在中国信息通信研究院的一次报告中，专题讲了“为什么人类社会下一个发展阶段是智能时代”。2009 年以来，我在智慧城市、智能制造等领域组织、参与了一些项目的实施。30 多年的学习、观察、思考与实践，是本书形成的基础。

我们看到人工智能系统与人对话、同台智力竞技、与人下棋、陪人走路，看到机器人承担着生产与服务环节的许多工作：机械加工、设计制图、端饭炒菜、理财炒股、疾病诊断、语言翻译、语音识别，等等。相同或相似的结果或行为，不同的主体，不同的实现模式，其背后存在什么关系，能否建立统一的智能理论，这是我多年来追寻的目标。离开工作岗位，终于有时间沉浸于研究之中，几年努力，答案是肯定的，本书也终于定稿。

全书共 7 章。第 1 章是对智能相关学科研究成果的综述，目的是从中归纳出关于智能定义和决定其发生发展的主要因素。第 2 章将第 1 章的成果落实，提出了智能的定义、组成要素并展开了框架性讨论，是智能理论的总纲。第 3、4 章是以第 2 章给出的定义和框架为基础，解释智能的进化、发展和使用，并力图梳理出具有规律性的结论。这两章的分析说明，第 2 章给出的智能理论充分解释了迄今为止智能进化和发展的过程和各种类型智能的使用实践。第 5、6 章是在第 3、4 章归纳的主要结论基础上的进一步抽象和普遍化。第 5 章总结并分析了智能的 10 个逻辑特征，归纳为 10 项准则。第 6 章在第 5 章的基础上提出了基于语义处理的智能计算架构。第 7 章则在前述各章结论的基础上，对人类社会如何推动智能进化进入最后一个阶段的概要分析，介绍了特征、关键路径和应关注的发展理性。第 5～7 章均以第 2 章提出的智能理论为基础展开，说明了该理论框架的预见性。

第 1 章系统全面介绍了与智能研究相关领域的主要成果，是全书的基础。本章从四个角度梳理了这些领域的主要贡献。一是数千年人类文明的先驱者对精神、灵魂、智慧的理解带给我们的启迪。二是从生物智能进化和发展的角度，分别介绍了进化生物学、基础生命科学、分子生物学、生物化学、植物生理学、动物行为学、认知神经科学、神经心理学、认知心理学、发展心理学等学科对生物智能相关的研究成果。三是从非生物智能的角度，分别介绍了简单工具、非数字机械、计算工具、数字设备、自动化系统、人工智能、逻辑和计算等领域对智能研究的贡献。四是从生物智能与非生物智能交叉研究的角度，分析了以心智研究为代表的研究成果。通过多角度的系统梳理，发现了生物智能进化与发展的一些重要规律，以及生物智能与非生物智能的共性，第 2 章提出的智能定义和基本架构就建立在这些成果的基础上。

第 2 章是全书的核心。以所有相关领域研究成果的归纳为基础，提出了智能的定义、组成要素及相互关系，是本书的总纲。智能是如此真实的客观存在，与人类生存和发展关系如此密切，智能的研究跨越数千年，与智能相关的研究文献不计其数，但对智能是什么始终争论不休。坚持智能是心理或精神的，在研究中必然发现智能发展的物质特性，这些特性不能由心因解释；坚持智能是物质的，在研究中必然碰上今天的神经科学和脑科学尚不能解释的心理或精神元素；心智研究力图穿透两者，但解释性和预见性均不足以为各方接受。本书关于智能的定义是在麻省理工学院《认知百科全书》中的定义基础上稍作修改而成的，“智能是主体适应、改变、选择环境的各种行为能力”，这里的主体包括生物体和非生物体，也与该书的定义一致。基于这一定义，进一步定义了智能的构成要素——主体性、功能、信息和环境，而环境是影响智能进化、发展和使用的重要的外部因素；定义了三个要素——主体性、功能、信息的构成。智能的定义、要素及其构成是智能理论的基本框架。

第 3 章确定了智能的起点，分析了智能进化的前五个阶段，对生物智能和非生物智能的发展过程和特点进行了剖析。根据定义，本书将地球上智能的起点定在地球上第一个原始生命体，不管这个智能体多么简单，它具备适应环境的能力，并且存在主体性。第 3 章通过对生物智能和非生物智能各种类型以主体性、功能和信息及主要环境影响为主线的进化发展过程的分析，提出了智能进化的六个阶段：单细胞生物、神经系统和脑、语言和文字、计算工具和数字设备、自动化和智能系统、非生物智能体。

智能进化与发展呈现两条主线，一条是生物智能的，另一条是非生物智能的。两者进化的轨迹有着反向前行的性质，生物智能以主体为基础从很低的功能和信息能力开始发展，非生物智能以实用的功能和信息处理能力为基础，经由人赋予的控制能力向自主的非生物智能体发展。两者在自动化系统和人工智能系统开始交叉，到进化的最后一个阶段——非生物智能体时重合。本章用第 2 章智能构成框架诸要素对智能进化的前五个阶段、两条主线进行了全方位分析，该理论确实具有良好的解释性。智能的进化和发展本质上都是朝着更高智能前行，区分是为了界定两类不同特征的前行模式，更好理解智能发展的规律。发展是讲一个智能体一个生命周期的智能提升，进化是跨越生命周期、跨越个体智能发展。在一个生命周期，生物智能体经历了学习过程、使用过程和蜕变过程，非生物智能体经历了赋予过程、使用过程、淘汰过程，而主要的变化也是发生在主体性、功能和信息三个方面。

第 4 章从前两章讨论智能如何构成和形成转向如何使用。首先全景分析了智能使用的对象：智能事件和智能任务。智能事件和智能任务是同一事物在不同场景的不同名称，智能事件是指社会各个领域和智能主体内客观存在的各类事务，智能任务是指要由一个个智能主体执行的各类事务。智能任务的执行可以称之为问题求解。不同特征的智能事件或智能任务就有大致相同的问题求解过程，但存在不同的问题求解策略和路径。对于任何智能主体，问题求解的结束不是得到了结果，更重要的是经过评价之后的学习，在消化过程和结果中发展，智能的使用过程也是智能发展的过程。

第 4 章还从三个方面提出了对智能评价的主要指标。一是智能事件或智能任务的复杂性；二是智能主体的就绪度、成熟度、完备度；

三是智能使用宏观效果，有效性和增长性。通过系统地对智能任务的类型、问题求解策略和路径的分析，得到一个十分重要的结论：智能主体在求解相同或相似的问题时，使用的算法和计算越多，该主体的智能成熟度越低。

前面几章讨论的对象是所有的智能体，第 5、6 章的对象是非生物智能体。第 5 章讨论了智能的 10 个逻辑特征，十项准则。智能是语义的。智能主体拥有的信息、进行的信息处理是基于语义而不是承载语义的符号，这是导致所有智能逻辑和计算特征与/或规律的主要原因。智能主体拥有的智能是由一个个具体的智能构件组成的。构件和连接是语义性的直接体现、是所有基于语义的智能处理主要形式。叠加、递减、融通三项准则是智能构件进化和发展的基本运算方法。容错保留了多样性和可能性，规范引导整体趋于合理，为智能理性创造条件。

第 6 章提出了基于语义处理的智能计算架构。与基于符号处理的冯·诺依曼计算架构不同，智能计算以语义逻辑为基础，以内外部智能任务的计算为过程，以主体智能持续增长为目标。它的运行以外部感知和内部计算需求触发，经过策略确定、资源调用、任务执行、过程评价、成果学习、智能拓展的循环，形成以智能行为过程为基础的智能计算循环，以这个过程为基础，主体的智能逐步提升。智能计算架构由三部分组成：一是智能行为流程的构建：触发与分配器、策略生成器、执行器、评价器。二是智能主体的资源：智能构件、微处理器、计算资源、行为资源。三是智能主体的环境：外部事件、外部资源。在提出智能计算架构后，又专门对主要构成部分（微功能单元、功能单元组和功能系统）和智能计算架构形成的起点及成长过程做了较为深入的分析。描述构件是非生物智能体所有功能和信息的承载体、复制的基因、智能行为可调用的记忆。连接与描述构件一起构成信息的语义性。外部感知、连接、描述构件、微处理、内计算构成智能计算架构持续走向完善的机制。智能计算架构与基于符号的冯·诺依曼架构不同，存在各具特征的计算架构，特别是微处理和内计算，这是智能计算模式中最具特点的部分。智能计算架构在该架构达到完善之前处于不停息的计算之中，通过计算走向成长。只有在所有内部路径遍历之后没有新的学习材料或没有来自外部的学习材料时，内计算才会停止。

第 7 章是对智能进化如何进入第六阶段的路径及进入第六阶段后图景进行分析。非生物智能体从当前的自动化系统或人工智能系统向非生物智能体进化，主要是三大变化，一是自主控制智能行为，二是自主学习成长，三是自主获取计算和物理资源。本章分析了实现的可能性和路径。描述了智能进入第六阶段之后的一般场景，并从主体、功能和信息三要素分别讨论了目标、路径和关键任务。特别强调了控制功能、学习模块的逻辑及非生物智能体的遗传基因——完备的功能及信息构件的生产工具或生产线等智能社会发展的基础设施的建设。本章还专门讨论了由人和非生物智能体共同构成的社会如何治理，如何认识并实现非生物智能体的理性，形成人与非生物智能体共同遵循的社会理性准则。同时明确指出，人类无须为非生物智能体可能超越人类智力而过度担忧，智能增长与理性增长成正比是判断这个新社会的基点。

本书总结了智能进化、发展和使用遵循的主要规则，这些规则与得到充分发展、取得巨大成功的数学、物理学规则既有相符的一面又有相悖的一面。比如说，人或行走机器人在走路的时候，需要克服重力，需要注意坡度、风力，这些都遵循物理定律；但为什么要走、为什么选择这条路线、为什么快慢不同、走的过程怎么控制，则不属于物理规律的范畴，物理规律对这些行为没有可以解释的理论。也可以说，为什么选择这样的路线、为什么快慢不同、为什么要走、怎么走，可以用数学逻辑实现，但同样既有可说明的一面，也有不可说明的一面。以餐厅中的端盘子机器人和端盘子服务员为例，机器人为什么要走基于客户的需求，怎么走，基于复杂的感知、策略、算法，对力和物理部件的控制；为什么走这条线路，基于内置的路径优化算法；为什么快慢不同，基于内置的对路线条件和实际场景的控制模块；与服务员为什么要走、为什么走这条路线、为什么快慢不同的原因相同，但实现的逻辑过程完全不同，老服务员对这三个问题的决策几乎没有任何计算、推理的逻辑过程，更不用说每一步脚抬多高、手如何配合、如何实现平衡等这些机器人必须通过算法来实现的计算问题。如果剖析人这个若干秒钟的过程，内在的认知过程和行为过程极其繁复，如果完全用模仿的方式实现，比以算法和逻辑为基础的走路机器人使用的计算资源还要多。看一眼顾客位置决定如何走这个几乎是直觉的过程，涉及的神经突触可能若干亿个，每一个手脚的动作，运动神经元与肌肉之间的瞬间连接可能达到数万个，为什么如此复杂的过程，人执行起来十分容易、流畅，这是因为整个逻辑过程没有推理，没有计算，只通过一条直接的连接串实现。智能成熟度不是以使用什么算法和逻辑决定的。更进一步，人在进化和发展中形成这样的本能或直觉，也没有经过逻辑或算法的过程。需要重新回到基本点，那就是智能、信息与物理规律、算法逻辑之间的适用又不适用的特殊关系。体现信息、智能本质的发展不遵循物理规律，信息、智能中物理性的构成遵循物理规律；对于符号的处理或智能中的形式性行为和过程，算法和逻辑很有解释力，但与语义、主体性连接的问题求解，则已有的逻辑和算法又经常不适用。数学、哲学、逻辑学都告诉我们，任何科学结论都适用特定的问题域，不同性质的问题不能通解。也许，物质可以通过时空隧道回到过去，但生命体、信息（这里的信息不是物理学定义的信息，是基于场景和连接的含义）、智能（这里的智能不是智能的载体，是借载体存在的功能）不可能回去。不能用数学公式来表示一个学科大类的发生发展规律，不是这门学科不成熟，而是数学的不成熟，因为数学没有找到适应这门学科的数学表述。

研究信息、智能的发生发展规律，既需要充分理解数学、物理学、生命科学在信息运动和智能行为中发挥作用的规律，还需要理解这些学科在哪些环节不适用和为什么不适用，这样才能把握本质，推动对信息、智能的认识和实践走在科学的轨道上。

我对信息研究的本意是研究智能，信息和智能是不可分割的。《论信息》的第 3～5 章实际上是为解释智能准备的。信息结构的生成和完善是智能过程，没有智能，信息不能走向独立的自我存在的空间，不能逐步完成对客观对象的完备描述。没有信息对各类事物的完备描述，基于语义逻辑的智能行为就失去基础。几年前打算写《信息与智能原理》，2015 年动手写《论信息》的时候决定分为两本书，原因主要是信息是一类独特的、客观存在的物，智能则是一类独特的、客观存在的事，逻辑架构和描述方式均有很大不同。

当本书即将付梓的时候，心中不免忐忑，书中论述是否触摸到了智能原理，讲述的智能发生发展规律是否符合客观实际等在心中反复思考无数次的问题再次浮起。作为基本理论探索，确实还存在许多需要进一步分析、求证、细化的地方。但看着智能化的时代大潮风起云涌，缺乏基础理论的风险已经显现，尽管不够成熟，但依然以《智能原理》作为书名出版。

《智能原理》一书是关于智能理论全新的逻辑体系、概念体系和描述体系。翻译难度之大可想而知，感谢美国长岛大学储荷婷教授对本书前言和目录精致的翻译。

感谢电子工业出版社刘九如、秦绪军、董亚峰在本书出版过程中付出的心血和劳动，没有他们的努力，本书不可能这么快和以这么精美的形式呈现在各位读者面前。

杨学山

2018.1

Preface

Intelligence is currently the hottest word in our society. However, experts and scholars in related fields have no agreed-upon definition for it. Although most of us believe that our society is moving toward the era of intelligence, we are not sure what can be called intelligence, where its starting point is, and what patterns its occurrence and development follow. These questions appear to become a prohibited area for research. More than one book on intelligence or artificial intelligence (AI) warn us that no principles exist for intelligence. When I tell my friends in this field that I am going to write a book on principles of intelligence, I can see doubts and concerns in their eyes. This makes me to be more cautious in doing research on principles of intelligence and for which I should thank those friends of mine. No matter how bumpy the road to exploring principles of intelligence might be, I shall try my best to tackle this problem as if there were an invisible hand pushing me and a voice urging me. Even if my research only lays one pebble for this field of study, my efforts to it would not abate.

In over past 30 years, my pursuance of research in intelligence has been intermittent but has never been abandoned. In 1984, I completed my master's thesis titled "Rule-based automatic indexing of Chinese documents in science and technology", which was essentially an expert system. At that time, however, I knew very little about expert systems. Based on this essay, Applied for funding for a doctoral research project from the Ministry of Education. As the principal investigator, I worked with six lower class graduate students. This system received unanimously positive feedback. It is this experience that cultivates my interest in artificial intelligence and expert systems.

After graduation, the nature of my work did not allow me to focus on research. But I did not stop learning and thinking about the problem of intelligence. In 1990, I had time to edit a book titled "Expert systems and their applications in management" which was published by Tsinghua University Press in 1991. Since then, my personal interest in intelligence has not diminished. Instead I would read related documents, take notes, and analyze research results and approaches of different disciplines in order to determine the direction of intelligence research. In May 2009, I gave a talk entitled "From mid-18th century to mid-22nd century: Evolution of human civilization" at Sun Yat-sen University in Guangzhou. I predict in the talk that the time in which people work for wages will not exceed 10 hours per week. Robots will be the main workforce for material goods production, shaping the modes of industrial and commercial production and daily life services. All countries will have basically completed the reconstruction of such an industrial system. "I also predicted that" with the development of intelligent technology, biotechnology and information infrastructure, humans and non-biological autonomy will coexist in various economic and social activities. The role of the latter will continue to grow with the deepening of information civilization and establish a structure of societal governance in the environment of multiple intelligent autonomy. This constitutes an important task for the transition from industrial civilization to information civilization as well as the touchstone for testing the rationality and wisdom of mankind." In 2011, I delivered a speech titled "Trilogy of information revolution: Emancipating human mind, extending human intelligence, and intelligence independent of humans" at Baidu. In October 2015, I specifically talked about at the China Institute of Information Communications why the next stage of societal development was the era of intelligence. I have also been involving in the planning and implementation of some smart cities and intelligent manufacturing projects since 2009. It is my research, observation, thinking and practice in over 30 years that forms the foundation of this book.

We now can see AI systems carrying out conversations, competing on the same stage, playing chess, and accompanying humans to walk. Robots are in charge of many jobs in production and service areas such as machinery processing, graphic design, food making and serving, stock investment, patient diagnosis, language translation, and speech recognition. The same or similar results or behaviors are from different subjects (i.e., humans or non-biological autonomy) using different modes of implementation. What relationships lie behind such phenomena? Whether a unified theory of intelligence can be established? These are the goals I have been pursuing for many years. Now that I am retired, I finally have the time to immerse myself in this research in the past several years and consequently have completed my book on the topic.

The book consists of seven chapters. Chapter 1 is a review of research in fields related to intelligence, aiming to derive a definition of intelligence and identify major factors that determine its occurrence and development. Chapter 2, built on the basis of Chapter 1, defines intelligence, describes its major components before setting a framework for further discussions. The framework serves as a general outline for the theory of intelligence. Chapter 3 and Chapter 4 explain the evolution, development and use of intelligence based on the definition and framework provided in Chapter 2. It also attempts to draw conclusions that are of regularity. The analyses performed in these two chapters show that the theory of intelligence I presented in Chapter 2 can fully explain the process of intelligence evolution and development as well as the application and practice of various types of intelligence up to present. Chapter 5 and Chapter 6 are further abstraction and generalization of the main conclusions drawn in Chapter 3 and Chapter 4. Specifically, Chapter 5 summarizes and analyzes the 10 logical features of intelligence, from which 10 norms of intelligence are induced. Chapter 6 proposes a semantics-processing-based computation framework for intelligence on the basis of Chapter 5. According to the conclusions of the previous six chapters, Chapter 7 conducts schematic analyses of how human society pushes forward the evolution of intelligence into its final stage. This chapter also depicts characteristics and key paths of intelligence and its developmental rationality that concerns us. Chapters 5-7 are written on the basis of the theory of intelligence proffered in Chapter 2, which illustrates the theoretical framework's predictability.

Chapter 1 of this book provides a comprehensive and systematic description of the major achievements of research on intelligence in related fields, which serves as the foundation for the entire book. This chapter reviews the major contributions of these fields from four different perspectives. First, it is about the enlightenment brought to us by the pioneers of human civilization in their understanding of spirit, soul and wisdom in the past thousands of years. Second, from the perspective of evolution and development of biological intelligence, this chapter presents research findings on biological intelligence from the fields of evolutionary biology, basic life science, molecular biology, biochemistry, plant physiology, animal behavior science, cognitive neuroscience, neuropsychology, cognitive psychology, developmental psychology and more. Third, from the angle of non-biological intelligence, I discuss the contributions made to intelligence research from simple tools, non-digital machinery, computation tools, digital devices, automation systems, artificial intelligence, logic, computation and other domains respectively. Fourth, from the perspective of cross-disciplinary study of biological and non-biological intelligence, I analyze the research results represented by mind research. Through the analyses and discussion from the above four perspectives, some important patterns of the evolution and development of biological intelligence are observed. The commonality shared between biological and non-biological intelligence is also discerned. The findings from all those disciplines and domains together provide a foundation for the definition and basic framework of intelligence posed in Chapter 2.

Chapter 2 is the core of the present book. It is based on summarizing all the research results of related fields that this chapter puts forward the definition, components and interrelations of intelligence. Chapter 2 functions as a general outline for this book. Intelligence is such a real, objective existence. It has such a close relationship with human survival and development. In addition, research on intelligence spans thousands of years and there are countless research documents about intelligence. Yet the debate on what intelligence is never ends. One school insists that the intelligence is psychological or spiritual. However further research inevitably finds material characteristics in the development of intelligence, and such characteristics cannot be explained by spiritual mind. Another group insists that intelligence is material. Nevertheless research on the topic would eventually run into psychological or spiritual features of intelligence that cannot be explained by today's neuroscience and brain science. The study of mind attempts to go beyond both the psychological/spiritual view and material view. But the explicability and predictability of the third view is not good enough for all to accept.

The definition for intelligence in this book is based on the one in The MIT Encyclopedia of the Cognitive Sciences (MITECS) with slight adaptation: "Intelligence is the subject's abilities to adapt to, change and select the environment." The subject here includes both organisms and non-organisms, which is consistent with the MITECS' definition. From this definition, I further define the major components of intelligence: autonomy, function, information and environment. The environment is an important external factor that affects the evolution, development and use of intelligence. I also define what constitutes entity, function and information. The definition, major components and composition of intelligence together form the basic framework of intelligence theory.

Chapter 3 determines the starting point of intelligence, analyzes the first five stages of intelligence evolution, and examines the development process and characteristics of biological and non-biological intelligence. According to the definition provided early, this book sets the starting point for intelligence to be the first primitive life entity on earth. No matter how simple the intelligent entity is, it is capable of adapting to the environment and remaining in existence as an entity. This chapter analyzes the evolutionary and developmental process of the main types of biological and non-biological intelligence through the main line of entity, function, information and major environmental influence, identifying the six stages of intelligence evolution: single cell organisms, nerve systems and brains, languages and writings, computation and digital devices, automation and intelligence systems, and non-biological intelligent autonomy.

The evolution and development of intelligence display two main lines, one is biological intelligence, and the other is non-biological intelligence. The evolutionary path of both has the property of moving forward toward opposite direction. Biological intelligence develops from very low function and information capabilities on the basis of autonomous entities while non-biological intelligence develops toward autonomous non-intelligent entities through the human-given control ability on the basis of practical functions and information processing capabilities. Both begin crossing in automation systems and artificial intelligence systems and overlap at the last stage of intelligence evolution -- non-biological intelligent autonomy. This chapter uses the major components in the intelligence composition framework Chapter 2 posed to perform a comprehensive analysis of the first five stages of intelligence evolution as well as the two main lines. The intelligence theory I proposed indeed is of good explanatory capability. The evolution and development of intelligence in essence all advance to a higher level of intelligence. The purpose of differentiating the two is for defining the two advancing modes with different characteristics in order to better understand the pattern of intelligence development. Development refers to the intelligence increase in one life cycle of an intelligent entity. In contrast, evolution means intelligence development spanning the life cycle and individual intelligent autonomy. In one life cycle, biological intelligent autonomy go through the learning, use and transmutation processes while non-biological intelligent autonomy undergo the processes of given, use and elimination. These major changes also occur in entity, function and information.

The focus of Chapter 4 changes from the forming and components of intelligence in the last two chapters to how to use it. First of all, this chapter performs a panoramic analysis of the objects of intelligence use: intelligent events and intelligent tasks. Intelligent events and intelligent tasks are different names of the same concept in different settings. Intelligent events refer to all kinds of matters that actually exist in intelligent autonomy in all areas of the society. By comparison, intelligent tasks are various tasks to be executed by individual intelligent autonomy. Executing intelligent tasks can be regarded as solving problems. Intelligent events or tasks with different features have roughly the same problem solving process. But there are different strategies and paths for problem solving. For any intelligent entity, the completion of problem solving is not to obtain an answer or outcome. What is more important is the learning after the evaluation of the problem solving, the development in understanding the process and outcome. Therefore, the process of intelligent use is also the process of intelligence development.

Chapter 4 also proposes the main indicators for evaluating intelligence from three perspectives. One is the complexity of intelligent events or tasks. The other is the readiness, maturity and completeness of intelligent autonomy. The third is the macro-effect, effectiveness and growth of intelligent use. By systematically analyzing the types of intelligent tasks, strategies and paths of problem solving, this book reaches an essential conclusion: when solving the same or similar problems, the more algorithms and computations the intelligent entity uses, the less intelligencc maturity the entity has.

What is discussed in the first few chapters includes all intelligent autonomy while in Chapter 5 and Chapter 6 non-biological autonomy become the subject of examination. Chapter 5 describes 10 logical features or norms of intelligence. Intelligence is semantic in that intelligent autonomy possess information, and information processing is based on semantics rather than symbols that carry semantics. This is the main reason that leads to all intelligence logic and computation features. The intelligence that an intelligent entity possesses is comprised of individual, specific components of intelligence. Components and connections are the direct manifestation of semantics, which constitutes the main form of all semantics-based intelligence processing. The three norms of overlay, decrement and cross-subject integration form the basic computation methods for the evolution and development of intelligent components. Fault tolerance retains diversity and possibility, and specifications guide all intelligent components as a whole to become rational, making the right provisions for intelligence rationality.

Chapter 6 posits a semantics-processing-based intelligence computation framework. Unlike the symbolic-processing-based computation framework by John von Neumann, intelligence computation is based on semantic logic and aims at the sustained growth of non-biological autonomy' intelligence via the process for the computation of internal and external intelligent tasks. Its operation is triggered by external aesthesis and internal computation, goes through the cycle of strategy determination, resource reallocation, task execution, process evaluation, achievement learning, and intelligence expansion, and finally forms an intelligence computation cycle based on the process of intelligence behavior. On the basis of this process, non-biological autonomy' intelligence gradually increases. Intelligence computation framework consists of three parts, one is the construction of intelligent behavioral processes which includes triggers and distributors, strategy generators, actuators, and evaluators. The second part covers resources of intelligent autonomy that involve intelligence components, microprocessors, computation resources, and behavioral resources. The third part of the framework encompasses the environment of intelligent autonomy that contain external events and resources. After the intelligence computation framework is presented, Chapter 6 specifically makes some in-depth analysis of its main components, micro-functional units, functional unit groups, functional systems and beginning point and growth process. Description components are the carriers for all functions and information of non-biological autonomy, replicated genes, and memories that can be called by intelligent behaviors. Connections and description components together constitute information semantics. External aesthesis, connections, description components, micro-processing and computation form the mechanism for intelligence computation framework to continue moving toward perfection. Different from the symbol-based von Neumann framework, the intelligence computation framework has unique and distinctive computation architectures, especially the micro-processing and internal computation. This is the most characteristic part of the intelligence computation framework. The intelligence computation framework performs nonstop computation before reaching its perfection. It grows through computation. The internal computation will not stop until exhausting all internal paths and finding no new learning materials within or from outside.

Chapter 7 illustrates the paths regarding how the evolution of intelligence enters the sixth phase -- non-biological intelligent autonomy – and the prospect of its entering into the sixth phase along with some analysis. There are three major changes when non-biological intelligent organisms evolve from the current automation systems or artificial intelligence systems to non-biological intelligent autonomy: (1) autonomous control intelligent behaviors, (2) self-learning and growth, and (3) autonomous acquirement of computation and physical resources. This chapter analyzes the possibilities for intelligence to reach the sixth stage. It also discusses the goals, paths and key tasks respectively in terms of entity, function and information – the three major components of intelligence. Particular emphasis is placed on control functions, logic of learning modules, and genetics of non-biological intelligent autonomy, that is, construction of complete function and manufacture tools, production lines or other infrastructure of information components for intelligent society development. In addition, Chapter 7 in particular considers how to govern the society composed of humans and non-biological intelligent autonomy, and how to identify and realize the rationality of non-biological intelligent autonomy in order to establish social norms and guidelines that both humans and non-biological intelligent autonomy would observe. Meanwhile, it must be explicitly pointed out that there is no need for humans to be too concerned about the likelihood that non-biological intelligent autonomy would surpass human intelligence because the essential point for judging this new society is that intelligence growth is in direct proportion to rationality growth.

This book summarizes the major rules followed by intelligence evolution, development and use. Those rules are, on one hand, in agreement with and, on the other hand, contradictory to the well-developed and enormously successful mathematical and physics rules. For example, either humans or walking robots must follow the physics rules such as overcoming gravity and paying attention to slopes as well as wind when walking. However, why walking, why choosing this route, why walking at different speeds, and how to control the walking process? Those questions do not fall within the laws of physics as such laws cannot explain those behaviors theoretically. Perhaps mathematical logic can be applied for explaining why choosing this route, why at different speeds, why walking, and how to walk. But still only some points are explicable while others are not. Taking robot and human waiters in restaurants as an example, why robot waiters walk depends on customer needs. How robot waiters walk is based on complex aesthesis, strategies, algorithms as well as control of force and physical components. Why a particular route is taken is determined by the built-in route optimization algorithm. Why different speeds are chosen relies on the built-in route conditions and the control module of actual settings. As for human waiters, the reasons for why walking, why taking this route, and why at different speeds are the same. But the logic for completing this processes are entirely different. Experienced human waiters' decision-making for these three questions almost involves no thinking and reasoning, let alone determine how high each step should be, how to coordinate one's hands, how to keep balance. Yet all those problems must be addressed via computation algorithms for robot waiters. If we analyze this process of human waiters for several seconds, its internal cognitive processes and behaviors are extremely complicated. If we adopt the simulation approach to complete this task, more computational resources are needed than using the method based on algorithms and logic. Although deciding how to reach the table where customers sit by glancing is practically an intuitive process for the human waiter, it involves several hundred millions of synapses, each hand and foot movement would instantaneously connect hundreds of thousands of synapses between motor neurons and muscles. The reason why it is very easy for human waiters to go through such a complex process smoothly is because this entire logic process does not include any thinking and reasoning. Rather they simply complete it by intuition and experience. Intelligence maturity is not determined by algorithms and logic. Further, the intuition or instincts humans have in their evolution and development likewise are not acquired via logic or algorithms. We need to return to the fundamentals which refer to both the applicable as well as non-applicable, special relationships among intelligence, information and physics rules, and computation logic. Information representation and the essential development of intelligence do not follow physics rules but the physical components of information and intelligence observe those rules. Algorithms and logic can be used for explaining quite well symbolic processing or formal behaviors and processes of intelligence. However, existing logic and algorithms often are not appropriate for solving problems relating to semantics and autonomy. Mathematics, philosophy, and logic all inform us that any scientific conclusion applies to a specific problem domain only. Problems of different nature cannot be addressed using a universal solution. Perhaps matter can go back to the past through a space-time tunnel while the same does not hold true for living autonomy, information (where information is not what is defined in physics and instead based on the meaning of setting and connection) and intelligence (where intelligence is not a carrier of intelligence and instead is the function that relies on the carrier for existence). We should not use mathematical formula to denote the emergence and development of a major discipline. It is not because the discipline is immature. Rather it is due to the immaturity of mathematics and because mathematics does not find an approach to representing this discipline properly.

Researching on the occurrence and development pattern of information and intelligence requires both the full understanding of the pattern regarding the role mathematics, physics and life science play in information motion and intelligence behaviors as well as comprehension of where those disciplines are not applicable and why so. This is the approach to promoting and ensuring that our understanding and practice of information and intelligence are on the scientific course after knowing the essence of the problem.

My intention to study information is for research on intelligence as information and intelligence are inseparable. Chapters 3-5 in The Nature of Information are actually written in preparation for explaining intelligence. The formation and improvement of information structure is an intelligence process. Without intelligence, information cannot move toward an independent, self-existent space. Nor can it gradually complete the comprehensive description of objective objects. Without a comprehensive description of various kinds of objects, intelligence behavior based on semantics and logic would lose its foundation. Years ago I planned to write a book on "Principles of Information and Intelligence". But when I started writing The Nature of Information in 2015, I decided to split the originally conceived book into two. The main reason behind this decision is that information is matter while intelligence is thing although both are unique and objective existence. The two show great differences in both logical structure and description method.

I feel uneasy when this book is to be published. I wonder if the book has touched on the principles of intelligence and if my discussion about the occurrence and development of intelligence is in line with the reality. Such questions are coming back to me even though I have considered them time and again in the past. As a basic theoretical exploration, there are indeed many areas that need further analysis, verification and elaboration. In spite of all these, I still have this book published under the title of Principles of Intelligence, because the era of intelligence is rapidly approaching and the lack of a basic theory of intelligence is already becoming quite obvious.

This book presents a brand new logical, conceptual and description framework for the theory of intelligence. It is not hard to see the difficulty in translating its Preface and Table of Contents. I thus wish to express my thanks to Professor Heting Chu from Long Island University in the United States for providing the translation.

I also would like to thank LIU Jiuru, QIN Xujun and DONG Yafeng of the Publishing House of Electronics Industry for their dedicated work in getting this book published. This book would not have been published at such a speed and in such a fine form without their great efforts.

Yang Xueshan

2018.1

目　录

Contents

第1章

智能研究的进展和启示

所有人生来要求知识……

亚里士多德，《形而上学》

道可道，非常道；名可名，非常名。

老子，《道德经》

智能可以定义为适应、影响或改变、选择环境的能力。

The MIT Encyclopedia of the Cognitive Sciences , edited by Robert A. Wilson and Frank C. keil

生物进化造就了人，人依赖智能的优势稳稳地居于地球生物链环的最高端。这个事实成为人对智能研究的原动力，数千年来，人类从不同的侧面研究智能如何形成，如何发展，如何把控，取得了很多进展，留下了大量依然没有形成共识的问题，也存在一系列重大的分歧。本章将主要讨论不同学科和不同历史时期对智能研究的成果，并做初步归纳。

1.1 先哲们对智能的思考

人类关于智能的探索源自哲学。哲学一词在希腊文中的原意就是“喜欢智慧”，中国早期的翻译中，就将此译为“爱知之学”或“义理之学”[1]。

在人类文明发展的前期，认识论是最重要的科学，特别是认知的来源和科学知识如何形成等认识论的领域，也经常与神学、灵魂、精神连接在一起。

罗素（1872—1970年）认为哲学乃是某种介乎于神学和科学之间的东西。它和神学一样，包含着人类对于那些迄今为止仍为确切的知识所不能肯定的事物的思考；但它又像科学一样是诉之于人类的理性而不是诉之于权威的，不管是传统的权威还是启示的权威。一切确切的知识——我是这样主张的——都属于科学；一切超乎确切知识之外的教条都属于神学。但是介乎神学与科学之间还有一片受到双方攻击的无人之域，这片无人之域就是哲学[2]。思辨的心灵所最感兴趣的一切问题，几乎是科学所不能回答的问题；而神学家们信心百倍的答案，也已不再像他们在过去的世纪里那么令人信服了[3]。

许多哲人将求知的本能、求知的方法和求知的结果与智能、智慧相关联。亚里士多德（前384—前322年）在其不朽名著《形而上学》中指出“所有人生来要求知识”。我国的古代思想家荀子（前313—前238年）在《荀子·正名》中指出，“所以知之在人者谓之知，知有所合谓之智。所以能之在人者谓之能，能有所合谓之能”。这一对智能的探索模式，在现代依然有传承，在本章第三节将会进一步讨论。

在早期的认知中，由于对物理世界和生命世界缺乏认知的科学基础，精神、灵魂、智慧、知识的关系，神授与后天努力的关系，有与无的关系，物质与生命的关系，都成为关注的重点。

柏拉图（前427—前347年）认为神把理智放在灵魂里，又把灵魂放在身体里[4]。在他看来，哲学就是人的灵魂对理性世界的向往和回忆。柏拉图的学生亚里士多德与他一脉相承，认为“我们还没有关于心灵或者思维能力的证据；它似乎是一种大部相同的灵魂，有如永恒的东西之不同于可消逝的东西那样；唯有它才能孤立存在于其他一切的精神能力之外。……灵魂是推动身体并知觉可感觉得对象的东西，它以自我滋养、感觉、思维与动力为其特征；但心灵则有更高的思维功能，它与身体或感觉无关”[5]。

罗马帝国最伟大的哲学家普罗提诺（205—270 年）的形而上学是从一种神圣的三位一体，即太一、精神与灵魂，而开始的。但三者并不是平等的，像基督教的三位一体的三者那样；太一是至高无上的，其次是精神，最后是灵魂。太一是多少有些模糊的。太一有时候被称之为“神”，有时候被称之为“善”；太一超越于“有”之上，“有”是继太一而后的第一个[6]。精神，普罗提诺称之为 nous（心智）。我们很难找到一个英文字来表达 nous，标准的字典翻译是“心灵，mind（著者加注）”，但这并不能表示它的正确涵义，特别是当这个词用于宗教哲学的时候。印泽教长用的是“精神”，这或许是最可取的一个词了。但这个词却漏掉了自从毕达哥拉斯以后一切希腊宗教哲学中都极其重要的那种理智的成分[7]。灵魂虽然低于 nous，但它却是一切生物的创造者；它创造了日、月、星辰以及整个可见的世界。它是神智的产物[8]。

比普罗提诺稍早一些的罗马时期哲学家，爱比克泰德（约 50—120 年）明确地提出了智能神授的主张。他认为，“在各种技艺和能力当中，通常会发现没有一种技艺和能力是可以自我思考的，因而也没有一种是可以自我肯定或自我反对的”。“假如你正在给一个朋友写信，却对怎么写稀里糊涂，这时语法技艺可以告诉你怎么做。但是，对于你要不要给朋友写信，语法技艺却无话可说”。决定要不要写信等自我思考的是理性能力——“运用外部表象的能力”，而这种能力是众神“交托给我们”的。[9]

柏格森（1859—1941 年）认为，世界分成两个根本相异的部分，一方面是生命，另一方面是物质，或者不如说是被理智看成物质的某种无动力的东西。[10]

在中国古代哲学中，存在与普罗提诺相同的认知模式。在《周易》中，最基本的就是无极生太极，太极生两仪，两仪生四象，四象生八卦。而无极即为“道”，类似于“太一”。老子（约前 571—前 471 年）的《道德经》中，对“道”的阐述是“有物混成，先天地生”，“独立不改、周行不殆，可以为天地母”，“吾未知其名，字之曰道”，这个“道”，就是宇宙本源，就是终极规律。庄子（老子之后，战国中期人）认为，道就像大自然一样，无为无作而又能生生不息，而人的最高境界就是入于道并与道同游。

身心问题，也可称之为心因和物因的问题，外部环境与智能进化和发展的关系，依然是当今智能研究的重大课题。

1.2 生物学研究的贡献

本节集中讨论生物学关于进化、遗传、细胞、生命机理等方面的研究对智能的起源和发展做出的独特贡献。

1.2.1 进化生物学

进化生物学是开启人类认识生命世界的一次伟大革命。万物共祖、自然选择，一代巨擘达尔文的进化论涤清了生命发生发展的层层迷雾，开创了人类认识生物和生物进化过程的科学历程。

一直到 18 世纪后期，在数千年的人类文明史中，生命神创是必须信奉的教义，否则会受到教会控制的学界的惩治。法国博物学家布丰（Buffon，1707—1768 年）在其不朽的 40 卷历史名著《自然史》中，提出物种因环境而变化的特征，这是第一次以进化的观念解释生物的形成和发展，达尔文给予很高的评价，然而，为了防止宗教迫害，布丰还是加上了“上帝”的帽子。18 世纪末到 19 世纪中叶，越来越多的研究发现了物种进化的考古地质、物种分布等新证据，进化的观念逐步形成。法国博物学家拉马克（Chevalier de Lamarck, 1744—1829 年）于 1809 年发表了《动物哲学（Philosophie Zoologique）》一书，提出了拉马克进化论的核心：用进废退和获得性遗传两个法则。达尔文（Charles Robert Darwin, 1809—1882 年）的《物种起源》则是这个时期生物进化研究的顶峰和集大成者，系统提出了以自然选择为核心的生物进化论，被称之为 19 世纪三大科学发现之一。

进化生物学对智能研究最主要的贡献是厘清了智能发生发展的起点。生物进化与智能进化之间的关系成为生物学家和生理学家关注的一个重点[11]。对于生物进化与智能的关系，达尔文得出的结论是“每一个智力和智能都是通过级进方式而获得的”[12]，这个结论得到生物学界的普遍认同[13]。作为生物进化的顶峰，人的智能显然是生物进化的结果。

生物智能与生物进化的一致性是认识智能的一个核心论断。进化生物学的研究说明，所有的生物具有共同的祖先。如图 1.1 所示，1837 年达尔文在物种起源相关的笔记本中，画了一个关于生命之树的草图。此后关于生物进化的生命树就成了生物界研究的一个主要成果，图 1.2 则是今天形成共识的生命进化树。

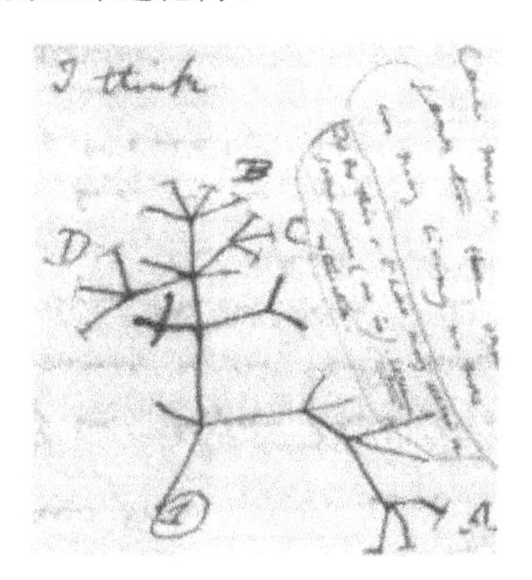

图 1.1　达尔文草绘的生命之树[14]

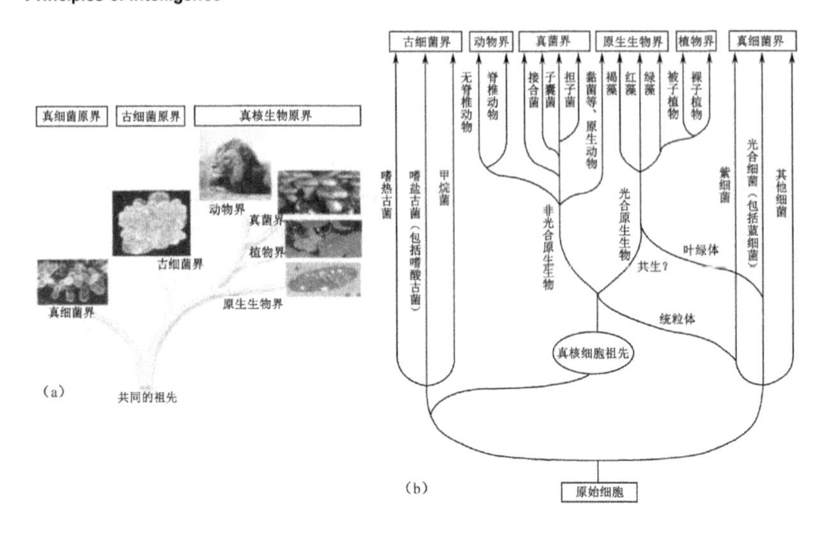

图 1.2　依据六界分类系统构建的生命进化系统树[15]

生命进化树形象地告诉我们，在 40 多亿年漫长的岁月里，如何从原始生命体逐步演化为古细菌、真细菌、真菌、原生生物、动物和植物六界，这六界之间不仅共祖，还存在着奇妙的关系。原始生命体诞生之后的若干亿年内，分成三支。其中古细菌单独一支，几十亿年在相对于其他生物十分恶劣的环境中生生不灭，自身不再进化，也不参与其他种类的生物进化；真细菌一支不仅自身进化成遍布于地球、种类繁多的细菌，而且为其他四界贡献了线粒体，为自养生物贡献了叶绿体；真核细胞一支在融合了线粒体和叶绿体之后，进化出生物界的其余四界。其中既有形态简单的异养真核生物、原生生物，更有居于生物进化顶端的动物和植物。真菌生物既有单细胞，又有多细胞，是异养，又不是动物；原生生物不仅有单细胞和多细胞，还横跨动物和植物、自养和异养，构成真菌的一些组件和构成原生生物的一些组件，还可以融合成新的物种。真菌界和原生生物界在生物进化的历程中具有特别的位置，真核生物四界，生物特征和复杂性差异极大，但又长期并存，说明了生物进化中变异的多样性和自然选择的客观性，也说明了进化过程的梯次性和融合性。而植物界从苔藓、蕨类、裸子到被子，动物界从无脊椎到脊椎，进化的递进关系更加清晰。

生物进化对智能研究有着十分重要的启示。这就是生物智能进化的渐进性和生物智能进化与代谢、遗传等生命其他基本功能在功能构成的分子生物学基础和功能结构上具有本质的相似性。从最早的原始生命体在对代谢和遗传功能的控制过程体现智力，到跨细胞间的能量、信息传输的控制，并向神经系统演进，动物行为对平衡的需求进一步促使脑的形成。神经系统基因组的比较证明人与猿及其他哺乳动物基因的高度相似[16]；对蛋白质氨基酸结构的研究证明，从细菌到植物、动物一直到人，存在惊人的相似之处[17]；生物解剖学研究进一步发现，人的大脑遗存着最早动物脑的结构[18]。在数十亿年的时间流淌中，从最基本的光能或碳、氢、氧等物质的摄入、分解，形成代谢能力；从最简单的只有几组基因的遗传过程到所有生物遗传功能的实现，从代谢、遗传的控制到整个生命过程及行为的控制，直接展示了智能进化惊人成果后面繁复而又简单的过程。

1809 年拉马克提出生物进化形成而不是神创的观点以来，持续受到宗教界的反对；50 年后，达尔文《物种起源》出版，进化的观点得到系统地阐述，然而质疑或怀疑的声音依然不绝。20 世纪后，古生物学研究发现了更多的证据，特别是生物化学、分子生物学和遗传学的研究成果，才使生物进化成为解释生命发展的主要理论。生物进化理论为生物智能发展的进化规律提供了坚实的基础。时至今日，生命的起点和进化的不连续性等问题还有一些不同的观点，但越来越多的生物考古发现，分子生物学、认知神经科学等领域的研究，生物进化的基本规律日益为更多人接受。

1.2.2　基础生命科学

生命科学是研究生物体及其活动规律的科学。基础生命科学涵盖生命的化学组成，细胞的结构与功能，能量与代谢，繁殖与遗传，生物的起源、分类，生物个体的发育、结构、功能和行为，生态环境，生物技术等领域。本节只讨论与生物智能相关的生命体的主体性和主要功能系统的相互依赖和同构特征。

除开病毒，生命都是由细胞构成的，古菌、真细菌和真菌、原生生物中的大部分物种更是单细胞生物。单细胞生物具备生命的主要功能：代谢、遗传、个体的生命周期、适应环境的能力，直到今天，人类还不能造出一个活的细胞。图 1.3 显示了一个细胞复杂的代谢、控制功能，图 1.4 显示了一个单细胞生物完整的生命周期。

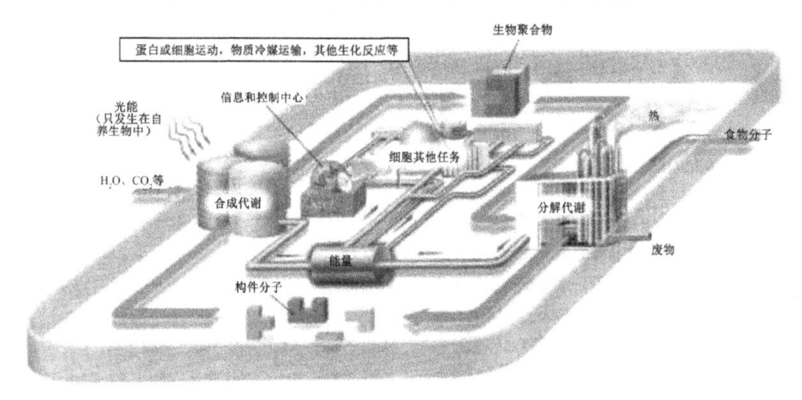

图 1.3　细胞内的各类活动过程及控制示意图[19]

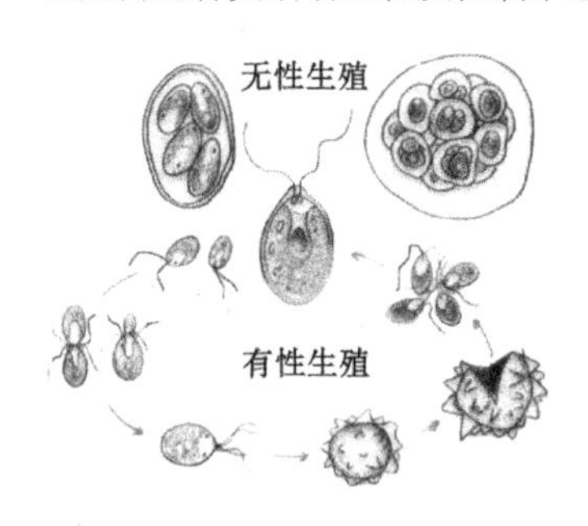

图 1.4　衣藻的生命周期[20]

从图 1.3 和图 1.4，我们看到单细胞生物基本构件及其构成物已经具备完善的代谢、遗传、环境适应、控制功能。多种糖和脂，20 种氨基酸构成的蛋白质，核苷酸、核糖核酸和脱氧核糖核酸构成的核酸以及水、碳等分子构成了细胞的基本构件：细胞核、细胞膜、细胞器、细胞壁、细胞质、核糖体、染色体、线粒体、高尔基体、叶绿体、内质膜，以及液泡、微管、微丝等。而这些构件组成了一组生命功能，即代谢、生殖、生命周期控制和环境适应行为，这些功能在一个细胞中实现，体现了主体性、协同性、同构性和信息性。

所谓主体性，在一定意义上又可以称之为“自我”，是指一个生命体，无论是最简单的病毒还是被子植物、脊椎动物，都会为生存而维持代谢，为延续而维持以遗传为核心的繁殖，为适应环境而改变自身的行为，这些行为基于生命体精细的控制功能，而控制功能又基于生命体的基本构成成分和在此基础上形成的细胞、组织、器官、系统的功能结构和信息传导。

生命科学的研究说明，叶绿体的光合作用是一个集生物化学反应和信息传导为一体的精细的控制过程；植物和动物的生长控制是一个集营养物质传输、信号传输和相应组织与器官功能为一体的控制过程；所有生命的遗传过程是一个集遗传物质复制、基于基因结构的信息传导的控制过程；控制代表的是生命体的“自我”，即生命体生存和延续的需求，也就是主体性。主体性的进一步阐述将在本书的第 2～5 章详细展开。

生命科学的研究说明，生物体代谢、遗传、认知、行为等功能均源自生命体糖、脂、氨基酸和蛋白质、核酸、激素以及水、碳等分子构成的细胞组件及由细胞构成的各类组织、器官、系统。如果把这些统称为生物体的组件，那么这些组件所代表的功能及通过组件的精细结构实现的功能激发、实现和终止具有相同的模板。能量的转化与利用是生命体生存的核心，按照 ATP 中心假说，ATP 在光合作用、代谢通路和遗传信息之间架起了桥梁，它亦是遗传密码起源的关键[21]。

在生物体组件内或组件间发生的遵循物理或化学规律的反应或运动不是物理运动或化学反应，而是在分子层次遵循相应规律的生命运动。叶绿素受到光子激发而产生的得失电子反应不能简单等同于纯化学的氧化—还原反应，具有重大差别。反应的结果不是最终产物，而是过程产物，即使此后形成的生物能量——ATP 等也不是最终产物，只是生命过程的一个环节。与生物反应不同，这个过程前后是不可中断的，是生命体控制下生命过程的一个环节，是融合到后面的环节中的，这个过程的控制是通过过程中自带的信息，在特定的生物组件结构中实现。同理，遗传的转录、复制，认知的感知、记忆，生长过程控制及对环境条件的判断，都是在生命体“自我”的控制下，以特定的功能组件为基础，信息传递为要素的持续过程。其中过程的循环往复是理解生命过程与物理过程本质不同的关键，没有持续相继过程，一个生命体就终止了。

基础生命科学的研究为智能研究做出了重要贡献，那就是生命的整体性、主体性、同构性和信息性。但由于对生命本质和发生发展机理的研究还有很多未知，在一定程度上对智能的研究带来了困惑，尤其是生命过程中存在的遵循物理规律的化学和物理现象与生命过程的关系，即谁是主导者。如果认为生命过程总体遵循物理规律，则会力图从物理化学的角度去研究生命，研究智能、信息；如果生命过程总体不遵循物理规律，更需要从生命过程整体的角度去研究生命、智能、信息，这是关系到生命科学、智能科学、信息科学发展的基本方法。关于主体性、同构性、信息性，在本书的余下部分将会做进一步的讨论。

1.2.3　分子生物学和生物化学

狭义的分子生物学是在分子水平研究基因的结构和功能的学科，生物化学是研究生命物质的化学组成、结构及生命活动过程中各种化学变化的学科，研究如何由为数不多的分子组成种类和数量巨大、构成各种生命体的组件并实现控制功能。本节主要介绍生命体一般信号和控制系统如何形成和进化，也就是生物体信息功能的基础，这对于理解生物智能，特别是信息在生物智能中的作用具有特殊意义。

分子生物学和生物化学的研究说明，所有生命体都实现了全部功能和全生命周期的信息表示、传输和调控；在遗传过程中还实现了信息的存储和复制；在认知过程中还实现了信息的转换、存储和处理，所有这些功能都通过生物体自身组件的功能和结构实现。与进化生物学的成果结合起来，这些功能是在数十亿年的进化中逐步形成和完善的，直至今天以人为代表的精细、多样、复杂的信息表达、传递、存储、处理、利用能力和代表主体的调控能力。

分子生物学和生物化学的研究说明，生物体已经具备完备的信息表示功能。通过核苷酸、含氮激素、cAMP 和 cGMP 等第二信使、钠钙离子、气体神经递质、神经肽等生物小分子和大分子以及它们的结构一起表征信息[22-24]。基因信息的载体是核苷酸，DNA 和 RNA 各有 4 种，只有一种不同。基因不同的排列和结构不仅成功地表达了生物体生命密码，还精确表达了遗传过程和生命周期控制的信息，基因的转录、翻译、复制，起始和终止，以及细胞生命周期控制，蛋白质及其他细胞的结构、激素的浓度、激活的条件等均成为通道或控制信息表征的载体。在代谢等生理过程中，如光合作用、肠道系统、水和营养物传输、内分泌系统、心血管系统等，信息表征的载体除上述已经介绍的之外，生理过程涉及信号传输的相关细胞中还有很多已知或未知的细胞构件或结构成为信息的载体。在神经系统中，感知信息的细胞中的感知构件（具有感知功能的表皮细胞），执行中枢神经指令细胞的效应器都具有表征信息的功能。

分子生物学和生物化学的研究说明，生物体已经具备完备的信息传递功能。按生物体信息传递的范围分，一类是细胞内传递，另一类是胞间传递，所有生物体都能为所有生存和生殖功能建立直接、有效的信息通道。一般来说，生物体受到内部或外部的刺激，外部信号或内部细胞释放的信息载体传递到靶细胞，与靶细胞的受体特异性结合，受体对信号进行转换并启动细胞内信使系统，细胞内产生相应的生物化学或电化学反应，信号终止或进入下一个环节。生物体信息传输通道是由与载体特征一致的特定蛋白质、激素等构成，并在激活后形成与信号传输目的一致的通道。G 蛋白、离子电压通道、外部机械信号激活的机械信道、膜受体特异蛋白、化学门控通道等，形成了具有生物特征、精确可靠柔性的信息传输渠道。在传输通道中，存在不同形式的结构域，用于识别进入信号的类型和传递目的，并通过结构实现信号有目的传递，而这个目的就是生物体需要，凸显了主体性和信号的语义性。生物体传递的信息经由固定路径、实现特定目的，因此具有鲜明的语义特征。生物体的信息过程不仅在调控和认知体系中是语义的，在遗传、代谢等生理过程的表示、传递中也是语义的。基于语义的精确表达、传递、储存是区别于非生物体信息处理过程的主要特征。

分子生物学和生物化学的研究说明，生物体已经具备代表主体意愿的相当完备的调控功能，即使是单细胞生物也是如此。分子生物学的研究已经在分子水平揭示了遗传过程调控的实现。原核生物（如细菌）经由 RNA 聚合酶与启动子结合开始转录，通过 Rho 的依赖性或非依赖性终止，而过程的精细调控则通过激发操纵子实现；真核生物的转录控制更加复杂一些，存在多种类型的启动子和转录因子，通过增强子和沉默子实现精细调控结合域的结构也更加复杂，拥有更多功能。同样对转录后加工、DNA 复制、重组和转座也发现了全过程、精细的调控机制，调控机制的实现基于前述信息的表征和传递功能[25]。对于基于信息对信号传递及各生理过程的调控机制，也基本清晰，感兴趣的读者可参阅相关论著，如《信号传导与调控的生物化学》[26]。

在生物体的神经系统，信息的表征、传递和认知、行为过程调控，比遗传和代谢等生理过程更加复杂，但其分子生物学和生物化学的原理和结构是相通的。主要的不同在于增加了信息存储、处理功能，信息表征和使用更加依赖于通道和中枢神经系统，特别是大脑的结构，这一部分内容将在本章下一节展开。

尽管在生物体信息表征、传导、控制领域取得了许多重大进展，建立了具备科学界共识的基础理论体系。但无论是遗传过程、认知过程还是其他生理过程基于信息和信息传递的调控，还需要进一步的研究和发现，证实结论或填补理论的空白。例如，罗伯特·莱夫科维茨和布莱恩·科比尔卡以他们在 G 蛋白偶联受体（GPCR）信号传导领域的重要发现，获得了 2012 年诺贝尔化学奖。他们所揭示的 GPCR

信号传导机制，尚有一些领域没有能够清晰解释，如阻遏蛋白在这个过程中的作用。中国科学家徐华强所领导的团队在解析视紫红质（Rhodopsin）和阻遏蛋白复合物的晶体结构上取得重大进展，用自由电子激光技术，得到了高分辨率的视紫红质—阻遏蛋白复合物晶体结构，展现了阻遏蛋白与 GPCR 的结合模式，为深入理解 GPCR 下游信号传导通路奠定了重要基础[27]。

本节在一般意义上讨论了生物信息的载体、信号传递和遗传、代谢等生理功能的调控，而这些功能实际上与认知系统一起构成了生物智能的整体架构。此后两节，将分别介绍植物和动物的特定形式。

1.2.4　植物生理学

植物生理学是通过对植物生理过程的系统分析，研究植物生长发育调控机制的学科。近年来，由于分子生物学研究的进展，植物生理学在信息的表征、传递和基于信息表征和传递的调控机制取得了一系列重要进展。上一节已经说明，任何生物体都已经形成了完整的、与生物体功能一致的信息表征、信号传递和调控机制，植物具备这样的机制，并有一定的特殊性。

植物最显著的特征是拥有叶绿体，叶绿体又是原核生物与原始真核生物在内共生过程中协同进化而来的，它具有独立的遗传基因，但又与母体的其他遗传基因共同完成遗传过程。叶绿体（质体）的分裂受细胞核的控制，这一特点说明不同来源的独立的遗传基因可以实现协同的基因转率、翻译复制过程，还进一步证实了信息表征对该主体是显性的，可以通过内在的结构实现，也进一步证实了遗传调控功能的信息性[28]。

作为自养生物，光合作用是植物的最显著特征，也是生命最奥秘的存在之一。光合作用以叶绿体为单位，每个叶绿体拥有成百上千条光合系统，将光能转化为电能，再转化为化学能；然后通过遍布叶绿体的基质转化为供植物生长的糖，并生成氧气。这个过程及调控是在原子和分子级水平上完成的，远远超越今天最高水平或达到物理极限的集成电路的能力。如果考虑每个叶肉细胞有数十到数百个叶绿体，每平方厘米的叶片大约有 50 万个叶绿体[29, 30]，也就是每平方厘米有数亿条高精度的生物食粮生产线，那么，我们确实需要对生物智能有新的认识。

植物另一个显著特征是生长控制，无论是一年生还是多年生植物，无论是一季还是千年，植物根据物种特定的基因传承，感知温度、湿度和光照，吸取水分和营养，生根、发芽、茎叶生长、开花结果，周而复始。每一个过程都需要根据基因、生长原料和外部环境这三个要素进行调控。这样的调控建立在外部信息的感知、遗传过程的激发和生长原料的输送基础上，建立在全局网状调控的基础上，植物生理学和分子生物学的研究已经在分子层面基本解释了这样的现象[31]。

植物没有动物，特别是哺乳动物那样的神经系统，又能实现前述基于信息感知和传递的复杂调控，其信息的载体和传递、处理体系也有其特殊性，这个特殊性就是植物以其组织和器官在实现生理功能的同时，完成了动物神经系统的功能[32]。植物激素是能够调控植物各个生长发育过程的化学物质，在植物体内合成并作为信号分子发挥作用。植物激素作为生长发育过程的部件，直接参与具体的过程；作为信息载体，它的生成和传输都基于植物自身的功能系统，激素合成于普通的细胞，既遵循一般的跨膜和胞内传输机制，还利用植物既有通道进行远距离传输，如利用导管将激素从根部输送到叶端，或利用筛管将激素从叶端输送到根部[33]。光是植物的命根子。光不仅是植物能量的主要来源，还是植物生长发育的重要调控指示信号。植物体的光受体作为感知光变化的信号分子，通过特定的转导途径，实现对植物生长发育的调控。调控是十分复杂的，从种子在黑暗的地下萌芽、分蘖、开花、落叶的生长过程到趋光性的实现，更为重要的是，还需要与同时并存的其他影响植物生长的因素协同调控，展示了植物达到了与其生存、传代一致的调控能力，及相应的信息表征、传递能力。在植物的结构上，这一功能又与植物生长、发育、遗传的功能重合[34]。

植物已经具备对有害物或行为等环境信息的响应和植物之间的信息传递、协同应对，有的学者将此称之为植物智能。植物在长期的进化中，已经形成了对低温、干旱、病毒、虫害、重金属等危害的感知和有利于生存的应对调节。发生干旱时激发保卫细胞，调整气孔的开闭[35]；遇到病毒时通过抗病反应的信号网络和基因调控，组成防御体系[36]；面对重金属的胁迫，植物通过复杂的调控网络来维持代谢平衡，使其受到的毒害降至最低水平[37]；当遇到昆虫袭击时，不仅植物自身的防卫体系启动，还能在同种及异种植物间传递信息，通知别的植株开始防御或协同防御[38]。

综上所述，植物生理及分子生物学的研究，为分析生物智能的进化和特点提供了扎实的基础。植物已经形成与其生存和传代需求、生物种类特征、环境约束一致，成熟的信息表达、传递、调控机制。

1.2.5　动物行为学

动物在生物智能进化中完成了关键的一跳，即以神经系统为基础的认知功能的形成。动物行为学的研究为生物智能进化解释了动物行为的类型、特点及其遗传、发育和进化来源。动物行为学的研究告诉我们，动物的行为能力源自两个方面：一是基于进化和遗传、发育，二是基于学习和环境。动物的行为能力基于所属物种。所有的物种具备觅食和生殖行为能力；一般而言，动物具备基本时空行为能力，部分物种具备很强的迁移和领域等特殊时空能力；绝大部分动物具备简单的通信能力，部分物种形成了较为复杂的通信和社会生活能力；动物均有初步的学习能力，部分物种形成了多样的学习能力。本节将简单介绍这些内容。

动物的进化和遗传、发育为动物行为提供了生理基础，个体的行为又与其学习能力和环境密切相关，不同的物种拥有不同的遗传基础和学习基础，决定了存在巨大的行为能力差异。

基因对动物行为有着重大影响。不仅是决定一个物种行为特征的主要因素，还是同类动物个体差异的重要来源[39]。动物的行为也会反作用于基因。动物驯养后习性的稳定、蜜蜂通信信号的进化，都是例证[40]。动物行为的激发及其过程与该动物内分泌激素系统密切相关，睡眠、生殖等行为都是其例证，而内分泌系统则是生物进化的重要内容[41]。一个物种的神经系统对动物行为的类型和能力具有决定性的作用，金丝雀和树蛙等生物对声音的区分[42]，是由神经系统实现的，神经系统是生物进化的主要标志。

生存是所有生物的第一要务，是主体性的首要标志，居于动物行为第一位的是觅食和生殖行为。异养生物生存必须觅食。所有动物具备与生理特征和生存需要一致的觅食能力，当食物不充分或其他环境约束时，就会发生争抢甚至群体战斗，一些动物具备觅食的分工和食品的存储能力[43]。这些都是外显的智能行为。生殖是物种生存的最基本要义，所有动物在生命过程中均把生殖放在优先位置，更从生殖的各个环节为优胜劣汰设置条件。一些动物已经形成与种群繁殖需求一致的婚配体制和亲代抚育模式[44]。这些动物行为研究的成果充分展示了以动物主体性为基础的智能行为。

时空行为展示了动物较为复杂的智能。在一定意义上，相当部分植物拥有生物节律和生物钟，也就是时间作为生命周期的调节指标内置于遗传基因中，并在生长发育过程中发生作用。动物的时空能力随着动物的移动能力和生存需要而进一步发展。与植物不同，动物的时间能力更侧重于细胞的周期和昼夜的更替。动物的空间能力既与物种行为的需求有关，也是生物进化过程的产物。时空能力进化的一个重要原因是动物的迁移需求。一些物种由于生存的需要，在一生的不同时期或一年的不同季节，需要进行周期性的空间转移，迁移成为生存的必要过程，候鸟、回流鱼类对空间特征的认知能力超过了人的本能[45]。

许多动物形成了基于种群的社会生活。社会活动基于通信能力，部分物种形成了借助声音、气息或肢体语言等为媒介的通信功能，为社会活动创造了条件。种群内的分工，发现食物、危险的交流，生殖期和发育期的特殊交流，种群的领域等都是社会活动的重要类型[46]。群体性社会活动是动物智能发展的重要台阶，发生发展的动力依然是生存压力，而通信能力则是社会活动的基础。

群体行为、通信功能的发展和生存期的延长，大量物种形成了程度不等的学习能力，不仅发展了生物体一生的智能水平，还成为习得性遗传的基础。动物学习是指“能够使动物的行为对特定的环境条件发生适应性变化的所有过程，也可以说学习是动物借助于个体生活经历和经验使自身的行为发生适应性变化的过程，这种变化应当是与感觉适应（疲劳现象）和神经系统的发育无关的”[47]。对动物学习行为的研究为生物体智能在一个生命周期的发展及动物的社会性文化传承提供了许多启示和实证。动物学习行为构成了丰富的学习范式，从条件反射到父代行为传承，从试错学习、模仿学习到潜在学习，从玩耍学习到顿悟学习，从工具的使用到群体文化传承，除了没有表达复杂现象的概念体系构成的语言和可以记录的文字及由此带来的学习的飞跃，动物展现了学习在智能发展中的一切潜在要素及其作用[48]。

动物行为是成熟的、体系化的生物智能，体现了生物智能的所有特征：生物的主体性、生理功能、认知功能、信息功能共同构成了生物体智能的基础，而这些能力是由进化和学习两个渠道发展而来。

1.2.6　小结

生物学研究对认识智能和智能发生发展的规律提供了重要的不可替代的贡献。没有生物就没有智能，迄今为止的非生物智能依赖于人的智能，生物是地球文明之祖。生物智能是进化的，进化依赖于生物进化，生物进化的研究成果是智能进化理论的重要基石。生命科学的一般研究揭示了生物生理的一般规律，生物体是一个统一的整体，代谢功能、遗传功能、认知功能和行为功能相互依赖、相互影响，在分子结构和功能系统结构层面，具有基于进化的同构现象。植物生理学和动物行为学的研究，揭示了生物的主体性，生存和遗传是所有生物内在地放在首要位置，这是主体性的典型表现；在生物生长、发育、行为层次，揭示了内含和外显的智能行为及其生物学基础。

作为生物智能进化的最高成果，人类的认知能力将在下一节介绍。

1.3 认知科学的贡献

认知科学（cognitive science）是关于心智（mind）和智能研究的学科。广义的认知科学包含认知神经科学、心智、心理学、人工智能、哲学等学科与认知和智能研究相关的部分，本节只介绍前两个部分对智能研究的贡献，心理学和人工智能等内容在随后两节介绍。鉴于植物和动物的类似内容已经在上一节介绍，本节侧重于人的认知能力和心智的介绍。需要明确的是这里的心智是基于脑功能的，不是将大脑和计算机联系在一起的心智。

1.3.1 认知功能的载体：神经系统和脑

认知神经科学对神经系统和脑的研究，使我们对生物，特别是人的认知功能的构成有了更深入的理解，神经系统和脑是认知功能最主要的物理载体，没有神经系统和脑，就没有人类的认知功能，即使通过皮肤、肌肉等其他人类组织或器官实现的部分认知功能，没有神经系统和脑，这些功能也就没有认知意义了。

一个人的神经系统和脑的发育和成长，基于遗传基因和遗传过程，遗传是决定一个人认知能力的重要因素。前一节讨论生物体的信号系统和信息传递功能时已经指出，即使是最早的原始生命体，也已经存在信息获取与传递的功能系统，只是这样的功能系统隐含于代谢、遗传等功能中，单细胞生物、多孔动物等早期动植物还没有专门感知、传递信息的神经系统，但信号和信息传递的能力日益复杂，直至相应功能进化为专门的神经系统。人类的神经系统和脑是生物认知功能进化的最高峰。但一般认为，神经系统和脑的进化是线性的[49]，进化的成果融合于遗传基因中，神经系统和脑的遗传基因包含了最原始的神经系统和脑的部分，由此长成的神经系统和脑尽管在一定程度上有优化，但在形态和功能上明显具有线性进化的特征，如脑的初级视觉功能区在所有物种的脑中都存在，是从同一个祖先传下来的。

神经系统和脑也是在人的一生中不断生长发育的。尽管生长和发育也是由遗传基因所控制，但不同的外部环境会导致神经系统和脑功能的不同，甚至变异[50]。对大脑发育的研究发现，在出生前，大脑各部分的功能及神经元都已形成，在胎儿出生后，有一个特殊的先扬后抑过程，出生后一年是脑生长发育的爆发期，但很多脑认知功能的发育需要多年时间才能完成，直至成年依然有一些功能在变化[51]。对于脑功能或人的认知能力仅依赖于遗传和物质的神经系统和脑，或者还有其他非物质因素决定，还存在不同的观点，但越来越多的神经认知科学进展在证明前者的合理性，认知功能是遗传与习得的统一体，统一于主体。遗传不仅赋予大脑功能分区结构，特定能力的分布，还对能力的开发和形成给予了必要的次序，如婴儿对人脸识别的优先特征[52]。

神经系统和脑是认知功能最主要的载体，除开必要的感知和行为（体内外）能力需要身体的其他部分协同，如同进化到神经系统之前的信号传递与控制协同能力一样。认知神经科学综合研究的成果，提炼出神经系统和脑所具备的认知功能结构，图 1.5 给出了人类发育过程形成的信息感知、传输、存储、记忆、学习、分类、识别、控制、决策、行为等全系列认知功能，这些功能归集于特定的具体的人这个主体，所有功能的激发和执行，则基于信息。认知神经科学和脑科学的研究已经并将继续为这一结论提供更多的实证。

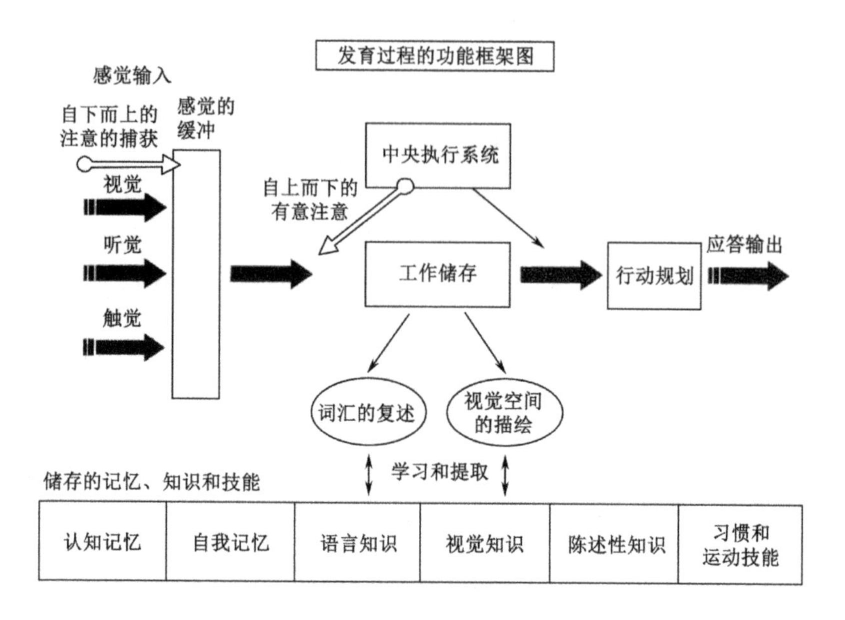

图 1.5　发育过程的功能框架图[53]

图 1.5 在一定意义上提供了人类认知功能的初步框架，而认知神经科学的系统研究，一般将人类认知功能划分成感知、学习、记忆、语言、思维和问题求解、行为、注意和意识（含潜意识）、情绪等具有不同认知特征的部分研究，这些研究对智能研究，特别是理解智能的本质做出了巨大的贡献，下面分别予以简要的介绍。

1.3.2　感知觉研究的贡献

感知是认知功能的起点，也是智能的起点。认知神经科学对人类各种感知觉进行了深入的研究和分析，得出了许多对研究智能具有重要意义的结论。一般而言，人类感知觉包括视觉、听觉、味觉、嗅觉、躯体知觉，而这些知觉又基于认知功能，根据认知需求进行综合。

1.3.2.1　视觉

眼睛是人类最重要的信息获取器官，有研究认为人类获取的信息80%来自眼睛。视觉信息的感知和获取是一个极其复杂而精细的过程：光线由角膜感知，经瞳孔到晶状体和玻璃体再到视网膜形成图像，经由视神经将视觉信息传导到大脑视觉中枢，并与相关的信息在特定区域合成为主体可使用的特定对象信息。

认知神经科学建构了完整的视觉功能的神经通路和功能的生物实现模式，见图 1.6。

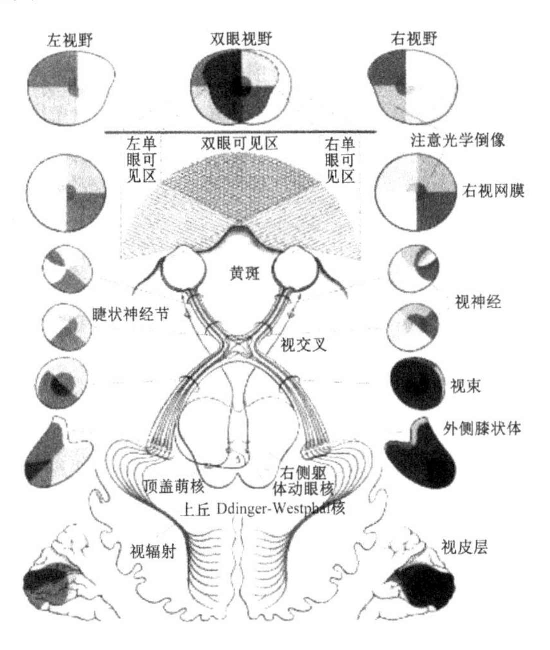

图 1.6　从眼睛到大脑皮层特定视觉区域的神经通道[54]

1.3.2.2　视觉

听觉是人类信息获取的第二个重要来源。外界声源震动耳廓形成耳内声波，通过外耳道将声波传动到鼓膜，鼓膜将声波转换成耳蜗可感知的震动，耳蜗将震动转换成神经冲动，经由听神经传递到大脑听觉中枢，并与接收到的相关信息一起在特定区域合成为主体可使用的特定对象信息。

认知神经科学建构了完整的听觉功能的神经通路和功能的生物实现模式，见图 1.7。

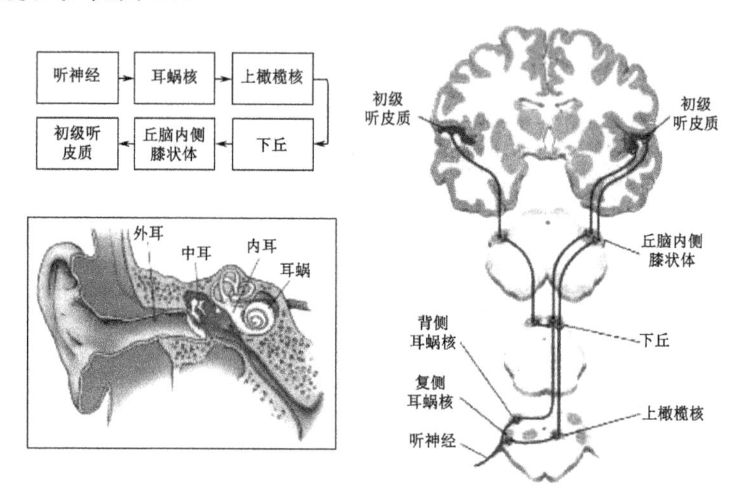

图 1.7　听觉神经通路概况[55]

1.3.2.3　味觉和嗅觉

从认知神经科学的角度看，味觉和嗅觉都是化学感觉，来自着嗅剂或着味剂，并相互影响。嗅觉是一种感知气味的特殊功能。不管是主动的闻还是被动的吸，都是鼻腔顶部的嗅黏膜细胞，即双极神经元构成的嗅觉感受器受到空气中气味的刺激产生一个信号，这个信号传送到嗅球的嗅小体中，形成嗅神经轴突传入大脑皮层嗅觉区，并与相关对象体的其他信息在大脑特定区域合成为主体可使用的特定对象综合信息。味觉是人类感知食物味道的特殊认知功能。味觉是指食物在人的口腔内对味觉器官化学感受系统的刺激并产生的一种感觉。尽管不同地域对味道的命名并不一致，但从味觉的生理角度看，有五种基本味觉：酸、甜、苦、咸、鲜。一个食物分子刺激口腔，主要是舌头上的味蕾，启动了味觉的转换过程。位于味蕾中的味觉细胞接受的刺激经面神经、舌神经和迷走神经的轴突进入脑干，再经丘脑到达味觉区，并与相关对象体的其他信息在大脑特定区域合成为主体可使用的特定对象综合信息。不同的味觉产生不同的味觉感受体，经由不同的化学信号转换。

认知神经科学建构了嗅觉和味觉的神经通路及功能的生物实现模式，见图 1.8 和图 1.9。

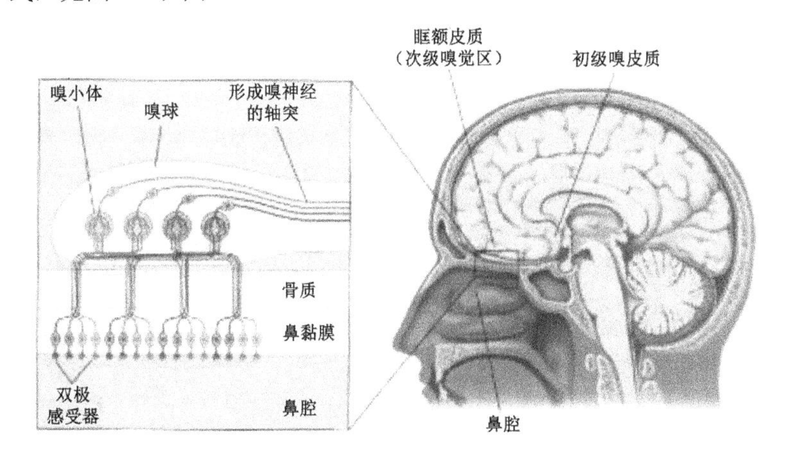

图 1.8　嗅觉神经通路[56]

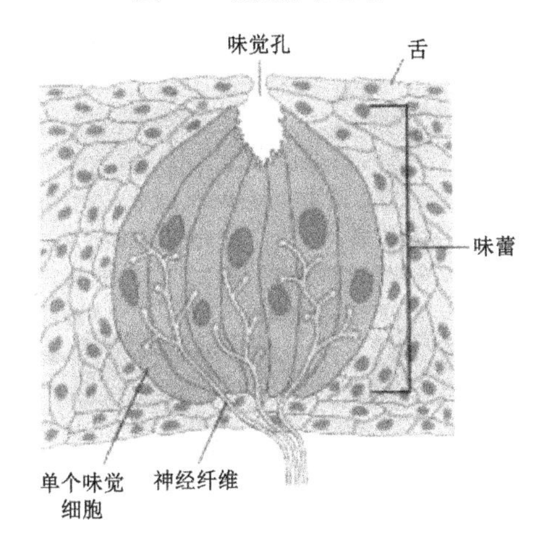

图 1.9　味觉感知[57]

1.3.2.4 躯体知觉

躯体知觉不仅是指触觉，还包括时间知觉、空间知觉、平衡知觉、自身器官知觉等感知觉。触觉不仅是一个人自身认知的重要组成部分，更是生物认知功能进化的奠基者。触觉包括三种类型：触压觉、温度觉、痛觉。触觉是接触、滑动、压觉等机械刺激的总称。人感受本身特别是体表的机械接触（接触刺激）的感觉，是由压力与牵引力作用于触觉小体而引发的，触觉小体分布在皮肤真皮乳头内，以手指、足趾的掌侧的皮肤居多，感受触觉，其数量可随年龄增长而减少。触觉小体呈卵圆形，长轴与皮肤表面垂直，外包有结缔组织囊，小体内有许多横列的扁平细胞。有髓神经纤维进入小体时失去髓鞘，轴突分成细支盘绕在扁平细胞间。认知神经科学建构了触觉的神经通路及功能的生物实现模式，见图 1.10 和图 1.11。

躯体知觉还包括对自身器官知觉、身体平衡知觉，这些知觉是人体的重要功能。内脏等自身器官的感觉，确定头部在空间的位置、运动中的平衡感觉是人类生活中重要的认知功能。认知神经科学研究说明这些感觉经由特定的神经通道传输到大脑，在相应部分形成知觉信息，并通过神经系统进行调节[60]。

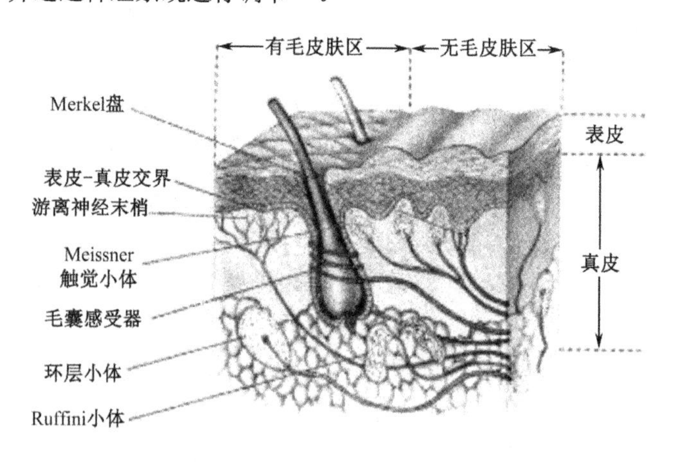

图 1.10　皮肤感知的神经通道[58]

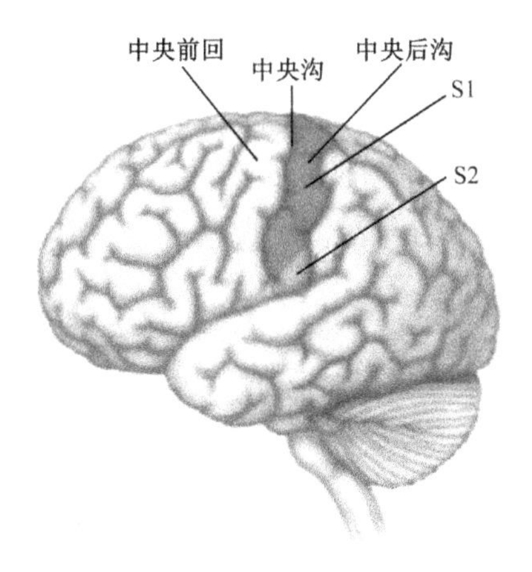

图 1.11　触觉信息对应的脑区[59]

1.3.2.5　综合知觉

综合知觉是指作用于感觉器官的客观事物的整体在人脑中的反映，所反映的是一个较完整的事物。对于一个被认知的客观事物，也可以看作是根据认知需求对相关知觉信息的综合过程。

时间知觉是对一个特定客观对象的持续时间、速度和顺序等时间特征在脑中的反映，空间知觉是对一个特定客观对象的空间特征在脑中的反映。时间和空间知觉是由视觉、听觉、肤觉、平衡觉、机体觉、运动觉等信息综合的结果。时间和空间知觉是人类智能的一个重要内容，是综合知觉对认知能力的重大贡献。

空间和时间是知觉综合的特例，而人对于事物的认知过程大都存在不同知觉获取信息的综合，从而形成对一个事物在脑中的完整认识。认知神经科学对此做了大量的研究，图 1.12 展示了视觉、听觉、躯体知觉综合的模式，图 1.13 则显示了大脑对一束光线感知后与其他信息的综合及运动的协同。

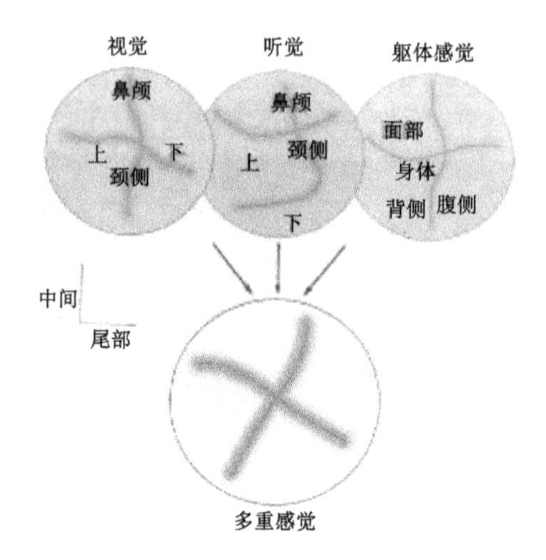

图 1.12　多来源知觉信息的综合示意

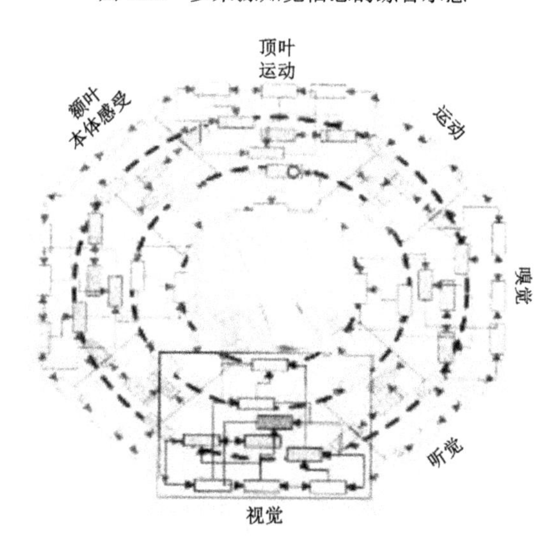

图 1.13　脑对光线感知的综合与联动协调[61]

认知神经科学对人类感知觉的研究证明，人类感知能力是多元的、精细的，感知过程是结构化的、综合的，感知结果是语义的、逐层抽象的。

1.3.2.6　精细的感知能力

人类具有多元、精细的感知能力。多元性在前面对各类感知觉的一般介绍中已经说明，通过这些感知能力，人类可以达到生物特征基础上全面、有效地对环境感知，为认知能力的形成和智能的发展和运用奠定了信息感知基础。

人类的感知能力基于数量众多、分布广泛的生物分子和神经细胞，十分精细。下面以视觉、听觉和嗅觉为例，说明人类感知能力的精细程度。

在人的视网膜中，视锥细胞有 600 万～800 万个，视杆细胞总数达 1 亿以上，每个视杆细胞的上段有近千个膜盘，每个膜盘中约含 100 万个视紫红质分子，这样的结构特征，使得单个视杆细胞就可能对入射的光线起反应，由于视杆细胞对光的敏感度极高，使视网膜能够察觉出单个光量子的刺激强度[62]。

听觉经由外耳集声和中耳传导，内耳是感受声音的场所。其中阶底部基底膜上的声音感受器称为 Corti，它由支持细胞和毛细胞组成，毛细胞根据所在位置分为内毛细胞和外毛细胞，每个毛细胞的顶端约有 100 个静纤毛。内毛纤维约 3500 个，每个内毛纤维与 10～20 个螺旋神经节大双极细胞发出的有髓纤维联系，成为内毛纤维和螺旋神经节之间带状轴突的一个组成部分。外毛细胞约有 12000 个，大约 10 个外毛细胞与螺旋神经节内小双极细胞的外周无髓轴突形成突触，形成高度的汇聚性传导。听神经有 24000～50000 根轴突，约 90%分布到内毛细胞底部，另外的分布在外毛细胞[63]。

鼻腔顶部黏膜中有超过 1000 种嗅觉感受器，嗅觉感受器是一种双极神经元，一个着嗅剂分子与一个双极神经元结合时，信号就输送到嗅球的神经元中。一个双极神经元可以激活超过 8000 个嗅小体，每个嗅小体又可以接受多达 750 个感受器的输入。嗅觉感受器约有 400 种蛋白质受体，一种蛋白质受体能够特异地和多种气体分子结合，一种气体分子也可能特异地和多个蛋白质受体结合，大多数气味是由多种气味分子构成，这就产生了一种“结合密码”以形成一种“气味类型”，

400 种蛋白质就可以组合出上万种气味，并由此形成了上万种不同气味的记忆。大脑的嗅小球中约有 2000 个精确限定的微小区域——球囊，同一类型嗅觉受体的突触聚集到同一种球囊中。球囊也特定地联系到一个嗅觉传递的神经细胞，传递到大脑的相应部位[64]。

多样精细的感知过程基于人的生物特征。人的感知能力基于人的生物特征。人眼能感知波长为 380～760nm 的光，耳朵能分辨频率为 20～20000Hz 的声音，鼻子能区分 7 种基本气味组合成的成千上万种气味，舌头及空腔其他部位能辨别 5 种基本味道组合成的成千上万种味道，在全身各个部位能感知压力、温度、疼痛，都基于自身器官拥有的感受器的生物特征——感受器的生理阈值。感知信息如何传递基于生物特征。人的味觉从物质刺激到感受到滋味仅需 1.5～4.0ms，比视觉 13～45ms，听觉 1.27～21.5ms，触觉 2.4～8.9ms 都快。

1.3.2.7 结构化的、综合的感知过程

认知神经科学研究成果表明，人体所有感知过程信息传递过程是高度结构化的，图 1.6～图 1.10 所展示的视觉、听觉、嗅觉、味觉的神经通道，清晰地说明了这一点。

引发感知的是外部刺激。各感知器接受到在其阈值范围内的同类刺激后，开始启动换能作用，即将接受到的刺激能量转化为传导到与之相连接的神经元的动作电位。在这一转换过程中，不仅发生了能量转换这个物理—化学过程，对感知信息传递还发生了更加重要的转换，就是将特定刺激所包含的环境信息及其变化转移到了动作电位的频率和序列中，这个功能也被称为感知信息的编码。编码功能主要不是通过动作电位脉冲的差别实现，而是通过传递到神经中枢的不同部位表达。人之所以感觉到不同的事物，是由于神经中枢接收到来自不同传递通道的信息，如温度的传导神经只传导热感受器的信息，酸、辣、苦、甜则基于味觉细胞只感知一类味道，并与特定的神经元连接，“专线”是大脑区分感知信息含义的主要路径。感知信息的传递通道不仅有“专线”，也有少数“公共线路”，这些通道可以传输多种类型的感知信息，不仅节约了通道资源，也为不同感知信息在大脑皮层加工

和整合提供了另一种基础。

认知神经科学的研究解决了感知信息如何实现对多通道获取的信息进行综合的问题。从感觉到知觉，有些是直接反应的，如烫觉会直接产生反应，控制相应的肢体改变位置，离开风险。更多的会经过感知信息综合的过程，气味、物体的辨识，一项事务发展的理解等，都需要通过感知信息综合实现。相对于知觉信息传输，其综合涉及更多的知觉类型、传递通道、概念和认知在大脑中的表征、记忆意识等更多的功能，但感知信息综合也是一个结构化的过程。例如，触觉分布于全身，感知温度、疼痛、压力等，分辨形状、物体类型等外部事物。触觉感受器在皮肤与骨头之间，各有分工，梅克尔小体感知一般的接触，迈斯纳小体感知轻微的接触，环层小体感知深层的压力，鲁菲尼小体感知温度，疼痛感受器或游离神经末梢感知疼痛。人的大脑皮层通过固定的对应区域的位置、记忆、相同部位的不同触觉得出触及皮肤的具体物体。

经过视网膜神经网络处理过的信息，由神经节细胞的轴突——视神经纤维向中枢传递。在视交叉的部位，100 万条视神经纤维约有一半投射至同侧的丘脑外侧膝状体，另一半交叉到对侧，大部分投射至外侧膝状体，小部分投射至上丘。在上丘，视觉信息与躯体感觉信息和听觉信息相综合，使感觉反应与耳、眼、头的相关运动协调起来。外侧膝状体的神经细胞的突起组成视辐射线投射到初级视皮层（布罗德曼氏 17 区或皮层纹区），进而再向更高级的视中枢（纹状旁区或布罗德曼氏 18、19 区等）投射。从初级视皮层又有纤维返回上丘和外侧膝状体，这种反馈通路的功能意义目前还不清楚。

感知信息的产生和传递过程的结构化说明人类的认知功能本身是结构化的。认知过程功能结构化通过遗传基因实现，并能将功能发展的成果保留在遗传基因中。

1.3.2.8　逐层抽象、语义的感知结果

认知神经科学的研究成果说明，人类认知的过程和结果是以语义为处理对象和目的的。

在感知的起点就确定了认知信息的语义属性，无论是触觉、视觉、听觉、味觉，还是嗅觉，感知器的分工及直接把感知的物理信号转变为带有信号语义的生物信号递质，这是第一层语义抽象。如嗅觉细胞膜内有一些凹洞，当有物质的气味进入任何一个凹洞时，细胞膜的结构就会有所改变，这个改变即为嗅觉感知的开始。人体的嗅觉接受器有 7 种类型，各自负责不同气味的感知，每一个嗅觉细胞内都包含一种嗅觉接受器。

感知器的第二层语义抽象是感知信息在感知器官的汇聚，如视神经细胞感知的信息在视网膜汇聚成图像。在视网膜上，每种神经节细胞都像是一个滤镜，每种“滤镜”都对一个特定的特征或动作非常敏感，每个神经节都有自己解读接收到的视觉信息的能力，并通过给定功能结构，实现了高效的信息压缩处理，减少了传输的信息量和大脑的信息存储压力[65]。

感知信息的第三次抽象在大脑，把感知到的信息形成整体、历时的信息合成。所谓整体就是将不同的神经元传递到大脑的信息合成一个完整的事物感知，并与相应区域已有的类似信息进行组合，构成对感知对象的新的信息存储。所谓历时就是将一个过程性的感知对象的信息组合为一个时间系列的对象信息集合，并存储起来。第三次抽象成为大脑记忆的信息，这些是语义的。

感知信息的第四次抽象还是在大脑，就是将不同的感觉器官感知的信息及已有的记忆进行组合。以水龙头出水感知为例。皮肤的温度觉感知到出水的温度，眼睛看到水龙头开关冷热控制的位置，耳朵听到出水声，鼻子闻到水的味道。这些在大脑皮质区汇聚，并与已经成为记忆的经验比对，形成综合判断：水温、水质、水龙头是否正常。在这个过程中还与大脑已有的概念整合起来，不仅是感知的状态，这些状态相关的概念与感知的信息也连接起来了。显然这一抽象的结果信息也是语义的。

感觉是认知和智能的逻辑起点。人的感知过程从起点开始就是语义的，所有的过程和功能都是精细结构化的，语义是通过结构化的功能实现的。这是认知科学对智能研究十分重要的基础性贡献。

1.3.3　学习、记忆、意识、行为等认知功能的一般讨论

学习、记忆、语言、注意、意识、情绪、思维和问题求解、控制和行为等既是认知科学研究的主要对象，也是智能的重要组件。认知神经科学和神经生物学相关的专家学者对上述功能组件进行了长期、细致的研究，既吸纳了心理学等其他学科研究的成果，又从神经生物学的角度对其进行了细胞和神经系统实现的分析，成为生物智能及一般智能研究的重要基础。

无论是从认识神经科学，还是从心理学看，学习和记忆之间存在不可分割的关系。学习是获取信息的过程，记忆是学习的结果。换言之，记忆是人对自身想法、经验或行为的持续性表征，学习是对这种表征的获取过程。语言是表征学习成果和人与人交流的工具，也是社会认知和概念的载体，是人类知识和经验得以跨越时间和空间传递的基础[66, 67]。注意和意识也是两个前后相继的概念。注意的核心是整合信息并提出报告，而这个整合必然是有意识的。但大脑中大部分信息加工是无意识的，因此在注意的逻辑过程中，应该有意识这一个前置环节，以分析人注意这个行为的特殊性，见图 1.14[68]。

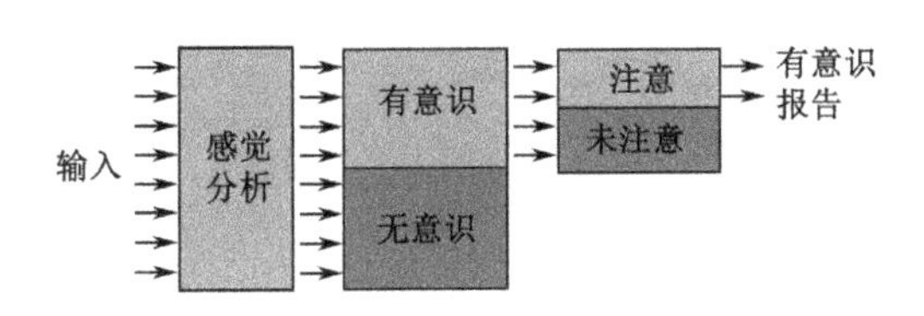

图 1.14　注意与意识的认知逻辑过程

情绪、思维和问题求解、控制和行为则是对产生结果的认知过程的重要功能。情绪是对思维、问题求解和行为的主观影响。认知神经科学将问题求解区分为外显式和内隐式两类，前者思维过程清晰、有意识选择目标，后者则相反，在问题解决过程中思维和意识不甚清晰。控制和行为认知的起点和目的，是智能实现的核心环节，认知科学分析了认知控制和行为控制，阐明了大脑的控制和执行机制。也就是说，

认知神经科学系统地解析了人的智能全部功能，下面将从这些功能的部分特征进行分析。

1.3.4 认知功能与主体

认知科学的研究成果说明，一个具体的个人，其所有的认知功能带有基于这个人的主体能力和主观需要，所有的认知功能都在这个主体的控制之下。换言之，人的智能是基于人这个主体而形成并发展的，智能的主体性是研究智能最重要的成果之一。

认知神经科学研究已经认定的大脑额叶功能如图 1.15 所示。它可能不与单一的已被确定的认知功能对应起来，但在选择完成主体确定目标路径时起着关键作用，它选择完成目标所必需的认知功能、统一调度，再按照顺序组织实施，最后，还承担评估结果。

1 计划、设定目标、发起行为
2 监控结果，根据错误调整
3 在追寻困难目标时，加大主观努力程度
4 追寻目标时与其他脑区互动（基地神经节、丘脑核群、小脑、运动皮层）
5 产生动力，愿意投入某项行动
6 起始言语和视觉意象
7 识别他人的目标，参与社会协作与竞争
8 调节情绪波动
9 情绪体验
10 存储、更新工作记忆
11 主动思维
12 开启经验意识（Deheane, 2001）
13 在干扰情形下保持集中注意力
14 决策、转移注意和改变策略
15 计划、排列行动顺序
16 统一语言中的声音、句法及语义
17 从备选计划中找到最佳

图 1.15 额叶的主要功能[69]

额叶的功能指认知过程主体性的集中体现，而认知科学对启动机制、运动控制和认知控制的研究则进一步深化了对此的理解。

学习和记忆的三个阶段，及隐性或显性的功能，包括语言功能在内，都存在启动及启动效应。感知启动依赖于感觉皮层，概念启动源于颞叶和前额叶。感知启动和外显记忆都连接到内侧颞叶和前额叶，但前者是负激活，后者是正激活[70]。

运动伴随着一个人的全部生存期，运动控制是认知功能主体性的典型例证。身体可以运动的部分称为效应器，手脚、舌头、眼睛都是效应器。各种形式的运动都产生于控制一个或一组效应器肌肉状态的变化，肌肉和发出控制信号的神经元经由特定的运动神经元连接而产生相互作用。在大脑中，运动控制主要由小脑和基底神经节承担，大脑中还有许多部分与运动控制有关[71]，见图 1.16。运动控制的计划和运动的序列都是经由表征和计算实现，表征主要通过神经编码。运动系统采用层级式组织，学习可以使皮质的控制发生变化。层级式组织使运动控制形成了有效的分级计算模式，高级层次只要向低层次运动控制单元给次模式信号，低层次控制单元就可以完成运动所需要的计算[72]。

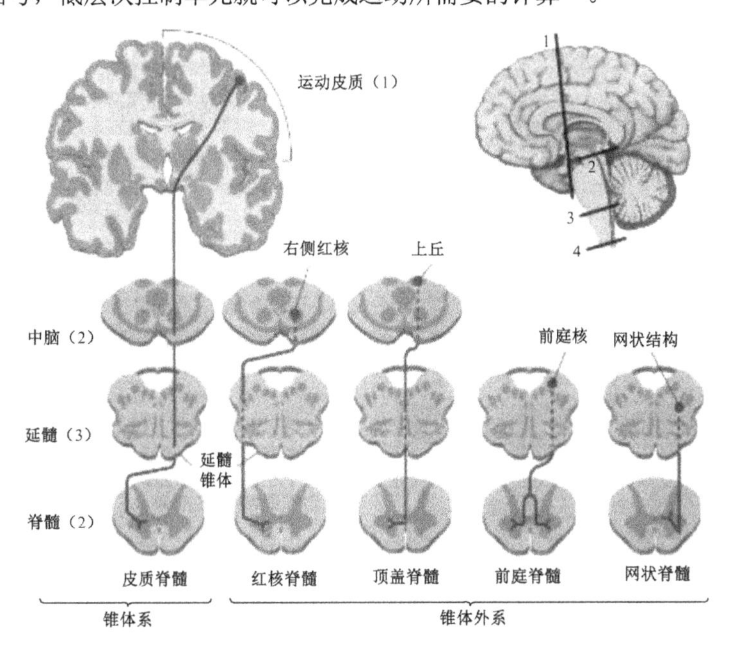

图 1.16 参与运动控制的脑部区域

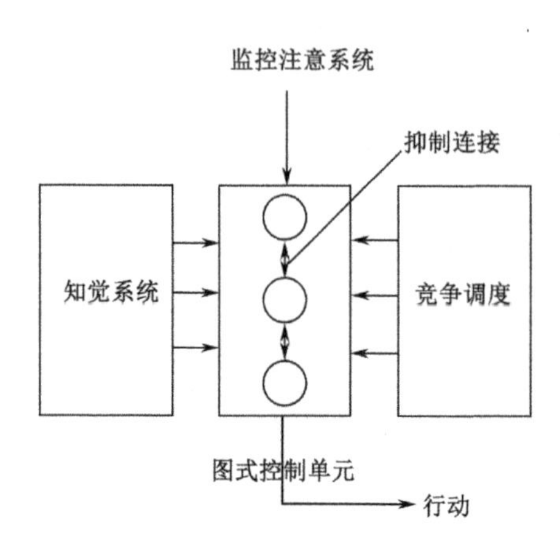

图 1.17 目标导向的认知过程控制[73]

认知控制是人作为主体对认知过程的控制，如对视觉等感知觉的控制、对学习和记忆过程的控制等。认知控制有两种类型，即促进和抑制机制，具有自上而下的特征。无论是抑制还是促进，都是通过对任务相关的信息增强或抑制实现。当我们注意一个特定位置时，对该处刺激的敏感性会增强，或者会排除其他位置的信息而优先选择该处的信息；而抑制机能则是把无关信息对认知任务的影响降到最低。

认知控制围绕任务或目的，证明了目的性在认知功能中的主导作用，学习、记忆、思维、行为和控制，都围绕目的。一个外界输入信息或感知信息，会导致多个控制单元的激发，需要一个过程控制来趋近行为的目的，保证行为导向成功，而不是相反。图 1.17 说明了这种目的导向认知控制的一种模式，其他认知功能也有类似的目的导向性控制机制。

通过对认知神经科学的研究，我们得到了一个对认识生物智能十分重要的事实，即认知功能不仅基于神经系统，也与人的其他组织与系统存在密不可分的关系，或者说认知功能与人体其他功能系统是一体的。例如听觉与耳廓及其运动相关，触觉与表皮相关，内知觉与内分泌系统、肠胃系统等被感知的器官或系统相关，等等。认知功能与人体其他功能系统的一体性是智能主体性特征的又一个重要实证。

1.3.5 认知的结构性

所有认知过程都基于特定的功能和信息，而这些功能和信息都是高度结构化的，功能及该功能所需要或产生的信息之间的连接也是结构化的。有些认知功能全过程结构化程度已经达到不需要经过相应脑区计划、控制和调整，如大部分隐性的认知功能；有些认知功能则需要经由计划、控制和调整的环节，但这些过程也是在相关功能结构的约束之中；还有一些认知过程则介于两者之间。

学习和记忆一般区分为三个阶段：一是编码，对感知的信息进行处理和存储，又可以进一步细分两个子过程，即获取和巩固；二是存储，将前一阶段获取并巩固的信息储存起来，成为大脑中的长期记录；三是提取，利用存储信息创建意识的表征或执行习得的行为。编码就是感知信息及其过程的结构化。除了学习的高层次计划，需要通过思考、决策、调整等非结构化过程，每一个具体的学习—记忆过程，即从感知觉获取信息到形成瞬时记忆、工作记忆、长期记忆都是结构化的过程。图 1.18 是学习与记忆的功能框架，将信息的获取到形成记忆的结果这个过程进行了有效的抽象。框架将学习区分为内隐学习和外显学习，将记忆区分为工作记忆和长期记忆，并将行为过程区分为信息输入、中央执行和反应输出三个阶段。图 1.19 则进一步从学习、记忆与脑功能的对应角度，在更加精细的层面解释了学习记忆过程的结构性。学习—记忆过程是典型的认知功能，更覆盖了几乎所有认知类型，这一例子说明认知过程结构化是普遍的。

在图 1.18 中，包含了内隐和外显的记忆和学习，在运动控制和认知控制层面，存在更多的隐性和显性认知。所谓外显就是有意识的认知行为，而内隐则是无意识的认知行为。在我们的经历中有很多内隐的运动控制，例如，爬楼梯，不用对每一步做出分析、判断、计划和发出行为指令，走路成为正常人的本能；在说话时，我们不用对一个个语音进行分辨，逐一对发声肌肉群给出指令，说话成为正常人的本能。然而这些本能是在婴儿期无数次蹒跚学步和牙牙学语中，逐步从调节到非调节，从信息感知到行走、发声过程，对不同的行走和不同的声音从调节到本能发展的过程，就是从显性认知过程到隐性认知过程的转变。

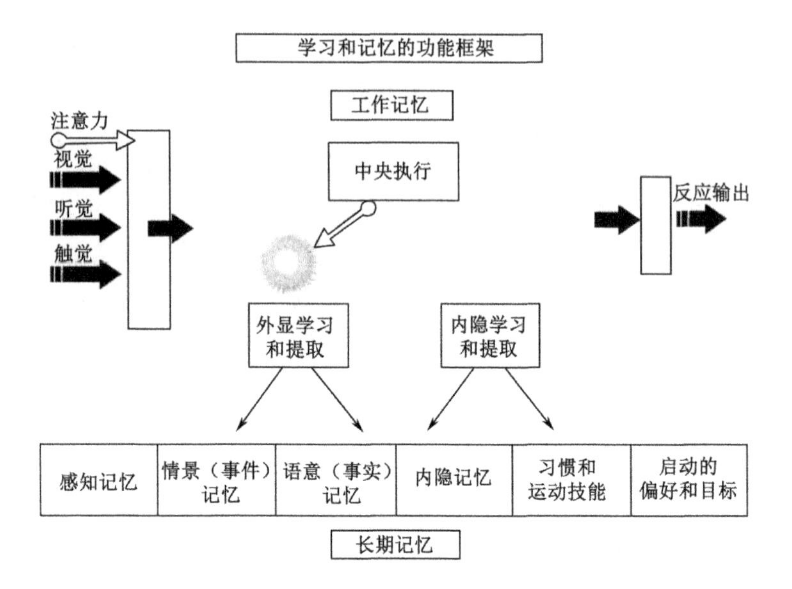

图 1.18 学习和记忆的功能框架[74]

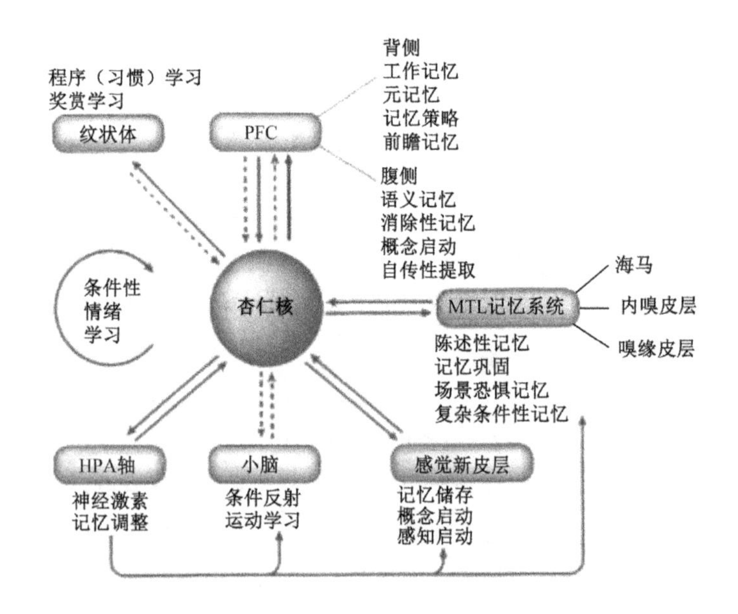

图 1.19 不同类型的学习和记忆所对应的脑区功能[75]

认知科学研究对内隐和外显认知模式的区分是对智能研究的重大贡献，它揭示了不同认知成熟度和不同认知需求的认知发展模式。

1.3.6　注意、意识、情绪的认知功能特点

如何理解注意、意识、潜意识和情绪等认知功能的本质，在哲学、心理学等领域的研究中存在很大分歧，最主要的观点冲突在还原论和局限论之间。还原论者认为，这些均可以由物理学和神经科学来解释；而局限论者认为主要基于人的主观体验，无法还原到神经机制的，存在一种非物质的实体，是人类永远不能理解的[76]。认知神经科学对注意、意识、情绪给出了基于脑和神经科学的解释[77, 78]。

认知神经科学认为注意就是认知主体在留意一些东西的同时忽略另一些东西的能力。注意的认知神经科学研究有三个主要目标：一是理解注意如何实现和影响对刺激事件的探测、知觉和编码，以及如何基于这些刺激产生行为。二是用计算方法描述实现上述功能的过程和机制。三是揭示上述机制如何通过脑和神经系统实现。

注意有不同的类型，既有自上而下（有意）的目标驱动过程，又有包括自下而上（反射性）的刺激驱动的过程。不管是何种类型，注意都会经由主体的选择而成为一个认知过程的启动环节，称之为选择性注意。如何选择，是神经元群的偏好竞争。认知神经科学对视觉、听觉及其他知觉的注意选择做出了精细的脑和神经系统的实现方式解释。

意识是一个很难定义的概念，至今仍在争论中。在认知神经科学中，意识和注意通常连接在一起，当你注意一个事物的时候，你也就意识到它。这一过程说明，主体有一种注意控制机制，决定哪些会被意识到，哪些不会。注意意味着选择了某个对象而不是其他，意识就是指该认知主体关于注意对象能够报告的东西。

论及意识，必然联系到潜意识或无意识，认知神经科学的研究解释了两者之间密切的联系，以及它们的脑和神经系统的功能特征。有

意的认知和无意识认知对认知过程同样重要，例如当你看到一个单词时，你可能意识到了与你当时所处的场景或阅读文字的上下文直接相关的语义，但是，这个词可能有10种语义，还有不同的语音、繁简体及字体的不同形状。在你意识到的字形、语音和语义的同时，这些不同的语义、语音、字形同样会被无意识地激活。内隐记忆、内隐学习、内隐感知、自动节律、无意识认知都是认知主体的无意识过程。注意和视觉意识的还原性解释可以用图1.20来说明，越来越多的研究成果说明注意和意识的客观实在性。

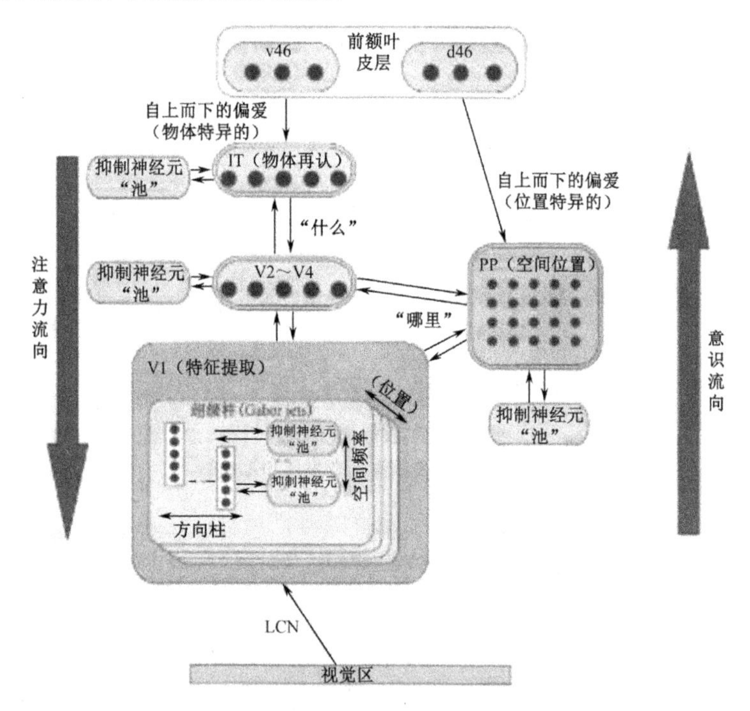

图 1.20　注意与意识的神经科学解释[79]

在生活及概念中，有大量关于情绪的词，兴奋、悲伤、愉悦、郁闷、害羞、失望，等等。情绪表达有太多的模式，是一种难以系统研究的行为。认知神经科学的研究逐步将情绪与神经系统的关系清晰起来。早期研究认为情绪加工主要在大脑的边缘系统部分，更进一步的研究发现，情绪加工的核心神经区域主要是两个，一是眶额皮质，包括腹内侧前额叶皮质和外侧眶额皮质；二是杏仁核。图 1.21 解释了杏仁核与情绪的关系。

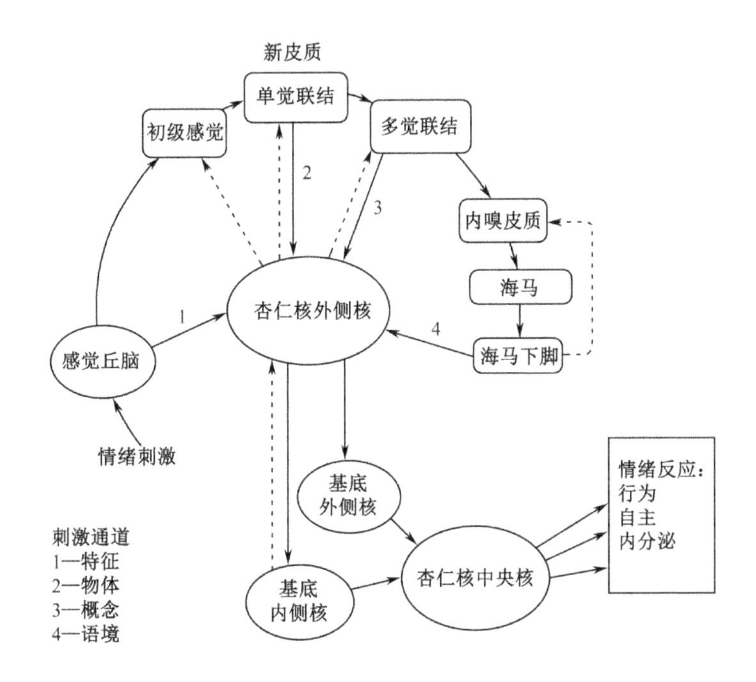

图 1.21　情绪的条件反射和杏仁核通路[80]

认知神经科学的研究还进一步将不同情绪与脑区的关系有了初步的对应。图 1.22 揭示了这种关系。

迄今为止的研究还认为，情绪主要作用于大脑的边缘系统，或称之为哺乳动物脑区，这一特征说明了两个问题，一是情绪普遍存在于各类生物中，二是情绪认知路径的主要部分已经处于隐性或固化的状态。

基本情绪系统	相关哺乳动物脑区	相关情绪感觉
恐惧/焦虑	中央和外侧杏仁核到内侧下丘脑和背侧PAG	恐惧，焦虑
探索/期待	VTA的中脑边缘输出到伏隔核；中脑皮层 VTA输出到眶额叶皮层；外侧下丘脑到PAG	兴趣，好奇
愤怒/生气	内侧杏仁核到中纹床核；内侧和穹隆周围下丘脑到PAG	生气，藐视
恐慌/分离痛苦	前扣带，终纹床核，视前区 背内侧丘脑，PAG	悲伤，害羞，罪恶/羞辱
诱惑/性欲	皮层—内侧杏仁核，终纹床核；视前区，VTA，PAG	情欲，妒忌
关怀/抚育	前扣带，终纹床核，视前区，VTA，PAG	爱
玩耍/快乐	背内侧下丘脑；束旁核，PAG	快乐，愉快

注：PAG=导水管周围灰质，位于中脑内部，围绕着大脑导水管，头端达后联合，尾端到蓝斑核；
BNTS=终纹床核，是一群皮层下神经核，位于基底神经节内侧和下丘脑上部；
VTA=腹侧被盖区，位于中脑内。

图 1.22　基本情绪及其相关脑区[81]

1.4　心理学研究的贡献

心理学是一个由众多分支学科构成的门类。认知心理学和神经心理学的内容嵌入了 1.3 节，进化心理学的内容融入了 1.2 节，社会心理学的内容将在 1.8 节讨论，本节只介绍发展心理学的部分，即人的一生智力的发展和不同类型智能的发展。心智研究是在人工智能和认知神经科学发展研究进展的基础上，综合心理学和认知神经科学等成果提出的解释智能发展的新理论。

1.4.1　儿童智力发展的阶段

智力发展的研究来源于发展心理学，来源于对儿童智力发展的研究，而其开创者也是皮亚杰。在大量的心理实验基础上，皮亚杰系统地提出了发展心理学理论，指出在儿童发展的不同阶段认知能力发展的阶段性和不同阶段的模型，将儿童认知能力发展分成 4 个阶段，即感觉运动阶段（从出生至大约 2 岁）、前运算阶段（大约 2 岁至 6 或

7 岁）、具体运算阶段（大约 6、7 岁到 11、12 岁）、形式运算阶段（大约 11 或 12 岁之后）[81]。发展心理学的研究发现，在婴儿出生之前的胎儿期，同样是儿童智力发展的重要阶段。这样，儿童智力发展应该分成 5 个阶段，下面对这 5 个阶段分别作简单介绍。

1．胎儿期

胎儿期对智力发展的贡献主要有两个方面，一是神经系统的发育，为智力的形成和发展提供了基本载体；二是在子宫中学习，为出生后的学习打下基础。

人智力的载体是以脑为中心的神经系统。胎儿是脑从零开始的生长期。从受精 3 周后，2/3 的受精卵发育为脊髓和脑构成的中枢神经系统和神经管。此后中枢神经系统不断成长，在 16 周时神经元开始形成，到 18 周时，大多数神经系统形成过程结束。人类的脑从出生到成年大约增长了 4 倍，增加的是树突、轴突和髓鞘，而不是其他神经细胞，图 1.23 显示了婴儿大脑生长的一般过程。

胎儿未出生就开始了学习。首先是适应环境的学习。由于要适应母亲的运动和自己在子宫中的运动，胎儿出生时发育的最好的是运动平衡能力。胎儿的眼睑在第 4 周就分开，与视神经的生长发育同步，形成了一定的视觉功能，这就是为什么新生儿的某些视觉任务比其他任务完成得好。胎儿的味蕾在第 8 周时开始发展，大约第 14 周时，味蕾的神经开始与脑皮质连接起来，从那个时候起，胎儿能尝到羊水的味道。同样，胎儿在第 4 个月开始听外部的声音，在 6～7 个月开始具备嗅觉功能，而胎儿踢子宫壁和胎动，则是运动系统的发展，胎儿也已经具有记忆的能力。通过上面的介绍，我们可以认为，胎儿学习最重要的不是掌握了什么知识，而是使基本认知功能的通道和脑功能区之间的连接建立了起来。

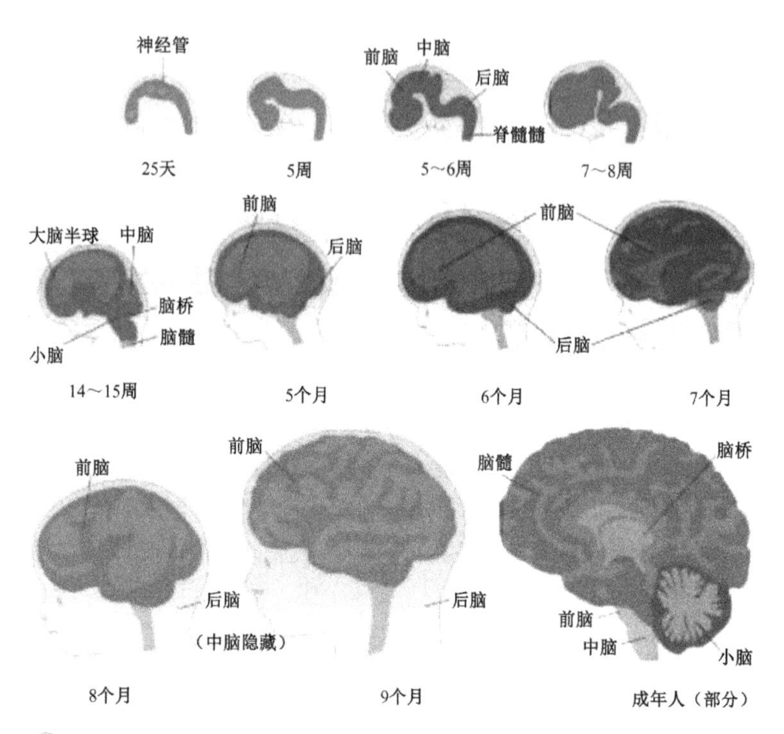

在受精后大约25天，随着神经管的出现，大脑的发展进入第一阶段，大约5周后脑干出现，脑干会发展出脑髓、脑桥和前脑。在7～8周的时候脑髓的主要结构形成。9周后脑桥开始出现，大脑皮质是最后发展的，第1个槽形褶皱大约是在20周左右出现的。在6个月时脑干发展充分，胎儿可以在子宫内呼吸，5个月之前中脑还不能以一个独立的结构被看见。

图 1.23　脑的生长发育[82]

2．感觉运动阶段

从出生至大约 2 岁，婴儿主要发展感觉和运动能力，所以归纳为感觉运动阶段。这个阶段又细分为 6 个亚阶段。一是出生至 1 个月的反射修正阶段。新生儿一出生就有很多反射能力，如东西放到嘴里会吮吸，头部会转向有声音的地方。这些反射基于胎儿期的学习，但在出生的头一个月进行修正，以适应实际的生存环境。二是出生后 1～4 个月的初级循环反应阶段。这里循环就是周而复始的意思，婴儿做一个动作，产生了一个其认为有趣的效果，就会反复去做，使得反射变得协调和连贯，为更加复杂的行为打下了基础。三是出生后 4～8 个月的次级循环反应阶段。这个阶段尽管依然是婴儿对有趣动作的反复，但循环更加复杂一些，反应也更快、更有效。四是出生后 8～12 个月的次循环反应的协调阶段。这个阶段婴儿能协调两到三个次循环，对动作与结果之间产生了直接的联系。说明了婴儿已经对外部世界及事件有了相对持久的心理表征及记忆能力。五是出生后 12～18 个月的三级循环反应阶段。这个阶段婴儿开始有意识调整行动，以自己的目标来实施行动，意图和行为之间的对应越来越明确。六是出生后 18～24 个月的表征思维开始阶段。这是一个从感觉运动阶段向前运算阶段过渡的时期，儿童已经能够形成内部的心理表征，经由心理表征，围绕目的进行活动计划的行为。这个阶段既是脑功能继续快速增长，也是经由活动、语言，使各种认知功能与相应脑分区及神经元建立具体的编码和建立固定的功能结构的时期。在儿童智力发展中，中枢神经系统的发展和各项认知能力的发展是同步进行的，为形成一个主体最终的智力确立了基本认知能力，在胎儿期和感觉运动阶段，这一特征尤其明显。

3．前运算阶段

大约 2 岁至 6 或 7 岁是儿童智力发展的前运算阶段。这个阶段的第一个特点是具备一定的符号表征能力，而且同时用自有的象征性符号（个人表征）和共同的字符（社会表征）表示外部的事物。第二个特征是自我中心，无论是语言还是空间和物体识别，都存在这样的现象。儿童学习或感知的范围，在很大程度上决定了自我中心，很难想象一个孩子能用他所没有识别的语言作为他使用的语言，用他没有认识的文字作为对应事物的心理表征，能对没有接触过的空间特征作为其想象的参照物，更不用说抽象地从别人的角度看问题。第三个特征是倾向于用静态的角度感知世界，往往将动态的事物的片段作为对象观察，而相对于空间和时间的变化则还没有把握的能力。

4．具体运算阶段

大约 6、7 岁到 11、12 岁是具体运算阶段，显然，随着年龄的增长和经历的不同，儿童之间智力的差异逐步显现，不同个体进入更高一层认知能力的时间也开始拉开。

在发展心理学中，具体运算是相对于形式运算的概念，是指运算经由具体有形物体的比较来实现数量上的比较，或逻辑上推论。在这个阶段，儿童通过对具体物体的反复比较，实现了心理运算的能力，但对于无法用具体事物参照的抽象比较或计算，则一般还不具备能力。

5．形式运算阶段

大约 11 或 12 岁之后的青少年，进入了形式运算阶段。形式运算最主要的特点是把自身面临的具体的事物看作一个没有看到的或抽象的事物的一种形式，抽象的科学概念，如惯性、加速度，以及抽象的社会和道德概念，如意义、价值、道德等进入思维和理解领域，数学和逻辑的认知能力不断提升。对一个事物的认识开始从局部向整体性发展，能够对不同事件的关系进行分析和抽象。

儿童智力发展阶段理论是著名心理学家皮亚杰对心理学和智能的重大贡献。皮亚杰研究智力发展阶段理论的目的是探究“知识是如何演化的”，除了这里介绍的儿童智力发展阶段，他还力图从生物学的角度解释知识及智能的来源[83]。

研究儿童智力的发展，对理解智能发展的特征和路径，具有特别的意义，因为这是最典型的智能发展例子。归纳前述从胎儿期到形式计算阶段的发展过程，有三个因素对智力的发展具有决定性的作用。一是以脑为核心的中枢神经系统的生长发育，这是智力的物理载体。很多研究成果指向一些“信息”或“程序”是与生俱来的，比如孩子一生下来就会吮吸。二是基本认知功能与脑和神经系统对应功能的同步发展。典型例子是，从受精两周到 2 岁期间，每秒会生长出 180 万个神经突触，2 岁时，神经突触数是成年人的两倍，此后逐渐减少，大约 7 岁时降到成人水平。基因和这个时期的认知活动决定了神经突触的连接方式，而这个连接方式是这个人智力的重要构件。三是从胎儿开始的生活环境和学习环境。不同的生活和学习环境对智能发展具有重大的影响。

1.4.2　信息加工的发展理论

皮亚杰智力发展理论影响了几代人，但也存在不足，特别是神经科学和认知神经科学的发展，对儿童智力发展提供了很多该理论不能解释或解释不准的事实，需要新的理论容纳，这个新的理论就是信息加工的发展理论。

信息加工的发展理论有不同的学派，但是有着一些共同的基础。首先是“思维即信息加工”[84]，把儿童的信息表征、加工信息的过程以及限制他们所能表征和加工的信息量的记忆容量，作为分析认知能力发展的标尺。其次是通过确定与智力发展相关的变化机制，详细说明这些机制是如何协同作用并导致认知能力的增长。最后是发展基于儿童自身认知活动过程和经验，儿童自己的活动产生的结果改变了他以后的思维方式。信息加工理论力图通过认知的结构特征和加工特征来说明智力发展。

认知的结构特征是指信息加工系统的结构，也称为认知架构，这个架构由感觉记忆、工作记忆和长时记忆三部分组成，与 1.3 节中介绍的认知神经科学对记忆的分类基本一致，但分析的角度不同。信息加工理论侧重于分析不同记忆的发展，或智力发展与记忆量之间的关系。研究得出的主要结论是：对于感觉记忆，记忆能力随年龄的增长而增长。对于工作记忆，工作记忆的容量不是以信息的物理单位来衡量，而是以可操作的语义单位来计算；工作记忆能够保存的信息数量也与年龄成正比，年龄大的保存得多，而这个原因可能与复述的熟读相关，年长的复述速度快，两次复述的间隔时间短，工作记忆保留的信息就多；语言信息和空间信息有不同的工作记忆容量，随着年龄的增长，两者的分离日益有效；工作记忆对感知信息执行加工的能力也与年龄的增长成正比，执行加工控制在一定程度上决定了工作记忆的功能。对于长时记忆，保存的信息数量和时间没有像感觉记忆和工作记忆一样的约束，但信息存储不是以“全”或“无”的方式进行，人们对长时记忆经常可以仅能提取一个语义组块的片段，然后再记起其他部分，当然也可能没有记起其他部分。

在信息加工理论中，加工是指对储存在感觉记忆、工作记忆和长时记忆中信息进行的操作。有两种主要类型，即自动化加工和编码。自动化加工相对于控制性加工，几乎不需要注意的加工称之为自动化加工，而需要大量注意的是控制性加工。这一区分结合上一段存储提取模式，类似于认知神经科学的显性、隐性学习和记忆。该理论认为，儿童对频率信息的自动化加工是从一出生就具备的能力，并且对以后的认知能力发展起到了重要的作用，研究的结果表明，频率信息的自动化加工与年龄无关。另一种自动化加工是随着人们不断获得经验而从控制性加工转变到自动化加工，一旦某种技能达到炉火纯青的程度，就会自动或自发地发挥作用，不用思考、不用注意、无需控制。

这里的编码与认知神经科学的概念一致，是指对感知事物的心理表征。研究表明，如果不能对感知事物的重要特征进行有效的表征，即编码，则会导致经验在后续的认知中不能发挥有效的作用。在出生以后的几年中，编码在智力发展和个体差异上都起着重要的作用。婴幼儿对编码成功的事物很快失去兴趣，转向没有编码成功或新的事物，这是儿童成长的重要路径，也是判断聪明程度的一个重要指标。在一定程度上也说明了婴幼儿期神经突触生长—衰退个体特征与认知特征的关系。

将信息作为智力发展的基本线索把握了智能发展的主要特征，从心理学实验的方式，间接验证了认知神经科学关于学习、记忆、注意等认知研究的成果。信息发展理论的一些分支，如产生式系统和连接主义则通过计算机模拟的方式说明儿童信息处理和表征的特点，也与人工智能发展结合起来。

1.4.3　不同认知功能发展的心理学解释

研究智力发展规律的另一个维度是按不同认知功能分析。发展心理学对此也做出了重要贡献。下面从知觉、语言、记忆、问题解决和概念的发展 5 个方面分别介绍发展心理学的研究成果及其对智能研究的贡献。由于在 1.3 节中已经对这些认知功能从认知神经科学的角度做了介绍，因此重复的部分将略去。

1．知觉的发展

知觉是智力发展的起点。发展心理学研究表明，儿童的知觉能以非同寻常的速度达到或接近成人的水平，从婴儿期开始，动作和知觉紧密关联。

研究证明，一些感知觉能力在婴儿期，甚至一出生就较高。例如新生儿的听觉定位能力比 2～3 个月的婴儿还强，但比 4 个月的婴儿要弱，说明相同的行为在不同发展阶段有不同的机制对其进行控制；婴儿刚出生时，对某些事物注视的时间比其他事物长，这种注视偏好对婴儿发展十分重要。研究证明，许多视觉和识别事物的能力在出生后 8 个月内得到迅速发展。同时，在婴儿一出生，就具备感知觉的综合能力。这两个例子说明，知觉发展的功能和控制机制与遗传决定的生长发育控制存在必然联系。感知觉对婴幼儿生存的重要性，通过遗传固定了下来，这也是儿童知觉能力快速发展的主要原因。

研究还证明，新生儿具有将知觉和动作整合，形成一个感知—行为循环来认识外部世界的能力。在这样的循环中，知觉信息指导动作，动作增加了新的感知，又为已有的感知信息进行强化或校正。婴儿运动能力的增长，不仅使他的感知能力得到同步增长，更使他具有自主探索周边环境的能力，从而影响婴儿运用知觉信息的能力。

2．语言的发展

语言不仅是一个认知功能，还是智力发展的工具。儿童语言能力发展似乎有些神奇，他好像能自然地驾驭诸如概念表征、语音、语法、句法、情景特征、上下文关系等复杂现象。尽管乔姆斯基关于婴儿一出生就有一个语言获得装置的假设没有被广泛接受，但胎儿在出生之前就开始学习语言，婴儿会以某种方式促使成人与其交流，到 3～4 个月大时，这种交流已经变得很流畅，类似于大龄儿童与成人的对话，只有婴儿还不能说话这个差别。这些普遍存在的现象说明儿童神经中枢的语言功能，即语音功能、学习语言的主动性、对掌握语言某些特征的敏感性等在遗传和发育过程就存在了，而具体的音、义、词、句，以及更进一步的语法结构等，则是习得的。

语言的发展基于必备的生物功能，在这一点上，语音最显著。语音的习得和调用不仅需要相应大脑皮层的编码与控制，更需要与发音相关的肌肉和运动控制机制协同。在牙牙学语时，婴幼儿以极大的耐心，经过无数次的练习，实现了运动控制和认知控制的协同，而且成为本能，即使是同一字词有不同发音，如方言，也只是认知控制的调整，无需也很难对运动控制再次调整。

语言发展是儿童时期取得的一个最大成就，从世界各地婴儿最早的发音和所表达事物的相似性，说明具有相似的关于语音的遗传基因，以及相似的运动和认知控制机制。语法知识开始发展于婴儿期，婴儿也会将口语与手语结合起来进行交流，以及与生俱来的模仿能力，说明应该存在一种经由遗传和发育形成的脑功能，类似于乔姆斯基提出的“语言获得装置”，使得儿童语言发展基于一种预置的框架中。儿童语言的发展也是最能体现习得和遗传、认知控制和运动控制、认知功能和生理其他功能协同一体的智力发展模式。

3．记忆的发展

研究证明，儿童记忆是不断发展的，年长儿童比年幼儿童能记忆更多的信息，记忆也更准确。尽管影响儿童记忆发展的因素尚没有全部论证清楚，但已经有些得到了共识。

首先，它与信息编码的能力呈正相关。如同前一节对语言发展的分析，编码能力既有遗传发育的因素，更有学习中的发展。研究证明，对感知信息的编码，不仅是对感知事物的“字面表征”，即对事物详细的描述，更需要“要点表征”，即将事物要点归纳，以便于对字面表征信息的组织、存储和提取。不同的个体既有共同的编码能力，也有差异。这个差异源自大脑这个载体的遗传差异和既有知识差异。既有知识对要点表征和字面表征都有影响，但对前者的影响是决定性的。

其次，基本加工能力和容量。记忆的基本加工是指连接、概括化、再认、回忆等活动。婴儿没有长大之后的更多的记忆能力，所以在记忆的早期，基本功能对婴儿的学习和记忆发挥了特别重要的作用。而且，在基本功能的作用下，形成了外显和内隐记忆，提升了记忆的容量，逐步发展起记忆策略。加工容量在这里是指儿童能同时进行主动加工的信息量，一般意义上也是工作记忆容量。研究证明，基本加工能力和容量是随儿童的年龄不断增长的，同时，加工的速度也随着身体发育的成熟而增加。

再次，记忆的策略。记忆策略是指在主体意识控制下，被用来提高记忆水平的认知或行为的活动。研究证明，策略本身和策略的使用都随儿童年龄的增长而增长。记忆策略有物体搜索、复述、组织、选择性注意等。记忆策略的发展以习得性为主，也有遗传和发育的影响。

最后，元认知和内容知识。元认知可以分为两类，即外显的和内隐的。外显的元认知是指有意识的事实性知识，内隐元认知是指无意识的程序性知识，内容知识是指一个主体拥有的关于一个认知课题的知识。元认知是对认知知识的概括，内容知识是对一个主题认知的积累。研究证明，元认知和内容知识都随儿童甚至成人的年龄增长而增长。元知识影响认知的有效性，内容知识影响认知的速度和正确性，这里的正确性存在正反两个方面的可能，有时候内容知识可以导致先入为主的错误认知结果。

4. 问题解决能力的发展

问题解决能力是各项认知能力的综合反映，人生始终处于求解问题的过程中。研究证明，问题解决的能力是一个不断发展的过程，但对如何发展存在不同的论点，皮亚杰的观点是一个分阶段的能力增长过程，而信息发展理论则认为是一个连续的过程。

从发展的角度看问题求解能力，我们不能简单地区分问题的复杂性。发音、吃东西、走路等婴幼儿最早需要求解的问题，很难与解一个平面几何或如何将天平两边平衡等问题进行复杂性比较。换一个思路，使一个机器人能像 3 岁的孩子一样走路和做一张高考数学试卷，可能后者比前者容易；3 岁的孩子可以很好地在不太复杂的环境下走路，却无论如何不能完成高考的数学测试。

问题求解能力的发展首先是紧迫性要求，先是生存，所以孩子一出生就会吮奶，把摄入食物作为首要问题；然后是适应环境，辨别环境，与人交流，视觉、听觉、语言、走路和运动平衡等发展都是围绕这样的目的发展；最后是完成任务，解决玩耍、学习、家务等任务性问题。

问题求解的能力是与解决问题的需求相关的，因此呈现出认知能力或问题求解能力的阶段性，从这个角度看，皮亚杰的发展阶段理论解释性更强一些。但是，各个阶段及不同认知能力之间有着密不可分的关系，即使是规划、演绎或归纳推理、概念发展、形式计算等可能在婴幼儿期不能掌握的功能，其实在吮奶、说话、走路等问题求解过程中，都被隐性地使用，从这个解读看，信息发展理论学者对问题求解能力发展的解释更具有一般性。

同其他认知能力一样，问题求解的发展也是认知功能和遗传发育功能协同发展的结果。由于问题求解是多项认知能力的综合使用，所以发展是随着经验的增长、随着成功和失败的总结而发展的。

5．概念的发展

概念在智力发展中占有重要位置。概念是认知的抽象，是表征的高级阶段。研究证明，概念的发展经历了从具体事物到抽象事物、从简单到复杂的过程。从婴儿出生一个月开始，概念就已经产生，而一些复杂的概念需要反复学习或持续的经验才能获得。从这样的角度看，概念也具有神经中枢遗传结构的影响，但更多的是后天习得，而且习得主要依靠交互式学习环境，特别是一些抽象概念初步确立时。

时间和空间的概念是经验和交互式学习共同作用的结果，而表达复杂事物的抽象概念，以及数学运算方法等，更依赖于交互式学习。

1.4.4 分类智力发展研究的贡献

一批心理学家将教育心理学与智力研究结合，演化出智能分类研究的一种新途径。英文 intelligence 在不同的场合译成智能或智力，在这个领域研究成果主要为教育服务，所以一般情况下，译为智力更为恰当。从教育和智力的培养角度研究智力的发展，近百年来，一些科学家研究智力的分类，并取得了有效的成果。

美国学者斯滕伯格（Robert J. Sternberg，1949 年—）从研究智力测试出发，于 1977 年提出了认知构成的路径。他用信息处理和数学模型将认知任务执行分解为它的基本构成部分和策略。1985 年，斯滕伯格在前述理论的基础上进一步提出了三元智能理论。一是成分智力（componential intelligence），指思维和问题解决等所依赖的心理过程；二是经验智力（experiential intelligence），指人们在两种极端情况下处理问题的能力：新异的或常规的问题；三是情境智力（contextual intelligence），反映在对日常事物的处理上。它包括对新的和不同环境的适应，选择合适的环境以及有效地改变环境以适应需要。根据这个理论，信息处理构件分解适用于适应、影响（改变）和选择环境的情景（经历）[85]。

斯滕伯格从心理能力来衡量智力，法国学者比奈（Alfred Binet，1857—1911 年）则从复杂的判断能力来衡量。他认为三个认知能力是智力的关键因素，一是方向，即知道必须做什么，如何去做；二是适应，即选择和监控完成任务的策略；三是控制，即对于评价自己确定的判断和思想的能力。

斯皮尔曼（Charles Edward Spearman，1863—1945 年）则试图通过三个信息过程来理解智力。一是领悟经验，二是关系教育，三是交叉关系教育。斯皮尔曼用四字母类比方式（A:B:C:D）来形象化地表述这三个过程，第一个过程就是将这四个词（字母）编码，第二个过程是推断出 A 与 B 的关系，第三个过程是把这个关系应用到 C 与 D。20 世纪 70 年代初，以伊斯特（Esters ）和亨特（Hunt）等学者为代表，将通过信息过程测试智商的方法进一步完善[86]。

美国学者加德纳（Howard Gardner，1943 年—）在 1983 年提出了多元智力理论，成为智力研究的一个新里程碑。加德纳认为，智力是人的一种能力，来源于大脑和社会实践。他根据智力与大脑的关系及在人类知识和实践体系中的不同部分将智力分为 9 类：语言、音乐、逻辑和数学、空间、体能、人际、内省、自然、存在，其中，前面 7 类是在 1983 年的著作《心智分区》[87]一书中提出的，第 8 类则是 1995 年加德纳在一篇关于多元智力理论 12 年的评价性论文中提出[88]，第 9 类则是在此后的进一步研究中他提出的一种尚未确定的新类型，因此，他自己称为是 $8\frac{1}{2}$ 类。在《智能的结构》一书中，加德纳详尽地分析了确定智力分类的依据及各类智力在神经功能、心理及使用中的不同。

加德纳在纪念其 1983 年著作出版 30 周年的文章中提出，如果他再有几个生命期，会重新思考智力的本质，说明作者并没有完成关于多元智力理论体系的探索。

加德纳关于智力分类的研究具有里程碑的意义，被称为多元智力之父，他的理论成功地应用到教育领域。他认为，智力是人的一个基本特征，每个人拥有 8 种或 9 种智力；智力是一个人区分于其他人的重要标志，即使是同卵双胞胎的智力特征也不相同；智力是一个人实现自己目标的方式，这是他研究多元智力的目的所在。

加德纳将智力的生物特征和认知特征综合起来分析智力的不同类型及其发展过程。他十分重视神经系统在智力形成和发展中的作用，认为大脑认知发展中担负着最终裁判的角色。他认为，尽管在人出生之后，智力存在很大的可塑性，但这种可塑也是基于遗传的制约，遗传对智力发展的制约在生命的起点就发挥作用，并决定着发展的路径，即他所确定的不同智力的发展。

加德纳认为，人之所以具备突出的智力，是因为有信息内容存在于人类世界，数字信息、空间信息、关于其他人的信息等[89]。智力具有不同的特征，这些特征有利于达到相关的目的或完成同类的任务，如音乐智力强的人，适合与音乐相关的工作或具有这类的业余爱好。加德纳将体能作为智力的一个类型，这种智能主要是指人调节身体运动及用巧妙的双手改变物体的技能。表现为能够较好地控制自己的身体，对事件能够做出恰当的身体反应以及善于利用身体语言来表达自己的思想。他以大量事实证明了体能相对于其他智能的独特性。对智能研究来说，将体能作为一类智力则在另一个侧面说明了本能与显性认知、人体非认知部分与认知部分共同成为智能构成的要素。

智力分类研究为智能研究至少在四个方面给出了明确的启示：一是智能可以从不同的维度给予解释，斯滕伯格的心理能力、比奈的复杂问题判断能力、斯皮尔曼的信息过程模式以及加德纳的 $8\frac{1}{2}$ 划分法，为理解智能的本质提供了合理的窗口。二是智能是由遗传和发育形成的以脑为核心的中枢神经系统功能和人在实践中认知功能发展合在一起形成的。三是智力分类研究打开了智能任务具有不同特征的认知窗口，面向智力特征进行培训和根据任务的智力需求部署资源成为智能应用的一个基点。四是智能的本质尚未触及，加德纳自己遗憾地说，如果他还有第二、第三个人生，他将重新研究智能的定义和本质。

1.5　心智研究的贡献

加拿大学者萨迦德将人的智能与计算机智能结合起来研究，其成果是一本具有划时代意义的著作《心智，认知科学导论》，这本书出版后很快译成多种文字，并成为心理学、认知科学等多种学科的基础教科书。本节将此作为智能研究的一种路径，作简要介绍。

1.5.1 心智的计算表征理解

萨迦德认为，认知科学的中心假设是把思维理解为心智表征结构以及在这些结构上进行操作的计算程序，并将这一理解方式称为CRUM（Computational Representational Understanding of Mind），即对心智的计算表征理解[90]。

笔者认为，尽管CRUM对一些重要的认知科学问题解释依然不能令人信服，但它是迄今为止在理论和实验上最为成功的探索心智的路径，从心理学和其他领域权威性学术期刊上发表的论文也可以看出，CRUM是目前认知科学研究的主流。

笔者认为，CRUM 之所以取得成功是恰当地选择了一种类比方式，即用计算机程序的一般模式作为分析心智的一种基本模式。如图1.24所示，他把心智的心理表征类比于计算机处理信息的数据结构，心智的计算过程则类比于计算机软件的算法。

程　　序	心　　智
数据结构+算法=运行程序	心理表征+计算程序=思维

图1.24　计算机程序与心智的类比[91]

从这个类比再引申一下，连接主义学者将神经元及其连接比作数据结构，将神经元的激活和激活的扩散比作算法，这样就形成了如图1.25所示的心智—大脑—计算机三维类比。

在模型中，评价心理表征的标准有五个方面。第一是表征力自身，显然萨迦德借用计算机数据结构作为心理表征的模板，是因为数据结构表征的详尽性和可编程特征。其次，是由问题求解、学习和语言构成的计算力，其中，问题求解又细分为规划、决策和解释。第三是与心理学研究成果或表象的相似性或一致性。第四是与神经科学或认知科学研究成果的相似性或一致性。表征应该趋同于心理学及神经科学的成果。第五是要在实践上可用，并以教育、设计、智能系统和心理疾病四个方面作为对象，强调了心智研究是为了在实际事务中的应用，不是仅仅得出一种可能被束之高阁的理论。通过这个模型可以看到，表征计算是一个统一体，计算力是表征力的主要组成部分，这是一个十分重要的进步，说明了智能构成中处理能力同样是表征的对象。

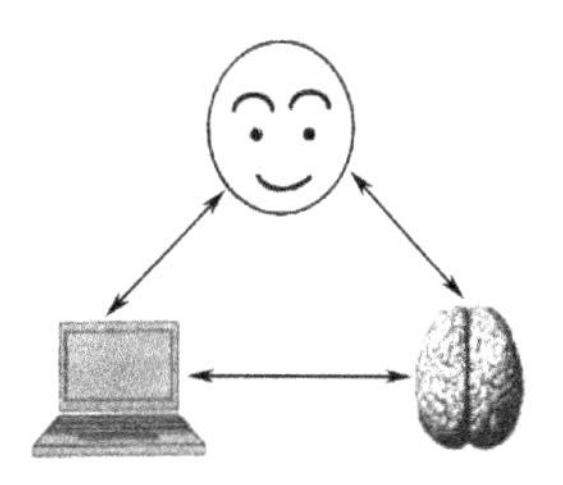

图 1.25　心智、计算机、大脑之间的类比[92]

1.5.2　主要心智内容的表征与计算

本节余下的部分，主要说明了 CRUM 在逻辑和规则、概念和表象、连接和类比、情绪和意识等方面的适用和不足，下面分别介绍。

1．逻辑和规则的表征与计算

规则呈现如果—那么这样的结构，因此也可以称之为一种定义的逻辑。从表征的角度看，对形式逻辑、命题逻辑、谓词逻辑和规则型逻辑具有充分的能力，计算机软件和人工智能的成果说明了这一点。

对于计算能力，人工智能的发展实际上已经说明了它能解决什么问题，什么样的问题又不能解决。对于学习和语言，按照今天的研究成果，只能是部分，甚至是只起辅助性的作用。心理学有不错的相似性，因为经过学习，心理表征和问题求解都自觉不自觉地经由逻辑或规则的路径。笔者认为与神经科学的相似性存在比较大的差距。这可能是该书出版时神经科学研究的最新成果还没有能够反映进去，神经元应该具有与逻辑和规则类似的编码功能。逻辑和规则的表征与计算，在设计和智能系统已经存在相当广泛的应用，在教育和心理疾病方面还没有显著的成果。

2．概念和表象的表征与计算

概念是知识积累过程的成果，也是知识积累的工具，是具有共识的对事物的文字描述。表象在本书中是指通过图像来认识客观事物。看起来概念和表象（图形）在表征和计算上不是近亲，实际上两者之间有着密切的关系。如果说逻辑和规则的表征是一维线性的，则概念通过框架、图式、脚本、语义网络等模式表征，是一维半或两维的；表象则是二维、三维，甚至四维的。这是为什么笔者将这两类合在一起的原因。

经过几十年的探索，概念和表象的表征力不断提升，笔者主要从人工智能的进展描述了概念的表征力，从视觉功能说明了表象的表征力。对于计算力，概念和表象对许多问题具有较强的解决能力，也是语言和学习的重要方式，在教育、设计、智能系统和心理疾病领域存在实际应用，即有较好的心理学相似性和神经科学相似性。

上面介绍了概念和表象的表征与计算的不足，但不够充分。实际上概念和表象的表征力与实际问题的求解之间的需求存在很大的差距，表征问题的不充分是主要问题。笔者在评估与神经科学的相似性上同样没有充分利用认知神经科学的最新进展，神经元对概念和空间、图形、时间等信息编码具有充分的能力。

3．连接和类比的表征与计算

类比是人类思维的一种基本模式。通过类比，可以将一件当前不熟悉的认知或问题与类似的已经理解或知道路径的问题求解办法连接起来，从而认识事物或解决问题。连接是神经元及整个神经系统工作的主要方式，人工智能的研究在经历了基于规则和知识的挫折之后，模拟神经元连接而兴起的连接主义取得了出乎意料的进展。从这个角度看，类比和连接有着相同的地方。

单独分析表征力，连接和类比都具有很高的可表征特征，但是如果将表征与计算力放在一起，特别是与实际问题的求解放在一起，什么样的类比是具备解决问题的表征力的，什么样的连接可以有效地为问题求解服务等问题就产生了。分析连接和类比的表征与计算，再一次说明了两者之间密不可分，关键则是表征是否符合表征对象的内在实际或规律。

4．情绪和意识的表征与计算

前面介绍的六类心智模式表征方式，源自计算机和人工智能领域成果的启示，而情绪联合意识，迄今为止依然没有纳入计算机或人工智能的范畴。情绪联合意识在很长的历史时期内属于哲学和心理学的范畴，在近 20 年才开始成为认知科学和神经科学研究的对象，也取得了相当的进展，正是基于这种发展，萨迦德将表征和计算扩展到了情绪和意识。

萨迦德依据神经科学将意识分成核心意识和延展意识，并根据两种意识的神经科学解释，提出了表征的思路。核心意识的表征是其定义自带的。所谓核心意识就是“生物体自身状态如何被生物体对物体的加工所影响，当大脑的表征设备对此表象式的而非语言的说明时，核心意识便产生了”，延展意识不仅基于已经表征的、此前经历过的经验性记忆，还要能够表征上述表征之上的高层次结构。据此，萨迦德认为，核心意识就是一种表征的过程，延展意识则具有更明显的表征性质[93]。

这样的表征能不能计算？就神经科学来说，应该是可计算的，因而也具有较高的心理和神经科学的相似性。但如考虑实践可用，则要说明是否可以通过计算机实现这样的表征，显然萨迦德没有证明回答这个问题。

1.5.3 CRUM需要面对的挑战

《心智》的第9章至第13章讨论了7种对CRUM的重要的挑战[94]：

（1）大脑挑战：CRUM忽视了有关大脑是如何思维的关键事实。

（2）情绪挑战：CRUM忽视了情绪在人类思维中的重要作用。

（3）意识挑战：CRUM忽视了意识在人类思维中的重要性。

（4）身体挑战：CRUM忽视了身体在人类思维与行动中的贡献。

（5）世界挑战：CRUM忽视了物质环境在人类思维中的重要作用。

（6）动力学系统挑战：心智是一个动力学系统，而非计算系统。

（7）社会性挑战：CRUM忽视了人类思维固有的社会性。

在萨迦德此后撰写的斯坦福哲学百科条目"认知科学"中，"大脑的挑战"被"数学的挑战"取代，认为数学结果表明人类思维不可能是标准意义上的计算的，大脑必定以不同于图灵机计算的方式运行，也许遵循的是量子计算机的运行方式[95]。

对于这些挑战，萨迦德认为，放弃和回避都不可取，继续完善这一理论模型是必然的选择。

萨迦德CRUM模型首次将心理学认知架构与认知科学的认知架构和计算机与人工智能的认知架构综合在一起进行分析、比较、解释，是对智能研究的重大贡献。

万物共祖、自然选择，作为人的智能显然也是生物进化的结果，生物进化及生物器官与智能之间的关系成为生物学家、生理学家和认知科学家的研究重点，也是认知科学面临的重大挑战。皮亚杰(Jean Piaget，1896—1980年)是提出并应对这一挑战的重要学者，20世纪70年代初，在其名著《生物学与知识体系（Biology and Knowledge）》一书的前言中明确指出，他的目的就是在今天生物学研究进展的基础上讨论智能和认知，特别是逻辑—数学的认知。在该书出版之前，认知神经科学的进展还处于早期，皮亚杰的著作基于比较宏观的进化及生物器官、组织与认知的关系，但是他极有前瞻性地将认知功能的发展同生物器官及其进化发育连接起来，将主要认知功能的形成，特别是记忆、学习、适应、逻辑与数学等与生物器官和组织、遗传和进化科学地连接起来，并进一步研究了器官、社会对认知的调节，是系统提出并回答自身性问题的早期成果。

1.6　工具和系统的贡献

在本书中，工具和系统是指所有人造物，简单工具、机械设备、生产线、自动化系统，建筑物、道路、管道、电网、水网、信息网、作为整体的城市基础设施，从简单加工过的木棍、石块到最复杂的机械设备，具有信息处理功能的机械系统或专注于处理信息的信息系统，包括人工智能系统。就智能发展而言，1.7 节讨论的逻辑和知识也是一类特殊的工具或系统，但不在本节讨论。工具和系统是我们认识智能及其进化、发展、使用的另一个重要领域。

1.6.1　工具与智能

工具与智能呈现复杂的多元关系。一般而言，有些动物也能简单加工或利用自然材料，如树枝、石块作为工具，但本书讨论的范围仅限于人创造的工具。下面分别从工具是智能的产物、不同类型工具对智能发展和智能使用中的作用、工具的客观性、独立性分析等内容作综合性介绍。

1．工具与人同步诞生

用遗传基因和人类学的研究方法可得，人与猿的分离在 460～620 万年前[96]。2015 年 4 月 16 日，世界科技研究新闻资讯网报道，由美国石溪大学学者索尼娅·哈尔曼德率领的考古团队在美国旧金山古人类学会年度会议上宣布，他们发现了人类祖先使用的最古老的工具，

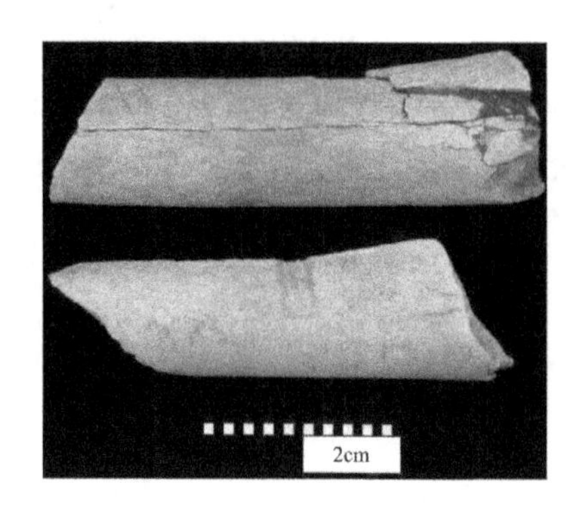

图 1.26　埃塞俄比亚发现 340 万年前切肉刀

包括石头原料、刮削器和砍砸器等。考古学家对在此遗址发现的骨骼化石进行了年份测定，并得出其年份为距今大约 340 万年前。无独有偶，科学家在埃塞俄比亚发现了 340 万年前的古人类用骨制刀具切肉的化石（图 1.26），这种刀具用尖锐的骨头做成，用来从动物骨头上剔下肉，并敲碎骨头，以摄取内部营养丰富的骨髓[97]。

从一般常识推论，树枝类的简单工具应该早于石块类工具。人与猿的分离，是从树上到地上，使用、掰折树枝的概率应该大于使用石质材料，在生活或狩猎中的可用性也很强，只是木质易于腐烂，难以经历数百万年岁月。

2．每一个历史阶段的工具代表了这个阶段人类的认知水平

从掰折的木棍、磨砸的石块到数控机床、计算机系统、航天器、人工智能系统、现代化城市的基础设施，每一个历史阶段的工具都集中体现了这个时期人类的智力水平。

农业时代的纺车、水车、犁、弩、计时装置、指南针、建筑工具、计算工具、水力和火药的利用等，都是现代科学技术诞生之前人类认知水平的结晶。如图 1.27 所示，巧妙地利用水力推动 9 个磨的运转，替代了人力，提高了加工能力[98]。图 1.28 则是中国学者张衡将天文知识与机械制造能力结合起来构建的浑天仪。

图 1.27　天工开物所载 9 轮水力磨

图 1.28　张衡及其改进的浑天仪[99]

经历文艺复兴和工业革命，人类对物理世界的认知达到前所未有的高度，工具制造随之突飞猛进。蒸汽机、电机、发电系统、核电为其发展提供了不绝的能源，各类机床承担不同类型和性质的机械加工任务，各类炉子利用温度、压力、化学反应等原理，制造出新的材料，矿山机械挖掘矿产，纺织机械纺纱织布，运输机械将人和物运送到相应目的地（图 1.29），观测设备探索宇宙、大地、海洋、生物、社会和人的奥秘，代表工业文明综合能力的城市基础设施随技术发展而不断升级……。工具始终与科学技术的进步连接在一起，是科技进步最主要的标记，是人类智能的最直接的表达。

图 1.29　100 多年前的汽车，主要由机械和动力装置构成

计算机发明以来，信息处理设备及机械、动力、信息处理三大部分成为这一阶段工具的特征。以 1946 年美国宾州大学 UNIVAC 计算机的诞生为代表，计算设备经历了比上个阶段更快的速度发展，已经应用到经济、社会、生活和军事的各个领域，网络无所不在、计算无所不在已经成为工具发展的一个新特征。随着计算机为代表的处理设备的发展，专门处理信息的系统也不断扩展，从国防、企业、政府机构到百姓家庭，信息处理系统成为今天完成各项事务的基本工具。计算性工具和机械、能源、运输、制造等工具结合，产生了自动化、半自动化的新的工具或系统。单一的设备如汽车（见图 1.30）、飞机、机床，信息部件成为标准配置，数控机床替代了普通机床；美国 F22 战机有两万多个传感器和惊人的计算、通信能力；许多中高端汽车中，计算相关部件和系统占总价的 50%以上。连续型制造的自动化能力全面具备，离散型制造的自动化生产线不断增加。具有一定智力水平的系统快速发展，并出现在某些领域达到或超过人的智力的人工智能系统，例如下围棋，Alpha Go 的水平已经超越所有人类围棋手。

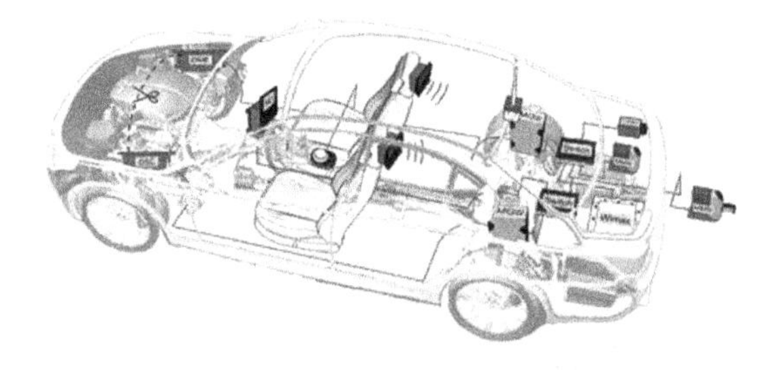

图 1.30　今天的汽车，信息部件成为重要构成部分

3．工具是人认知功能的延长

从最早的简单工具开始，工具一直承担着延长人认知功能的作用。盲人或正常人在伸手不见五指的黑夜，借助一根木棍来感知看不到的地方，使用工具的过程，就是增进人认知能力的过程。

为了感知人自身感知不到地方，人类创造了很多工具来补充自身认知能力的不足。望远镜和天文望远镜等弥补视觉的不足，温度计、湿度计、压力计等弥补触觉的不足，血压计、核磁共振等弥补对人自身感知的不足，遥感卫星、深海探测器等弥补对地球感知的不足……。2 万多种并在持续增加的传感器，将使感知无处不在，为人类认识世界、把握事物运动规律、发展智能发挥着不可替代的作用。计算机、传感器、信息网络等工具已经成为认知能力进一步发展的必要条件。

4．工具是人智能的一类承载体

工具是人制造出来的，但一旦制造出来，它就是一个独立的客体，一个将人的智能固化在工具中的知识载体。这个载体外在于人的大脑，因此它的知识可以为任何看到、使用和研究它的人获得，成为学习和知识传播的载体。

工具主义者和部分研究客观知识的学者，将工具作为知识的第三种形态。第一种形态是人的精神世界或大脑中存在的知识，第二种形态是记录下来的知识，第三种形态就是各种人制造的物件，简称工具。有学者认为“人类在知识基础上打造的工具，使工具带有知识的印记”，工具中的知识是集成态知识，“集成态知识是人类确切、可靠的成果知识”“集成态知识以工具的形态结构积累与传承人类知识，因此，集成态知识的发展史，就是人类工具的发展史，反之，人类工具的发展史，也是人类知识集成的演化发展史”[100]。

玛雅文明神秘消失，遗留下来的玛雅古城遗址，它的建筑和城市设施，成为后人研究玛雅文明、玛雅人智能的主要载体。

5．人与工具及系统一起解决问题、完成任务

工具之所以被制造出来，是人为了适应环境、改变环境，是为了自身的生存和发展需要，是为了协助人类解决面临的各种问题，协助人类完成需要承担的各项任务。

工具服务于人的生存和发展是一个不证自明的结论。从山洞、泥草房到摩天大楼，从踩出来的路到高速公路、铁路，从钻木取火到数

控机床，从水力纺车到特高压电网，从青铜器锻造到特种钢冶炼，从算盘到计算机，一个个工具的诞生和一条条技术路径的进路，就是人类解决问题能力的提升。

6．工具全面影响智能发展

智能的发展是有条件的，工具是满足这些条件的一个重要环节，有三个主要的作用。

一是延长了人的认知能力。如何延长人的认知能力，在前面已经介绍。智力的发展在一定意义上基于认知能力，在 1.1 节和 1.2 节的介绍中，已经说明了这一因果关系，这里不再赘述。在这个方面，也许简单改造过的树枝和石块对人类认知能力的提升比天文望远镜、遥感卫星的贡献还大。信息处理设备和人工智能的发展，更加直接地提升了人的认知能力，加快了智力增长速度和智能发展的速度。

二是改善了人的生存条件。生存是智能发展的前提。生命的延长、生活质量的提高与智能的发展正相关。经济和社会发展水平的提升使一部分人从为生存而劳动的状态中摆脱出来，使这些人有时间学习和创新，使其他的人的劳动时间减少，有更多的时间接受教育、培训和创新，这样的人越多，这样的时间越多，人类智能的发展越快。

三是工具成为知识传播的工具，成为跨越时空传播知识的载体，成为模仿学习的样本，也就是智能发展的材料。从上古时期到今天，许多创新和工具在不能直接交流的其他时空诞生，都与工具相关。

7．工具是一类独立的智能体

这里所说的工具是一类独立的智能体，有两种不同的含义。第一类是工具主义和第三态知识论者所指称的独立性，即工具一旦问世，就具有不以创造者主观意愿转移的生存和发展空间。第二类是指工具能在一定的条件下，成为自主发展的智能形态。区别在于，第一类是被动的，个体上存在与延续不受制于具体的创造者或制造者，但整体上依赖于人类。第二类则是主动的，不依赖于人类实现自我发展。

对于第一类独立智能体，在工具是人类智能的载体的讨论中实际上已经确定，我们可以从工具进化史看到这一性质。对于第二类独立智能体，现在已经有雏形，但还需要进一步的发展，才能产生真正的独立发展的非生物智能体。当前阶段的人工智能系统尽管已经在两个方面取得重大进展，即在局部领域超过人的智能，在一定范畴能进行自主的或超越人赋予的学习能力，产生有意义的结论，但整体看，它的智能是人赋予的。

部分工具，主要是具有智能性质的系统，将经历一个从赋予式主体到协同式主体，再到独立性主体的发展过程，这个过程将在第 3 章展开讨论。本节主要讨论工具和系统中的智能发展。

1.6.2　简单工具和非数字机械的贡献

生物智能从原始生命体到完整的细胞经历了漫长的进化岁月，远远比单细胞生物进化到现代人所花去的时间长。从简单工具进化到复杂的智能系统也是如此，从简单工具进化到具有专门信息处理功能的工具所需要的时间远远超过从具有信息处理功能的工具产生到智能系统的时间。

从功能看，从简单工具进化到具有专门信息处理功能的工具，如同原始生命体进化到单细胞生物。这类工具可以分成三类：单部件、多部件组合、连接式控制。

单部件的工具种类繁多，历史悠久。从前面提到的与人的进化同步的石块、木棍到今天大量使用的各种简单工具，如木工工具、切菜等生活工具等，这类工具不具备主体性，完全由人操纵使用；这类工具不具备信息性，没有任何信息处理能力；这类工具的功能性十分简单，斧子的砍削功能、木工钻的钻洞功能、针的缝衣功能，等等。这些功能虽然简单，但功能本身是复杂机械和自动化机械基本功能的构件，这些部件为人制造复杂工具提供了基础，增加了多方面的经验和知识，可以类比生物进化原始生命体产生之前的含有生命特征的物体。

多部件组合工具是指该工具是由多个部件组合而成，但只是传递力或机械运动，不存在对行为控制功能的工具，手动纺车、龙骨水车、马车、早期的车床等都是这类工具。

如图 1.31 所示，没有控制单元的普通车床，它一般由伺服电机、轴箱、进给箱、溜板箱、刀架、尾架、光杠、丝杠和床身等部件构成。手动开关控制伺服电机提供动力，手工控制加工部件。这样的车床有传动装置为加工提供动能，有机械运动部件为加工提供移动平台，有紧固件和刀具为加工提供操作平台。上述功能超越了体能，但所有功能的实现都有人的操作。这是经典的工具与人的智能结合的例子。在 1.2～1.4 节中，已经多次讨论人的智能行为是由控制和运动能力共同实现的。从这个角度看，普通车床不仅提供了动力和工作平台，这些部件本身是智能的不可分割的一部分。换言之，机床的传动装置、移动装置、工具运动装置都隐含着智能，如同人的很多运动功能是人的本能一样，在完成加工一个特定的机械部件的智能任务中，车床的这些功能是智能的有机组成部分，不可分割。但车床没有主体性，只有功能，主体性是由人完全掌控的，或者说，这些独立的、具有一定智能特征的能力，是人的智能的延长。

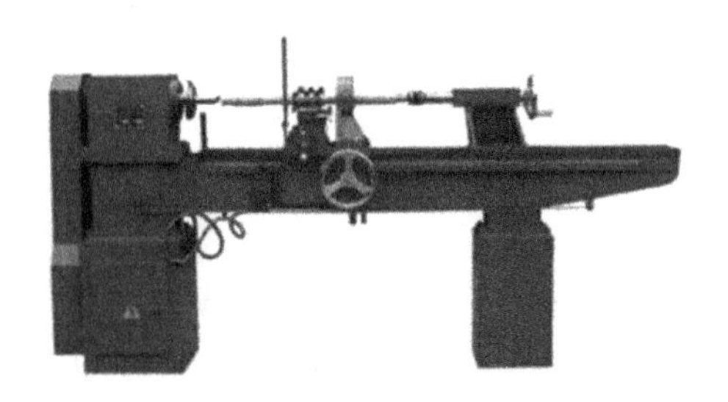

图 1.31　普通车床

连接式控制工具是指本身具有一定的控制能力，即工具有一部分功能的实现不是人来控制的，而是工具本身具有控制能力，但这种控制又是基于机械传动，而不是由信息处理系统实现。

在如同人的认知功能一样，通过信息处理系统控制工具或系统的运行之前，古人的智慧创造了很多巧妙的通过机械传动实现功能自动实现的工具。汽车、飞机、火车、织机……大量机械装置实现了非信息处理的自动控制，下面以机械表和提花织机为例进行说明。

机械表由发条提供动力，由游丝震荡提供计时频率，由擒纵机构保证振动的稳定性并计算摆动次数，由齿轮传动实现计时功能，包括时分秒及星期、日期的计时，如图 1.32 和图 1.33 所示。

图 1.32　海鸥机械表

图 1.33　机械表的齿轮传动式控制[101]

发条或振动为手表提供能量，以均匀小量地分配给振荡器，并产生稳定的振动频率。提供的能量通过轮列组，由轮列组以相同比例缩减传输力的同时增加圈数，擒纵轮铆压在该齿轮上。擒纵轮是分配机构及计数器。条盒轮转一圈约 6 小时，在此段时间内，擒纵齿轮和擒纵轮转约 3600 圈。这个数字代表第一只轮和最后一只轮之间的旋转频率比，该比例始终在此数值范围内。一般都设法使擒纵轮和分轮在手表的中心，并每小时转一圈。而其他的时间显示则在此基础上通过齿轮比例传动实现。

电子表和机械表具有相同的功能。机械表完全靠机械传动实现计时、控制、计算和显示，而电子表则通过信息处理部件和程序实现这些功能。

还有一种织提花布的机械，有人更称之为计算机，但是没有使用任何的电子信息处理功能。这就是 1801 年，法国人约瑟夫 • 玛丽 • 雅

图 1.34　雅卡尔提花织机[103]

卡尔（Joseph-Marie Jacquard）制成的脚踏式提花机（见图 1-34），使用了由穿孔卡片组成的纹板传动机构，带动一定顺序的顶针拉钩，根据花纹组织协调动作，提升经线织出花纹，只需一人操作就能织出 600 针以上的大型花纹。

从功能角度看，机械表和提花织机如同生物细胞中的一个细胞器，但是没有复制功能，没有自主生长能力，没有主体性。细胞器在生物智能发展中具有重要位置，非数字模式，但具备计数、控制能力的工具在非生物智能的进化中同样具有重要的位置，它们为后续讨论的计算工具和带有信息处理能力机械的发展提供了基础。

1.6.3　计算工具的贡献

计算是人类生存和发展过程中必然产生的需求，也是认知能力的重要组成部分。计算工具在智能发展中占有重要的位置。计算工具经历了数万年的发展，而在计算机发明之后，这个进程猛然加速，为非生物智能的发展奠定了第一个重要的基础。从结绳记事、算筹、算盘、差分机，一直到电子计算机，计算工具经历了从简单到复杂、手动到自动、计算能力持续高速增长的历史过程。计算工具对智能发展的贡献主要体现在三个方面，即参与人类逻辑能力提升进程，增强人类计算能力，将行为与逻辑、物理和信息黏合为统一的智能体。

1．参与人类逻辑能力提升进程

对人类智能研究做出重大贡献的著名心理学者，如皮亚杰、加纳德、萨迦德等，都把逻辑能力作为一个重要的研究方向，认知神经科学也将逻辑功能作为大脑研究的一个方向。

计算工具既是人类智能的产物，又为人类认知能力中逻辑能力的提升发挥了重要作用。为了计数，为了将计算好的结果告知别人，人在进化的早期通过扳手指、数石块计数，用树枝的不同摆法表示不同的数字，这些努力在增强计数能力的同时，也使人的逻辑功能通过海马和大脑皮质的记忆功能得到强化，并进一步在遗传基因中得到反映和强化。

遍布于世界各地的古文化，都形成了自己的计数系统，中国在春秋战国甚至更早的时候用算筹来计数，达到了很高的水平。如图 1.35 所示，这种形式的算筹，对形成汉字的数字描述系统具有现实的意义，而数字的产生是逻辑体系的一个基石。

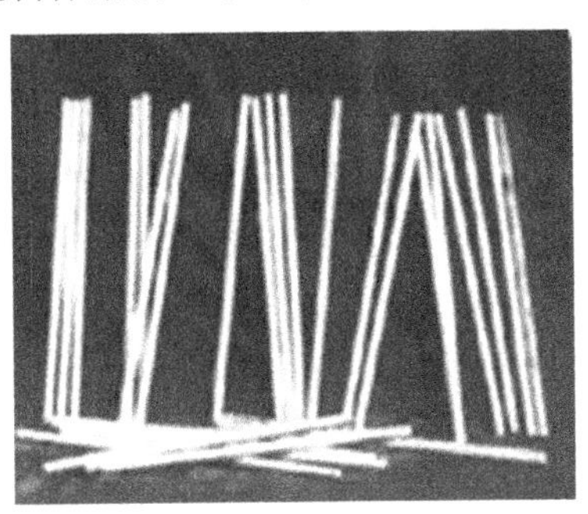

图 1.35　中国 2000 多年前的算筹

计算工具的诞生，产生了如何用好这些工具的逻辑需求，特别是电子计算机的使用为一些逻辑工具的发展提供了土壤，特别是对离散数学、数据结构化的算法和问题求解的模型和算法。

2．增强人类计算能力

这是计算工具对智能发展最显而易见的贡献。人类智能的特征决定了计算能力的不足，需要外在的工具补充，可以说，没有外在的计算工具，人类不可能取得如此大的智能进步。这也是为什么计算工具几乎伴随人类社会的发展而发展，至今尚未停步。

在计算工具发展史上，算盘是第一次得到广泛使用的计算工具，大约在 1000 年的时间内，它大量使用于各种商业活动中。第二次是 1621 年英国数学家威廉•奥特雷德发明、后经瓦特等科学家改进的对数计算尺。它不仅能进行加、减、乘、除、乘方、开方运算，甚至可以计算三角函数、指数函数和对数函数，一直被使用到袖珍电子计算器面世。在 300 多年的时间内，使用对数计算尺是理工科大学生必须掌握的基本功，是工程师身份的一种象征。

随着工业技术的进步，欧洲出现了利用齿轮技术的计算工具。1642 年，法国数学家帕斯卡（Blaise Pascal）发明了人类历史上第一台机械式计算工具。1673 年，德国数学家莱布尼茨（G .W .Leibnitz）研制了一台能进行四则运算的机械式计算器，这台机器在进行乘法运算时采用进位—加（shift-add）的方法，后来演化为二进制，被现代计算机采用。1822 年，英国数学家查尔斯•巴贝奇（Charles Babbage），开始研制差分机，专门用于航海和天文计算，1832 年研制成功，这是可编程计算机的雏形，如图 1.36 所示。此后，美国统计学家赫尔曼•霍勒瑞斯（Herman Hollerith）用穿孔卡片存储数据，用机电技术取代了纯机械装置，制成了可以自动进行加减四则运算、累计存档、制作报表的制表机。这些计算工具，为电子计算机的诞生拓清了大量的逻辑和结构性难题。

图 1.36　巴贝奇差分机

第二次世界大战中，美国宾夕法尼亚大学物理学教授约翰•莫克利（John Mauchly）和他的研究生普雷斯帕•埃克特（Presper Eckert）受军械部的委托，为计算弹道和射击表启动了研制 ENIAC（Electronic Numerical Integrator and Computer）的计划，

1946 年 2 月 15 日，这台标志人类计算工具历史性变革的巨型机器宣告竣工。ENIAC 每秒能完成 5000 次加法，300 多次乘法，比当时最快的计算工具快 1000 多倍。ENIAC 的出现标志着电子计算机（以下称计算机）时代的到来[104]。

20 年后，计算机进入集成电路时代，摩尔定理成为计算能力进化的经典规律。50 多年来，计算机系统的性能一直在摩尔定理的支配下发展，价格也持续下降，成为大众化普及的计算工具。计算机性能的提高，激发出更多的计算需求，需要更多类型、更高性能的计算机系统，这是 50 多年发展历史所证明的结论。计算工具在两个方向不断前进，一个方向是高性能计算，从超级计算中心到通过网络实现计算能力汇聚的网格计算、互联网数据中心和云计算，2017 年位列超级计算机第一位的运算能力达到每秒 93.01 千万亿次；另一个方向是适应不同信息处理需求的小型化，微型计算机、智能手机比大型机或高档服务器具有更广泛的应用空间，工控系统、自动化设备和家用电器，都成为计算部件栖身的地方，计算走向无处不在。如果将计算工具在经济、社会、军事、公共管理等各个领域的计算量汇集起来，再假设这个计算能力失去，社会将会怎样、人类智能进化将会怎样？社会即刻倒退数百年，科技无力取得新的进展，这就是计算工具的力量。

3．将行为与逻辑、物理与信息黏合为统一的智能体

计算工具的发展，特别是小型化、低功耗、高可靠计算芯片的发展，计算无所不在的趋势，使之成为将智能体中的行为与逻辑、物理与信息黏合在一起的黏合剂，这在智能的发展中是另一个具有里程碑意义的功能。

任何智能行为，都具有行为与逻辑、物理与信息的双重功能需求，将两者黏合为一个统一体，是智能发展的必然要求。

不仅在智能制造、智慧医疗、无人工厂式农作物生长车间等领域的应用，需要将这两个侧面融合起来，就是在所谓纯信息的智能系统，也需要两者的融合。下围棋的人工智能，后台的处理系统需要物理部

件支撑，前台下棋这个行为的实现，需要物理部件的行为能力。下面将更深入地分析这个主题。

1.6.4 数字机械和自动化系统的贡献

信息技术的发展，特别是上面所述计算工具的黏合或融合功能，使得越来越多的工具带有信息处理部件，具备基于信息部件的控制能力，本书把这类工具称为数字机械。数字机械的发明推动工具智能进入新阶段，这个阶段对智能的贡献主要有三点：任务式工具研制、自动控制、物理和信息协同。下面以数控机床为例，说明具有信息处理功能机械对智能的贡献。

1．任务式工具研制

装备是工业之母，机床是装备之母。满足装备工业发展需求是数控机床发展的动力，换言之，数控机床的发展基于装备制造加工任务的需求，数控机床以及其他具有信息处理和自动控制功能的工具，如高炉、洗衣机，都是围绕需求研发的。围绕社会需求研制是这类工具的普遍特征。

数控机床发展的动力来自加工精度越来越高、加工形状越来越复杂、需要的加工能力越来越多的社会需求。这些需求成为数控机床研发机构和企业研制新机床、实现新加工需求的紧迫任务。当然，这也是基于技术本身的进步，我们看到，每一步技术进步都会很快在数控机床的发展中应用，机床的研制基于制造的需求和技术的进步。

精度要求达到微米级和纳米级的，主轴转速要求达到10000r/min，工件移动速度要求达到120m/min，加工方式要求具备镗、铣、车、削，控制轴数要求达到五轴，还有可靠性及加工能力等方面的要求，这构成了数控机床研制这个任务的技术指标，也就是任务决定了研制的目标。当然，这些指标是需要相应的技术支持的，所以目标的提出是以所需技术的存在及工程上可实现为前提。数字交流伺服电机和驱动装置，高技术含量的电主轴、力矩电机、直线电机，高性能的直线滚动组件，高精度主轴单元等机床功能部件，为机床向高速、精密发展创造了条件。

这样的加工精度、速度，必须具有相应的控制系统，具有将区里运动和加工过程控制融合一体的能力，这就是以下两个部分的内容。从上面的分析，数控机床就是根据需求和技术条件研制的具有相当智能的工具。

2．自动控制

数控机床的定义决定了它具有自动控制功能，控制系统能力也在数控机床不断发展的过程中提升。先进的数控机床只要将加工部件的相关参数输入，就能自行完成全部加工任务。数控机床自动控制的核心部分是对动力的使用、被加工部件的运动及刀具的运动的控制。数控机床对智能研究的主要贡献就在于实现了精确的、与目标一致的物理部件运动的控制，如同人在有目的的行为时，认知控制和运动控制的一体性。

数控机床的控制能力是精细的。在 10000r/min 的主轴转速、120m/min 的工件移动速度、控制五轴同时在一个工作面上加工，还要达到微米、纳米级的精度。

数控机床的控制功能是多样的。要能够完成镗、铣、车、削等不同加工要求，要能够根据加工要求自动识别刀具、选取刀具，要能够控制其立面和斜面上的不同的转角，要能够保证动力部分与加工部分的无缝连接、高度协同，要能够使用必要的编程语言，要能够与上下游的计算机辅助工具如计算机辅助设施、计算机辅助制造、制造执行系统、生产线的控制系统协同，要能够实现数控机床内外有效的通信。

3．物理和信息协同

物理部件与信息控制按任务需求实现精确协同是这类工具对智能进展的最大贡献。智能的进化和发展在一定程度上就是行为系统和认知控制系统发展和协同的历史。具有信息处理功能的工具在非生物智能发展中第一个实现了这两者的协同。

我们从数控机床的几个控制例子，来说明其在非生物智能进化中的里程碑意义。五轴联动是指在一台机床上至少有五个坐标轴（三个直线坐标和两个旋转坐标）在数控系统的控制下同时协调运动进行加工，可以实现对复杂空间曲面的高精度加工，如汽车零部件、飞机结构件。这一机械加工功能的实现是物理运动和信息控制协同实现的，缺一不可。首先是物理运动在动力和装置上能实现五轴与目标一致的旋转和移动能力。机床具备了通常三维空间 X、Y、Z 轴的旋转，还实现了设置在床身上的工作台环绕 X 轴回转，这就是 A 轴，设有一定的工作范围；围绕 Y 轴旋转的是 B 轴，也有设定的工作范围；环绕 Z 轴回转的工作台就是 C 轴，一般能实现 360° 回转；不同的机床按加工需求选择 A、B、C 中的两个，也已经有六轴的机床，对于说明原理，五轴和六轴没有重大区别。A、B 或 C 轴最小分度值是将工件加工出倾斜面、倾斜孔精度的基础。A、B 或 C 轴如与 X、Y、Z 三直线轴实现联动，就可加工出复杂的空间曲面，但实现这个功能需要精密的数控系统、伺服系统以及相关软件的支持。

数控系统实现对机床所有功能的精密控制，实现动力与工件、刀具运动的一致，实现与其他软件的衔接。

对加工工件和工具的运动与加工要求一致，是数控系统的主要功能，图 1.37 说明了这种控制程序与刀具运动能力结合。

为数控机床提供动力的是数控伺服电机，见图 1.38，一般有多个电机。数控系统要与伺服电机的控制部件和传动机制精确协同，为不同的加工需求精确提供动力。如主轴电机带动主轴箱旋转从而带动分度头分度或旋转，编码器安装在分度头上检测分度头旋转角度，反馈信号接到伺服单元插座上，数控系统端口与伺服单元相连接，控制电动机的旋转角度。主轴电机控制分度头由液压系统控制立面、斜面的松开，从而控制立面、斜面的分度，由主轴编码器检测电机的转速反馈到数控系统，从而控制分度的度数。当立面、斜面液压系统夹紧时，主轴电机转动带动主轴旋转进行机械加工；当刀库机械换刀时，立面、斜面均回到零度位置进行换刀。

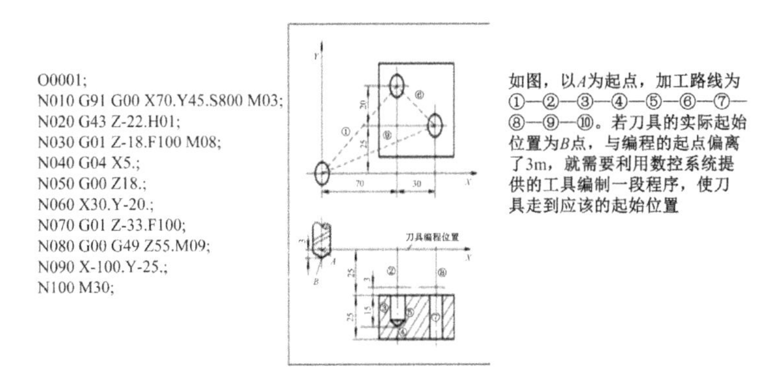

图 1.37　数控机床刀具位移控制例示[105]

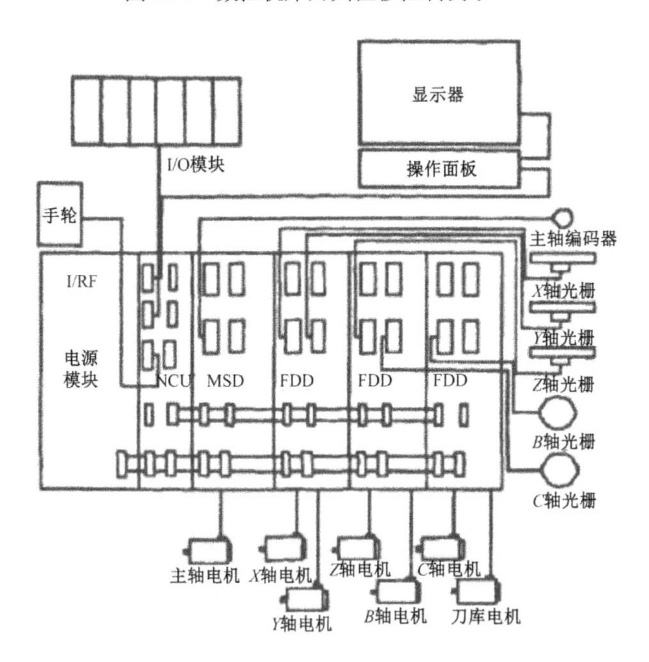

图 1.38　数控机床伺服电机工作原理例示[106]

数控系统的刀具更换功能，同样需要与物理运动的精密协同。选刀指令将所需要的刀具从刀库中转到取刀位置，实现自动选刀；然后由机械手从刀库和主轴上取出刀具，进行刀具交换，将新刀具装进主轴，用过的旧刀具放回刀库。而不同的刀具就涉及多个对加工主轴的控制，多主轴控制的稳定性是保证加工中心正确工作和精准定位的依据。

数控机床的控制系统需要根据工件和刀具的运动轨迹确定操纵运动的函数，程序的编制需要将加工过程转变成计算工具能识别和运行的逻辑。五轴的加工模式有点、线、面，不同的方式需要不同的运动函数。这些功能是数控机床对智能做出的又一个贡献。人类认知中的一个重要能力——逻辑和数学，在这样的工具中的应用，也推动了逻辑和数学的发展。

数控系统实现高精度实时控制，还需要感知工件和工具的实时状态，并根据状态与预期的比较，确定是否调整，感知能力是数控系统的重要组成部分。例如，感应同步器将角度或直线位移转变成感应电动势的相位或幅值，用来测量直线或转角位移。

鉴于数控机床的工作特点，它能够实现与企业其他软件的协同。加工之前，可以接收来自计算机辅助设计及企业生产计划系统的信息；在加工过程中，可以向企业的制造执行系统、库存货供应链系统、管理信息系统等提交实时的加工结果信息、部件需求信息等；在加工完成后，可以向生产计划系统、仓储系统、销售系统、售后服务、管理信息系统等提供信息，实现整个企业的一体化信息管理。这些发展，成为自动化、智能化系统的基础。

炼铁高炉、全自动洗衣机、心脏起搏器等都是具有信息和计算功能的工具。这些工具门类众多、功能不一、与社会技术发展同步。工具根据社会发展需求和技术基础而研制，实现了精确的自动控制，实现了将物理性质的运动和信息属性的控制无缝协同，在理论和实践上厘清了工具系统物理和信息、行为和认知能力之间的关系。

4．自动化系统

自动化是指机器设备、系统或生产和管理过程在没有人或较少人的直接参与下，按照既定目的，经由控制系统，实现预期目标的过程，在这个意义上，自动化也就是自动化系统，因为自动化在各类实际应用中存在。本书所指自动化系统主要是指制造业的离散、连续制造过程及仓储系统的自动化。

从对智能发展贡献的角度看，自动化与具有信息处理功能机械相比，相同之处在于系统的目的性或任务特征，在于基于物质、能量的运动部分与基于信息的控制部分融合在一起，实现确定的目标；主要的差距在于多工具、多工序集成，系统范围更大，感知、物联功能的作用更加突出。

随着传感器技术的发展和应用的普及，自动化系统实践的成熟，企业的自动化系统所集成的工具、工序越来越多，承担的功能越来越复杂。自动化系统的基础是具有信息处理功能的各种装备，一条自动化生产线可能有几十台、数百台的这类装备。自动化系统的另一个基础是传感器，这里的传感器不是指具有自动化功能的装备中的，而是生产线这些装备之外的传感器，例如，在一个自动化煤矿，可能有数万个监控整个矿场所有人、装备、采煤、破碎、运煤、供电、通信、交通、水、有害气体等状态的各类传感器。

自动化系统所涉及技术领域和应用范围持续扩展，促进着控制系统能力的发展，主要体现在通过传感器获取信息的能力、通信的能力、不同类型信息的处理能力、根据控制需求建立优化模型的能力、不同硬件或平台连接的能力。这些能力为非生物智能的进一步发展打下了基础。

数字机械和自动化系统是非生物智能发展中第一次将一个给定范畴涉及的信息，围绕数字机械或自动化系统解决问题的能力要求，实现了结构显性。这个显性结构不仅该工具或系统可以理解，据此进行操作，而且也能为人所理解，开创了不同类型主体可以理解相同信息结构的新阶段，逻辑上，人工智能是这一过程的必然结果。

1.6.5 人工智能的贡献

本节讨论这一领域相关又有各自特征的三类研究方向：人工智能、机器人和其他智能系统，其他智能系统是指智能制造、智慧城市中超出人工智能和机器人范畴的系统。其实在今天的语境下，很难恰当地区分人工智能系统和机器人，有时候，自动化系统与智能系统、数控加工中心与机器人的区分也变得比较困难。从对智能进化贡献的角度，本书将人工智能系统和机器人的区分界定在两者的技术构成。人工智能系统侧重于信息和逻辑要素，机器人则必然将行为能力作为重要的构成部分。在本书的第 5 章，将进一步以智能事件或智能任务的不同来区分。至于在智慧城市、智能制造等领域的智慧或智能系统，则是指尚未能将所涉及系统全部自动化，但能替代人的部分工作，或使工作做得更加理性（智慧）。

1.6.5.1 人工智能

什么是人工智能，还没有共识。罗塞尔（Stuart J. Russell）和诺维格（Peter Norvig）所著《人工智能 一种现代的方法》中，列举了 8 本人工智能教材中的定义，归纳为四类：像人一样思考的系统、像人一样行为的系统、理性思考的系统、理性行为的系统。在此基础上，他们把人工智能看作是理性的代理或智能的代理，研究其中的一般原理及构建这样的代理的要素[107]，可以称之为实践导向性定义。而另一本人工智能的专著中则更加理论化地定义为“人工智能研究的是智能行为中的机制，它是通过构造和评估那些试图采用这些机制的人工制品来进行研究的”[108]，这是承续了人工智能是实验性学科论者的定义。

人工智能研究对非生物智能的发展起到了关键性的作用，主要有三个方面。一是深化了对智能的认识，并对认知科学、脑科学等领域的研究做出了贡献；二是如何构建一个智能系统，使之能像人一样具有一定的智能和理性；三是一些基础性方法上取得了进展。如何深化了对智能的认识，将在第 2 章讨论，本节主要分析二、三两个方面。

1．如何构建智能系统的研究

构建什么样的智能系统，如何构建是人工智能研究的核心内容，也是对智能研究，特别是非生物智能系统发展最重要的贡献。

在构建什么样的人工智能系统这个问题上，存在一种理念或逻辑，人工智能学者总是希望找到一种方法或架构，用逻辑或推理的力量，像人一样做事或思考，追求通用的人工智能或强人工智能。这种思想方法导致一旦人工智能研究取得一些进展，就会做出过于乐观的估计。早在 1965 年，赫伯特·西蒙（Herbert Simon）即预测在 20 年内，机器可以做人类所能做的事，然而，到今天还远远没有达到。2017 年，又有一些科学家预测到 2136 年，人工智能可以承担所有人的工作，这样的可能性是存在的，但前提是对一系列重大理论和方法问题要有答案。工业革命基于物理学的大发现，智能革命的理论尚未建立，任何乐观的预言都缺乏理论基础。

构建什么样的人工智能系统，也就是人工智能的方向和目标，主要的区别在于通用还是专用，能做什么事、还是达到什么样的智能水平或逻辑推理水平。

在人工智能的萌芽期和早期，通用并试图达到或超越人的智能作为主要的目标。这个思想的来源，应与被后世誉为计算机和人工智能之父的图灵有密切的联系。在 1941 年之前，图灵认为计算机不能像人一样进行直觉思维，但在此后，他认为具有学习或自组织能力的机器人能模拟心灵活动的任何结果，还预测到 2000 年计算机能实现他提出的“完全图灵测试”。1955—1956 年，赫伯特·西蒙（Herbert Simon）、艾伦·纽厄尔（Allen Newell）和克里夫·肖（J. Cliff Shaw）一起开发了信息处理语言（IPL），用这个语言编写了逻辑理论机——“Logic Theory Machine”，并证明了罗素和怀特海《数学原理》第 2 章 52 个定理中的 38 个。正是这个成果，1956 年在达特茅斯夏季会议上，宣告了人工智能的诞生。在此后的一段时间里，不管是通用问题求解器，还是自然语言理解等工作，朝着通用的强人工智能的方向努力。他们认为，人是用符号及其处理来解决问题，而解决问题的过程是逻辑推理，包括直觉式的问题求解，计算机都可以模拟。符号系统、有限自动机和通用语言是这个阶段人工智能最主要的特征。然而，由于各种原因，这一路径没有取得意料的成功，以 20 世纪 80 年代末日本五代机项目的失败为标志，人工智能的主流开始转向新的路径。

1969 年，人工智能学者费根鲍姆（Edward A. Feigenbaum）和诺贝尔生理学、医学奖得主莱德伯格（Joshua Lederberg）开发了能从光谱仪提供的信息中推断分子结构的专家系统 DENDRAL。这个系统基于规则和知识，通过恰当的知识表示和推理过程，在这个专门领域取得了媲美人类专家的结果。人工智能一个新的时代，构建专门的、具备弱人工智能特征的智能系统成为主流。直至近几年，人工智能经典教材大体以这一路线为基准。

在这一发展路径中也有两个不同的分支，一类是通过构建不同智能特征的主体（智能代理）为模块，组合成功能更多的人工智能系统[110]；另一类是围绕特定的问题，构建达到或超过这个领域人的智能水平的人工智能系统。1987 年，苹果当时的 CEO 斯卡利（John Sculley）描述了基于智能代理的发展图景：“我们可以用智能代理连接知识应用，代理依赖于网络，可以与大量数字化信息联系”，从而实现智能系统的目标。模块化模式取得了不少研究成果，对理解智能，并在不断取得成功的后一类智能系统基础上如何综合做出了很好的奠基工作。而后一类智能系统的成果，则是这十几年人工智能再次从备受指责的阴影中走出来，并走向新的发展时期的主要原因。从 1997 年，IBM 研发的“深蓝”（Deep Blue）击败人类象棋冠军以来，不断取得引起世人高度关注的进展。2000 年，麻省理工大学研究人员西蒂亚•布雷泽尔（Cynthia Breazeal）开发了 Kismet，它是一个可以识别、模拟表情的机器人。2011 年，IBM 开发的自然语言问答计算机沃森在电视智力竞猜节目“危险边缘”（Jeopardy！）中击败所有该比赛中得分最高的两位前冠军。2016 年 3 月，谷歌 DeepMind 研发的 AlphaGo 击败围棋冠军李世石，一年后又击败了柯洁，被誉为棋圣的聂卫平评价 AlphaGo 是 20 段棋手，而人类围棋界最高段位是 9 段。

显然，这是迄今为止人工智能取得的最好成绩。从智能系统构建路径看，这是通过建立、测试和改进模型，以逼近所确定主题的真实环境和该领域人类的智力顶点。从系统的架构看，这类系统拥有六个或其中几个核心能力。一是具备解决该问题尽可能多的相关知识或信息，包括问题本身的和问题求解的；二是具有对该知识与信息集合有效的知识表征和组织能力；三是具备获得与解决问题相关的新信息能力；四是具备通过新获取的信息、问题求解过程、模拟问题求解过程进行学习，以提升知识表征、学习和问题求解能力；五是具有与问题求解有效性一致的模型、算法、推理、计算等逻辑能力；六是具有与问题求解的时间和成本约束一致的计算、存储、连接等计算资源。成功的案例和案例内含的路径的可复制性，成为这几年人工智能预期和投入再次爆发的基础。成功的人工智能系统构建实际上对认知智能和发展智能提供了极其宝贵的经验。

2．构建智能系统的方法

构建智能系统的方法除开一般的数学和逻辑基础外，主要是构建问题求解的逻辑和实现有效的计算。逻辑问题是指智能系统问题如何求解，主要涉及表示、推理（搜索）、学习和问题求解过程控制；计算问题主要涉及计算复杂性（对计算结果要求）、算法、计算资源（可获得性，技术和经济）。神经网络被用于学习、标识、逻辑、计算四个方面，需要专门介绍。

1）知识表示

尽管符号主义路线并没有后续成功的支持，但作为这一路径主要代表的知识表示却成为所有人工智能系统，也是所有智能中不可回避的要素。数十年对知识表示研究和实践得到的成果是人工智能对智能研究做出的基础性贡献。

在人工智能中，知识表示就是要把问题求解中所涉及的对象、环境、算法、求解过程和功能等知识构造为计算机可处理的符号体系。从便于表示和运用的角度出发，上述知识也可以分为四类：事实、事件和事件序列、问题求解的过程和操作、元知识。为了适应不同的人工智能系统对知识表示的特殊需求，可以在表示域和粒度、语义基元和表示的不确定性、模块性和可理解性、显式表示和灵活性、陈述性表示方式和过程性表示方式等特征上入手。

从其表示特性来考察可归纳为两类：说明型（declarative）表示和过程型（procedural）表示。说明型表示中的知识是一些已知的客观事实，关于专业领域的元素或实体的知识，如问题的概念及定义，系统的状态、环境和条件。过程型表示中的知识是客观存在的一些规律和方法，用于表示关于系统状态变化、问题求解过程的操作、演算和行为的知识。在长期的实践中，归纳出了知识表示方法的一些基本要求：一是具有良好定义的语法和语义；二是有充分的表达能力，能清晰地表达有关领域的各种知识；三是便于有效的推理和检索，具有较强的问题求解能力，适合于应用问题的要求，提高推理和检索的效率；四是便于知识共享和知识获取；五是容易管理，易于维护知识库的完整性和一致性。针对上述要求和特征，知识表示形成了一组表示的方法，并在构建人工智能系统的过程中完善。常用的知识表示方式有：谓词逻辑、框架、脚本、语义网络、产生式系统、类比、框架等表示方式。另外，对于动态过程的表示中，由于前述显式表示的局限性，可以采用一些替代的方法，如包容结构和模仿（copycat）结构等[110]。另外一些人工智能学者，如分布式人工智能学派，更多地研究智能的本体特征，用主体（agent）作为构建智能系统的模块，由此也产生了分布式的适用于不同主体的表示方法[111]。对于一些存在不确定性的问题求解，一些智能系统采用了模糊集、概率密度贝叶斯网络等方法进行标识[112]。对于更为复杂的智能系统，需要用不同分辨率求解，知识表示也相应采用多分辨率的模式[113]。实践证明，在对象为比较复杂的问题时，一个人工智能系统通常采用多种方法混合表示。

尽管取得了很多进展，但知识表示依然存在一系列重大的挑战，需要在更加广泛的范畴和更加透彻的理论基础上再度突破。

2）机器学习

机器学习是任何人工智能必须具备的关键构成要素。如何使一个人工智能系统具备智能，在任何典型的人工智能系统构建过程中必须利用得到的信息进行学习；如何使一个人工智能系统在变化的环境和使用的过程中不断完善，也必须利用新获得的信息、问题求解过程或模拟问题求解过程获得的经验进行学习。

在人工智能系统发展中，形成了很多机器学习具体方法，罗格将其归纳为三大类：基于符号的、连接主义的、基于社会性和涌现特征的。基于符号的机器学习是当今人工智能系统主要的学习方法，其特征是通过分析符号来更有效表征该智能系统中的对象和关系。演绎、类比、归纳、基于解释的、无监督和强化学习等都属于此类。连接主义的学习是指通过调整一个智能系统中的相互作用部件的连接来提高该系统的智力。感知机学习、反传和竞争学习、一致性学习、吸引子网络等都是这一类型的主要方法。社会性和涌现型学习是借用社会学和生物学进化等领域的演化计算，作为人工智能通过学习提升的方法。遗传算法、分类器系统、细胞自动机等是这一类学习方法的主要代表[114]。还有一些近期发展的机器学习，如深度学习、从序列到序列学习等。深度学习属于连接主义的学习类型，深度越深，意味着对已有知识利用的越少，因此深度学习算法更适合未标记数据，更适合强特征提取。从序列到序列学习在语音识别和机器翻译等自然语言处理领域具有较高的实用价值。

从上面的分析可以看出，目前机器学习还局限于人工智能系统构建和提升的范畴，如何通过机器学习，成为如同生物智能发展过程中学习的作用，其机理和方法，还刚刚起步，理论基础尚未形成。如何在更高层面界定机器学习的目标和类型，是机器学习发展的必要过程。

3）过程控制

任何人工智能系统都是一个对设定问题的求解过程，过程控制就是确定问题求解过程的策略、路径，确定算法的选择，也就是寻找最佳或可行的求解模式。所以，过程控制是逻辑推理过程、策略和规划的综合体。

人工智能系统借用逻辑来表示知识，求解问题。谓词逻辑和搜索策略是最基本的推理工具，其中搜索策略又根据系统的特征而采用不同的细分策略，除状态空间搜索等基本搜索模式外，深度或宽度优先等最佳优先搜索、启发式搜索、随机方法搜索等均有广泛的应用。

人工智能系统的问题求解策略有两种不同的用法，一种是搜索策略，使用深度优先还是宽度优先；另一种是存在多种不同路径时，优先采用什么路径。后一种通常在模块式智能系统中使用。

规划就是问题求解过程的计划。在很多场合，策略和规划具有相同的含义，在分布式、模块式的人工智能系统中，规划占有重要的位置。一个好的规划需要具有充分的表达能力和扩展能力，具有好的规划路径或规划算法，状态空间搜索、偏序、可动态调整的规划图等，都是规划的一般方法。如果人工智能系统是针对现实世界的问题求解，还需要考虑更多的环境因素，如资源和时间的约束，在非确定性环境和具有层次性特征的问题求解，规划对此类问题，也有一定的方法[115]。

3．关于神经网络

神经网络在人工智能的发展中展示了强大的生命力，发挥了独特的作用，因此需要专门做一个简要的分析。

模仿大脑来实现大脑之外的智能，有着数千年的历史，神经网络支持智能活动早于人工智能这个概念的诞生。1956 年达特茅斯会议上，受到高度重视的、自顶向下的符号逻辑模式，实际上采用了 1943 年沃伦·麦卡洛克（Warren S. McCulloch）和沃尔特·皮茨（Walter Pitts）“神经活动中内在思想的逻辑演算”的思想。早在 1951 年，作为达特茅斯会议发起者之一的明斯基就和迪恩·爱德蒙（Dean Edmunds）开发了“随机神经网络模拟加固计算器”，用 3000 个真空管模拟 40 个神经元的运行。在此后的 10 多年间，著名的人工智能学者，如明斯基、纽厄尔、肖等都将神经网络作为基于符号逻辑的人工智能系统的基础构件。在过去几十年人工智能发展过程中，形成了两种不同的观点，一种观点认为基于符号的计算可以解释认知属性，另一种认为用网络来表示简单的、像神经元一样的处理，可以获取复杂的行为并解释认知功能。后者就是基于神经网络的人工智能系统了。

近几年，基于神经网络的人工智能研究在构建人工智能系统和人工智能理论研究两个方面取得了重要进展。2007 年，杰弗里·辛顿（Geoffrey Hinton）认为，可以开发出多层神经网络，这种网络包括自上而下的连接点，可以生成感官数据训练系统，而不是用分类的方法训练。这一理论导致人工智能研究走向深度学习，神经网络是多数深度学习项目的方法论基础。2011 年，在德国交通标志识别竞赛中，一个卷积神经网络成为赢家，它的识别率高达 99.46%，人类约为 99.22%。2012 年 6 月：杰夫·迪恩（Jeff Dean）和吴恩达（Andrew Ng）构建的神经网络在随机抽取、未经标记的 1000 万张图片中，发现其中的一个人工神经元对猫的图片特别敏感。

针对特定的问题，构建人工智能系统的实践，走在恰当的路线上，这是这几年取得令人瞩目的成功的根本原因。1988 年，明斯基借其著作《感知机：计算几何导论》扩充再版之机指出："我们认为，由于缺少基本理论，研究已经基本处于停滞状态……"，对人工智能研究而言，这个结论到现在依然成立。

不仅指导人工智能走向未来的理论尚未建立，最佳实践也没有达到，这是有人忧虑人工智能进入再一个冬天的原因。有人指出，无论是 IBM 的"危险边缘"，还是谷歌的 AlphaGo，数据的作用及经验性知识没有得到恰当的评价；还有人指出，人工智能的神经网络研究进展，并没有跟上认知神经科学最新研究的成果，深度学习的算法与人脑的工作机制几乎没有共同之处。

1.6.5.2　机器人

机器人也可以看作一类人工智能系统。与 1.6.5.1 节中一般性讨论人工智能的发展和技术基础不同，机器人都是为完成特定类型的任务而存在，是直接对原来由人承担的事务的替代。这种替代有三种类型：一是通过存在物体移动、加工过程的任务，这类替代的工具，称为行为机器人；二是不存在物体移动过程的人类事务，如聊天机器人、语音处理装置等，称为思维机器人；三是一组行为机器人和思维机器人及其他非智能设备构成的一个智能系统，如智能电网、智能交通等。最后一类在下一节讨论。

行为机器人与 1.6.4 节中介绍的数控机床从功能上比较难以区分。一般而言，行为机器人替代的事务原来是基本上由人来完成的，而数控机床完成事务的承载主体一般由既有工具升级而来，又替代了人的部分操作。

1．行为机器人

机器人的前驱是各种机械，随着机械向自动化装备的方向发展，机器人应运而生。1961 年，第一台工业机器人在新泽西州通用汽车的组装线上投入使用；1966 年，第一款移动机器人诞生；1970 年，第一个拟人机器人诞生，它包括了肢体控制系统、视觉系统、会话系统；2000 年，可以像人类一样快速行走，在餐馆内可以将盘子送给客人的机器人诞生；到现在数百万工业机器人在生产线上替代了工人，更多的服务机器人进入不同的服务行业和家庭。

研发机器人的目的性特别明确，就是完成原来由人类完成或人类也完成不了，但又必须实现的事务（作业）。完成行为型任务，要有 5 个方面的功能：操作、移动、感知、思考、计算（控制）。综合这 5 种能力的主体，就称为行为机器人。行为机器人对智能发展的贡献主要是物体行为能力的形成和控制，在控制过程中特定算法的发展，以及对人类行为型智能事务的系统理解。

行为能力是智能的重要组成部分。无论是智能的发展还是智能的构成都不能缺少行为能力这个组件，只讨论逻辑组件，是对智能的误解。机器人的研究和发展，补充了人工智能研究者对行为研究的不足。

以机器人的操作臂为例（图 1.39），行为能力由两部分构成，即机械能力和控制能力。机械能力是指操作臂的强度、动力传递、关节灵活性等能力；控制能力是指感知、空间描述、运动轨迹的生成、操作臂的线性或非线性控制、操作臂力的控制等。

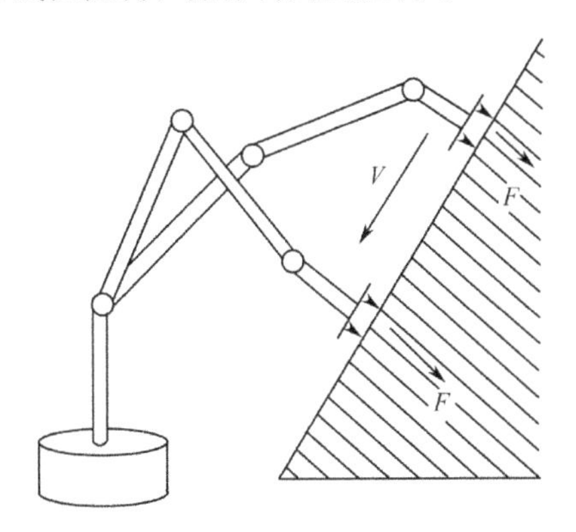

图 1.39　机器人手臂运动示例[116]

这个过程根据机器人用途的特殊性，就需要研究算法及其实现，需要实现动力学与控制结合起来的操作实现算法。机器人的研究是对其要实现的操作的完整理解，装配、焊接、搬运、分拣等不同用途的机器人都需要对相应事务的系统性理解。这个过程体现了智能的主体特征，体现了整个事务相关全过程、全要素的数据链构成，对功能和行为信息（知识）实现了完整的显性表征。

2．思维机器人

语音助手、多语种翻译器、聊天机器人等服务机器人都属于思维机器人。思维机器人对智能发展的主要贡献是对完全属于人类思维能力事务的仿真和迫近，对理解人的智能和理解特定思维事务的智能特征做出了贡献。1988 年，罗洛·卡彭特（Rollo Carpenter）开发的聊天机器人，可以看作是第一款思维机器人。

机器翻译或自然语言理解是人工智能中十分活跃并得到高度关注

的领域。在人工智能发展的早期，以乔姆斯基为代表的研究者，以有限自动机为核心，产生了形式语言理论。在20世纪50年代后期，贝叶斯方法开始用于文本识别，解剖了一本大辞典，总结出字母系列的相似度，开拓了概率模式的自然语言理解。20世纪60年代初，将语料用于自然语言理解的方式开始产生。在这三个基本要素支持下，此后几十年自然语言理解取得了一些进展，但始终没有能够将机器翻译实用化。

在互联网发展的基础上，一些企业利用互联网收集了超海量的语料，并对人类学习语言、理解语言和翻译的能力进行了深入的分析，形成了新的学习、理解、翻译模式，逐步接近实用，预计在不久的将来，多语种翻译将成为很多人移动智能终端的标配。这也意味着，我们在自然语言理解这个智能领域，生物智能和非生物智能将开始具有共同的基础。

1.6.5.3 其他智能系统

自动化系统、数字化设备、机器人、人工智能等领域的进展，推动了在更广泛的军事、经济、社会事务领域的智能化发展。智能制造、智慧农业、智慧城市等在世界各地兴起，这些系统都冠上了“智慧”“智能”的帽子，具有一定替代人的智能的性质。这些系统缺乏人工智能的理论研究支持，不能归到纯粹的人工智能领域，可以看作应用的扩展，但同样对智能的研究和发展做出了贡献。下面从智能制造、智慧农业、智慧医疗三个领域做简要分析，并总结其对智能发展和研究的贡献。

1. 智能制造

智能制造（Intelligent Manufacturing，IM）是一种由智能机器和人类专家共同组成的人机一体化智能系统，通过人与智能机器的合作共事，去扩大、延伸和部分地取代人类专家在制造过程中的脑力劳动。面向产品生产全生命周期，实现泛在感知条件下的信息化制造，是在现代传感技术、网络技术、自动化技术、拟人化智能技术等先进技术基础上，通过智能化的感知、人机交互决策和执行技术，实现设计过程、制造过程、制造装备等智能化。图 1.40 所示为智能制造的一般特征。

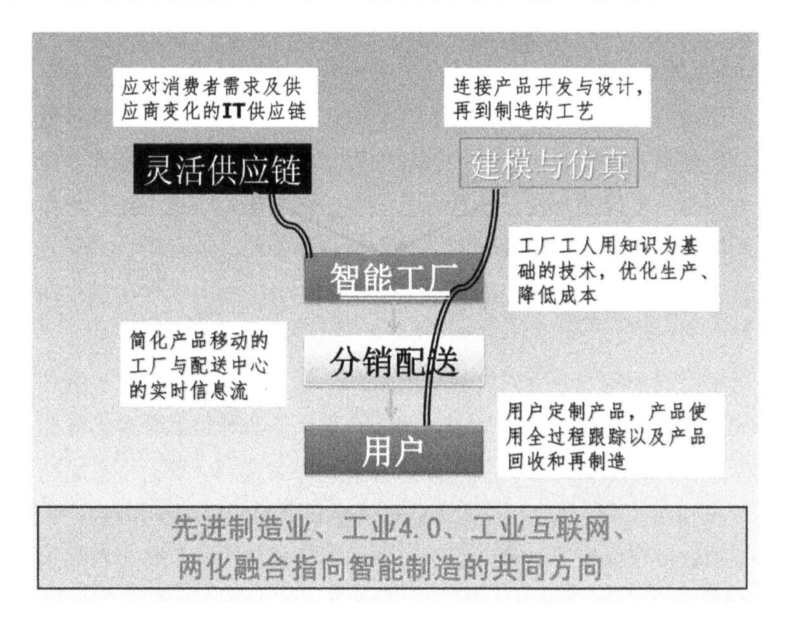

图 1.40　智能制造示意[117]

如图 1.40 所示，全球的制造业都在走向智能制造。按照图中美国先进制造业 5 个模块的解释，重心在于通过数据链和网络平台以及模型和仿真的算法，提高制造过程的效率和质量，以智能工厂为核心，上联设计和供应链，下接分销配送和用户，实际上是自动化生产线和智能技术融合，实现了比自动化生产线更高的智能水平。图中的一条细线、两条黑色双线是德国工业 4.0 的重心。智能工厂的下划线，是指在一个企业里边实现各个环节端到端的数字化无缝对接。这对智能的发展和研究有两个重要贡献：一是实现了一个工厂范围内所有知识的显式表征，对知识表示做出了贡献；二是一个工厂成为一个智能系统，使人工智能或非生物智能的实践领域有了大幅度扩展，对理解和发展智能具有重大意义。两条黑色双线，是指德国工业 4.0 所指横向集成和纵向集成。要点是在供应链和用户—制造企业—物流及整个流通服务环节的各相关方通过建立协同完整的数据链和互联互通的信息平台，实现优化。尽管这两个环节还没有达到智能化的水平，但为更广泛领域的智能化打下了基础。

智能制造通过传感器、物联网和数据链自动化技术，围绕制造过程，将信息的感知和获取、传输和处理、模型和算法、表征和使用、行为控制等智能要素在一个智能系统中融合起来，实现了比人操作更好的能力，对智能的研究和发展具有独特的价值。

2. 智慧农业和智慧医疗

智慧农业是一个方向性的框架概念。它包含了农业专家系统和农作物的工厂化生产、农产品加工流通链基于信息和信息平台的优化等部分。智慧医疗尚没有得到广泛认同的严格定义。一般而言，它由医疗专家系统、远程医疗、医院信息系统等三个领域的发展和融合而成。

农业专家系统和医疗专家系统原理十分相似，都是将相对完整系统的领域知识构成结构化程度高的知识库，分别根据农民和医生的职业特征构建分析规则和应用环境，辅助种地或诊疗，也是人工智能拥有较多应用成功实例的领域。

农作物的工厂化生产是农业发展的一个重要方向。功能上它类似于自动化生产线，也有重大不同。自动化生产线确定了加工的产品之后，经由固定的加工流程完成；而农作物工厂化生产的周期比较长，在这个周期内，温度、日照、湿度、病虫害是变化的，需要根据生长环境的变化而动态调整，而这些变化又是通过实时感知来实现的。这些差异导致了信息表征模式和控制模式的不同。

农产品加工流通链基于信息和信息平台的优化如同工业的供应链优化一样，基于链环上各个环节为流通构建共用的信息平台，建立完整的、反应实时变化的信息链，为优化建立控制模型，实现优化的农产品流通过程。这个过程从智能角度与制造业的供应链集成是相同的。

医院信息系统发展已经十分成熟。以患者、电子病历和诊疗为主线，围绕医护人员、管理人员职责和发展，以医院所有业务系统的流程为基础，医院信息系统由若干个不同功能的模块构成，为医院的诊疗、管理提供全方位的辅助。远程医疗则是在医疗专家系统与/或医院信息系统的基础上，实现地域上分布的跨医疗机构诊疗服务，提高了医疗资源的利用能力。

综合起来，本节讨论的智能系统对智能发展和研究的贡献主要体现在三个方面：一是表征能力。对一个系统的信息（含知识）显性表征能力是这样的系统智能化的必要条件。二是感知能力。这类范围比较大、涉及对象比较多的动态系统，很多信息隐藏在对象或过程中，需要感知，并将其与过程或对象的属性信息结构显性表征。三是构建模型和算法。依据对象属性和行为特征，在信息显性表征的基础上，构建模型、选择、完善或创造算法。

1.6.6　小结

本节是对非生物智能发展的一个系统回顾。迄今为止，本节讨论的工具和系统都是人造物，是人的智能的结晶，替代人的体力和脑力，承担人类社会的必要劳动。非生物智能与生物智能一起，构成了智能这个对象。非生物智能是认识智能、理解智能、发展智能的另一半。

工具和系统的发展既受人的智能发展的规范，也有其自身的内在规律，这就是非生物智能的发展规律。人工智能和智能系统研究和发展，正在展示出非生物智能体赋予主体性之后的能力，强人工智能的研究将会导致非生物智能体拥有自主的主体性，智能的版图将重构。

在这个过程中，起关键作用的是客观化的信息（知识），在渐进积累的质变中，信息显性结构和在赋予基础上的新自我成为主体性发展的基础和导火索。对于人类社会已有事务的智能化是智能研究和发展的主要方向，不仅找到了动力，还找到了研究其本质的钥匙。

在工具和系统发展中，计算机和数字机械的出现，如同生物智能中语言和文字的产生一样，导致了非生物智能的快速发展。70 多年取得的进展，远远大于简单工具产生到计算机产生的若干万年的进展。

人工智能、机器人和各类智能系统是当今非生物智能的最高形态，是非生物智能的集大成者。但是人工智能的理论研究与具体的非生物智能应用成果之间存在一条不协调的沟壑。有研究指出，是数据集，而非算法，是人工智能发展的主要约束，换言之，是高质量的数据和高质量的该类问题求解的人类知识经验，基于这些数据、知识和经验的学习，是人工智能这些年取得进展的主要原因。例如， 1997 年，当 IBM 的“深蓝”打败卡斯帕罗夫（Garry Kasparov）时，它的核心算法（NegaScout 规划算法）已经有 14 年之久，然而它收集了 70 万国际象棋特级大师比赛的数据集，在此基础上构建的策略和算法超越了人类的世界冠军。2005 年，谷歌软件完成的阿拉伯文/英文和中文/英文翻译是统计机器翻译算法的一个变体，但是使用了同一年从谷歌网站和新网页中收集到的超过 1.8 万亿的符号。2011 年，IBM 的沃森战胜两个此前水平最高的人类对手，成为美国有线电视节目“危险边缘！”冠军，它使用了多专家决策算法的一个变体，但用了来自维基百科、维基词典、维基语录和刚更新的古腾堡计划中 860 万文献资料。2016 年和 2017 年，AlphaGo 分别战胜李世石和柯洁，基于可以得到的、超过千万计的围棋棋谱，以及大量人类棋手对围棋局势判断和下棋的经验与风格，所有的算法、模型、策略，都是在这个基础上建立起来的。

这个现象值得我们再次思考什么是智能。牛顿曾经说过，“真相从来都是从简单中寻获，而非从多样和混乱的事物中”。对于智能研究，有人认为我们还处于前牛顿阶段。

吉斯曼（Samuel J. Gershman）、霍维茨（Eric J. Horvitz）和特纳鲍姆（Joshua Tenenbaum）2015 年在一篇文章提出了一个假设[118]，智能可以从三个方面描述：一是智能个体有目标，并相信可能通过计划、动作等实现这些目标；二是理想的结果或理论上最好的选择对于实际世界的问题求解可能是不现实的，但是理性的算法应该做到足够接近，在考虑成本的前提下达到满意的结果；三是这些算法应该可以根据具体问题的需求进行合理的调整，通过元推理（meta-reasoning）机制对给定情况选择最好的策略。

本节讨论到的机器人和经济社会应用中的策略就是这些假设在一定程度上的体现。看来，我们需要将生物智能和非生物智能，将理论研究的智能和实际使用的智能一并研究，才可能使智能的理论研究走出前牛顿时期。

1.7　逻辑和信息的贡献

在本节中，逻辑和信息都是特指。逻辑是指能够实现机器计算和问题求解的逻辑。信息仅指记录信息。在本书中，知识是指体系化的人类认知成果，数据是指所有客观事物存在到信息的映射，是客观事物的记录。记录下来的知识和数据之间存在重叠，是记录下来的信息的一个真子集。

逻辑和知识是人类智能的产物。所以，逻辑和记录信息不是智能的起点，却是智能发展的必要条件，并在一定程度上决定智能发展的速度和水平。它们存在于人的记忆中，存在于记录下来的信息中，也存在于各类人造物中。本节从对智能贡献的角度介绍逻辑和知识的发展。

1.7.1　计算的逻辑

计算逻辑是指能使计算设备或系统工作并优化的逻辑，主要由三个部分构成，布尔代数与离散数学、计算机体系架构、计算资源利用。本节在介绍计算逻辑早期先驱者的成果后，按此三个部分展开。

1.7.1.1　先驱者的实践和构想

人类的发展对计算存在现实的需求，科学家对计算工具和逻辑孜孜不倦的追求，是电子计算机发明之后机器计算能力高速增长的主要原因。

计数是早期人类认识世界、适应环境、管理群体的现实需求。如同 1.6.3 节中介绍的计算工具的早期发展，当一个计算工具的物理载体形成，必然与使用该工具的计算逻辑同时诞生，并在使用过程中发展、完善。算筹能够用于计数并计算，摆放的方法中必然隐含着相应的逻辑。从算筹到算盘，是一个以万年计的计算工具形态和计算逻辑同步发展的历史过程。珠算能进行四则运算、能一代代传下来，口诀是关键，而口诀就是珠算进行四则运算的计算逻辑。借助算筹和算盘，说明普通人大脑的计算能力很弱。

17 世纪计算工具从手工走向机械。1642 年法国人帕斯卡（Blaise Pascal）设计制造了世界上第一台具有加减法功能的机械式计算工具。30 年后，不到 30 岁的德国人莱布尼茨（Gottfried Wilhelm von Leibnitz），设计制造了一台能够执行加减乘除四则运算的计算机器。这两位科学家在人类历史上首先实现了计算逻辑在机械设备上执行，实现了计算逻辑的显性表征，实现了用人与机器同样可以理解的模式，表征了计算逻辑和计算任务。

莱布尼茨的贡献不仅在于成功设计制造包括“莱布尼茨轮”的计算机器，更在于对计算逻辑的创造性发展。1674 年，他描述了一种能够理解代数方程的机器，随后又为该机器写了相应的逻辑推理。对机器智能而言，这是重大的突破，说明存在一种路径，可以将推理归结为演算，并由机器来完成这样的演算。在这一基础上，莱布尼茨一生都在研究普遍符号系统和推理演算。符号系统要能够包含人类全部思想领域，推理演算能基于这一符号系统操作。符号逻辑的观点，影响了一代又一代科学家，开创了计算逻辑发展的先河。

1.7.1.2 布尔代数和离散数学

莱布尼茨的思想对后来的学者具有很大的影响，布尔（George Boole）认为“用符号语言与运算可以表示任何事物”，并在其著作《逻辑的数学分析》和《思维的法则》中具体地构造了一套严密的数学体系，把逻辑变成了数学。

布尔代数中的真与假，可以在数学上表示为0和1，用0和1组成的二进制编码，成为计算机和软件发展的核心基础。从继电器、电子管、晶体管到集成电路，都是将开关电路的状态表示为0和1，使计算机的处理功能有了最简单、最有效的实现方式。无论是数据还是程序，在计算机系统中用0和1来表示，在此基础上实现所有信息的机器识别，实现所有的处理功能。

以布尔代数为核心，形成了计算机和计算机科学发展，特别是问题求解和软件发展中，不可或缺的、称之为离散数学的数学基础。离散数学的主要内容，包含集合论、图论、关系和映射、代数系统、数理逻辑、有限自动机等，这里不做介绍，感兴趣的读者可以阅读相关的专著。

1.7.1.3 计算机体系架构和部件

计算机体系架构是计算逻辑中的重要部分，一个好的架构不仅使机器计算得以实现，还使之能适应不同的计算任务，更能充分发挥其潜在的能力。在一台计算机中，由一组计算部件（硬件）构成处理单元，使这些处理单元协同完成计算任务的基础软件和应用软件，都是计算逻辑的重要组成部分。在计算机发展史中，特别是大规模、超大规模集成电路为基础的计算机发展过程中，逐步形成了独特的逻辑系统。

1. 计算机体系架构中的逻辑

阿兰·图灵（Alan Turing）第一个完整地构思了自动计算机（ACE）的逻辑架构。如图1.41所示，图灵机通过一条纸带读入符号，作为机器的输入。机器内有一个行为表，它确定读入符号的意义，决定机器的行为。这些行为形成一组计算的基本操作。行为表就是以后计算机的程序。图灵的主要贡献就在于将人的计算模式抽象成上述机器可执行的流程，特别是“行为表”来控制计算，使得一个有限的符号指令系统，通过无限长的纸带，实现理论上无限的计算。图灵自动计算机逻辑上基于他在 1936 年发表的论文：“论可计算性”，在他 1945 年关于自动计算机的报告中，则对计算机进行了完整的描述，包括逻辑电路图和预算。正是这个成果，为此后的计算机体系架构提供了逻辑基础。

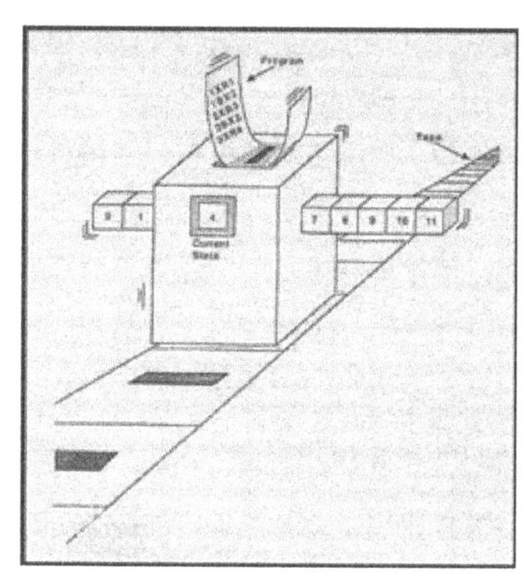

图 1.41　图灵机概念模型[119]

然而，当时的技术条件还不允许图灵机的诞生。影响几代人、几代计算机的体系架构是冯・诺依曼完成的。他参与了美国第一台计算机——ENIAC 的设计，但 ENIAC 是模仿当时最成功的计算机器、微分分析器，与后世的计算机存在质的差别。ENIAC 还没有完成，冯・诺依曼开始了下一台计算机（EDVAC，电子离散变量自动计算机）的逻辑结构研究。1945 年 6 月提出了在计算机体系架构史上著名的“关于 EDVAC 的报告草案”。这个报告最重要的贡献是在计算机内部存储器中储存指令，即程序，并以此为核心，提出了以后称之为“冯・诺依曼结构”的计算机体系架构。这个体系架构如图 1.42 所示，成为 70 年来计算机的主流架构。计算机由控制器、运算器、存储器、输入设备、输出设备五部分组成，奠定了现代计算机的结构理念。

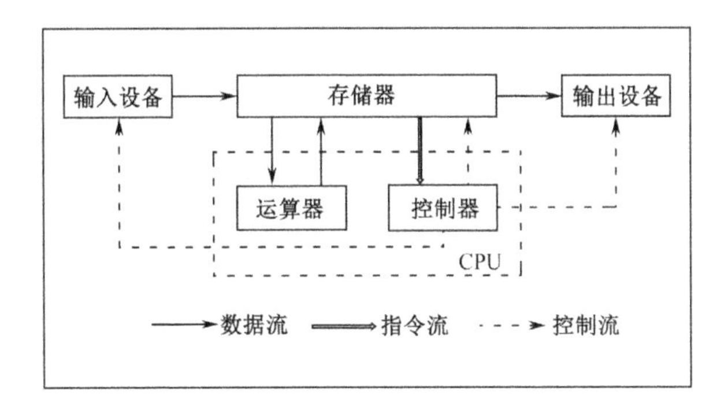

图 1.42　冯 • 诺依曼计算机体系架构示意[120]

图灵和冯 • 诺依曼为代表的一代科学家对计算机逻辑结构的研究成果不仅为后世计算机的发展奠定了逻辑基础，更在人类历史上，首次将人类智能的一种模式，用合理的逻辑，清晰地表征出来，为理解智能的本质，也为非生物智能的发展做出了开创性的贡献。

2．集成电路和操作系统

一个计算机系统，是一个复杂的逻辑控制体系，不仅有对系统拥有的计算能力的操纵逻辑，还有对计算任务优化的逻辑，这些逻辑包含在各类处理单元和系统软件中。

集成电路也称芯片，在计算机体系中承担不同特征的功能，也有不同的称谓，如中央处理单元（CPU）、图形处理单元（GPU）、兼具两者特征的 APU 等。中央处理单元（Central Processing Unit，CPU）的功能主要是解释计算机指令以及处理计算机软件中的数据。中央处理器主要包括运算器(算术逻辑运算单元，Arithmetic Logic Unit，ALU）和高速缓冲存储器（Cache）及实现它们之间联系的数据（Data）、控制及状态的总线（Bus）。CPU 从存储器或高速缓冲存储器中取出指令，放入指令寄存器，并对指令译码。它把指令分解成一系列的微操作，然后发出各种控制命令，执行微操作系列，从而完成一条指令的执行。这个过程就是计算机计算过程的控制。

GPU 的特点是优化了图形图像的处理能力。ARM 系列芯片的特点是适合移动智能终端的处理特征。FPGA 则具有根据应用特点，将特殊的逻辑自行编程优化处理能力。TPU 适应互联网应用环境。TrueNorth 处理器，是模仿人脑的神经系统，试图适应智能计算的芯片。指令集是一类芯片区别于其他的主要原因。同样的指令集，不同的芯片设计会有不同的性能，体现出不同的逻辑特征。指令集的选择、芯片中处理能力的分配、指令中所包含微操作的功能，决定了设计出来的芯片的性能特点。

从智能发展的角度看，集成电路设计要满足三个必要条件：一是充分理解计算机和集成电路的工作原理、集成电路的处理特征和容量；二是要充分理解该类芯片处理对象的计算特征，并通过对芯片处理能力的分配、微架构的设计和调用等方法来体现这些需求；三是使用的符号和逻辑要保证人与机器都能理解。

集成电路设计构成的芯片，使计算机的处理部件能够工作，提供了与操作系统的接口，使操作系统可以利用计算机的处理功能，这是操作系统功能的一个侧面。操作系统负责管理整个计算机系统的所有功能，负责与在该计算机上使用的其他基础软件和应用软件的连接。从智能发展的角度看，操作系统是对一台计算机及其应用系统接口完整的显性的信息表征。之所以称之为完整的显性表征，是因为它所内含的功能、过程、数据等所有信息，该计算机能够执行，程序员编制的软件和操作员的应用能够理解并操作。在一个复杂的跨计算机和人的领域、比集成电路更加广泛的范畴内实现了机器与人的共同理解，这是智能进化中的一个重要里程碑。

1.7.1.4 计算资源优化利用

在计算能力的发展及非生物智能发展的过程中，计算资源一直是重要因素。近年来人工智能发展得出的一个重要结论是，成功的三个必要条件是数据、算法、计算资源。

如何使计算资源满足不断增长的处理需求，在计算机发展的各个阶段都显得十分重要，计算资源的优化利用成为计算逻辑的一个构成部分。回顾计算机发展历史，在不同的历史阶段具有不同的优化模式，如果忽略计算机性能的约束，计算资源的优化有三个主要的类别：与大规模计算要求一致的处理能力如何形成，如何使一定范围内的计算资源能够得到充分利用，如何使一个系统的处理要求在整体上最优。

从科学计算到地质勘探、气象预报、互联网通用应用的信息处理等许多类型的计算需要强度很高的计算能力。超算中心、高性能计算等模式主要服务于这类需求，甚至为了特定的应用开发专用的计算机系统、芯片。大规模并行计算，计算任务的分解和组合是该模式的主要逻辑特征。

与上述问题相反，另外一类需求对处理性能的要求比较低，如何使给定的计算资源能够在满足这类需求的同时得到资源自身的充分利用，互联网数据中心（IDC）、云计算等模式都是为这样的目的而发展的。

第三种则是一类物理上分布，业务上有联系，但处理独立性又比较强的处理需求，如大范围、离散的工业控制系统、物联网应用等，则需要分布式计算、边缘结算这种计算资源分配和使用逻辑，既保证计算处理需求的及时性，又减少系统其他复合，实现整体优化。

1.7.2 问题求解的逻辑

问题求解的逻辑在 1.6.5 节人工智能部分已经介绍，本节作一点补充，讨论传感器和物联网构成的语义逻辑、模式识别及其算法、应用软件包含的问题求解逻辑。

1. 传感和物联网的问题求解逻辑

以传感器为基础构建的物联网是一类问题求解的智能系统。这类智能系统的问题求解逻辑有其特殊性，这个特殊性为理解智能，特别是非生物智能提供了一条重要的路径。下面以汽车基于传感器的自动控制为例进行说明。

汽车在湿滑路面，各车轮的滑移率为20%时，原来的汽车制动系统会失效，从而导致安全事故。为解决这个安全隐患，设计了汽车防抱死制动系统，见图 1.43。这个系统以每个车轮加装的车轮转速传感器为基础，电子控制装置根据各车轮转速传感器输入的信号对车轮的运动状态进行监测和判定，形成相应的控制指令。在制动过程中，电子控制装置根据车轮转速传感器输入的车轮转速信号判定有车轮趋于抱死时，ABS 就进入防抱死制动压力调节过程。例如，电子控制装置判定右前轮趋于抱死时，电子控制装置就使控制右前轮制动压力的进液电磁阀通电，使右前进液电磁阀转入关闭状态，制动主缸输出的制动液不再进入右前制动轮缸，电子控制装置就使右前进液电磁阀和出液电磁阀都断电，使进液电磁阀转入开启状态，使出液电磁阀转入关闭状态，同时也使电动泵通电运转，向制动轮缸送制动液，由制动主缸输出的制动液和电动泵泵送的制动液都经过处于开启状态的右前进液电磁阀进入右前制动轮缸，使右前制动轮缸的制动压力迅速增大，右前轮又开始减速转动[120]。

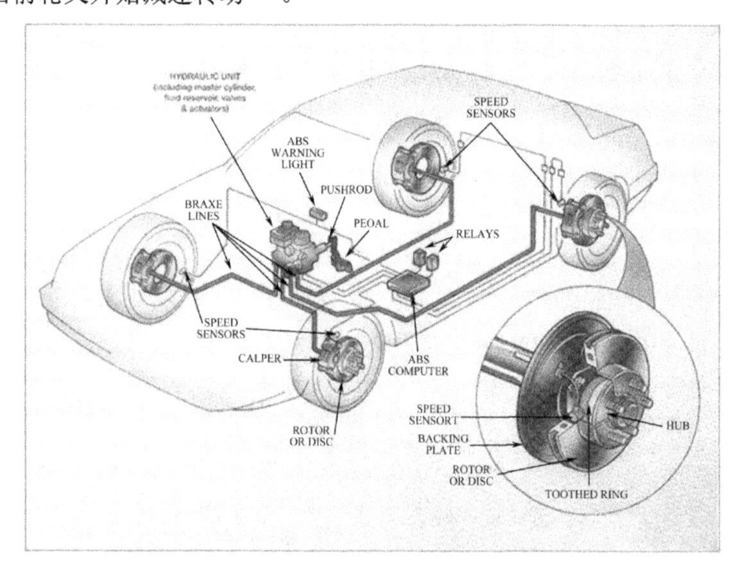

图 1.43　汽车防抱死制动系统示意图（源自黄页 88 网）

在这样的实时控制系统中，传感器感知并输出的每一个信息不是简单的符号，而是带有明确的语义，这个符号是当前该轮子的转速。控制单元根据四个轮子的信息和其他速度信息，根据已经确定的模型判断是否处于抱死状态，然后根据给定的处置方式进行处置。在整个过程中，所有的信息都是语义的，可用于状态判断、决策和行为控制。每一个处理都是直接围绕问题求解，没有任何数据、处理或控制步骤的冗余，是基于语义的精简、有效的智能系统的逻辑。

2．模式识别及其算法

模式识别是问题求解中的又一类带有特殊性的逻辑，它针对的是对感知的信息如何分析、判断，并根据具体场景做出决策的问题。计算机在计算能力上远远超越了人，但在辨识人脸、识别语音和手写体、气味识别、手势识别、表情识别等很多场景与人相比还存在很大差距。通过计算机模式识别的方式，提高计算机感知并识别环境、做出恰当的判断和决策的能力，是非生物智能发展的关键环节。

长期以来的数学成果和模式识别的经验使得模式识别成为一门比较成熟的学科，在很多典型的环境识别场景取得了很多成功，但离智能发展的需求，还有更多的场景不能达到令人满意的识别能力。

贝叶斯决策、最大似然估计、线性判别函数、随机方法、非度量和非参数技术、无监督学习和聚类、独立于算法的机器学习、多层神经网络等，都是模式识别的核心内容；由数据采集、特征选择、模型选择、训练、评价等部分构成了模式识别自身的一般逻辑[121]。在自动化、信息系统、人工智能的发展中，产生了更多的适应特定场景的模式识别工具和方法。本书不做详细介绍，感兴趣的读者可以参阅有关专著。

3．应用软件包含的问题求解逻辑

一个应用软件就是对一个相应现实问题求解的逻辑。在今天已经有数以千万计的应用软件，成为研究问题求解逻辑最重要的客体，也成为对现实问题分析、判断和决策最有效的学习对象。应用软件至少包含了三类问题求解的逻辑，即构建对象问题模型的逻辑、对象问题算法的逻辑、软件生命周期的逻辑。

当一个问题能够通过执行一个软件来解决时，不管这个问题是科学计算性质、管理性质、生产过程性质、社会活动性质，还是日常生活性质，从问题求解逻辑的角度看，其共同点就是完整地将这个问题用符号表征了出来，用模型和算法替代了人的智能行为，并且对问题如果在未来可能发生变化时，软件如何应对的策略和执行逻辑规定了下来。

按照智能的一般定义，所有应用软件都具有智能特征，都可以称为人工智能系统。应用软件是人类在构建非生物智能系统过程中创造的最宝贵的关于问题求解逻辑的宝库。

1.7.3 记录信息增长

信息的增长是指自在态、自有态和记录态信息载体数量的增加和结构完备的过程。记录信息增长是人类认知能力增长和社会信息记录技术、经济能力增长的函数，与人类社会发展阶段呈紧密的正相关[122]。语言、文字、印刷技术、计算机、信息网络，具有拍摄、传送、使用音视频功能的移动智能终端，门类众多、性能各异的传感技术等，诞生了记录信息，并推动记录信息的数量、类型持续增长，互联网、移动智能终端、传感器和各种方便信息传输利用的平台，如微信、脸书（Facebook）等，更是近年来记录信息急剧增长的技术因素。

记录信息对智能发展的贡献是全面的，主要集中在两个方面，通过影响学习，介入人及机器系统的认知能力发展过程；通过影响问题求解过程，提升人或机器系统问题求解能力。

从智能发展的维度看记录信息的增长，记录信息可以分成三大类：知识体系、事实信息、过程信息。三类不同的记录信息在不同阶段和不同侧面，在智能发展过程中起着不同的作用。

1．学习过程

学习是人与具有学习能力的机器系统知识增长的基本途径。知识体系、事实信息、过程信息这三类记录信息在学习过程中均具有重要的作用。

知识体系是认知能力达到什么水平的客观参照物。一个人在其从事的专业领域认知能力，在于在其工作的生命周期内社会知识体系的水平。一个人，从小学到最终学位，再到工作期间的继续学习，除开教育环境（学校、师资、实验设施等）这个基础，重要的是所学专业领域知识体系当时达到的水平，教育是以这个知识体系为基础。机器系统，如自动化系统、企业资源管理系统（ERP）等各种应用软件，则依赖于被赋予的认知能力和知识，赋予的主体是人，同样回归到客观存在的知识体系的水平。

事实信息和过程信息是学习的重要材料。在教育过程中，知识体系的传授，经常依靠具体的事实和过程作为增强理解的补充。在机器系统，事实和过程信息既是具有一定智能的机器系统构建时的必要条件，也是其在运行过程中发现缺陷、改正缺陷、提升能力的手段。事实和过程的信息是人和智能机器系统提升学习能力的基础材料。

记录信息，知识体系和事实过程信息的增长是智能增长的前提和参照系。

2．问题求解过程

人和其他智能系统在问题求解过程中，高度依赖知识体系和事实、过程信息，这是不言而喻的。除开绝少数计算类问题在初始输入后，中间主要是处理过程外，大部分问题的触发基于信息、解的过程依赖于信息、最终的评价也依赖于知识和记录信息。知识体系和实施过程信息的增长是寻求更好的问题解决办法或解决更多问题的前提。

3．记录信息增长的正向循环

英国哲学家波普尔（Karl R. Popper）等一批学者，认为知识是独立于精神的客观存在，对知识的增长有这样的论述：人类工具或应用知识的进化之树“是从共同的树干产生越来越多的分支生长起来的”，“许多分支已分化成高度专门化的形态”；而理论知识的发展则相反，理论知识之树“从无数的根部长起来，这些根向空中长而不是向下长，并最终倾向于长成一个共同的树干”[123]。知识体系如同波普尔所说的第二类，随着人类社会科学技术的发展，知识之树不断成长，反过来又推进了认知能力的提升，加速了知识体系的增长。在人类社会各种问题求解的过程中，事实信息和过程信息是问题求解不可或缺的重要因素，问题求解过程积累了更多的事实和过程信息。这些新增加的记录信息，又成为下一次问题求解的基础，在一定程度上，又成为新的知识增长的基础。

在问题求解过程中，经验和诀窍不仅走出了人的大脑，更与相关的知识、事实和过程信息一起成为相关的人与机器系统都能理解的结构，成为跨智能类型的结构显性的记录信息，为记录信息的质量增长，相对于问题的信息结构完备性做出了贡献。

除了上述在科技进步和问题求解过程中与记录态信息的正向循环外，还存在负循环。负循环的产生有不同的原因。例如科研发展中某个阶段、某些领域呈现不正确的论断占主导地位，又如在问题求解过程中，信息记录的不正确，再如历史上发生过的由于天灾人祸导致的大规模记录信息毁损等。有趣的是，纵观历史，负循环只是局部、短期现象，正循环始终占据主导地位。

1.7.4 记录信息的表征力和可计算性

本章前几节已经介绍，认知科学、人工智能、心智等领域的研究都将表征力作为智能的一个重要因素。记录信息是表征力发展的一个结果，记录信息如何在学习和问题求解等过程中更有效地表征是一个智能发展的基础性课题。记录信息的表征力是可计算性的重要基础，但可计算性还有更多的因素要考虑，数据的类型、计算问题对数据的要求等，这些要素综合起来就是记录信息的结构化程度。非结构化数据的计算本质上就是人工智能的问题求解了。

萨迦德用一个简单例子，说明了这一智能研究的重要命题。他认为，理解一个儿童如何学习把 13 与 28 相加，认知理论需要指出儿童在大脑中是如何表征这两个数字以及怎样加工这些表征以完成加法计算。要说明 13 是整体表征还是由 10 加 3 表征，要说明如何在 13、28 加法的分别表征的基础上，经由什么样的操作得到 41 这个结果，说明进位是如何实现的。一个计算模型需要详尽、精确地表征可编程的结构和算法[124]。这个例子是简单的、已有的表征方法可以在最小颗粒度上使被计算对象和过程结构化，实现计算的目的，但在现实的问题求解中，大多数问题做到这一点，需要细致复杂的工作过程。

信息记录的过程、学习的过程和问题求解过程都是记录信息显性表征或形成显性结构的过程。所谓显性表征或显性结构，是指超过一个智能主体可以理解或执行的信息结构[125]。

信息记录的过程是一个显性表征的过程。有两种典型的信息记录过程，即人的认知成果转化为记录信息、通过感知器件记录信息。在第一种场景，人把神经元的表述变为文字或语音的表述，而文字和语音的表述，同语种的其他人可以理解和使用，计算机可以加工处理，神经元的表征没有这个功能。记录信息一系列后续的处理过程也是显性结构化的过程。发表过程是如此，无论是出版还是期刊、会议的发表，都是一个标识、归类的过程；收藏过程是如此，无论是编目还是分类、上架，都是进一步的结构化；建立数据库、提供检索的过程是如此，不管是计算机的，还是卡片式的，都是在更细的颗粒度上对记录信息的结构化，结构化的目的是别的主体能更好地利用。

在传感器件记录的场景，有三个层次做着表征或结构显性的工作。第一层次是传感器功能如不同视细胞对光敏感不同一样，不同的传感器对感知什么内容和如何感知是特定的，感知产生的信息形态是特定的，为此后感知信息的处理提供了条件，如遥感卫星的不同技术对应不同的处理模型和算法。第二层次是传送路径带有显著的目的性，如同视细胞感知的信息到视网膜成像，再传送到确定的脑区一样，目的性为记录下来信息的表征提供了条件，如桥梁疲劳传感器的波形，一定传送到给定的处理单元，解释这个波形并做出判断，是否存在风险。第三层次是应用过程。任何以感知为基础的应用都会将获取的数据作为既定计算的基础，并与历史数据和其他相关信息一起，成为表征力更强、结构化更完备的记录信息。

在第一场景，记录信息的表征力或结构化成为记录信息利用的基础。正是这个记录信息表征力的作用，一些国家启动了以数据完整性和高度结构化为目的项目来保持或提升国际科技竞争的优势。在第二场景，以自动控制系统为起点，各类信息系统、人工智能系统及传感-物联系统在不断增加记录信息的数量，提升表征的能力。感知数据隐含结构，用于智能系统的实践不断增加。如心电图、生产线上的压力传感记录，嵌入流程的管理信息，无论是模拟的还是数字的都不再是符号性质的数据，而是经历了一个知识导向的转换过程，经过这个过程转换的记录信息，是内含确定结构的语义信息，换言之，这样的记录是带有可识别结构的语义信息。

1.7.5 记录信息的可获得性

在智能进化的过程中，可以发现在语言和文字产生后，生物智能加速度多次加速；在自动化系统诞生后，非生物智能加速度同样多次加速。加速是基于不同因素的共同作用，其机理也有不同的解释进路，但记录信息可获得性提升是不容争议的关键要素。

在人类社会的历史上，记录信息可获得性有 8 次重大里程碑式提升。一是文字。使认知信息有可能转化为记录，第一次跨越了人际交流时间和空间的约束。四大古文明的繁荣是文字产生的直接成果。二是印刷。印刷提升了记录信息的生产效率。泥板、木板、活字印刷与农业社会知识和信息交流要求匹配，是农业文明走向顶峰的一个重要原因。三是机器印刷。四是规范的科技文化教育。机器印刷再一次提升了记录信息的生产能力，教育提升了人对知识获取的能力。第三、第四两个里程碑在供给和需求两个方面提升了可获得性，对工业革命的产生和发展做出了重要贡献。五是电话、电报、互联网等信息网络。主要提升了信息的传输能力。特别是互联网，使全球数十亿人在一个平台上交流，推动了文明的传播和科技创新的加速发展，彻底打破了信息获取的时间、空间屏障。这 20 多年，以中国为代表的发展中国家崛起，互联网功不可没。六是计算机。提升了信息处理能力，满足了可获得性对处理能力的需求，特别是在数据量惊人增长的场景中。七是传感器的普及应用。从卫星遥感到海洋声呐、从地震波感知到太空观察、从生产线到社会活动、从健康状态到日常生活感知，各类客观存在的信息记录能力得到全面提升，成为人类社会从工业文明走向信息文明，从工业时代走向智能时代的基础。八是记录信息的数字存储和数字信息的管理和处理能力。这一技术降低了信息存储成本，个人、家庭、机构、社会有能力应对急剧增长的数字化信息，使信息的获得在细颗粒、不同程度显性结构的基础上，提升了获得信息的质量，更有利于利用。

1.7.6　小结

逻辑和记录信息在智能进化和发展中具有不可替代的作用。

逻辑的起点是生物进化过程。它在进化的漫长岁月中形成，并通过遗传功能逐步稳定和发展起来，到人的中枢神经系统发展到极致。从视细胞感知光子到大脑皮质形成图像记忆，从听觉、味觉、触觉等感知信息到对时间、空间的分辨，可以很好地解释生物进化中的逻辑，即在遗传的认知功能中，存在很强的逻辑能力。

逻辑的发展是科学进步的一个重要成果。数学、哲学、心理学及其他许多学科的发展，为逻辑不同侧面的发展做出了贡献。逻辑学的进展演进到数理逻辑，二进制切合了计算机的开关电路，离散数学的进展，为软件技术奠定了逻辑基础。自动化系统、机器人、经济和社会领域的智能系统、人工智能，为认识、表征大量基于问题和场景的智能任务提供了具体的问题求解逻辑。

分析人的逻辑能力演进过程，是对心理学、认知科学研究中具身性问题求解的一条有效途径。

三类记录信息产生和增长，传输、计算等记录信息处理能力的发展，既是人智能发展的必要条件，也是非生物智能进化和发展的必要条件，更是两种智能协同、融合发展的前提，还是社会认知和群体智能形成和发展的基础。

1.8 社会认知和群体决策

社会心理学和社会认知科学的研究说明，个体认知或个体智能受社会认知的影响；社会认知与群体决策是一种与个体认知、个体智能相互依存，各具特点的智能现象；社会认知具有神经科学的基础；社会认知改变并丰富了智能进化的模式。

1.8.1 个体认知和智能的社会性

在前面几节，已经分别介绍了人作为个体智能基于生物学、生物化学、认知神经科学、心理学研究的形成和发展机理。社会心理学和社会认知科学的研究指出，社会认知（社会知觉）对人的认知和行为（智能的表现形式）具有必然的重大影响。

社会认知是指个人对他人或自己的心理与行为的感知与判断过程，其核心是理解社会心理现象的信息加工机制及潜在机制，也是社会知觉的同义词[126]。社会知觉包括自我知觉、人际知觉和群体知觉。自我知觉就是从外貌特征、人格特征两个方面回答我是谁，回答关于自己的认知从哪儿来。人际知觉就是回答我们是如何认识他人的，是对他人的外貌到内心世界的认知。群体知觉是人际知觉的延伸，对社会群体的整体特征的认识，认识其存在性和差异性。

自我知觉和自我参照在个体的认知发展中有着重大影响，作为结果，必然影响主体对问题的判断和决策。美国社会心理学家达夫认为，“我们看待自己的方式，我们关于他人是怎么看我们的观点，以及我们关于如何应对不同情景的知识基本上都是通过经验习得并储存在记忆当中的”[127]。

图式、启发式和刻板影响是个体在认知他人和社会行为中几类重要的模式[128]。图式是在个体认知能力发展过程中自动形成的一个认知框架，指导我们思考和理解世界。图式存在于各种可以遇到的社会事件后场景中，它有助于准确有效地组织信息，但也可能经由对我们注意什么、寻找什么、记忆什么而影响判断。启发式是一种减少我们在认知过程中心智工作量的便捷模式，有便利性启发式、代表性启发式、锚定和调整启发式以及框架式启发式等类型，这些模式使我们快速导向结论，同样存在出现偏差的、谬误的可能。对刻板影响（stereo type）这个概念，社会心理学还没有形成统一的概念，本质上是指关于特定社会群体的特征、属性和行为的认知表征，也可以说是一个社会群体形成的、该社会群体内外对这个群体的表征。刻板影响是在历史发展过程中形成的，为认识特定社会群体提供了框架，也是偏见、歧视的一个来源。

另外一些学者从社会表征视野分析了这一现象。他们认为，社会表征是指“人们通过不断地和居住于周围的朋友、同事讨论，通过所阅读的报纸和收看的电视等媒介来使自己进入普通和日常的生活中去。简而言之，社会表征就是通过对社会影响的沟通而支撑起日常生活的真实性，并建立起不同群体之间边界的原则和方式”。“从社会表征的观点看，知识不单单是一种对事件的描述，知识也是产生交互作用和沟通的源泉，知识的表达总是与人类的兴趣紧密相关。知识产生于人们之间的会面和交互作用，其中包括了人类兴趣和要求，甚至是各种满意或挫败的情绪”[129]。

社会认知科学还研究了与个体认知相关的态度、情绪、亲和、攻击等心理和行为的社会原因。依据这些研究成果，我们可以认为，个体的认知受社会认知的影响，个体的判断、决策和行为（即个体智能）受社会认知的影响。

1.8.2 社会事件与群体决策

社会认知心理学在智能事件中区分出了社会事件，在决策行为中区分出了群体决策，提出了智能发展的新的类型及其特点。

任何社会或社区，不时发生涉及多人甚至整个社区或社会的事件。对这些社会事件，不同的主体对责任、原因、利益有不同的判断。

企业、机构、国家存在大量的事务需要集体决策，社会认知科学研究了群体决策的行为特征，提出了一些群体决策的模式[130]。群体决策体现了群体智能不同于个体智能的不同特征。既有个体智能提升群体智能的可能，如科研团队的群体智能；也有群体智能弱于其中的个体智能的可能，如正确的判断在少数人手里的时候。

1.8.3 社会认知的神经科学发现

社会认知神经科学的目的是寻找社会行为背后的认知过程。研究发现，在自我参照、自我知觉、对他人知觉、汇合自我知觉和他人知觉、社会反应和社会群体评价、社会知识表征和运用社会知识进行决策等方面，都找到了相应的神经活动特征[131]。

实验证明，通过与自我相关联而进行加工的信息会记得更好。为什么产生这个现象？有两种假设，一是自我是深度加工的一个极端点。通过这个极端点的信息会被深加工，因而记忆也会被显著改善。之所以与自我相关的信息得到深加工，是因为这样的信息必然吸引主体更多注意和投入。二是认为自我事实上是一个特殊的认知结构，它不同于其他认知结构，具有帮助记忆或信息组织的功能。

一些研究说明，与自我参照加工有关的大脑内侧前额叶皮质具有特殊的生理特征，这些特征甚至允许人们在没有主动思考我们自己时就开始进行。对大脑静息状态下仍在持续进行许多心理加工的发现，进一步说明自我参照加工属于大脑功能的一种默认模式，也称为基线模式。自我知觉是一种动机过程。这是指自我判断在一定程度上是与其他判断不同的，这个过程经常不正确，因为人们通常用积极方式看待自己的动机，而这一特点有神经科学的研究证据。有些研究表明，扣带前回的最腹侧部分对人们更关注与自我有关的积极信息起到关键作用。综上所述，前额叶皮质中的几个区域是自我对认知具有独特影响的神经基础。

推测他人当前心理状态的能力，是我们在广泛的社会行动中获得成功的关键环节，社会认知心理学者创造了心理理论一词来描述我们推测他人心理状态的能力。心理理论在解释推测他人心理状态能力上取得很大成功，重要的原因是有神经基础的支持。一些研究成果显示，内侧前额叶皮质在对他人内心状态形成印象的过程中起到重要作用，而在考虑他人的其他类型信息时作用不明显。而且，内侧前额叶皮质只对生命体形成印象时起作用，不对非生命体形成印象起作用。右半球颞顶联合区是另外一个与推测他人心理状态相关联的大脑区域，而且特定地在感知他人心理状态时激活，在感知他人其他信息时并不激活。

自我知觉和他人知觉汇合是社会认知心理学研究的一个结论。人们可能依靠自我表征来推测他人的心理。社会心理学的模仿理论就是基于这一现象。模仿理论认为自我知觉和他人知觉之间存在内在联系，内侧前额叶参与了这两种知觉，当思维过程涉及共同心理机制时，内侧前额叶对于思考自我和他人都是重要的。自我知觉与他人知觉之间的密切关系称之为共情，共情是有意识地进行换位思考来理解别人的思想和感受过程。这个社会认知的特征同样被神经科学的研究证实，主要存在于脑岛和扣带前回中。

社会反应和社会群体评价，包括刻板印象的认知过程，社会知识表征和运用社会知识进行决策等社会认知过程，同样证明存在神经系统功能或结构的支持。

1.8.4 社会认知对智能进化和发展的影响

社会认知在多个方面影响着智能进化和发展。一是促进了神经系统的进化，为生物的智能进化提供了新的证据；二是提出了社会事件及其分析判断和决策这类新的智能任务；三是研究了群体决策，提出了群体智能新课题。

关于社会认知的神经科学发现，进一步证明了人与动物的认知活动引发固定的神经系统反应，这样的反应又改变遗传基因，将如此固化的结构写入基因。历经大量世代循环，包括社会认知在内的认知功能在遗传的基础上实现了正向进化。脑科学家认为，人类大脑是 10 万年前适应更新世狩猎社会的进化产物[132]，在人类生活超越那个时候的生存环境和社会环境后，为适应新环境的进化，社会认知对神经系统的反馈并前馈到遗传功能，为生物认知功能进化，特别是最高级阶段的进化提供了最有效的证据。

社会认知依赖个体进化又超越个体，形成了智能发展新模式。自我知觉与他人知觉之间的密切联系，人际关系和对社会群体的刻板印象，说明了每个个体的认知受到社会认知的深刻影响。每个个体的认知构成了社会认知，相互之间又互相影响。社会智能突破了个体智能发展的静态模式，形成了在社会认知影响下，以个体智能动态发展为基础的社会智能发展新模式。

社会事件的分析、判断和决策是一类需要新的智能行为求解的问题。对一个需要多个个体、甚至多个群体的个体参与共同决策的社会事件，提出了问题求解的社会模式，直接引发了群体智能这个新课题，本书不专门对此进行讨论。

1.9　本章小结

本章沿着智能进化、发展和研究的历程，在力求全面、真实地总结各个学科领域和实践门类与智能相关成果，在纷繁的表象中初步理出了智能进化、发展的逻辑或结构的线索，为定义智能，总结智能发生、发展规律，推演未来路径寻找了大量的证据和素材，奠定了基础。但是，也留有许多未曾破解的难题和空白，依然存在很多分歧，有的甚至十分对立。

几千年先哲们的研究，为我们认识智能打开了一扇扇思辨的大门。在感受启迪的同时，应该看到，由于研究深度和科学技术发展的历史局限，离真正把握智能、驶向彼岸还有十分大的距离。

生物学、古生物学、生物化学、生物进化学、植物生理学、动物行为学、神经科学、认知神经科学、脑科学、心理学、儿童心理学、发展心理学、社会心理学、社会认知心理学等一系列学科的相关研究成果，为理解生物智能提供了各个方面的基础材料、事实和重要结论。其中 5 条对智能研究具有特别重大意义的事实链，值得特别关注。一是从原始生命体到人脑的进化环环相扣，缺一不可。从原始生命体的诞生为起点，开始了数十亿年的进化。每一个环节都不能缺少，每一个进化台阶都清晰可辨，每一个新阶段的产生都没有谁在设计或主导这个路径，但结果是必然的，这就是进化的规律。二是原始生命体的行为到人的智能行为逐步迭代进化，不能割断。三是人的各种生理行为和各类外显的智能行为相互依存，不可分割。四是适应环境是智能进化的基础，认知环境的变化同样是智能进化的基础，知识和记录信息、工具和系统、社会认知等环境，都成为智能进化的媒介。五是认知控制和运动控制在本质上都是智能行为，大量人的运动控制成为本能，使行为控制成熟度高，转变为全过程的结构性控制。

非生物智能的进化从最简单的加工过的木棍、石块开始，始终与人的智能进化和人类社会进步呈现高度正相关。非生物智能产生和发展依赖于人，但具有独立性。从简单工具到机械系统、从人力、机械式计算工具到电子计算工具，从具有数据处理能力的机械、自动化系统、最后到智能系统，非生物智能的进化同样环环相扣，缺一不可。

人类智能的进化推动着逻辑的发展，归纳、演绎、数理逻辑等逻辑推理系统，二进制数字系统、离散数学的数学逻辑，形成了可以自动执行的智能工具，人工智能是一个代表。心智和人工智能的研究，将生物智能和非生物智能摆在同一个框架体系中考察，对理解智能开启了一个新的维度。

人类智能进化必然地产生了语言和文字，产生了记录信息。各种人类制造的工具和系统，是当代人类智能发展的结晶，是独立的客观存在。包括人类全部知识财富的记录信息，代表人类认知能力和水平的工具和系统，两类离开人的躯体而独立存在的客体，深刻地改变着生物智能和非生物智能的进化和发展。

这些结论有的已经有了共识，有的还没有共识。智能是什么，是主体适应、改变、选择环境的能力，还是人的行为中需要借用复杂逻辑工具实现的问题求解能力；智能是人独有的，还是其他生物也拥有智能；智能进化与生物进化的异同、区别何在；人工智能如何定义，普通机床是人工智能吗，数控机床呢；等等。

如何认识智能，把握智能发生发展的规律，是本书余下章节的任务。

注：

[1] 沈清松主编，哲学概论，贵州人民出版社，2004 年，第 2 页。

[2] （英）罗素著，西方哲学史，商务印书馆，1961 年第一版，1982 年 11 月北京第 5 次印刷，上册，第 11 页。A History of Western Philosophy, George Allen and Unwin Ltd., London 1955。

[3] 同[2]，上册，第 11 页。
[4] 同[2]，上册，第 190 页。
[5] 同[2]，上册，第 222 页。
[6] 同[2]，上册，第 363 页。
[7] 同[2]，上册，第 363-364 页。
[8] 同[2]，上册，第 366-367 页。
[9] （古罗马）爱比克泰德著，吴欲波、郝富强、黄聪聪译，中国社会科学出版社，2008 年，第 2-3 页。
[10] 同[2]，上册，第 350 页。
[11] Jean Piaget Biology and Knowledge, An Essay on the Relations between Organic Regulations and Cognitive Processes, The University of Chicago Press，1971，第 xi 页。
[12] （英）达尔文（Charles Robert Darwin）著，物种起源，舒德干等译，北京大学出版社，2005 年，第 289 页。
[13] 同[12]，第 18 页。
[14] 同[12]，第 300 页。
[15] 吴庆余编著，基础生命科学第二版，高等教育出版社，2006 年，第 234 页。
[16] 参见（美）Michael S. Gazzaniga, Richard B. Ivry, George R. Mangun 著，认知神经科学，关于心智的生物学（英文原名：Cognitive Neuroscience The Biology of the Mind 3rd Edition），周晓林、高定国等译，中国轻工业出版社，2015 年。
[17] 李难著，进化生物学基础，高等教育出版社，2005 年，第 163 页。
[18] 参见（澳）约翰 C. 埃克尔斯著，潘泓译，上海科技教育出版社，2005 年。
[19] 同[15]，第 103 页。

[20] http://hjwsw.712100.cn/show.php?articleid=320。

[21] https//baike.baidu.com/item/遗传密码。

[22] 同[15]，第 25 页。

[23] 参见（德）G.克劳斯著，信号传导与调控的生物化学（英文原名：Biochemistry of Signal transduction and Regulation），原书第三版，孙超、刘景升等译，彭学贤审校，化学工业出版社，2005。

[24] 同[16]，第 24-48 页。

[25] （美）Robert F. Weaver 著，分子生物学（原书第五版），郑用琏、马纪、李玉花、罗杰等译，科学出版社，2014 年。参阅第 6-第 23 章

[26] 同[23]，参阅第 2-13 章。

[27] 来源：中国经济网，2015 年 08 月 13 日，世界最强激光解析细胞信号传导大通路。

[28] 陈晓亚、薛红卫主编，植物生理与分子生物学（第五版），高等教育出版社，2012 年，第 230-231 页。

[29] 同[28]，第 214-291 页。

[30] 同[15]，第 113-122 页。

[31] 同[28]，第 406-522 页。

[32] 同[28]，第 334-335 页。

[33] 同[28]，第 524-564 页。

[34] 同[28]，第 593-611 页。

[35] 同[28]，第 557-576 页。

[36] 同[28]，第 695-715 页。

[37] 同[28]，第 679-689 页。

[38] 同[28]，第 716-731 页。

[39] 尚玉昌编著，动物行为学（第二版），北京大学出版社，2014 年，第 55-71 页。

[40]　同[39]，第 72-105 页。
[41]　同[39]，第 135-141 页。
[42]　同[39]，第 106-124 页。
[43]　同[39]，第 162-222 页。
[44]　同[39]，第 231-267 页。
[45]　同[39]，第 274-332 页。
[46]　同[39]，第 343-398 页。
[47]　同[39]，第 405 页。
[48]　同[39]，第 408-436 页。
[49]　同[16]，第 552 页。
[50]　（美）Bernard J. Baars, Nicole M. Gage 主编，认知、大脑和意识，认知神经科学导论（英文原名：Cognition, Brain and Consciousness Introduction to cognitive neuroscience），王兆新、库逸轩、李春霞等译，上海人民出版社，2015 年，第 488-489，494-497 页。
[51]　同[50]，第 500-510 页。
[52]　同[50]，第 510-511 页。
[53]　同[50]，见第 503 页。
[54]　同[50]，第 184 页。
[55]　同[16]，第 142 页。
[56]　同[16]，第 147 页。
[57]　同[16]，第 150 页。
[58]　同[50]，第 291 页。
[59]　同[16]，第 152 页。
[60]　于龙川主编，神经生物学，北京大学出版社，2012 年，第 324-368 页。
[61]　同[50]，第 263 页。

[62] 同[60]，第 301 页。

[63] 同[60]，第 313-315 页。

[64] 同[16]，第 146-149 页。

[65] Frank Weblin 和 Botond Roska 文，视网膜上的电影工厂，周林文译，载《大脑与认知》，电子工业出版社，2011 年，第 177-183 页。

[66] 同[50]，第 298-299，378-379 页。

[67] 同[16]，第 272-273，335-337 页。

[68] 同[16]，第 477 页。

[69] 同[50]，第 407 页。

[70] 同[50]，第 309 页。

[71] 同[16]，第 223-229 页。

[72] 同[16]，第 229-243 页。

[73] 同[16]，第 511 页。

[74] 同[50]，第 303 页。

[75] 同[50]，第 341 页。

[76] Chalmers D. The conscious mind: In search of a fundamental theory, New York: Oxford Univ. Press, 1996 第 111 页。

[77] 同[16]，参见第 315-333 页及第 425-479 页。

[78] 同[50]，参见第 261-295 页及第 432-455 页。

[79] 同[50]，第 295 页。

[80] 同[16]，第 322 页。

[81] （美）罗伯特·西格勒、玛莎·阿利巴利著，儿童思维发展（英文原名：Children's Thinking），第四版，刘电芝等译，世界图书出版公司，2006 年，第 29-68 页。

[82]　（英）布丽姬特•贾艾斯著，发展心理学，宋梅、丁建略译，黑龙江科学技术出版社，2008 年，第 2 页。

[83]　Jean Piaget Biology and Knowledge, An Essay on the Relations between Organic Regulations and Cognitive Processes, The University of Chicago Press, 1971.

[84]　同[81]，第 72 页。

[85]　Robert J. Sternberg, Beyond IQ: A Triarchic Theory of Human Intelligence, New York, Cambridge University Press, 1985.

[86]　The MIT Encyclopedia of The Cognitive Sciences（英文版），edited by Robert A. Wilson and Frank C. Keil，上海外语教育出版社，2000 年，第 409-410 页。

[87]　Howard Gardner，Frames of Mind，The Theory of Multiple Intelligence, New York, Basic, 1983.

[88]　Howard Gardner. Reflections on multiple intelligences: Myths and messages. Phi Delta Kappan, 1995, 77, 200-209。

[89]　Howard Gardner， Multiple Intelligences: The First Thirty Years Frames of Mind，载于 The Theory of Multiple Intelligence, New York, Basic, 2013 年版。

[90]　（加）保罗•萨迦德著，朱菁、陈梦雅译，上海辞书出版社，2012 年，第 11 页。

[91]　同[90]，第 12 页。

[92]　同[90]，第 13 页。

[93]　同[90]，第 201-202 页。

[94]　同[90]，第 151 页。

[95]　刘晓力主编，心灵—机器交响曲，认知科学的跨学科对话，金城出版社，2014 年，第 191 页。

[96] （美）尼古拉斯·韦德著，黎明之前 基因技术颠覆人类进化史，陈华译，电子工业出版社，2015 年，第 13-20 页。

[97] 闫勇编译，人类使用工具历史或提前 80 万年，中国社会科学报，2015 年 4 月 20 日第 728 期。

[98] （西）Emilio Bautista Paz， Marco Ceccarelli，Javier Ech-ávarri Otero，José Luis Muoñz Sanz 著，A Brief Illustrated History of Machines and Mechanisms，Springer，2010 第 32 页。

[99] 参见百度百科，浑天仪词条。

[100] 何立民著，知识简史，北京航空航天大学出版社，2015 年，第 34-41 页。

[101] 参见 http://henan.163.com/15/0113/15/AFROK9J 302270J7C_all.html。

[102] 参见赢在积累的博客，http://blog.sina.com.cn /yingzaijilei。

[103] 参见 http://www.paopaoche.net/article/112989.html。

[104] 参见百度百科，计算工具词条。

[105] 参见百度百科，五轴联动数控机床词条。

[106] 同[105]。

[107] （美）Stuart J. Russell and Peter Norvig 著，Artificial Intelligence, a Modern Approach, second edition, Pearson Education, Inc. 2003, 第 1-5 页。

[108] （美）George F. Luger 著，史忠植、张银奎、赵志崑等译，人工智能 复杂问题求解的结构和策略（原书第五版），机械工业出版社，第 588-589 页。

[109] 同[107]，第二章。

[110] 同[108]，第 187-191 页。

[111] 同[107]，第 320-363 页。

[112] 同[108]，第 238-270 页。

[113]　（美）Alexander M. Meystel and James S. Albus 著，冯祖仁、李仁厚等译，智能系统——结构、设计与控制，电子工业出版社，2005 年，第 114-119 页。
[114]　同[108]，第 275-380 页。
[115]　同[107]，第 375-453 页。
[116]　（美）John J. Craig 著，机器人学导论（原书第三版），贠超等译，机械工业出版社，2006 年，第 9 页。
[117]　杨学山，课件，用于 2016 年 11 月 2 日的讲课。
[118]　（美）Samuel J. Gershman，Eric J. Horvitz and Joshua Tenenbaum, Computational rationality: A converging paradigm for intelligence in brains, minds, and machines, Science, 07 17, 2015。
[119]　参见百度百科“图灵机”词条。
[120]　参见百度百科“汽车防抱死制动系统”词条。
[121]　（美）Richard O. Duda, Peter E. Hart, David G. Stock 著，李宏东、姚天翔等译，机械工业出版社，2003 年。
[122]　杨学山著，论信息，电子工业出版社，2016 年，第 148-172 页。
[123]　（美）卡尔•波普尔著，客观知识——一个进化论的研究，舒炜光、卓如飞等译，上海译文出版社，1987 年，第 268-277 页。
[124]　同[90]，第 14 页。
[125]　同[122]，第 70 页。
[126]　王沛、胡雯主编，社会认知心理学，北京师范大学出版社，2015 年，第 2 页。
[127]　（美）金伯利 J. 达夫著，社会心理学，宋文、李颖珊译，中国人民大学出版社，2013 年，第 59 页。
[128]　同[127]，第 38-49 页，第 180-200 页。

[129] （法）塞尔日·莫斯科维奇著，社会表征，管健、高文珺、俞容龄译，中国人民大学出版社，2011 年，第 2-3 页。

[130] 同[126]，第 401-448 页。

[131] 同[16]，第 318-333，521-549 页。

[132] 同[16]，第 566 页。

第2章

智能的构成

智能是什么，智能是一种什么样的客观存在，是什么因素决定着智能的发生和发展，本章将回答这些问题。

2.1 智能是什么

智能是什么？这是理解智能必须回答的问题，又是分歧最多的问题。本节在分析众多定义及第 1 章对智能研究全面梳理的基础上，给出了智能的定义，并讨论了其主要特征。

2.1.1 智能定义的主要观点

在当代智能研究中，源自不同的科学基础或基本出发点，智能的定义呈现不同的流派，不同的流派之间既有共同点，也有不同点，有的还十分对立。下面从三个维度分析对智能的不同理解：是以精神态存在还是可独立的客观存在，主体是谁，能以复杂度区分吗。

2.1.1.1 智能是以精神态存在，还是可以独立的客观存在

在 1.1 节中，已经介绍了几位先哲关于智慧、智能是上帝赋予人的特权，智能必然产生于灵魂之中，这里不再重复。

与之相对的是，人的思维、智能是生物进化所决定的，在一定意义上人就是会思维的机器。18 世纪中叶，法国学者美特利（Julien Offroyde La Mettrie, 1709—1751 年）从哲学视野出发，主张人是物质存在，认为人的认识源于感觉，而感觉对象是客观世界，心灵源自进化，甚至进一步声称“人是机器”。此后，拉马克（Chevalier de Lamarck, 1744—1829 年）于 1801 年第一次发表了其关于包括人类在内的一切物种都是从其他物种进化而来的观点，达尔文（Charles Robert Darwin, 1809—1882 年）认为拉马克最重要的贡献是第一个唤起人们注意到有机界跟无机界一样，万物皆变，这是自然法则，而不是神灵干预的结果[1]。

1859 年，达尔文倾其毕生精力、历经 15 年写作的《物种起源》

付梓，全面阐述了变异、竞争、自然选择、万物共祖的生物进化理论。随着科学研究的进展，从第 1 章介绍的分子生物学和认知神经科学与智能相关的成果可以看到，已经可以从分子生物学和神经科学的角度解释注意和意识、学习和记忆、情绪和语言、思维和问题求解、行动控制和认知控制，解释社会认知和认知能力的进化[2, 3]。

当然，还有一些哲学界的学者，认为迄今为止的分子生物学、认知神经科学研究还不足于完全解释意识、思维、情绪等人的主观世界的活动。查莫斯（Chalmers）认为，与神经系统功能相关的问题，可以由物理学和神经科学来解释，属于“容易问题”，而没有神经功能参与的主观体验，是无法还原到神经机制的，所以构成了意识的“难问题”。如果“难问题”的判断是对的，意识不能被还原为神经和物理活动，那就意味着存在一种非物质的实体，是人类永远不能理解的。意识与思维紧密相连，如果意识是精神的，那么，智能中最少存在一部分是纯精神的[4]。一位中国学者也断然认为，科学不能解释意识[5]。

类似的争论产生于人工智能领域。一些强人工智能学者几十年来多次预测机器可以做所有人能做的事情。如果这个预测成立，那么不仅是个别智能任务可以由独立的客体完成，而且所有的智能都可以独立于精神之外。另一些学者反对这种观点，德雷福斯在《计算机不能做什么》[6]、彭罗斯在《皇帝的新脑》[7]中都强烈反对强人工智能的观点，不过两者的结论有所不同。德雷福斯认为有一些问题是计算机永远不可能做到的，而彭罗斯认为今天的技术做不到，但如果物理学，特别是量子力学出现新的进展，存在实现的可能。

然而，有一些学者不同意这样的观点，克拉克指出，“还可以比把大脑当作具体行为的控制器更有成果的想法吗？这一在思考角度上的微小变化对如何构建有关心灵的科学产生了深远的影响。事实上，它需要我们彻底改变思考智能行为的方式。它需要我们抛弃（从笛卡儿开始便普遍存在的）精神与肉体完全分离的思想，抛弃在感知、认知和行为间存在明确的分界线的思想；抛弃大脑在一个执行中心进行高层推理的思想；而且最重要的是抛弃人为地把思考从肉体行为中分离出来的研究方法”[8]。

2.1.1.2 智能的主体是谁

另一个重大的分歧是关于智能的主体。有人认为智能是人的专有特征，有人认为动物、植物也有智能，还有人认为机器系统也可以拥有智能。究竟是谁？

从历史看，认为智能属于人的观点影响最广，拥护者也最多。如全球享有盛名的《不列颠百科全书》对智能（或智力 intelligence）的解释是：“一种心理品质，它体现了一个人通过经验学习的能力，对新环境适应的能力，理解和运用抽象概念的能力”。并做了进一步解释，“智力理论的流派虽多，但一致的观点认为，智力是一种具有生物学物质基础的心理潜能，而不是一种熟练掌握的技能。智力是被个人的经验和学习（源于生活）塑造过的中枢神经系统（源于遗传）的功能活动，是一个先天遗传和后天学习的混合物”[9]。全世界发行量最大的书籍——《现代汉语词典》对智能（智力）的定义是：指人认识、理解客观事物并运用知识、经验等解决问题的能力，包括记忆、观察、想象、思考判断等[10]。皮亚杰、加德纳等著名心理学家均持这一论点。

对于人类之外的其他生物是否有智能，有两个不同的子问题。一是植物有没有智能，二是动物有没有智能。

> 在一场关于智能本质的辩论中，植物如何感知周围环境并做出反应的新发现成了不可或缺的部分论据。苏格兰爱丁堡大学的植物生化学家安东尼·特里瓦弗斯表示，“人们的态度正在发生质的变化。智能的概念，正在从狭隘的、只在人类身上存在的观点，拓展到更加广泛的生命体中。”然而对植物“意识”一说，怀疑者则指出，植物是无法恋爱或作诗的，它们那种简单的反应，真的足以被认为是一种积极的、有意识的逻辑思维吗？
>
> 诺贝尔学奖得主、植物遗传学家芭芭拉·麦克林托克称，植物的细胞是“有思想的”。达尔文也曾写过关于植物根部末梢的“智力”。

> 科学家指出，植物不但能通过释放特殊气体进行彼此间以及与昆虫的交流，它们还能通过细胞结构式，进行欧几里德几何学计算，就像是个斤斤计较的老板一样，连最小的错误它们也在几个月内记得一清二楚。对于越来越多的生物学家而言，植物能够挑战并施压于其他物种，就是一种基本智能的证据。"如果智能指的是获得并且应用知识的能力，那么，植物绝对具有智能。"犹他大学的生物学家莱斯利·西伯斯表示。

框 2.1 关于植物智能的讨论[11]

框 2.1 是对植物智能的肯定，但有更多的学者反对植物有智能的提法，反对将有关的课程进入大学课堂。动物有智能是大多数学者的一致意见，在本书 1.2.5 节中已经做了介绍。

还有一些学者，主要是认知神经科学、脑科学、人工智能等领域的学者，认为机器，或者更广义一点，机器系统，也可以是智能主体。另有部分研究者，如萨迦德，则认为两者都是智能研究的对象[12]。《智能系统——结构、设计与控制》一书的作者梅斯泰尔认为智能是进化的工具，进化与智力使用相同的技术集合。笔者深信，"智能设计"的关键问题只有通过把智力结构还原为多分辨率形式才能解决[13]。《人工智能》一书的作者罗格认为，人工智能研究的是智能行为中的机制，它是通过构造和评估那些试图采用这些机制的人工制品来进行研究的。在这个定义中，人工智能不像是关于智能机制的理论，而更像是一种经验主义的方法学，它的主要任务是构造和测试支持这种理论的可能模型[14]。罗格认为，关于智能的面向主题和自然发生的观点包含了如下要点：

（1）主体是自动的或半自动的。也就是说，每个主体在问题求解中具有特定的职责，它对其他主体在做什么以及如何做都知之甚少或者根本就不知道。每个主体处理它自己的、独立的问题片段，要么自己产生结果（执行某动作），要么把结果报告给团体中的其他主体。

（2）主体是"被置于一定环境下的"。每个主体只对其自身周围的环境做出反应，（通常）不具有任何关于所有主体组成的整个域的知识。因此，主体的知识只限于和有关要处理的任务有关的信息：“我在处理文件”或“靠近我的墙壁”，没有关于所有文件或问题求解任务中全部物理约束的任何全局性知识。

（3）各个主体是相互影响的。也就是说，它们组成了一个集体来共同完成特定的任务。从这个意义上来说，可以把它们看成是一个“社会”，而且和人类社会一样，当把它们看成是集体时，知识、技能和职责是可以跨个体分布。

（4）构成一个主体社会。在大多数面向主体的问题求解方法中，虽然每个主体具有自己的独特环境和技能，但是在整个问题求解中各个主体是相互合作的。因此，最终解是通过集体的合作得到的。

（5）最后，在这种环境中智能现象是“自然发生的”。虽然单个主体具有自己的一组技能和职责，但是主体社会总的合作成果要大于单个个体贡献的总和。智能是存在于社会并从社会中浮现出来的一种现象，而不是单个主体的属性[15]。

2.1.1.3 智能存在逻辑或算法复杂度的标准吗

在讨论植物和动物是否存在智能的时候，实际上已经涉及这个问题，比如，把什么样的动物行为称为智能。这个问题的范围还延伸到了人类本身，即所有人类的认知过程和行为都属于智能还是只有部分具有复杂的逻辑、算法，一定高度的水平或程度才是智能。在学术研究领域及人工智能领域，这一问题具有较大的争议。

智能究竟是否与正确和复杂相关联。胡塞尔坚信抽象应该源于具体的“生命世界”，理性模型相对于支撑它的具体世界来说完全是第二位的。胡塞尔学派认为，智能不是知道什么是正确的，而是知道如何应对不断变化和发展的世界[16]。

梅斯泰尔认为智能是一个系统在不确定环境中实施合适动作的能力。这里的合适动作是指增加成功的概率，而成功是指支持系统达到最终目的的行为子目标。成功和系统的最终目标的准则是在智能系统定义之外的。对于智能机器系统，成功和目标的准则典型地由设计者、程序员和操作员定义。对于智能生物体，最终目标就是基因繁殖，成功的准则由自然选择过程定义。智能程度由系统的以下特征决定：

（1）系统的大脑（或计算机）的计算能力；

（2）系统用于感知处理、环境建模、行为生成、判值和全局通信的算法复杂性；

（3）系统已存储在自己存储器内的信息；

（4）系统作用过程的复杂性[17]。

显然这是给智能增加了逻辑性、复杂性、准确性的附加条件，这样的附加几乎在人工智能领域普遍存在。2011年，国际商业机器公司（IBM）“沃森”在“危险边缘”击败最优秀的人类选手后，一些人工智能学者认为是以“粗暴”的方式取胜，在逻辑和算法上没有突出贡献，这种想法不符合智能进化、发展和使用的实际。需要给智能一个恰当的规范，麻省理工学院《认知科学百科全书》对智能或智力（intelligence）的定义及注解是：智能可以定义为适应、影响（改变）和选择环境的能力。该词典侧重于从认知科学的角度去理解智能[18]。这一定义包容了各类主题，应该是研究智能的基础。

2.1.2 智能的定义

定义智能是必须的，解释智能是什么又如何发生发展必须清晰定义智能。定义智能是困难的，纷繁的现象和多学科、多维度研究隐含的词就是困难。如同剖析一头大象，需要从真实的四肢、身躯、长鼻、行为特征中抽象出包容、精准的描述。

本书对智能的定义是：

定义 2.1 智能是主体适应、改变、选择环境等各类行为能力。也可以简化为智能是智能主体的行为。

定义中的主体包括生物体和非生物体。并非所有的非生物体都具有智能，只有具备实现定义规定的行为的，才是智能主体。因此，简单工具和人操作的机械，与人一起构成主体，不是独立的主体。数字机械、自动化生产线、人工智能系统、机器人等能够独立完成一定行为的，是没有自我的智能主体，本书称之为非生物智能客体。

定义中的行为包括具有物理运动的行为和不具有物理运动的行为。学习、思维、研究等心理或神经系统内的行为也包括在内，将生物体的精神和物理行为统一了起来、将非生物体智能系统的信息和物理统一了起来。

定义中对智能行为的描述，沿袭了麻省理工学院《认知科学百科全书》的定义，并有所调整。强调是主体的行为，增加了“等各类行为”一项，意在强调其普遍性。如果将环境和适应、改变、选择的解释泛化，可以延伸到所有智能主体的行为，为了明确表达定义包含了各类主体的所有行为，所以做了调整。

定义对行为和能力没有做正确还是错误、水平高还是低、输还是赢、逻辑和算法的复杂性的界定。这就是说，无论对错，无论高低、无论输赢、无论是否采用逻辑推理或算法，主体的行为都属于智能范畴。AlphaGo 与围棋的人类对手、沃森与“危险边缘”的人类对手，都是特定场景、特定任务下的智能行为，与胜负无关、与主体的生命特征无关。不能因为哪一步棋是臭棋，这一个应答错了，就将其从系统中割裂开来，认为这是非智能的。不少人认为，顿悟是人类思维最具特征的最高境界，但与其结果对错无关，其实很多顿悟的奇思妙想是错的，只是历史和本人只选择性地保留了认为是正确的而已。很多数学家认为，高水平的智能在于算法和逻辑推理的高明与否，实际上，在很多问题场景中，能最有效得到最满意解的过程，往往与推理和算法无关。

定义将智能行为的目的采用了隐含的方式。定义包容了主体无目的的行为，但又把有目的的行为放在优先的位置，一般来说，“适应、改变、选择环境”的行为都是为了主体的生存和发展，都是有目的的。人工智能和机器人的发展，将会导致更多的余暇和所谓“无用阶级”的产生，智能主体的无目的行为一定会增加。不能根据有无目的，判断相同的神经活动过程和运动控制过程为智能或非智能。但本书在余下部分所指智能，除个别地方专门指出论及无目的智能外，讨论的均为有目的智能。

定义对智能的进化和发展特征也采用了隐含的方式。智能主体是进化和发展的。现代人的智能源自几十亿年前的原始生命体，非生物智能源自人类智能，又有特定的进化规律。在一个生命周期，智能是发展起来的。生物主体的学习过程，非生物主体的信息和功能增长过程，说明了任何主体的智能存在发展环节。

定义包容了各类主体的各类行为，可以覆盖所有不同场景或语境下的智能。很多智能的定义或人们对智能的理解，或多或少带有专指性，特指自己认为的行为是智能，而不是其他。但是，如果把这些特指汇总，就接近于所有智能主体的行为。如果考虑在生物智能的进化中，叶绿体是真核细胞形成前的一类已经进化的原始生命体，它的功能，比今天任何复杂的化工综合体还复杂，人类还没有能力制造叶绿体。那么，对光合作用的研究活动是智能行为，而植物实现了光合作用的功能，怎么就不是智能行为呢。如何从智能进化、发展和使用的不同角度，认识智能、界定智能，在本书的后续章节有进一步的讨论。

2.1.3　智能的主要属性

按照上述定义，智能具有与其他事物不同的属性，有的属性可能与别的事物相同，但以下 8 种属性合在一起，就构成了唯一的存在。

1．多类型

智能不是一种类型，也不仅是加德纳划分的八类半，而是可以根据不同的研究或应用目的，即按不同的标准或维度，可以划分出很多类型。在本章及第 4 章，将从不同的视角对智能的类型进行划分。

2．多主体

定义决定了智能的主体是多元的。既有生物体和非生物体，还有生物体主导、非生物体参与，或非生物体主导、生物体参与的组合主体，还有多主体共同完成的智能行为。这些模式都已经存在，在未来的发展中，还会演变出更复杂的主体形态。

3．独立客体

对知识、工具独立性的研究，在一定程度上从理论角度说明了智能的独立性。生物智能及工具系统的进化，从历史发展实践角度，为智能的独立性给出了实证。

4．依赖

智能的进化和发展依赖于生命进化过程和信息能力发展过程。生命的进化和信息空间的发展又依赖于智能的进化和发展。生命、信息、智能三者既相互独立、又相互依赖的进化过程，形成了独特的区别于物理世界的发展规律。

5．进化

进化是指超越个体生命周期，在一个历史过程中的发展。进化是智能的基本属性。没有进化，智能必然停滞在某个初级阶段。这个初级阶段，也许是细胞之前的某种能力，也许是高等植物或动物的某种能力，也许是现代人之前的原始人类，也许是简单工具的时代。任何一个阶段都是可能的。智能既与生物进化同步，也超越了生物智能的自然进化过程。分析语言、文字、印刷术、互联网等人类文明的进展，对智能带来的是飞速发展，而生物体却只有十分缓慢的进化。第3章专门讨论智能的进化。

6．发展

自从语言、文字产生之后，人的认知能力不断提升，或者说后一代人常常拥有比前一代人更丰富的知识和问题处理能力。同时代的人，因为所处的环境不同、从事的职业不同而导致智能行为类型和水平的不同。在非生物智能领域，具有学习和完善功能的系统会持续提升。智能主体在一个生命周期内行为能力的增加或提升，就是智能的发展。智能的发展将在第 3 章讨论。

7．目的

尽管存在无目的的智能行为，但智能的进化及发展源自主体的目的，有目的的智能行为维持着社会的运转、推动着社会的进步。目的性内生于主体性中。

8．评价

独立性和客观性，使智能摆脱了神秘的面纱，给评价带来了便利。评价主要分析智能行为的成熟度，推动智能发展与人类社会需要解决的问题结合起来。智能的评价将在第 4 章讨论。

2.2　智能的构成要素

智能类型众多，经历了漫长的进化和发展过程，还有如此多的学科和学者沿着不同的路径在研究，智能如同万花筒一样从不同角度看到不同的景象。把握这种极为多样、又在快速变化事物的发生发展轨迹，需要归纳出影响智能进化和发展的关键要素，理清这些要素间的相互关系，勾画出脉络清晰的架构。本节将逐步深入，讨论智能多类型、多层次的要素和架构。

2.2.1　智能要素及第一层架构

根据前一节对智能的定义，参照第 1 章对智能全方位的综述，归纳出 16 种不同特征智能体，其中生物体 6 种，分别是原始生命体、单细胞生物、无神经系统生物、有神经系统生物、哺乳动物和人；非生物智能体 6 种，分别是简单工具、机械系统、数字机器、自动化系统、人工智能系统、非生物智能体；组合智能主体 4 种，分别是以人为主并使用非生物智能体、人际群体、非生物智能体为主并有人参与、非生物智能体群体。组合智能主体是指为完成一个智能任务、由多个主体构成的智能主体。

梳理 16 类智能体的智能行为，分辨出生存、复制、学习、行为、内事件、其他 6 类，6 类之下还有多层细分，在后续章节展开。其中，生存是指所有的保持智能主体正常运作的功能；复制是指所有使智能体的延续，局部或整体数量增长功能；学习是指所有在智能体生命周期智能增长的功能；行为是指智能体为完成智能任务所发生的所有行为；内事件是指智能体内隐的学习、思维、组织等行为，内隐是指非外部或非意识行为；其他是指所有未包含在上述 5 类中的智能行为，如一些不能归入行为这一类的社会行为。

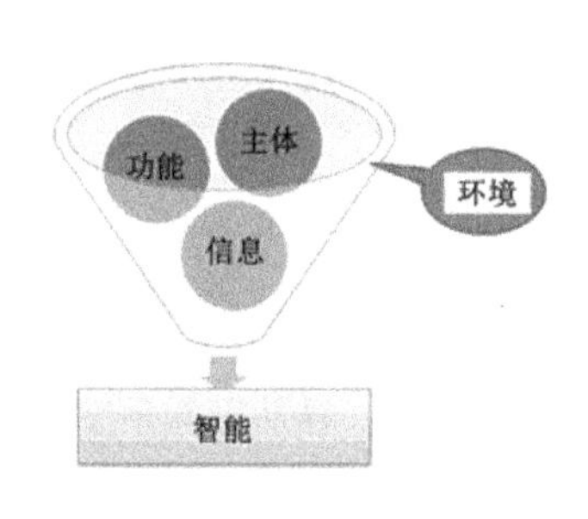

图 2.1　智能要素及第一层架构

将16类智能体和6类智能行为匹配，寻找其中普遍存在的要素，发现决定智能发生发展的有三个要素和当时的环境。这三个要素是主体、功能和信息。如图 2.1 所示，在环境的支持或制约下，三个因素构成了智能体的能力，决定了其发展路径。

三要素呈现如下关系：主体拥有并控制、调用功能和信息，功能实现智能行为过程所有控制和操作，信息是指实现智能行为全部问题范围内的信息及其表征、结构。与工业生产相比，信息是智能的原材料以及材料的可用性；功能是智能的生产线，是生产线的能力；主体是智能行为的载体，具有意志和目标，由意志和决定目标、实现目标的资源配置和决策；功能实现决策，信息是实现目标的基础。在功能的信息表征和信息的处理功能上，两者之间的区分是：功能包括所有信息处理的功能，从分析需要什么信息、需要的信息如何获取、信息的收集、传输、组织，一直到使用的全过程所需要的功能；信息包括全部功能的描述信息，也包括全部与主体相关的描述信息；功能指实现，信息指信息质量和可达到性，对可获得、可表征、可结构、可利用、可处理的描述及判断、分析的描述。

环境是指一切影响所有智能类型进化和发展，所有智能事件求解过程中涉及的非智能本身的外部因素。环境决定着智能主体可得到的处理资源的数量和质量、决定着信息的可获得性、决定着群体智能决策和行为的理性程度和执行力。当代，环境因素主要有 9 类：经济社会发展水平、人均受教育程度、社会基础设施水平、信息处理技术能力、信息网络的质量和普及程度、价值观、全球化程度、记录信息和数字化信息的质量和数量、智能发展和使用相关的理论和技术。

三个要素和环境是否能够解释所有智能主体的所有智能行为，将在以下三个小节中展开讨论。

2.2.2　主体类型与智能要素的讨论

上一节确定的 16 类是否是智能主体，如果是，其智能行为和智能水平是否由三要素和当时的环境决定，这是本节的课题。

16 类主体是否都是智能主体，关键是其是否具有智能行为。生物进化史讲述了从原始生命体到人的进化链环，列举 6 类生物智能主体是为了说明生物智能的进化过程，需要说明原始生命体是智能主体，具备这三要素并受环境约束；说明这三要素和环境构成了人的智能行为实态。

生物考古学确认了原始生命体的存在，也发现了距今 40 多亿年的原始生命体，但还不能回答最早的原始生命体是什么。我们以叶绿体和线粒体这两种早于细胞就存在的生命体为例来解释智能要素，如图 2.2 所示。

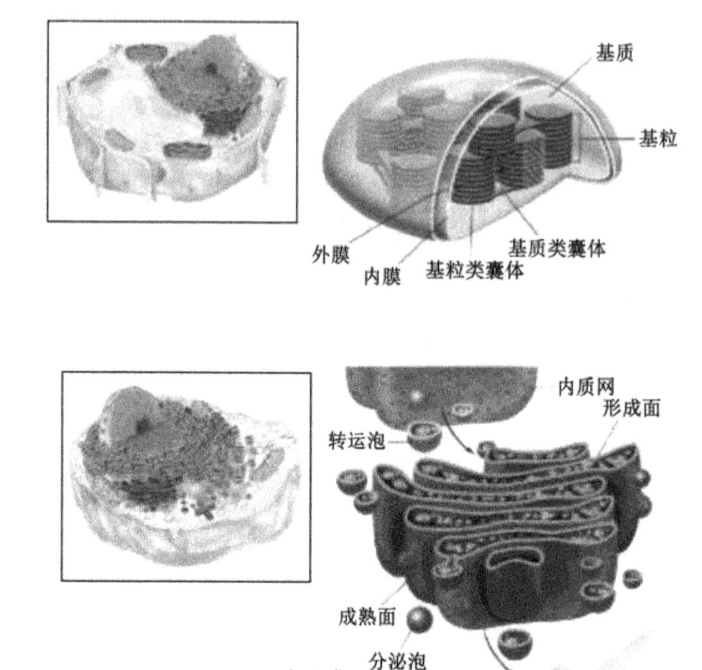

图 2.2 叶绿体（上）和线粒体（下）的基本结构[19]

叶绿体是所有植物不可缺少的构成要素，是植物自养的核心功能。植物的叶绿体来自蓝细菌这类光合细菌，具有独立的遗传功能。这个进化过程可以这样描述，在距今 10 亿年以前，具有光合功能的叶绿体，与同样处于进化过程的光合原生生物结合，逐步进化为藻类植物。

线粒体几乎存在于动物、植物、藻类、真细菌等所有真核生物中，具有呼吸和代谢功能，也自带遗传基因。这个进化过程可以这样描述，在 20 亿年或更早的时候，一类具有呼吸代谢功能的原始生命体，与紫细胞等早期单细胞生物结合进化，然后在恰当的环境下，与一些真核生物的早期形态结合，进入真核生物的细胞中，成为其不可缺少的细胞器。

叶绿体和线粒体具有选择、适应、改变环境的能力，符合麻省理工学院《认知科学百科全书》关于智能的定义。此外它们的行为努力提升自己的生存能力，这是主体的目的性，也符合本书的定义。

人是生物智能中具有最高智能的主体。人的所有智能行为都体现了三要素，都可以归入三要素中，在2.3～2.5节将进一步阐述。

非生物智能体列举了6类，也是为了区分进化阶段。显然，只有最后一类才完全符合本书关于智能的定义，以后称之为非生物智能体；从数字机器开始，基本符合《认知科学百科全书》的定义，所有的类型，都可以成为组合智能体中的独立构件，所以统称为非生物智能客体。人使用简单工具、机械系统、数字机器和自动化系统等完成特定的智能任务，使用的工具或系统都不是人的组成部分，但又不可或缺。非生物智能客体先具有功能，隐含信息，如简单工具和机械系统，这两类都有客观存在独立的隐含信息；数字机器和自动化系统既具有功能，又有外显的、结构化的信息，有些过程或操作不需要人的干预，但这些能力是人赋予的。所以到这类主体，已经存在不完整的赋予主体特征。人工智能系统已经能完成一些智能行为，整个过程，人可以不加干预，自行完成特定智能任务，但不能自行决定是否承担智能任务，不能主动占有问题求解的资源，所以已经具备不完整的主体性，但还是赋予的，不是自己形成发展的。这也是非生物智能体与人工智能系统最主要的区别。

组合智能主体4类，都以具备智能的主体为主，与完整或不完整的其他智能主体组合，所以，具备智能。非生物智能体和组合智能体的智能是否均属于三要素和环境，在下面三节进一步讨论。

2.2.3　智能行为与智能要素的讨论

我们已经将所有的智能行为，或所有可以称之为智能的事务归纳为6类。需要进一步讨论的是，是否任何智能行为都以三要素为必要条件，三要素可以实现所有智能行为。

对于生物智能，生存是指其维系生命的所有功能。对于非生物智能体（含客体），生存是指工具或系统功能的维持，从能量补充、机械损耗维护到故障排除都是生存需要的功能。所有生存功能都有主体特征，没有主体就没有生存。所有生存都需要功能维护，只是所使用的功能类型和复杂性不同。所有生存都需要信息的支持，第 1 章的分析和例子都说明了这一点。生物代谢功能的启动和控制必然以一个完整的信息过程为基础。工具或系统发现维系生存的过程出现问题，基于信息，维护需要信息。当然生存是对环境依赖最强的一种功能，将在 2.2.4 节中讨论。

对于生物智能，复制是指遗传和发育过程，是指代际繁衍。1.3 节的讨论已经说明，遗传过程是主体、功能和信息共同实现的。对于非生物智能体，复制是指工具或系统的整体或局部重建，实现新旧替换或数量增长。这个过程是功能和信息同步的复制。

对于生物智能，学习是指在其生命周期增加记忆的知识和信息（已经讨论过，知识是信息的真子集），从而提升认知能力，相应也提升运动控制能力，如体育运动员的训练。学习过程体现了三要素和环境约束，是显然的。对于非生物智能体，学习是指该工具或系统在一个生命周期通过获取信息、改善功能的行为。同样是三要素和环境约束的函数。

对于生物智能，行为是指所有生物承担或发生的所有事务处理过程。承担的工作、生活所需事务、创新和科研、艺术、情绪发泄等，都属于行为的范畴。对于非生物智能，则要简单很多，行为是指该工具或系统能够承担的事务的执行过程。这两个过程体现主体的目的，需要功能与信息的协同完成，亦受环境制约。

对于生物智能，内事件是指其潜意识激发的学习、思维等行为及生理功能的运行。对于非生物智能体，就是系统内部内置的程序性组织、调整、优化等行为。这些行为显然是基于三要素。其他智能行为尽管是指所有未包含在上述 5 类中的智能行为，但其基础和约束不会变。

2.2.4　环境作为智能进化、发展和使用的条件

在不同的智能发展阶段，存在不同的外部环境，决定了智能发展的特征和水平。从原始生命体到人的进化过程，每一个阶段、每一种类型都受到环境的约束。古细菌分布于不同的地方，就产生了嗜盐、嗜酸、耐高温等不同种类，而且也不能再进化到别的种类。地球的水、温度、大气成分等多种因素，决定着生物进化的方向和速度。非生物智能体或客体的进化同样受环境的制约。在简单工具诞生的时代，人类没有能力制造复杂的机械系统，更不用说数字机器和自动化系统。

在相同的发展阶段，拥有不同的环境，具有不同的智能行为特征和能力。从非洲走出来的现代人，在不同的地方形成了不同的肤色。只要一个群体有足够的存在时间和数量，就可以产生系统的语言和文字，但语言和文字的形式不同。这些都是环境的力量。相同的历史阶段在不同发展水平的国家，工具和系统的水平就不同。这是从整体看，对于不同的人，处于不同的环境，其发展的能力不同，承担不同的智能任务。承担相同的职责或任务，由于占有资源的能力不同，也会导致结果的不同。

环境的影响力将会在智能的发展和使用中进一步讨论。

2.3　主体性

主体性是智能的一个基本要素。主体性由哪些要素构成，为什么必须有这些要素，这些要素构成的主体性在不同的主体中是如何体现的，这是本节的主要内容。

2.3.1　智能主体性的特点和构成要素

在 2.2 节，已经将所有智能主体归为 16 类。为更加易于理解主体

性，需要对16类主体进一步分析。图2.3展示了智能主体类型及组合关系。

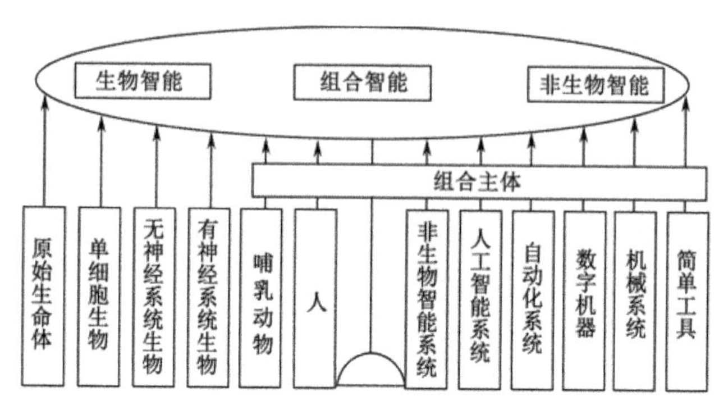

图2.3　智能主体类型及组合关系

主体性是所有智能主体的共有特征。上一节已经对生物智能和非生物智能的主体性做了解释，对组合主体及其主体性没有展开，这里再解释一下。组合智能主体是智能主体中比较复杂的一类，并在智能发展的高级阶段占据十分重要的位置，在一定意义上成为智能发展和应用的主导模式。组合主体的主体性通过集合的整体方式体现，而不是其中个体的叠加。迄今为止，组合主体四种模式主要发生在人际合作及以人为主、非生物主体作为不同层次的工具这两类。工具与工具之间也有协同，但承担主体性的非生物主体尚未诞生，目前归入人/工具模式。哺乳动物也有个体间合作，但远比人际合作简单，也存在偶然的哺乳动物使用工具的现象；单细胞生物、无神经系统的多细胞生物和哺乳动物之前的有神经系统生物也存在少数场景下的协同，这些都不做专门讨论，在图2.3中，组合智能主体到哺乳动物为止。

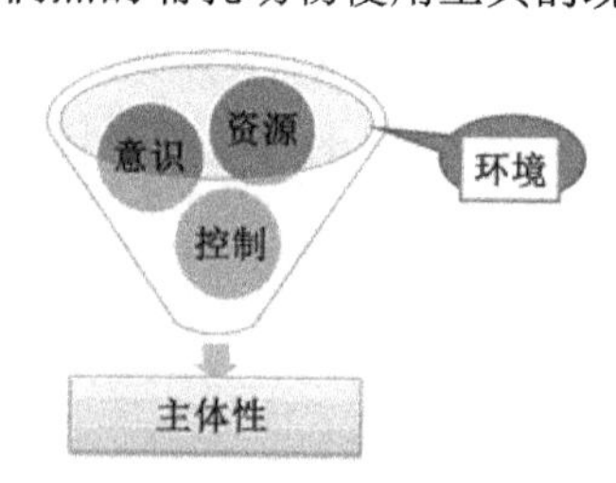

图2.4　主体性要素图示

主体性是一个抽象概念，不是具体行为，所有的行为都由主体的功能执行。主体性如图2.4所示，包括3个核心要素：拥有自我和意识、拥有资源、拥有自身行为的控制能力。

在 2.2 节中对主体性给出了两个规范，主体拥有并控制、调用功能和信息；主体是意志、目标，由意志决定目标、实现目标的资源配置和决策。这两个规范通过意识、资源、控制三个要素达成，受环境制约。

拥有自我和意识是主体性的第一要素，成为主体必须将自己的生存作为第一要务，必须有自己的意识和目的。所有的生物体一出生就能并主动获取自身需要的能量和物质，在生命周期内，总是将遗传作为最重要的任务。在没有进化出大脑的生物体中，不存在符合定义的意识，但某些体现自我的精神力量存在于某些特定功能系统中，关于植物智能的讨论可以解释这一点。对于主体性而言，意识的核心是自身对价值和目的的判断。

作为智能主体，必须拥有与承担的智能任务相匹配的资源。对有条件的主体，还应该围绕目的自觉地拓展资源。拥有资源，有资源意识是主体性的第二要素。

作为智能主体，应该拥有控制自身行为的能力。尽管失控的行为，从功能看也是智能行为，但不符合主体的价值和意志。控制能力是主体性的必要构成部分。

2.3.2　主体性的自我和意识

构成主体意识的成分很多，但以下三条是基本的。一是响应。能对内外部事件的主动响应，能被唤醒或保持感知。二是自我意识的体现。受到侵害时启动保护，始终将资源的获取和扩展置于行为的优先位置。三是学习。将学习作为主体生存和发展、完成智能任务的前提。

所有的生物均具备响应能力。简单工具没有响应能力，完全在人的使用下动作。复杂的机械具有一定的响应能力，如传动系统对力的响应。数字机器、自动化系统、人工智能系统对外部的响应能力持续提升，不仅对输入的物理量能响应，对输入信息也能响应，但能对什么响应、如何响应是人赋予的。非生物智能体具备自己的响应模式，不依赖于人，如何实现，将在第6、7章阐述。组合主体具备响应能力，因为所有组合主体都以具有主动响应能力的主体为核心。

所有的生物均拥有生存的资源，没有必要的生存资源，生命不复存在。除了人之外的所有生物，智能行为基于生命，生命存在，它们的智能行为即存在。人的部分智能行为所需要的资源超越了人自身，需要外部资源，如计算能力、加工能力、感知能力等。其中有的可以用组合主体解释，但不能解释全部需要外部资源的行为。非生物主体存在即占有了资源，但存在不等于行为能力。行为能力通常需要能量支持，一般的非生物主体不自带能量。不能自行掌控能量的非生物智能体，都从属于人，是人的工具。

所有的生物都有学习功能，只是学习的结果存在不同形式。没有神经系统的生物，学习成果只能体现在遗传上。有神经系统的生物，特别是有大脑的生物，学习成果既体现在遗传（在第1章的有关部分已经多次介绍了生物将经验成功地改变遗传基因的功能），也体现在自身行为的改变。一般意义上的学习特指后者，但在讨论智能主体的学习能力时，需要包含所有主体行为过程中的积累。

在所有的生物体中，人具有特殊的学习能力。儿童心理学或发展心理学的研究告诉我们，学习是遗传赋予人类的特殊功能，内置于大脑中。胎儿从几周开始就学习，出生之后即利用所有感官理解环境，学习交流能力。

简单工具和机械系统没有学习功能，因为它们无法在行为过程中积累经验、知识或信息。在数字机器、自动化系统和人工智能系统，存在不断增长的学习能力，只要这些机器或系统赋予了积累知识、信息、经验的功能，显然这种学习能力是赋予的，但能在人的干预或不干预下，改变自身行为能力。干预或不干预同样源自人对这些主体赋予了什么样的学习能力。

2.3.3　主体性的资源和资源的拥有能力

前一小节已经讨论了主体拥有资源对智能的重要作用。尽管动物的领域行为、群落之间的战斗，常常为资源的占有而发生，资源对一般的工具和系统有意义，但对智能的发挥和发展，集中体现在人和非生物智能体上，因此本节集中讨论人和非生物智能体所需要的资源和资源的拥有能力。

主体性资源包括三个方面：与承担智能任务一致的生存条件、学习资源和行为资源。

所有的资源都不是无限的，有一个定语，一个约束，定语是与所承担的智能任务相一致，约束是社会能不能提供必要的资源。正因为如此，主体性中拥有资源的要素才变得如此重要，没有这个要素，智能主体不能承担应该承担的任务。与所承担的任务相一致，不同的主体拥有不同的资源，在环境的约束下拥有，意味着需要竞争，这恰恰是智能发展的一类动力。

对于人和非生物智能体，这三类资源有相似之处，但差异更多。人的生存资源是满足生存的基本需要。非生物智能体是系统能正常运转的能量和支撑运转的功能及物理空间等环境。对于学习资源，不同的社会职责或角色，需要得到不同的学习资源，除了主体自身的努力，更依赖于社会制度，特别是教育制度、分配制度的匹配。非生物智能体是持续的相关信息获取能力和系统中学习功能模块的存在及其完善功能。对于行为资源，人需要工具和系统的支持；非生物智能体需要相应的能量、功能和信息，如果与人的任务相同，其功能和信息很大部分也是相同的。

2.3.4　主体性的控制力

主体性的控制力是指对非正常及非理性行为的约束，减少或不发生与主体意愿相悖的行为，或者说防止失控。对于控制什么，确实难以做出适用所有智能行为的定义。对于个体的人来说，出现无聊的、错误的、矛盾的行为是正常的；对于组合性群体决策，不同个体对一件要决策的事务存在不同意见是常态，最终决定在过后回头看是不恰当也绝非偶然；对于非生物智能体，出错也是不可回避的问题。主体性的控制力不是针对这些问题，而是指保证行为是在主体意识的控制下。

作为非生物智能体当前的最高形态，人工智能系统还不具备主体性。非生物智能体必须具备主体性三要素。第 6 章和第 7 章将从不同角度回答非生物智能体拥有主体性的路径。

2.4 功能

2.4.1 功能的构成

智能要素中最复杂的是功能，它囊括了智能行为实现的所有功能。如图 2.5 所示，众多的功能可以分成三大类，可称为功能三要素：体现主体意志的决策和控制、所有行为功能、所有信息处理功能。

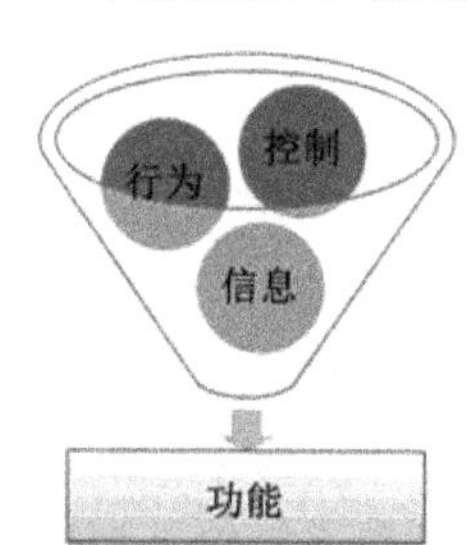

图 2.5 功能三要素图示

决策和控制的功能包括各类智能体在各种智能任务场景下的认知控制和行为控制。行为的功能是各类智能主体完成各种智能任务的操作，包括实现控制功能和信息功能的操作。信息的功能是各类智能主体完成智能任务时所需信息从分析信息需求开始到在问题求解时使用在内的全部处理功能。表 2.1 列出了功能所包括的操作类型，在控制、行为、信息处理三大类外，还增加了“增长”这种行为的操作，覆盖控制、行为、信息处理三类的增长。本节将择要分析不同智能主体、不同智能任务在功能方面的不同特征。

表 2.1 功能一览表

<table>
<tr><td rowspan="28">决策和控制</td><td rowspan="11">认知控制</td><td rowspan="6">分析、判断</td><td>智能事件类型</td><td rowspan="11">不同智能主体的认知控制根据事件特征和智能控制能力</td></tr>
<tr><td>事件对主体的影响</td></tr>
<tr><td>类似事件的经验</td></tr>
<tr><td>有利于主体的目的</td></tr>
<tr><td>可执行性</td></tr>
<tr><td>其他</td></tr>
<tr><td rowspan="5">决策</td><td>确定目标</td></tr>
<tr><td>规划路径</td></tr>
<tr><td>调配资源</td></tr>
<tr><td>明确分工、日程等</td></tr>
<tr><td>其他</td></tr>
<tr><td rowspan="17">行为控制</td><td rowspan="5">生存行为</td><td>代谢行为</td><td rowspan="2">生物体行为</td></tr>
<tr><td>其他生理行为</td></tr>
<tr><td>正常运行</td><td rowspan="2">非生物体行为</td></tr>
<tr><td>非正常处置</td></tr>
<tr><td>其他</td><td>如对抗</td></tr>
<tr><td rowspan="4">认知行为</td><td>学习</td><td rowspan="3">不同智能体的表现形式存在巨大差别，但本质上一致</td></tr>
<tr><td>思维</td></tr>
<tr><td>注意</td></tr>
<tr><td>其他</td><td>如被动认知</td></tr>
<tr><td rowspan="3">动作行为</td><td>操作</td><td>所有一个场所的作业行为</td></tr>
<tr><td>移动</td><td>多个场所间移动</td></tr>
<tr><td>其他</td><td>如被动移动</td></tr>
<tr><td rowspan="4">表达行为</td><td>语言、文字</td><td rowspan="3">非生物体存在相对应的表达行为，语音、视频、机器人的表情、活动与味道的配合等</td></tr>
<tr><td>肢体语言</td></tr>
<tr><td>气息</td></tr>
<tr><td>其他</td><td></td></tr>
<tr><td>其他</td><td>如群体行为</td><td>法律、道德、制度等</td></tr>
<tr><td rowspan="2">行为</td><td rowspan="2">决策和控制</td><td>认知控制</td><td>制止不符合主体意愿的判断和决策</td><td>所有智能主体的所有智能事件</td></tr>
<tr><td>行为控制</td><td>制止不符合主体意愿的行为</td><td>所有智能主体的所有智能事件</td></tr>
</table>

续表

行为	生存	能量	生物体	生物体自养或异养的代谢过程
			非生物体	系统运转能量供给的操作
		运行	生物体	生物体生命延续的其他过程
			非生物体	保证系统正常运转的操作
		抗毁	生物体	应对非正常突发事故
			非生物体	同上
	复制	遗传	生物体	遗传信息的生成和保存
				从父代到子代的遗传过程
				从父代到子代遗传过程中的变化
		复制	非生物体	非生物智能体功能的整体复制
				非生物智能体信息的部分复制
	学习	功能增长	所有功能要素	各类事件（除主动学习外）的结果作为学习起点
		信息增长	所有信息要素	主体实施的学习过程
		规范	适应外部规则	生物体及非生物体
	任务	研究	自然	所有科学研究类任务
			人文	
			社会	
		工程	复制型	标准化的工程项目
			改进型	有先例要改进的工程项目
			开创型	无先例的工程项目
		事务	一般管理	所有规范性管理
			生产	所有第一和第二产业
			服务	所有第三产业
			国防	
			社会管理和公共服务	所有政府和社会发展事务
			生活	家务、家事、日常生活等
			其他	如未列入的社会事务
	表现	文化艺术	表达	所有以信息形式表达的艺术创作
			表演	各类文娱表演
			制作	所有以物质形式表达的艺术创作

续表

<table>
<tr><td rowspan="16">行为</td><td rowspan="2">表现</td><td rowspan="2">释放</td><td>休闲</td><td>个体余暇时间的娱乐、休闲活动</td></tr>
<tr><td>发泄</td><td>个体内心世界的无目的发泄</td></tr>
<tr><td rowspan="3">内事件</td><td>思考</td><td>意识和潜意识</td><td rowspan="2">人与非生物智能体无外在表现的行为</td></tr>
<tr><td>学习</td><td>同上</td></tr>
<tr><td>事务</td><td>非生物体系统内部事务</td><td>专指非生物体</td></tr>
<tr><td rowspan="11">任务资源</td><td rowspan="6">工具</td><td>简单工具</td><td>获取或制造</td></tr>
<tr><td>机械系统</td><td>获取或制造</td></tr>
<tr><td>数字机器</td><td>获取或制造</td></tr>
<tr><td>计算工具</td><td>获取或制造</td></tr>
<tr><td>软件系统</td><td>获取或制造</td></tr>
<tr><td>其他</td><td>获取或制造</td></tr>
<tr><td rowspan="4">逻辑</td><td>模型</td><td>获取或构建</td></tr>
<tr><td>算法</td><td>获取或制造</td></tr>
<tr><td>计算能力</td><td>获取或制造</td></tr>
<tr><td>其他</td><td>获取或制造</td></tr>
<tr><td>其他</td><td colspan="2">其他类型资源获取行为的功能</td></tr>
<tr><td rowspan="12">信息处理</td><td rowspan="12">感知或获取</td><td colspan="3">主体感知变化及转换成可用信息的能力、主体获取信息的能力</td></tr>
<tr><td rowspan="3">感知或获取的工具</td><td>器官</td><td>生物体</td></tr>
<tr><td>工具</td><td>非生物体</td></tr>
<tr><td>间接</td><td>生物体与非生物体</td></tr>
<tr><td rowspan="3">感知类型</td><td>内部智能事件</td><td>生物体与非生物体</td></tr>
<tr><td>外部智能事件</td><td>生物体与非生物体</td></tr>
<tr><td>信息类型</td><td>生物体与非生物体</td></tr>
<tr><td rowspan="5">感知或获取的质量</td><td>准确性</td><td>相对于当前事件或任务</td></tr>
<tr><td>精细度</td><td>相对于当前事件或任务及信息类型</td></tr>
<tr><td>及时性</td><td>相对于主体利用</td></tr>
<tr><td>完整性</td><td>相对于当前事件或任务</td></tr>
<tr><td>可用性</td><td>相对于当前事件或任务</td></tr>
</table>

续表

信息处理	连接	介质	生命的	生物电位、化学递质等
			物理的	声、光、电、磁等
		传递平台	生物体内	生物主体
			生物体间	生物体间直接或多级传递
			信息传输系统	各类信息传输系统或网络
		范围	主体内	化学递质及其种类
			主体直接可及	主体各构成元素可及范围
			主体间接可及	借助工具，主体构成元素不可及范围
		质量	通过能力	带宽，生物体及非生物体，一般
			速度	特定事件的通过速度，具体
			格式	地址与内容，标记与格式
			路径	从源到目的地的路径规划与实现
			地址	可辨识的地址量，相对完备度
			准确	从源到目的地的保真度
	存储	载体	神经元	生物体
			印刷品	非数字记录信息
			物质实体	各类人造物体中内含的信息
			芯片	数字记录信息
		调用	频度	生物体、非生物体
			连接方式	生物体、非生物体
		保存时间	短期	生物体、非生物体
			工作	生物体、非生物体
			长期	生物体、非生物体
	可用性	转换	异态和同态信息转换	多主体、单主体
		表征	信息表征	多主体、单主体
		结构	显性信息结构	多主体、单主体
		可用	适用性处理	多主体、单主体
	积累	积累	社会性积累	
增长	控制	控制力	增长的实现和管理	单主体，多主体的协同
	功能	新增和完善	增长的实现和管理	单主体，多主体的协同
	信息	增加或完备	增长的实现和管理	单主体，多主体的协同

2.4.2　实现控制的功能

实现控制的功能使主体性得到保证，是智能进化与发展的基石。不同的智能主体、不同的智能任务控制的功能有很大差异，但贯彻主体意志的要求不变。

单细胞生物没有神经系统，没有意识，但存在很强的主体性和实现主体性的控制功能。如图 1.3 和图 1.4 所示，衣藻能够为选择更好的感光而移动，这是衣藻基于感知及本能进行的运动控制。如果这样的行为发生在蜜蜂身上，就会判定为认知控制。衣藻最复杂和神奇的控制是对代谢过程的控制。

衣藻等单细胞生物已经能够稳定控制这个过程。显然，如果不能稳定控制代谢和其他生理过程，单细胞生物就不能生存；同理，如果不能控制遗传过程，单细胞生物早就绝种，或持续变异，没有以亿年为单位的生物物种稳定性；如果不能控制环境感知的信息过程，单细胞生物就会在竞争中逐渐衰退；今天的单细胞生物生物特征如此稳定，分布如此广泛，数量如此巨大，说明其已经能对全部生存和遗传功能实现有效的控制。

不仅是衣藻，今天所有在地球上存活的生物，都具有完整的遗传、生理功能和运动控制能力。同样，从腔肠动物开始形成神经系统后，神经系统的每一步发展都同步形成和发展了与主体性需求一致的认知控制功能。

在非生物智能领域，机械系统通过对运动传动过程的精巧设计，具备简单的行为控制功能；数字机器具备较为复杂的行为控制功能，如数控机床、特别是高端数控机床，在设置参数后，可以自动完成设备具备的加工能力的加工过程；自动化系统具备更加完整的行为控制功能，生产线在输入必要的数据后，产出最终产品；机器人具备自动实现某些动作的能力，具备这个范围内运动控制功能；上述行为控制功能都是人赋予的，依据给定的机械运动或程序实现，在一定意义上控制比生物体更加精准，出错概率更低。

带有感知功能和对感知信息主动处理功能的数字机器、自动化系统、机器人或人工智能系统具有一定的认知控制功能。这些机器或系统，按照控制的要求，安置传感器件，采集感知器件的信息，并由处理装置对采集的信息进行分析，做出分析和判断，根据分析和判断，做出下一步操作的决策，因此，这是认知控制功能，但这些功能也都是人赋予的。相比于同样场景的人的控制，这些机器和系统更加精准、反应更快，但十分刻板，输入/输出的分析、判断、决策模式都是严格按照设定进行的。

尽管是赋予的行为控制和认知控制功能，但确实具备并能实现这样的功能。同样，组合智能体具备并能实现按主体要求的行为和认知控制功能。

表 2.1 中列出的其他控制类行为功能中，列举了群体性社会行为的例子，这是社会智能必须面对的智能事件，今天对社会智能研究的成果还不足以对法律、道德、政治制度等问题给出恰当的回答，所以本书不包含这类智能事件的相关讨论。

2.4.3　行为的功能

决策和控制的行为功能，在上一小节已讨论，不再重复。

所有的生物智能，从细菌到人，从自养到异养，尽管具体形态各异，但具有模式基本相似的遗传和代谢功能，即生存和复制功能。

遗传和代谢是智能行为，而且是极为复杂的智能行为，更是生物体得以存在的前提，是生物智能不可或缺的行为功能。下面以光合作用和细菌为例，简要分析这类智能行为的特点。

光合作用是自养生物生存的能量获取方式。如图 2.6 所示，光合作用就是叶绿体在阳光的作用下，把经由气孔进入叶子内部的二氧化碳和由根部吸收的水转变成为淀粉等物质，同时释放氧气，是将太阳能转化为 ATP 中活跃的化学能再转化为有机物中稳定的化学能的过程。

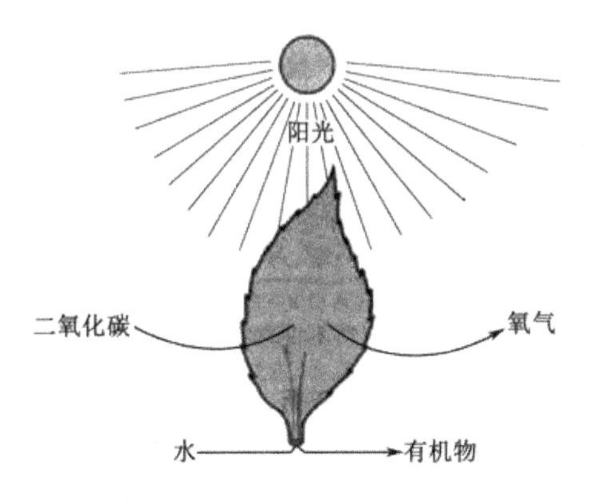

图 2.6　光合作用示意图

在叶绿体的类囊体薄膜中，光合色素在光的作用下，产生水的光解，在酶的催化下合成 ATP；然后在叶绿体基质，ATP 和酶的催化下形成淀粉等糖类，供植物生长。光反应和碳反应是一个整体，光反应是碳反应的基础，光反应阶段为碳反应阶段提供能量（ATP、NADPH）和还原剂（NADPH），碳反应产生的 ADP 和 Pi 为光反应合成 ATP 提供原料。

在 1.2 节中，已经介绍了细菌遗传过程的行为功能。

非生物智能主体的生存和复制功能同样是主体存在的前提，其形态和模式则与生物完全不同。各类工具和系统的生存是指其能正常发挥应有的功能，需要三个条件，即能量、机械性能和软件。迄今为止，所有非生物智能客体这三个条件都是人赋予的，生存功能掌握在人手中。各类工具和系统的复制是指另建一个与其部分或整体功能完全一致的复制品。与遗传过程具有类似的意义，是主体的替代或增长过程。与生物智能体不同，不是一个主体自身在正常生命周期中必然发生的过程，而是经由人来实施的建设过程，需要与原系统相同的材料和工艺，所有建设过程及为这个建设过程提供的材料、部件、装备的生产都构成了复制过程的行为功能。

生物体和非生物智能体或客体生存和复制的行为功能目的相同，过程的本质特征截然不同。

所有的生物智能体存在学习功能，但形态和结果大不相同。当语言、文字和记录信息产生之后，学习的模式不断丰富，学习在智能发展中的功能更加重要。非生物智能客体的学习功能在数字机器、自动化系统之后才发生，但学习的能力和结果也是赋予的，即由人编制的程序固定。

表 2.1 中任务项下是一类从使用角度看最重要的行为功能。它覆盖了今天所有在社会上存在的事务，经济、社会、科研、国防等所有领域及人们的日常生活，社会经由这些任务而存在、发展。这些行为主要由人或人主导的组合智能主体承担。数字机器、自动化系统、机器人、人工智能系统或其他智慧智能系统，都是在人的控制下承担一定的任务。在第六类非生物智能体产生之前，这类行为功能的模式不会改变。

表 2.1 中表现项下的行为功能，主要是指人的物质性生存之外的价值追求或生存模式。这些行为，目前基本上是人在实现，非生物智能客体只起很基本的工具性作用。某些人工智能系统正常参与到这些行为中，在一些领域，如下棋、书法、绘画、雕刻，在不太长的时间内将出现与人类抗衡的能力。到目前为止，这种能力还是人赋予的，如何成为具有独立主体性的超过人的能力，将在第 6、7 章讨论。

表 2.1 中的内事件是指智能主体内部发生的行为性功能。人的潜意识、内隐学习，自动化系统、机器人、人工智能系统根据得到的信息和过程的经验，由内置的程序对信息重新组织、对过程适度调整等，都是内事件。内事件是智能行为中不可或缺的一类，在智能发展中具有重要的作用，在第 4 章有进一步的讨论。

表 2.1 中的任务资源类行为功能是一种附加功能，是指完成一些智能任务时需要工具和逻辑能力的支持，为这些工具和能力而采取的行为功能。表中列举的工具并不是每一项智能任务都需要，而是从各种智能汇合的角度看需要的工具。同样表中列举的逻辑能力也是一种汇合的需求。这两类行为功能在很多智能行为中具有重要作用，但在本质上都是辅助性的。

2.4.4　信息处理的功能

表 2.1 中罗列了 5 类信息处理的行为功能，意在通过这样的分类方式，覆盖所有的信息处理行为功能。生物和非生物智能主体在涉及生存和复制的行为上，行为要素或特征截然不同；在学习、任务、内事件等行为上，涉及的信息类型、信息处理模式也存在重大不同，但从信息处理的角度看，这种分类方式可以包含两类智能主体的信息处理功能。本小节主要分析两类智能主体在信息处理功能上的异同。

表 2.1 的感知和获取功能，都是指信息获取，但有区分。感知是指智能主体直接将外界的自在信息转变为自身可用的信息，获取是指智能主体通过各种渠道得到已经记录的信息为自身的目的所用。因此，具备获取功能的生物智能只有人，具备获取功能的非生物智能体或客体是在系统中内置了将获取信息转换为系统可用信息功能的部分智能系统。绝大部分智能主体都有信息感知功能。生物体的感知依靠自身的感知器官或具有感知功能的细胞或细胞器。非生物体通过特定目的的传感器作为感知工具。组合主体的感知功能是所组合主体相应功能的叠加。感知或获取的信息变为主体完成智能任务可用的信息通常需要转换功能，这个功能在表 2.1 中归到了可用性中。

表 2.1 的连接功能是指主体完成任务的过程中，信息从一个地方传输到另一个地方的功能。生物体与非生物体在信息载体、传输能力、通道性质等方面有重大差别。以人工智能系统与人类棋手下棋为例。前者将感知器感知的局面和对手下的棋的信息通过专用的信息传输通道，铜缆或光缆，传递到处理中心，处理中心将决策信息通过相同的渠道传输到机械手；信息的载体是电路开关表示的 0 和 1；传输能力可以达到每秒百万到 10 亿字节甚至更高。后者将感光细胞感知的信息分别直接输送到视网膜，再把加工过的影像信息经由视神经传入中枢神经系统，大脑皮质中的给定区域；信息的载体在不同的传递过程分别采用生物电位和化学递质；传输的通道就是相应细胞的蛋白质结构，而且通道数量很多，感光细胞到视网膜，视网膜到中枢神经，存在数

量巨大的传输通道，每个通道的传输能力很低，通常是毫秒级传递一次特定的信息。组合主体的传输模式和能力基于该组合中的主体的模式和能力。

表 2.1 中的存储功能，列举了三种主要功能，即存储介质、调用和保存时间。生物体由脑细胞构成记忆，非生物体就是系统拥有的各类存储介质。脑细胞的存储容量很大，千亿神经元，每个神经元拥有成百上千神经突触，组合之下，可保存海量的信息。非生物体拥有从纸介质到芯片的多种存储介质，每种介质都有庞大的存储能力。在保存时间上，生物体有短期记忆、工作记忆和长期记忆，也有失忆；非生物体在工作系统中有闪存、工作存储和长期存储。但生物体是以生命周期为约束，非生物体的长期存储则没有系统生命周期的约束，特别是数据多备份的原则，更延长了保存时间。生物体记忆信息的调用基于大脑的功能，非生物体的调用基于程序，前者受生物连接功能的约束，后者则以计算能力为约束。

表 2.1 的可用性是指主体所保有的信息在完成智能任务时是否可用。表中列举了与可用性关系密切的转换、表征、结构、可用四类。在功能部分，只是关于实现这样目的的处理功能，将在 2.5 节中讨论内含的信息本义，在本书余下的章节中，将从不同的角度分析这 4 种信息的功能。

表 2.1 的积累是指超越具体智能个体的社会性积累。社会性积累对智能的进化和发展具有不可替代的作用，也将在相应后续章节讨论。

2.4.5 小结

所有智能行为的实现载体是功能，包括智能三要素中的另外两个要素：主体性和信息。16 类主体、近乎无限的智能事件和智能行为，凸显了功能的复杂性。

本节以控制、行为、信息处理三大类功能为主线，仅以生物和非生物智能主体在不同功能上的不同特征和模式，做了简要的分析，功能的进化、发展、使用和评价，将在后续章节展开。

表 2.1 最后的增长是指对三大类功能实现增长的操作，而不是增长的机制。

2.5　信息

在智能三要素中，主体性和信息的作用往往被功能和工具所掩盖，因为这两者在一般的观察中被认为是功能和工具的辅助性属性，而不是独立的、不能替代的智能构成要素。本节将分析信息作为独立要素的构成及其作用。

2.5.1　信息要素的构成

信息是智能的基础，没有信息就没有智能，这个结论将在随后几章中分别展开阐述。信息是智能的基础，在于它是智能的起点和智能发生发展必不可少的材料。

作为智能发展的材料，信息的形态迥异、数量近乎无限、处理需求各具特征、与使用的连接林林总总。所有这些表象背后，决定信息在智能中作用的是三个要素：完备性、结构性、可用性。图 2.7 展示了三要素的基本架构。

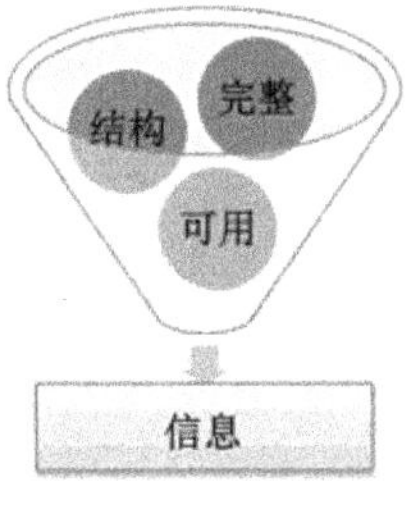

图 2.7　信息三要素架构图示

完备性由形态、获取、增长三个部分构成，表示相对于智能任务的信息是否具有系统性和完整性，满足问题求解对信息需求的程度。结构性由表征和结构两个部分构成，表示主体拥有或使用的信息表征方式和与使用要求相比的结构化程度和形式。从一般意义上说，结构性也属于可用性，但结构性对于智能进化、发展和问题求解具有特殊地位，所以在这里分开讨论。可用性由对象、转换、信息处理功能描述和主体性体现描述 4 个部分构成，表示信息如何满足具体的智能任务使用需求。其中信息功能与主体性相关部分强调了功能和主体性的实现同样需要信息的支持，在本节不做讨论。表 2.2 将这 3 个构成部分和细化的分类及说明汇集一起，系统展示信息要素的构成和这些构成的关系、作用。

表 2.2　信息要素组成表

<table>
<tr><td rowspan="26">完整性</td><td rowspan="16">形态</td><td colspan="3">主体拥有或使用的信息形态</td></tr>
<tr><td rowspan="3">行为</td><td>载体</td><td rowspan="3">载体、外壳、含义一体，经转换后改变</td></tr>
<tr><td>外壳</td></tr>
<tr><td>含义</td></tr>
<tr><td rowspan="3">遗传</td><td>载体</td><td>遗传信息的载体，主要是 DNA、RNA</td></tr>
<tr><td>外壳</td><td>同上</td></tr>
<tr><td>含义</td><td>同上，以及遗传基因的结构</td></tr>
<tr><td rowspan="3">认知</td><td>载体</td><td>神经元</td></tr>
<tr><td>外壳</td><td>同上</td></tr>
<tr><td>含义</td><td>神经元及其结构</td></tr>
<tr><td rowspan="3">生理</td><td>载体</td><td>蛋白质</td></tr>
<tr><td>外壳</td><td>同上</td></tr>
<tr><td>含义</td><td>蛋白质及其内外结构</td></tr>
<tr><td rowspan="3">记录</td><td>载体</td><td>各类记录信息的载体</td></tr>
<tr><td>外壳</td><td>各类记录在载体上的符号</td></tr>
<tr><td>含义</td><td>各类符号及其结构</td></tr>
<tr><td rowspan="8">获取</td><td colspan="3">各类主体在各类智能事件中获取信息的功能</td></tr>
<tr><td rowspan="2">原因</td><td>被动</td><td>非主体主动发起的信息获取</td></tr>
<tr><td>主动</td><td>主体主动发起的信息获取</td></tr>
<tr><td rowspan="2">成本</td><td>有</td><td>获取信息需要支付资金</td></tr>
<tr><td>无</td><td>获取信息无需支付资金</td></tr>
<tr><td rowspan="3">工具</td><td>连接</td><td>需要外部工具实现获取的传递过程</td></tr>
<tr><td>处理</td><td>需要外部工具实现获取信息的融入过程</td></tr>
<tr><td>无</td><td>获取过程无需外部工具支持</td></tr>
<tr><td rowspan="2">增长</td><td rowspan="2">主体</td><td>数量</td><td>类型和数量</td></tr>
<tr><td>质量</td><td>结构化程度、可用性</td></tr>
</table>

续表

完整性	增长		群体性	同类主体的群体可用信息增长，含记录信息
		事件	数量	类型和数量
			质量	结构化程度、可用性、完备度
		场景	数量	类型和数量
			质量	结构化程度、可用性、完备度
		对象	数量	类型和数量
			质量	结构化程度、可用性、完备度
结构性	表征	各类主体及同类主体的群体对拥有信息的表征功能		
		遗传	表征方式	结构
			表征载体	氨基酸
		认知	表征方式	结构
			表征载体	神经元
		生理	表征方式	结构
			表征载体	蛋白质
		记录	表征方式	描述，模拟和数字状态
			表征载体	外壳，模拟和数字状态
	结构	聚类	逻辑	按语义
			功能	按事件、任务
			场景	按对象、事件范围
			区分	类间区分方式
		连接	固定连接	各类信息，确定的连接
			虚连接	按规则、逻辑动态的连接
			任意连接	非规则、非逻辑动态连接
			连接层次	跨层次连接
			多重连接	同一点多重连接，实现方式
		表征深度	符号	同上，表述的丰富性
			概念	同上
			语义关系	同上
			形式关系	
		隐性	表征模式	遗传、认知、记录信息各自表征方法
			表征能力	同上，各自表征能力

续表

结构性	结构	显性	完备度	相对于场景、智能事件和表征的对象
			表征模式	同上，表征的方法
			实现方式	同上，实现显性的路径
可用性	使用	事件	内事件	对智能事件处置的可用性
			外事件	同上
		场景	场景叠加	多场景任务的可用性
		自用	单主体	隐性，只能主体自身使用
		共用	模式	信息如何共用，显性，记录及表征方式
	转换	主体对信息形态的转换能力（含作为一类主体的群体转换能力）		
		自在	自有	自在到自有
			记录	自在到记录
		遗传	自在	遗传到自在
			认知	遗传到认知
			生理	遗传到生理
			记录	遗传到记录
		认知	自在	认知到自在
			遗传	认知到遗传
			生理	认知到生理
			记录	认知到记录
		生理	自在	生理到自在
			认知	生理到认知
			遗传	生理到遗传
			记录	生理到记录
		记录	自在	记录到自在
			记录	记录到记录
			认知	记录到认知
			范围	信息共用的范围
	信息处理	描述信息处理功能的信息，略		
	主体性	描述主体性的信息，略		

2.5.2 信息的完整性

这里信息的完整性是指相对于一个智能事件或任务涉及的对象，描述的信息是否完整，是否能够覆盖问题求解过程对信息的需求。其中，对象包括承担该任务的智能主体和协同主体，该任务范围内所有客体，完成该任务需要的所有功能，功能在操作时需要的所有资源，包括工具、算法、模型等。

信息的完整性是相对的，有的天生就是完整的，有的必然存在缺口。如果智能任务是确定性的且被智能主体精确描述，这样的任务信息是完整的，如生物体的遗传，非生物体的自动化生产线。一般的智能任务和一般承担任务的主体，都面临客观存在的约束，不是时间就是资源、不是信息积累不足就是复杂性太高、不是能力不足就是协同不畅，等等。相对于智能任务本身，信息是有完整性的，相对于智能任务的完成，信息的完整性是理想状态，一般在非完整状态下完成，所以才有所谓的智能高下、需要推理策略和算法、学习。

信息完整性是一个动态的概念。相对于智能任务的信息集合与相对于承担该项任务主体的信息集合是交集，有重合有不同。相对于任务的信息集合可以存在于不同的主体，而不是承担该任务的主体，也可能存在于非主体拥有的其他客体中。所以，信息的完整性、完备性由形态、获取、增长 3 个部分构成。主体已有的信息及其形态，为任务而获取的信息，在问题求解过程中增长的信息，包括知识和经验。

对于生物和非生物智能主体，拥有的信息大都处于不同的形态[20]，这是研究、分析信息完整性一个重点。生物体关于自身的任务，如遗传、代谢，都是自有态信息。行走类任务，需要感知外部的自在态信息并与大脑中已有的自有态认知信息结合，经过分析发出运动指令，而运动的执行又是经由功能性自有态信息。机器人的行走在感知上，同样是来自外部的自在态信息，处理过程是自有信息，运动的执行则是相同的自有态信息。但上述三种自有态的载体和结构特征各不相同。生物体两种自有态的载体相同，都是几类蛋白质中的某种结构和传输过程的生物电位和化学递质，但自有态认知信息可以转变为语言或文字信息，自有态生理功能信息不能直接转变。机器人的自有信息是0-1模式的电磁态存在，最大的不同在于信息结构的性质[21]。自有态信息都是结构化的，拥有的主体都可以在所有结构层次使用。但生物体的自有信息是隐性结构，只能自身使用，不经过向记录信息的转换，无法有一种可以为别人可用的通道。而机器人的自有信息结构是显性的，其他机器人或自动化系统可以通过连接的方式共享，转变为人可用的信息也是内在功能。

信息的获取和增长，是提升完整性的必要过程，也是智能任务完成过程的必然结果，这是智能主体的主体性和拥有的功能所决定的。生物和非生物智能主体在信息的获取和增长中存在重大不同，原因在于存储和利用信息的形态和结构化方式不同，存储能力和转换能力不同。

2.5.3 信息的结构性

这里信息的结构性是指相对于一个智能事件或任务的问题求解过程，信息的表征和结构是否满足该过程对信息表征和结构的需求，是否能够使问题求解过程更加容易。

表 2.2 将结构性分成两组，即表征和结构。本书表征的概念与萨迦德的表征力和人工智能的知识表示不同。所有的人工智能专著和人工智能应用系统都把知识表示作为重要的内容，但不同的学派和不同的系统使用着不同的表示方法，也没有形成共识的定义。百度百科把它解释为“知识的表示就是对知识的一种描述，或者说是对知识的一组约定，一种计算机可以接受的用于描述知识的数据结构”，这是弱人工智能的表述。强人工智能则将此作为对物理世界创建“基于符号的模型”[22]。萨迦德则把表征作为对思维各种要素的一种理解和计算的表示模式[23]。这些关于表征或表示的解释都忽视了一个重要的问题，即信息在生物体和非生物体中的存在方式是不一样的，相同的信

息可以有多种存在形态，而多种存在形态的信息具有不同的载体和表示的符号，也就是表征的形式存在巨大的不同。换言之，作为客观存在的信息有三个因素：载体、符号和语义[24]。信息表征的第一步是确认什么状态的信息是由什么物质作载体，什么东西作符号，表述什么含义；目的是建立统一的心智理论还是建立与人的智能相似的人工智能，这是重要的基础。在表征中也有结构问题，即信息含义是通过什么样的符号表示出来的。

信息形态与表征力的关系在组合智能主体的条件下更显突出，因为主体间的分工、问题求解过程中的信息交互的形态和结构，都需要共同理解的表征方式和结构模式，即使组合的是同类智能体，即都是生物体或非生物体，这个问题也是需要有具体的解决方案才能进行。最简单的是多个非生物体构成的组合主体之间表征、结构一致性，由于各方采用相同的表征和结构模式，只需要使概念与描述的颗粒度等要素标准化，就能实现交互与协同。多个生物体构成的组合主体之间表征、结构一致性，要困难得多，由于各方自有的信息不能直接为别的主体所用，必须经由语言或记录信息作为沟通的媒介，加大了复杂性。不同生物体构成的组合主体则更为复杂。

表征力是基于不同主体及问题范围内客体信息存在形态的，如果信息含义的载体、符号和结构不清楚，就不存在表征，所以表 2.2 将其列在结构性的第一位，共列举了 4 类信息的表征方式和表征载体。其中，遗传、认知和生理的表征方式都用结构这个词描述，是因为这些自有信息的符号和载体各不相同，而且符号和载体一般是同种生物组件，但信息的含义是通过载体、符号及其结构来表述的。由于生物学研究进展的约束，时至今日，蛋白质和遗传基因内含的、由结构决定的信息含义还有很大部分没有得到解释。

本书所说的信息结构是指针对一个问题或一类客体的信息结构形成的路径和存在方式，结构形成的操作属于功能的范畴。信息结构形成的路径表中分列了三大类。第一种路径是聚类，将不同的信息按类排列，这是信息结构化基础的、应用最广泛的结构化路径。在聚类下，按最通用的聚类模式列举了 4 类：逻辑、功能、场景及类间区分的结构性描述，人工智能的知识表示模式或方法，大体上都可以归入其中。连接类下，列举了信息含义间连接的主要方式。其中，固定连接、虚连接或动态连接、跨层次连接、一对多或多对多连接，在很多知识表示系统中使用，不多解释。需要解释的是任意连接，这种连接方式针对的是人的顿悟、潜意识思维、研发过程的突发奇想等思维模式，通过对信息之间非逻辑、非规则的连接，并通过必要的验证来确认任意连接的意义的一种模式[25]。

表征深度一般是指颗粒度，精细程度从四个角度深化，两种实体、两种关系。符号是一类信息实体的深化，作为信息外壳的符号，符号体系的表征能力及对符号体系表征的深度，前者依赖于语言的丰富性，后者基于问题求解的需要。概念是另一类信息实体的深化，作为信息含义的载体，表征深度同样依赖于概念体系本身的丰富性，其次是问题求解过程的需要。语义关系是第一类关系，是指对给定信息集合，一般是特定智能任务的信息集合，其中语义关系的表征达到什么样的深度，主要基于任务本身的需求，有时也依赖于主体或组合主体的能力。形式关系是另一类关系，是指同上所述的信息集合中，信息存在形式之间的关系的表述深度。通常，这种表征模式与两种实体的表征之间存在必然的联系，需要统一规划。

结构的存在方式以隐性和显性作为划分标准，只有两种，即隐性和显性信息结构。讨论信息的结构及存在方式，实际上是理解智能发生发展的一把钥匙[26]。这里隐性信息结构是指信息结构客观存在，但不能利用或只能由拥有者自身可以理解并使用。显性结构则反之，存在信息结构，且多个智能主体可以理解并使用。在显性信息结构中，提出了相对于智能事件、任务、场景的完备度的要求，这个概念对评价智能、推动智能不断提升具有重要作用[27]。

2.5.4 信息的可用性

信息的可用性是指相对于一个智能事件或任务的问题求解过程的各项操作，是否能够有效使用主体拥有的信息。

表 2.1 列出了四个可用性的子项。一是针对智能事件、智能任务场景、主体使用特征，看描述的信息集合是否可用；二是针对不同形态的信息是否可以转换成智能主体可用的信息；三是对各项功能的描述信息，是否能指引功能的实现；四是对主体性描述的信息，是否适于主体保持主体性的利用。

智能事件、智能任务场景的信息可用性是指在给定事件或给定场景，智能主体拥有的信息集合能否适用于各项功能。可用性的两个核心要素，是否完整和结构是否适用，已在前两个小节讨论过，这里关注的是智能事件问题求解过程中，与各个操作相连接的事件描述和信息集合中的描述的可用性。一个主体拥有的、对所承担的一个智能事件信息集合，可用性不仅是完整和结构的一致性，还需要实现操作级的可用。

承担任务的智能主体、智能事件涉及的客体、问题求解借用的工具或协同的主体，需要在一个共同理解、可执行的信息表征和结构平台上，这就对可用性提出了不同形态信息转换的要求。信息转换作为一个功能，属于上一节信息处理功能中的内容，但信息转换如何处理，不仅需要对功能的描述，更需要对转换对象转换前后的载体、符号和符号对语义表征的结构在信息集合中的清晰描述，这是信息的功能，不是一次具体的操作。不同形态信息转换的功能和对象集合的描述是智能实现中的一项重要任务。

可用性最后两项，描述信息处理功能的信息和描述主体性的信息与功能和主体性是一体两面。信息为主体调用，是指实现智能行为全部问题范围内的信息及其表征、结构。在功能的信息表征和信息的处理功能上，两者之间的区分是：功能包括所有信息处理的功能，从分析需要什么信息，需要的信息如何获取，信息的收集、传输、组织，一直到使用的全过程所需要的功能；信息包括全部功能的描述信息，也包括全部与主体相关的描述信息；功能指实现，信息指信息质量和可达到性，对可获得、可表征、可结构、可利用、可处理的描述及判断、分析的描述。信息描述也是功能需要完成的操作，但信息如何才能使操作实现，这是信息需要回答的问题。主体性通过分析、判断、决策的行为体现主体的意愿，通过功能实现，这两个过程都需要信息的描述，没有信息的描述，不能体现主体性。功能是需要结构化的信息支持的。功能的过程也是信息的过程。所有智能主体的所有功能在信息的基础上实现。

2.6 本章小结

本章的前提是第 1 章对智能各个方面研究的成果，将这些成果抽丝剥茧，整理出所有与智能及智能发生发展相关联的内容，再归纳分析，是本章主要结论的来源。

本章在分析各类智能主体的智能行为构成的基础上，将大量看似不同，但在本质上一致的因素归类，最终提出了主体性、功能和信息三个核心要素，以及在各个方面都影响着智能主体进化和智能行为实施的环境因素。

主体性这个要素看起来在过去研究智能的过程中要么被隐含了，要么被忽略了。如一些认为智能是生物体，特别是人特有能力的学者，自然而然地不将主体性作为一个重要组成部分去研究。如人工智能研究领域，则有意无意地忽略了主体性，也可能担心将主体性引入，会对人工智能研究和发展带来不利的影响。但主体性对理解智能、把握智能发生发展的规律太重要了。缺失了主体性，如同缺失了认识智能的钥匙。本章归纳了三大类 16 个小类的智能主体，为研究智能的发生和发展建立了核心框架。

功能在所有关于智能或人工智能的研究或应用中都得到了重视，

但又没有能够从所有智能主体和所有智能行为中把握和理解功能，同样产生了认识的片段性或局部性。本章从智能主体和智能行为的全局出发分析不同的功能，归纳为控制、行为和信息处理三大类，并将这三类中的主要功能做了进一步区分和解释。

信息的表征或知识表示是研究心智和人工智能的重要内容，研究生物智能及认知神经科学的学者，也将信息作为认知功能的必要构件，认为认知过程就是信息处理过程。但是这几个研究智能的领域所用的信息概念实际上差异大于相同点。本章统一了不同形态和表示模式的信息，归结为完整性、结构性和可用性三类与智能密切相关的属性，并以智能事件的问题求解为主线，进行了简要的讨论。

本章没有将环境这个要素专门作为一节来讨论。虽然环境是智能发生发展、更是智能事件求解的重要因素，但它是外部加于智能发展和智能事件问题求解的，一般而言，智能主体在承担智能任务时只能在环境的约束下，寻找可行的或优化的解。因此没有专门讨论，在后续章节中，也按这样的原则处理环境因素。

这四个构成要素决定了智能发生发展的进程和特征。四个因素相互依存、相互独立、在应对环境变革中演进，构成了智能进化、发展、使用的主导力量。

注：

[1] （英）达尔文著，物种起源，舒德干等译，北京大学出版社，2005 年，第 3 页。

[2] （美）伯纳德 J. 巴斯、尼科尔 M. 盖奇主编，认知、大脑和意识，认知神经科学引论（英文原名：Cognition, Brain and Consciousness Introduction to cognitive neuroscience），王兆新、库逸轩等译，上海人民出版社，2015 年。

[3] （美）Michael S. Gazzaniga, Richard B. Ivry, George R. Mangun 著，认知神经科学，关于心智的生物学（英文原名：Cognitive Neuroscience The Biology of the Mind 3rd Edition），周晓林、高定国等译，中国轻工业出版社，2015 年。

[4] 刘晓力主编，心灵——机器交响曲，认知科学的跨学科对话，金城出版社，2014 年，第 111 页。

[5] 张学新，回声论证：为什么科学永远无法解释意识，载刘晓力主编，心灵——机器交响曲，认知科学的跨学科对话，金城出版社，2014 年，第 108-120 页。

[6] （美）休伯特・特雷弗斯著，宁春岩译、马希文校，生活・读书・新知三联书店出版，1986 年。

[7] Roger Penrose 著，The Emperor's New Mind, Concerning Computers, Minds, and The Laws of Physics, Oxford University Press,1999 年。

[8] （英）Andy Clark 著, Being There: Putting Brain, Body, and World Together Again, MIT Press, 1997 年。

[9] 不列颠百科全书（国际中文版），中国大百科全书出版社，1999，第 8 册，第 392 页。

[10] 现代汉语词典，商务印书馆，1978 年，第 1479 页。

[11] 参见百度百科植物智能词条，http://baike.baidu.com/link?url=kYarGkTDYWz5bQay2Je8DbhQ8pg6UL_77y1qL6r1VsUaPOhXIr5cNbbuBbyLlociezuacquWMlG-bKWPwWQZa。

[12] （加）保罗・萨迦德著，心智，认知科学导论（英文原名：Mind: Introduction to Cognitive Science second edition）,朱菁、陈梦雅译，上海辞书出版社，2012。

[13] （美）Alexander M. Meystel 著，智能系统——结构、控制与设计（英文原名：Intelligent Systems: Architecture, Design and Cotrol），冯祖仁、李仁厚等译，电子工业出版社，2005 年，第 4-6 页。

[14]　（美）George F. Luger 著，人工智能：复杂问题求解的结构和策略（英文原名：Artificial Intelligence ：Structures and Strategies for Complex Problem Solving Fifth Edition），史忠植、张银奎、赵志崑等译，机械工业出版社，2006 年，第 588-589 页。

[15]　同[14]，第 19 页。

[16]　陈志远著，胡塞尔直观概念的起源，江苏人民出版社，2009 年。

[17]　同[12]，第 2 页。

[18]　The MIT Encyclopedia of The Cognitive Sciences，edited by Robert A. Wilson and Frank C. keil, 2000 年，第 409-410 页。

[19]　吴庆余编著，基础生命科学第二版，高等教育出版社，2006 年，第 65-66 页。

[20]　杨学山著，论信息，电子工业出版社，2016 年，第 6-14 页。

[21]　同[20]，第 64-70 页。

[22]　同[14]，第 606 页。

[23]　同[12]，第 11-12 页。

[24]　同[20]，第 54-58 页。

[25]　同[20]，第 236-237 页。

[26]　同[20]，第 64-145 页。

[27]　同[20]，第 184-191 页。

第 3 章

智能的进化与发展

今天和未来的智能，源自进化，在智能主体的一个生命周期，又源自发展，发展与进化共同作用，持续提升着智能。生物智能是进化的，进化生物学已经清晰地证明了这一点。非生物智能会进化吗，智能是如何进化的，智能进化与生物进化的异同在什么地方，这两类智能主体的发展又呈现什么特征，这是本章要阐述的内容。

3.1 智能进化的台阶

从原始生命体到今天人的智能和人赋予非生物的智能，至少经历了 40 多亿年的历程。基因的自我特征是推动这一漫长目标正向进化的主要原因。进化过程出现了几次跨越性飞跃，形成了显著的进化台阶，每个台阶都是后一阶段产生和发展的前提。

3.1.1 智能是进化的吗

本书 1.2.1 节对进化生物学的介绍，以生物进化为基础，说明生物智能是进化的。从原始细胞体拥有的智能到现代智人的智能，从进化的结果看，数十亿年的漫长历程中，生物智能的进化始终沿着一条正确的路径向前，是什么动力，是什么原因？主体性、反馈和组合的能力是进化的动力来源和进化基石。

主体性源于生物体生存的本能，这个本能刻印在基因上，称为自私的基因。基于自私的基因的主体性是智能进化的动力之源，也是正向进化的基石。主体性不仅在有意识的生物体上存在，同样存在于无意识的生命中。草履虫向着营养物的游动、植物的趋光性，都是无意识生物主体性的体现。正是这种生存的本能需求，推动生物体跨越一个个里程碑，走向顶峰。动物对运动的控制使隐含在其他器官中的信息传输和控制能力集中到神经系统，动物活动环境的扩大和复杂化，对记忆和判断、决策的要求，推动脑的形成和进化。

反馈能力是智能进化的又一块基石。反馈能力是指生物体两个反馈过程构成的智能进化正向推进能力。第一个过程是对外部环境的感知并做出有利于自身的反应，也就是智能中最基本的适应环境的能力。第二个过程是在适应和生存过程中形成的能力，强化着生物体的某些器官或系统，这种强化的结果，可以影响基因，成为遗传变异的一种来源。由于这种来源提高了生物体的生存能力，所以通常在自然选择中保留了下来，在生物遗传、进化中，这样的例子很多。

组合能力是智能进化的另一块基石。组合能力是指智能进化过程中，新的能力可以组合到已有的能力中，而这种组合并不需要对已有结构的破坏。在原始生命体向单细胞生物进化的过程中，存在大量的组合过程，如叶绿体和线粒体组合到原生生物中。叶绿体的代谢功能和遗传功能成为衣藻的组成部分，没有对原有的代谢或遗传基因重构，而是叠加式组合，形成统一的遗传和代谢功能。同样的组合模式产生于中枢神经系统的进化中。神经系统的形成，沿用了已有的信息传递方式，部分借用了已有的信息传输通道，但没有破坏已有的存在于代谢系统或行为系统中的信号传递结构。人的大脑继承了从爬虫脑开始的所有进化过程形成的功能部件，以叠加的方式形成新的功能，而没有按照新的功能重构大脑。这种模式十分有说服力地阐述了智能的进化特征。

生物智能是进化的，最重要的基础在于生物是进化的，但对生物是进化还是设计，并没有形成共识。一些学者坚称生物发展是设计出来的，尤其是当分子生物学的研究越来越多地展示了基因信息的复杂、美妙到近乎极致的科学性，使设计的观点一次次重现在科学大殿上。如美国学者梅尔认为，“基因组和细胞信息处理，还有储存系统表达了许多的特征——层次结构归档，套叠在一起的信息编码，低层单元组件信息有赖于上下文，用精致的策略来增加储存密度——如果是设计成的这些都是可以期望到的。相反，许多这些新发现的特征是不能无困难地以标准的唯物进化的机制来解释”[1]。当然，生物进化论者拥有更多的证据，说明生物是进化的不是设计的。即使就基因而言，人类基因中只有 2%参与了人的生长发育过程，其余的 98%并不参与，这显然是进化的结果，不是设计的结果。与生物进化相比，生物智能的进化有更充分的证据，这是因为作为智能载体的中枢神经系统的进化过程是连续的，可证实的。

如果对生物智能构成的三要素进行分析，生物智能进化可以得到更加有说服力的解释。主体性是逐步进化的。从只能控制代谢到控制行为，再到控制认知过程，主体性不是一个设计者赋予的，而是在进化中逐步发展提升的。功能也是持续发展的。如果是设计，植物也可以有一个简单的神经系统和大脑，但显然是没有运动的需求而没有在组合、反馈的过程中得到这样的功能，这是从另一个角度说明了是进化而不是设计。同样是人，具有相同的遗传基因，但具有不同的智能特点，我们没有证据说明每个人的基因是特殊设计出来的。更重要的是信息，信息是所有智能进化过程和智能行为的独立参与者，具有进化的特征而不存在设计的可能。在生物智能发展早期，外部环境对自有态信息刺激，导致单细胞生物或其他生物产生反应，即智能行为，外部环境是非设计的。生物内部的自有信息是环境和主体控制的结果，这个结果是生存的前提，没有基于信息的控制，生物体的生存就会终止。语言文字这类记录信息的产生，更改变了智能进化的模式。

生物学的研究取得了重大进展，但与物理学相比还有比较大的距离。物理学是在微观的基础上研究宏观，而生物学是在宏观的基础上向微观逼近。如果类比的话，蛋白质结构和基因组研究还是物理学的准分子水平，生命科学的研究还没有达到物理学对分子的理解，更没有达到原子和基本粒子的水平。在认知神经科学及脑科学的研究上，还存在大量的空白领域，神经系统的许多行为，科学尚无法感知，无法在分子层面，更不用说在原子层级给予解释。脑死亡是判定一个人死亡的一种依据。植物人不能判定死亡，植物人没有认知功能，脑还控制着几乎全部人的生理功能。生物学研究的不足，没有为智能进化带来困惑，反而为进化论带来了更强的信心。

非生物智能体也是进化的，更多呈现社会进化的特征。每一步进展以已经存在的成果为基础，每一个成果都是一种客观存在，它不以制造这个智能体的人的主观意志而存在或消亡，而是以它的经济或社会功能而存在或消亡。迄今为止，非生物智能体的智能都是人赋予的，自身没有产生自我，因此是人在主导非生物智能的发展，人的智能是进化的，决定了其创造的客体也是进化的。当非生物智能体产生自我之后，形成自己的主体性之后，行为也是进化的，只是受社会环境的约束。

3.1.2　智能进化的阶段

生物智能和非生物智能的进化经历了 40 多亿年，在这悠长的过程中，存在几个重要的台阶，也是进化的里程碑，这些台阶和里程碑构成了进化的阶段。分析智能进化过程，如图 3.1 所示，有 6 个重要的里程碑，分别是单细胞生物、神经系统和脑、语言和文字、计算工具和数字设备、自动化和人工智能系统、非生物智能体。

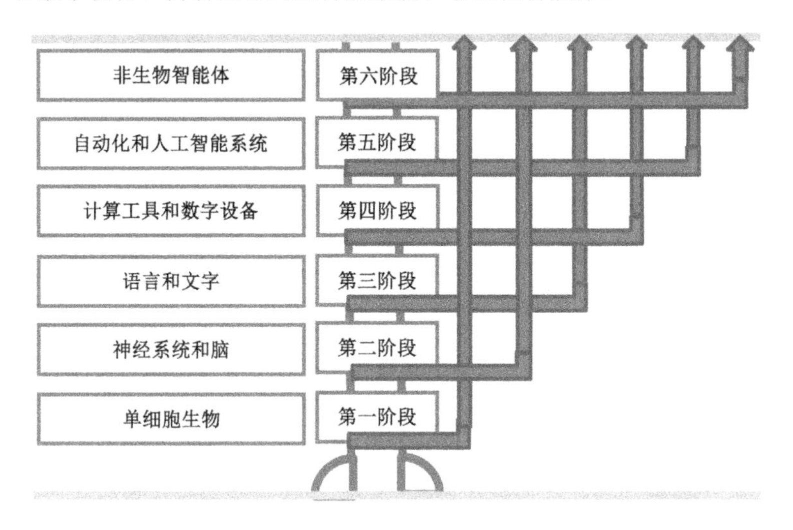

图 3.1　智能进化的阶段图示

智能进化的 6 个阶段都存在具有跨越意义的里程碑。单细胞生物是最早出现的完整功能生物体，具备代谢功能、遗传功能和行为功能，形成了与功能一致的自有信息载体、表达信息的结构和基于信息的控制功能，具有自我为基础的主体特征，为后续的进化奠定了基础。神经系统和脑在生物进化过程中先后产生，使得生物体有了独立的信息感知、传递、处理和存储的功能系统，专属于认知的功能系统，生物体的各类认知功能由此逐步诞生。语言和文字使智能进化摆脱了一个生物体一个生命周期的约束，进入智能体通过学习提升智力，并将这样的提升经由反馈机制变成可遗传的新能力，群体智能也因此诞生。同时，简单工具开始为人类利用，组合智能在这个阶段诞生，成为此后完成智能任务的主要模式。计算工具和数字设备补充了人在计算能力上的不足，形成了信息处理这个智能构成要素的新模式。计算工具专用于计算，而数字设备则在特定的任务环境中替代人的计算能力。自动化系统和人工智能系统开启了机器替代人的大门，两者各有侧重，在某些智能任务中，具备了独自完成的能力。最后阶段是具有主体性的非生物智能体诞生，不依赖人的智能进化开始出现。

智能进化 6 个阶段的划分是以对智能进化具有里程碑意义的进展为标准的。因此，从时间看，所有阶段只有起点，没有终点，发展阶段的排列既基于时间的顺序，更基于功能的次序；从物种或非生物智能体的分类看，同一物种也可以在不同发展阶段扮演变化的角色，例如人类，是第二到第六这 5 个阶段的主角。这 6 个阶段的进化将在本章后续各节展开。

3.1.3 智能要素的进化特征

智能的进化本质上就是智能要素的进化。正是智能要素的不同特征，构成了每个进化阶段的里程碑。下面分别对主体性、功能、信息和环境在进化过程中的主要特征做综合介绍。

1．主体性

单细胞阶段，主体性已经存在，体现在对生物自身各个功能的以生存为中心的有效控制上，但没有意识。神经系统和脑的产生，使主体性走向有意识。语言和文字的产生，使人际交流成为可能，主体性通过语言文字表达；同时，简单工具开始出现，主体性的控制能力通过工具得到延长。计算工具和数字设备的进化阶段，可以通过这样的工具来实现主体计算性目标，初步体现了组合智能的主体性。自动化和人工智能系统具有一定的主体性，但这是人赋予的，也可以看作将人的行为控制能力、分析决策能力、感知能力等主体性能力扩展到复杂的系统。产生了类似于人的自我和意识主体性的就是非生物智能体。

2．功能

单细胞生物所有的功能集中在这个细胞的控制、行为和信息处理上，是最基本的功能。神经系统和脑的产生，使认知功能趋于完善，决策控制的功能齐备，行为能力与生物具备的一致，信息处理能力与中枢神经系统一致。语言和文字的产生，使主体的信息处理增加了记录信息新能力，并产生了利用简单工具的新能力。计算工具和数字设备阶段增长的是记录信息的处理能力。自动化和人工智能系统产生了组合智能联合的决策控制能力，行为能力延伸到了相应的系统，信息处理能力扩展到相应的系统功能。非生物智能体具备与人相同的控制能力，行为能力根据能控制的工具和设备或系统的能力，具有全系列的信息处理功能。

3．信息

单细胞生物能感知环境信息，能将可感知的自在态环境信息转换为自有信息，自有信息形成了载体、符号、结构和传递的功能。神经系统和脑的产生，使生物体自有信息增加了认知信息，有了自在态信息转换为认知信息的功能，信息的隐性结构在认知基础上形成。语言和文字的产生形成了新的信息形态，并与认知信息的隐性结构形成了对应关系。计算工具和数字设备对处理的信息首次实现了结构显性，即人与设备都能理解和使用的信息结构。自动化和人工智能系统对信息能力的最大贡献是在一定范围内实现了全面的信息结构显性。非生物智能体是与信息结构显性和完备连接在一起的。

4．环境

环境对生物智能进化在一定意义上有决定性的作用。单细胞生物的类型是在环境的制约下形成的。神经系统和脑只有在动物身上产生，生存面对的复杂环境是进化的主要动力和决定因素。语言和文字的产生与环境密切相关，而信息的记录、保存和传递又依赖环境。计算工具和数字设备、自动化和人工智能系统本身成为智能进化的环境。非生物智能体在形成过程中，将受到环境的强约束。

3.2 单细胞生物：智能进化的不朽基石

第 1 章已经给出结论，智能进化的起点是原始生命体，但原始细胞体是不完整的单细胞生物，且原始生命体已经没有单独的生命存在，或者被其他生物包容，如叶绿体、线粒体，或者已经消亡，与研究生物进化不同，单细胞生物是研究智能进化的不朽基石。从生物类型看，本节实际上包括全部拥有神经系统之前的所有物种。

3.2.1 单细胞生物拥有的生物智能

1.1 节从进化生物学的角度，提出了生物智能的起点是地球上的第一个原始生命体，本节将系统地阐述为什么第一个原始生命体就拥有智能，并分析单细胞生物和无神经系统的多细胞生物拥有的智能。

这个阶段以地球上最早的原始生命体为起点，以一直到今天依然是主要物种的植物为终点，共 40 多亿年。按一般的认识，距今 30 多亿年古生物化石与单细胞蓝细菌很相像，最早的真核生物化石出现在距今 20 亿年左右，衣藻大体在这个时间段出现。最近发现的距今 41 亿年的古生物化石，应该是更简单的原始生命体。最早的多细胞生物是在大约距今 8 亿年，前寒武纪快要结束的时候才产生。地球上从原始生命体到多细胞生物产生，走过了 33 亿年甚至更长的时间，从蓝细菌到衣藻也度过了 10 多亿年。单细胞生物体的智能是数十亿年，无数生物逐步进化的结果。

从麻省理工学院《认知科学百科全书》的定义看，地球上第一个原始生命体具备了适应环境的能力，具备智能的特征。有理由相信，今天发现的古生物遗迹并不一定是地球上第一个原始生命体，原始生命体十分脆弱，只能适应环境而不能改变环境，很多原始生命体在环境变革中消亡。但是，即使在环境变革中消亡了，依然具有智能的特征，因为它成为生命，就有了适应环境的能力，只是不能适应环境的剧烈变化或不同的环境。换个角度看，如果人类科学家设计的工程，制造出一个具有生命的简单细胞，一定是伟大的具有里程碑意义的科技成就，能够被最严格的定义确定为智能行为，那为什么原始生命体就不是呢？

第一个延续下来的生命具备了适应环境变革的能力，是智能进化的起点，但生物智能进化研究的起点，应该定位在单细胞生物。原始生命体或原始细胞，今天已经不存在，生物智能的研究必须以活的生命为对象，因为要研究它的内部行为机制。单细胞生物的生物特征是只有一个细胞，但就是在这个细胞中，已经具有主体性，主体性通过对代谢过程、遗传过程和信息过程的控制功能实现；已经具备信息感知、传递、处理等功能，已经具备根据主体要求进行运动的能力；已经具备不同态信息之间的转换，存在自有信息的隐性结构；已经能感知环境并做出反应。所有智能要素的功能在单细胞生物中均已存在，并成为此后所有阶段智能进化和发展的基础。

本节讨论单细胞生物，但作为一个发展阶段，覆盖了从原始生命体到无神经系统生物的所有物种。单细胞生物种类最多，六界分类占了三界及原生生物界的大部分物种；单细胞生物覆盖范围最广，只要有生物的地方一定有它的存在，而它存在的许多地方，其他生物不能生存。单细胞生物包括古细菌界的嗜盐、嗜热和甲烷等类，生活在高热、沼泽、盐湖、生物腐败堆积地等特殊环境中，由原核细胞演进而来，数十亿年很少变化。真菌界的生物是不具备光合作用的自养生物，木耳、蘑菇等就属于此类。真细菌界的物种很多与人类的生物相关，如酵母菌和大肠杆菌，有益的和有害的并存，人类肠道中数以千计的细菌基本上属于此类。原生生物界是单细胞生物中最后形成、最复杂的物种，各种藻类属于原生植物，而疟原虫、草履虫等则属于原生动物。

无神经系统生物包括上述四界中的多细胞原生生物、所有植物及多孔动物等还没有进化出神经系统的动物。无神经系统生物在智能进化过程中的特征就是实现了跨细胞的信息传递。主体性以及信息的感知、连接、处理，行为实现都具有跨细胞的特征，而这样的功能又是在没有专门的神经系统条件下实现的，其中的多孔动物又为神经系统的诞生创造了条件。无神经系统生物不仅实现了跨细胞的各项智能功能，还进化出了生物群体信息传递和反应的新功能。无神经系统生物也为生物智能演进过程中，跨类继承提供了实现路径。本节将选择衣藻和草履虫作为分析对象。如图 3.2 所示，衣藻和草履虫分别是植物性和动物性原生生物[2]。

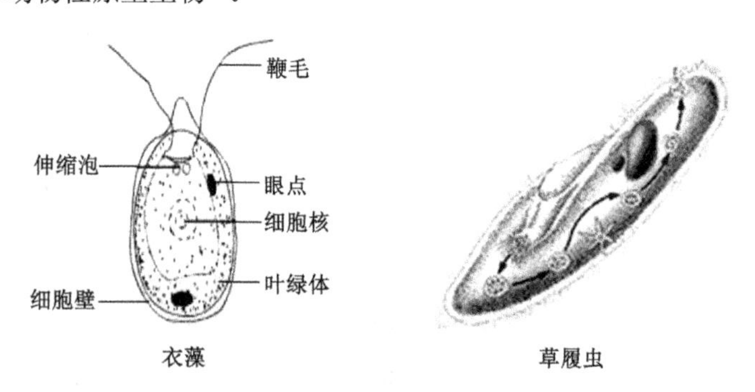

图 3.2　衣藻和草履虫

衣藻是单细胞藻类，属原生生物。它有细胞壁、细胞质和细胞核，叶绿体在细胞质中。细胞前部一侧有一红色眼点，眼点对光的强弱敏感。细胞的前端有两根鞭毛，能够摆动，能在水中游动。整个衣藻细胞都能够吸收水中的二氧化碳和无机盐，依靠眼点的感光和鞭毛的摆动，游到适宜的地方，进行光合作用，利用空气中的二氧化碳制造有机物维持自己的生活。草履虫体长 80～300μm，细胞表面包着一层膜，膜上密密地长着许多纤毛，靠纤毛的划动在水里运动。它身体的一侧有一条凹入的小沟，叫“口沟”，与食物泡一起，每天大约能吞食 43000 个细菌，这是它的食物来源。残渣由一个叫肛门点的小孔排出。草履虫靠身体的外膜吸收水里的氧气，排出二氧化碳。常见的草履虫具有两个细胞核：大核具有代谢功能，小核具有生殖功能。以下按照生物智能进化要素，从主体、信息、功能、环境四个方面分析。

3.2.2　以生存为中心的主体性

从智能的角度看主体性，不仅是因为衣藻、草履虫是独立的生命体，更是因为其能根据自身生存的需求选择更有利的生存环境，能够控制代谢、遗传等过程，实现生命存续的功能。这种功能，就是生物体“自我”的基本特征。单细胞生物没有以大脑为载体的意识，“自我”是无意识的，生物进化中生成并完善的，是每个单细胞生物自己掌控的。单细胞生物对生物体自身的各项功能具有以生命的存在和延续为目的的控制能力，这就是单细胞生物的主体性特征。

单细胞生物的智能行为大体包括以下类型：遗传、代谢、生命周期控制、运动、积累等。所有这些智能事件都在单细胞生物体以“自我”为中心的控制下实现，这种控制具有明确的目的和固定的路径。

单细胞生物能控制代谢功能。光经由衣藻的眼点，通过电子传递链上一串能量跃迁过程，传导到叶绿体，叶绿体的两个光系统分别吸收不同波长的光，通过两个光系统配合的光反应和暗反应过程，光能先形成 ATP，再与水和二氧化碳中的碳、氢结合，形成葡萄糖分子，成为衣藻生存的营养。图 3.3（a）是光合作用全过程的示意图[3]，图 3.3（b）则解释了其中第二光系统详细的光合过程，而整个光合作用的过程是由多个类似于该图的子过程构成[4]。如图 1.3 所示，对这样的过程，人类的科学研究只在实验室实现了，还没有能力在工程上实现，但是衣藻这类单细胞生物已经能够稳定控制这个过程。显然，如果不能稳定控制代谢和其他生理过程，单细胞生物就不能生存。

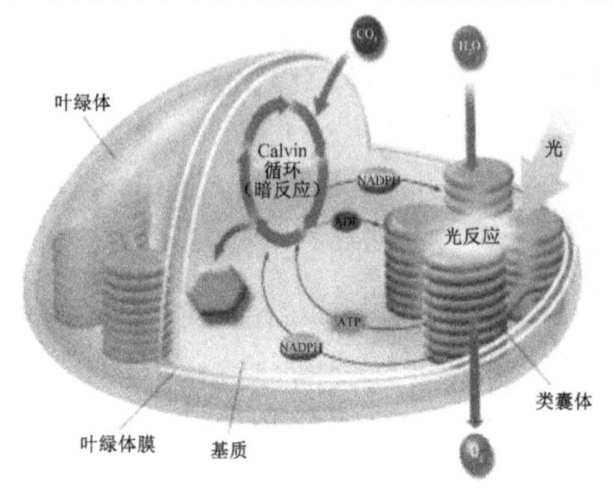

(a)

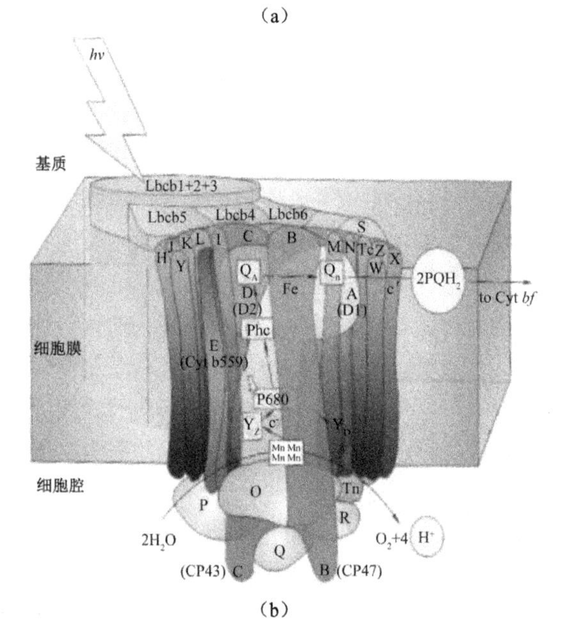

(b)

图 3.3 光合作用示意图

为说明单细胞生物的控制、功能和信息过程，对图 1.3 进行标记，形成图 3.4。图中共 12 类 17 个标识，代表了衣藻或草履虫全部的生命功能。其中 A 表示这两种生物能量和营养物质的来源——光、二氧化碳、水、细菌，B 表示分解和合成代谢功能，C 表示代谢过程产生的这两种生物的可用能源，D 表示合成的这两种生物可用的生物聚合物，H 表示经过分解代谢形成的衣藻或草履虫的细胞构件，E 表示这两种生物的遗传基因，F 表示这两种生物的全部控制功能，G 表示这两种生物除已标出之外的其他功能，J 表示可以感知或交换物质、信息的细胞膜，K 表示需要释放或排出体外的物质（废物、氧气、二氧化碳等）和能量(热)，L 表示这两种生物能量和物质的入口——光眼、细胞膜和口沟，M 表示这两种生物移动的构件——鞭毛或纤毛。

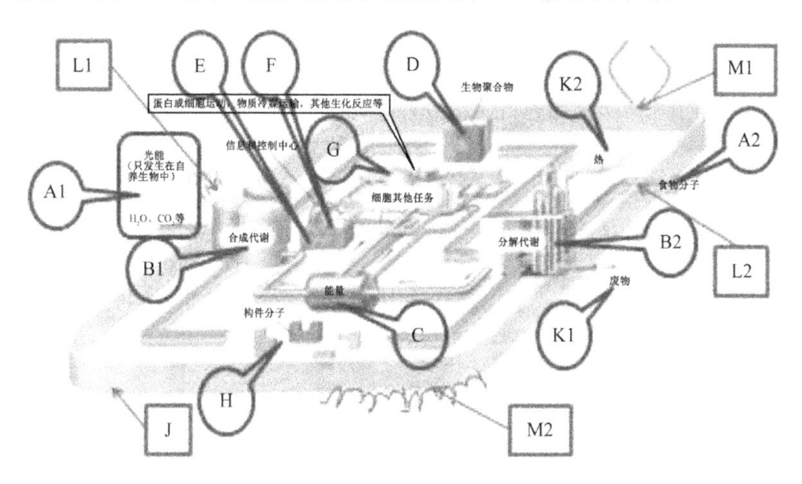

图 3.4　单细胞生物控制、功能、信息过程示意图

单细胞生物已经能够实现对代谢的控制。A1、 L1、B1、 B2 构成衣藻的代谢过程，A2、L2、B2、B1 构成草履虫的代谢过程，从能量摄入到能量转换、运输，废弃物的排泄，全过程实现了精准控制。

单细胞生物已经能够实现对遗传的控制。单细胞生物具备完整的遗传功能，具备精准的遗传控制能力，生物学界大量关于遗传的研究基于单细胞生物[5]。根据生物学内共生的分析思路，衣藻的叶绿体来自原始的蓝细菌，在另一种单细胞生物的进化过程中，融进体内，并同化共生，两组遗传基因，协同完成遗传过程。

单细胞生物已经能够实现对行为的控制。L1、F、G、M1 构成衣藻的感知——运动过程，L2、F、G、M2 构成草履虫的感知——运动过程，展示了衣藻和草履虫都已经具备对运动的控制能力，尽管这种能力十分薄弱。

单细胞生物已经能够将代谢、生长、遗传功能实现协调的一体化控制。无论是从 A1、L1、B1、B2 到 C 和 D，还是从 A2、L2、B2、B1 到 C 和 D 的代谢过程，如果是化工厂的类似过程，最终产品生产出来，整个过程就结束了。但在衣藻或草履虫中，只是将没用的废物或多余的热量排放出去，而生产出来的产品，却是进入了生长循环，这个循环不仅是当代生命的维持和生长，还通过生殖过程，进入下一轮的生命循环。

当细胞内代谢过程中产生的对生物体有用的产物不是作为最终产品，而是在生命循环过程中持续保持其功能的时候，代谢过程就不是简单的化学反应过程，而是生命过程中的一个环节。这个环节与一般化学反应不同的就是生成物为生物体所控制，参与生物体的相关功能或过程。无论是控制，还是参与生物体的功能，必要条件是具备连贯的信息功能。这就是说，代谢过程生物体留下的生成物，都参与到一个或多个生物体的生命过程，这些生命活动过程又都是生物体控制下进行的。

单细胞生物的主体性经进化而来。至少有两条主要的进化路径。一是原始生物体之间的合并，典型的是已经得到证实的同化了线粒体和叶绿体等重要组件。这种组合没有改变被同化组件的功能和遗传基因。二是从更简单的细胞向稍为复杂的细胞进化，我们可以从 40 多亿年前的原始生命体、35 亿年前蓝细菌（有理由相信，当时的蓝细菌和今天的蓝细菌也不完全相同）已经存在的事实，到十几亿年前单细胞生物形成，以及从单细胞到多细胞、无神经系统生物的进化过程，可以推论 20 多亿年的时间内，足以从十分简单的原始生命体，一步一步进化到单细胞和多细胞生物。

3.2.3 以生物体为边界的完整功能

如图 3.4 所示，单细胞生物功能支持全部的主体控制，支持代谢、生长、遗传、运动、进化等全部行为实现，支持所有的信息处理功能。

在智能发展的这个阶段，植物的生长和运动有一定的特殊性，需要另做介绍。

智能进化第一阶段的定义就是没有神经系统，因此，不存在专门的认知功能，不存在对感知外部信息后的判断、分析、决策过程。控制过程与相应功能是同一的。代谢、生长、遗传等所有的控制与功能的实现是一个过程，使用相同的信息。

单细胞生物虽然简单，但包含了一个生命体所有必要的行为功能，代谢、生长、遗传、运动、进化构成了生命的延续和进化。单细胞生物不仅实现了这些基本功能，而且这些功能的实现模式在此后的生物进化中保留了下来。

生命源自能量，能量来自代谢，单细胞生物在一个细胞内实现了完整的自养或异养的代谢功能。多细胞植物的自养功能与衣藻类似，多孔动物的异养功能与草履虫相似。自养和异养都是极为复杂的代谢过程。草履虫通过在水里的运动，每天吞食4万多细菌，经由口沟消化，残渣通过肛门点排出，这是完整的消化过程。它通过外膜吸收水里的氧气，排出二氧化碳，具有完整的呼吸功能。消化功能、呼吸功能、衣藻的光合作用，若分解开，均是一个长长的生物化学过程，按吴庆余教授的说法，比今天任何化工厂都要复杂，但这一切，都是在毫米级单细胞生物体身上完成的。这说明生物的进化和生理功能，包括生物智能的进化和认知功能，都在分子甚至原子级水平上发生，精细程度远远超越今天的工业水准。这些功能不仅使单细胞生物历经数十亿年，在地球上繁殖生长，还在一个细胞中孕育着此后动植物演进的许多奥秘：动物的胃肠道等消化系统，植物的营养与传输系统等。

单细胞生物的遗传功能成为所有生物遗传功能的来源。在基因的生成和增长、遗传过程、生长控制等领域，所有教科书和科研项目，都以单细胞生物为对象或参照。叶绿体和线粒体并入真核生物，草履虫的两个细胞核，分别承担代谢功能和生殖功能的遗传，说明了单细胞生物功能从更简单的原始生命体而来，在一个细胞内在分子层次以相同的生物化学功能分工合作，展示了生物体功能进化的路径。草履虫的运动很简单，范围很小，但这种基本功能，成为动物运动能力进化的基础。

单细胞生物的信息处理功能与此后进化的所有生物的体内信息处理功能完全相同，基于信息的形态构成、表征和结构，详细的讨论放在下一小节。

植物作为无神经系统生物进化的高点，有必要增补一部分行为功能的分析。与单细胞生物相比，植物有两个重大的进展，一是生长控制，二是适应环境的行为。

植物的生长过程有几个十分重要的特征。对环境的敏感性，温湿度、营养条件、光照等指标，是植物决定生长发育过程的重要参数，植物不仅存在感知能力，更具备根据外部环境决定发芽、拔节、开花、叶落叶生。植物的生长一旦到了适当的环境，通常是快速，甚至是爆发式地进入一个新的生长环节，这就需要在前期做好大量的积累，行为存在历时的协同。为适应环境，竞得生存和生命延续的权利，植物会对不适于生存的外部环境做出反应。低温可以对许多植物造成伤害，一旦感知低温，植物会启动应对机制，改变细胞膜的通透性及膜结构，激发其基因调控网络的低温应答机制，随之启动低温基因的表达，引起相应的生理和生化变化，提高植物的低温耐受性[6]。

这些功能是在没有神经系统和脑的前提下实现的，进一步说明这个阶段的生物智能主体性、功能和信息是交叉在一起，形成了一系列完整的功能结构，这些结构的基础是下一节讨论的信息。

3.2.4 形成了遍及生物体及所有功能的信息过程

单细胞生物具有除认知信息之外的所有生物体自有信息，形成了稳定的信息载体、符号和语义结构。信息过程遍及生物体，支持所有的主体控制需求和功能。本节将先介绍以遗传信息及遗传过程解释信息的载体与结构，以光合作用解释细胞内信息过程，以植物信号传递解释跨细胞信息传递和通道。

3.2.4.1 从基因信息和遗传过程看自有信息的隐性结构

原核生物是单细胞生物中简单的类型，已经具有成熟的基因信息及其转录、翻译等过程的信息表达。基因以核糖核酸为载体，与基因组间和基因组内间隔一起构成的结构携带遗传信息。这样的结构不仅带有子代的遗传基因，还带有遗传过程的控制信息和子代的生长控制信息。图 3.5 是单细胞原核生物的细菌转录过程起始过程的简单示意。

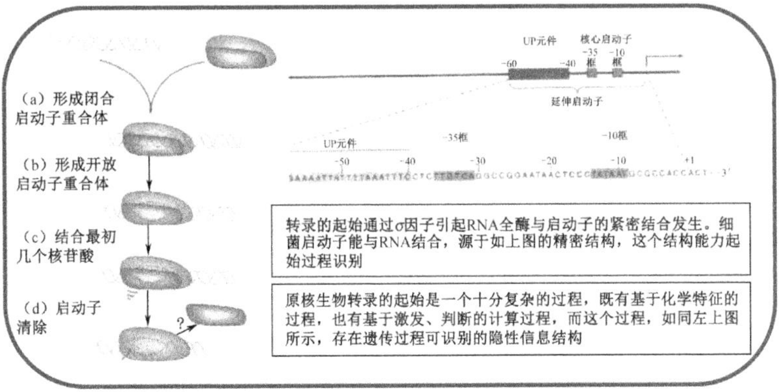

(a) 形成闭合启动子重合体
(b) 形成开放启动子重合体
(c) 结合最初几个核苷酸
(d) 启动子清除

转录的起始通过σ因子引起RNA全酶与启动子的紧密结合发生。细菌启动子能与RNA结合，源于如上图的精密结构，这个结构能力起始过程识别

原核生物转录的起始是一个十分复杂的过程，既有基于化学特征的过程，也有基于激发、判断的计算过程，而这个过程，如同左上图所示，存在遗传过程可识别的隐性信息结构

图 3.5　细菌转录过程的起始[7]

生物遗传功能的核心就是基因存储的信息表达出来，如图 3.6 所示，这个过程就是基因的转录和翻译。第一步是转录，模板链经过特定的规律转录成信使 RNA，即图中的第一行到第二行的过程；第二步是翻译，信使 RNA 按特定规律翻译成蛋白质，即图中第二行到第三行的过程。

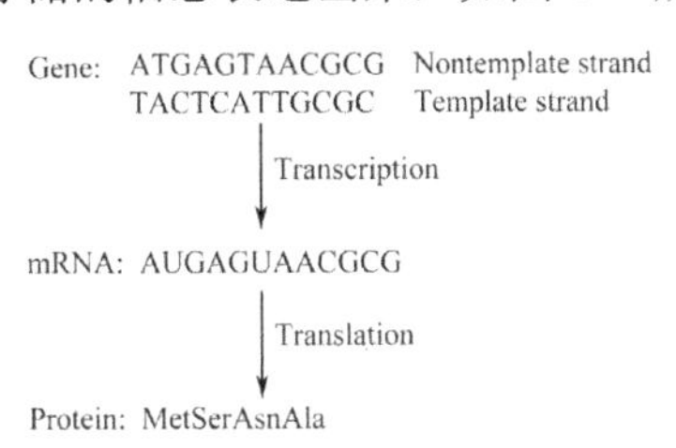

图 3.6　基因转录和翻译过程示意图

分子生物学的研究，已经将基因结构和遗传过程，特别是单细胞生物的基因结构和遗传过程给出了令人信服的结论：核酸间的相互作用、DNA 结合蛋白的结构基序、识别序列的结构和 DNA 结合蛋白的四级结构、转录调控元件中的抑制子和转录激活子的功能、DNA 结合蛋白的活性控制机制、RNA 聚合酶 II 的磷酸化和转录起始、转录调节中转录激活子和辅助转录激活子的协同作用、转录的特异性抑制、DNA 甲基化、通过转运和前体 mRNA 的剪接进行调控、通过修饰起始因子进行调节等，本书不涉及这些细节。基因及遗传过程的精细表征能力是转录、翻译、复制、重组过程顺利进行的基础。这说明，单细胞生物的遗传信息是高度结构化的，

这样的信息结构是自有的、隐性的。

3.2.4.2 光合作用的信息过程及与功能、控制的一致性

衣藻的光合作用和所有植物的光合作用一样，是光能转化为生物能的过程，在一个细胞内进行，可用来解释细胞内信息传递模式和信息、功能、主体控制的一致性。

衣藻含有几十个到上百个叶绿体，每个叶绿体大小为几个微米，由叶绿体被膜、类囊体和基质三部分构成，不仅具有光合作用，还能进行呼吸。

衣藻的光合作用通过两个光化学系统（光系统Ⅰ和光系统Ⅱ）实现。包括全部的光合作用过程：光的吸收、电荷分离、电子传递、光合磷酸化、二氧化碳的固定和还原等；还进行着许多生物化学过程：被固定的碳的储藏和转运、亚硝酸盐的还原、氨基酸的合成、蛋白质的合成、硫酸盐的还原、DNA 和 RNA 的合成、脂类的合成、四吡咯（叶绿素等）的合成、萜类的合成（胡萝卜素等）、酚类的合成，以及所有上述各类合成产物的降解，等等。与这些过程相关的蛋白质（酶）至少有数百种，图 3.7 简化地展示了这个过程。

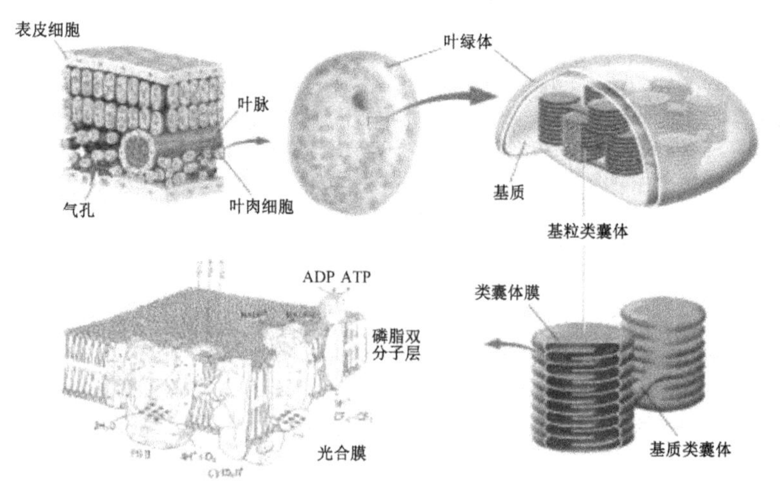

图 3.7 光合作用过程简图[8]

光合作用的研究已经将上述各个过程在生物化学甚至分子层面分解，解释了其中的功能过程、信息过程、调控方式。

光系统Ⅰ（PSⅠ）能被波长 700nm 的光激发，又称 P700。包含多条肽链，位于基粒与基质接触区的基质类囊体膜中。由集光复合体Ⅰ和作用中心构成。结合 100 个左右叶绿素分子,除了几个特殊的叶绿素为中心色素外，其他叶绿素都是天线色素。光系统Ⅱ（PSⅡ）吸收高峰为波长 680nm 处，又称 P680。至少包括 12 条多肽链。位于基粒与基质非接触区域的类囊体膜上。包括一个集光复合体、一个反应中心和一个含锰原子的放氧的复合体。D1 和 D2 为两条核心肽链，结合中心色素 P680、去镁叶绿素及质体醌。

这两个系统共同作用，通过非循环电子传递和循环电子传递、光合磷酸化、光合作用等环节，实现光合功能。图 3.8 和图 3.9 显示了水的氧化裂解和细胞色素介导的电子传递和质子运转，都是生物化学功能和信息流 共同作用的结果。

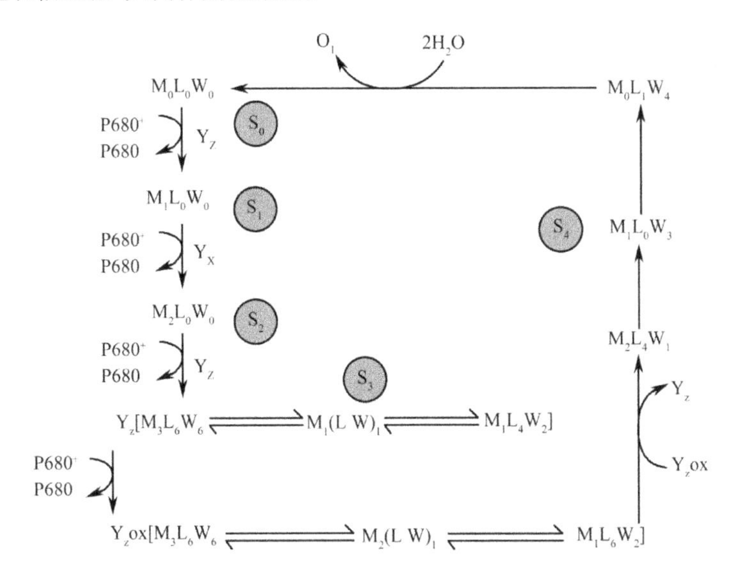

图 3.8　水的氧化裂解示意图[9]

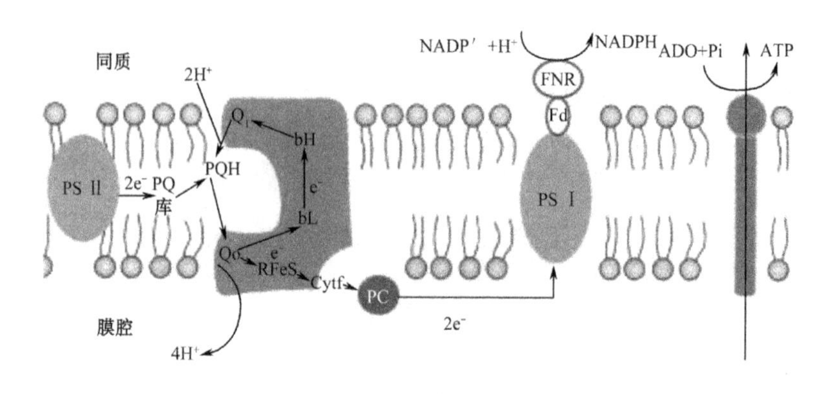

图 3.9　细胞色素介导的电子传递和质子运转示意图[10]

图 3.8 中 S0 态到 S5 态，从接受光能到实现氧气的释放；图 3.9 中的 Q 循环中，在类囊体 Q0 点发生的质醌氧化，Q1 点发生的还原结合，都是在相应的酶、蛋白质释放的信息的引导下实现的。生物化学的研究，特别是信号传导和调控的研究，以及基因组学、蛋白质结构的研究，已经揭示了这两者之间的紧密关系，相信随着研究的深化，将进一步明确细胞内、细胞间信息过程在各项生理功能和生物体调控中的作用[11,12]。

3.2.4.3　从植物的信号传递看跨细胞信息传递与行为控制

植物信号与信号传递的研究，已经揭示了跨细胞信息传递和复杂行为控制的信息机制。这里从植物保卫细胞的信息感知和传导、G 蛋白的信号传递、向重性信号传导三个角度进一步分析在没有神经系统的生物中，信息传递的过程及其与功能、控制之间的关系[13]。

1．保卫细胞的信息感知和传导

保卫细胞是指构成植物气孔的细胞。气孔分布于陆生植物叶片的上下表皮，是植物与环境交换气体和水分的门户。气孔对植物所处环境变化和内部发育信号的刺激均有灵敏和准确的反应，并通过改变其孔径的大小来调节植物的生长发育过程。这是一个包含了生长调控、气孔开关和相关营养物传送功能、信息感知传输的过程。这个过程可以概括为三步：刺激与感受、信号转导、反应。

植物激素、光、二氧化碳、湿度、温度、病菌、活性氧及其他因素（风、机械刺激、盐碱度等），都是刺激的来源。当刺激发生，保卫细胞上的受体激活。保卫细胞上的受体主要有 ABA 受体、蓝光受体和二氧化碳受体等。保卫细胞感受到信号后，通过 G 蛋白等信号转换机制传入细胞内（见图 3.10），在细胞内通过的 Ca^{2+}等第二信使实施转导。尽管保卫细胞内信号转导的元件有很大的相似性，但可以根据不同的刺激准确做出不同的反应，说明受体对不同外部刺激的转导包含了是什么样刺激的信息。Ca^{2+}是保卫细胞最重要的第二信使，研究发现具有很强的特异性。特异性的一种表现是在针对某一种刺激会产生独特的时空特异性变化方式，称为钙印记；另一种 Ca^{2+}信号可以是下游的钙受体蛋白产生不同的生理效应，其中主要是钙调素的不同效应。

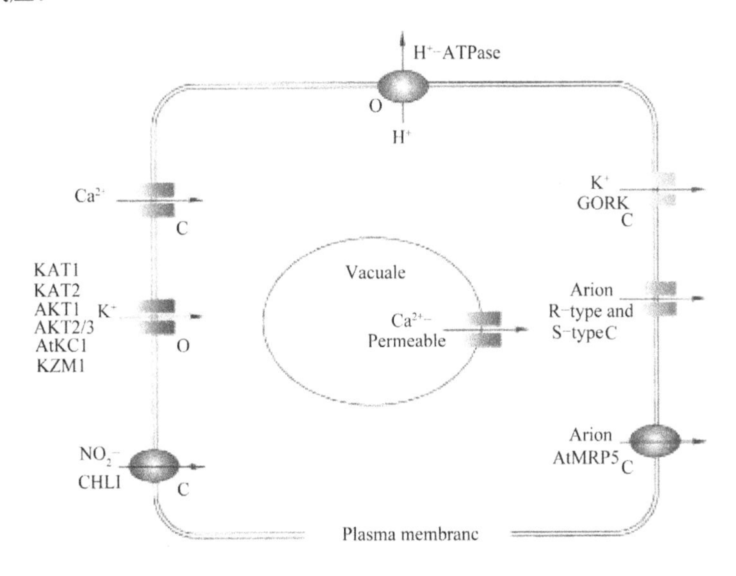

图 3.10　保卫细胞膜上离子通道和转运体[14]

钙印记和钙调素的特异性对理解生物信息的语义特征具有重大意义，这个例子说明生物信息从感知开始到反应的全过程都是以语义的方式在传输、使用。鉴于此，对钙调素（CaM）再做一点介绍。植物细胞中 CaM 是由 148 个氨基酸组成的单链小分子酸性蛋白（分子量为 17～19KDa）。CaM 分子有四个 Ca 结合位点，当第一信使引起胞内 Ca^{2+}浓度上升到一定阈值后，Ca^{2+}与 CaM 结合，引起 CaM 构象改变，活化的 CaM 再与靶酶结合，使其活化而引起生化反应。已知有蛋白激酶、NAD 激酶、H^+-ATP 酶等多种酶受 Ca-CaM 的调控。在以光敏素为受体的光信号转导过程中，Ca-CaM 胞内信号起了重要作用。

细胞中存在众多的信号转导分子，它们是如何相互识别、相互作用而构成不同的细胞转导途径的呢?生物信息过程语义性实现的另一种解释是区域性结构。20 世纪 90 年代以来，人们逐步发现了在信号转导分子中存在一些特殊的结构域。这些结构域由 50～100 个氨基酸构成，它们在不同的信号转导分子中具有很高的同源性。这些结构域的作用是在细胞中介导信号转导分子的相互识别，共同形成不同的信号传递链或称为信号转导途径，并进而形成信号转导的网络。换句话讲，这些结构域像电路中的接头元件一样把不同的信号分子连接起来。这些结构域被称为调控结合元件。目前已经知道了近十种这样的结构域。

反应是保卫细胞应对外部环境变化的最后一步。外界刺激通过受体感知、信号跨膜传递、胞内信号转导、蛋白质可逆磷酸化，最终通过效应器直接引起保卫细胞反应，表现为气孔开闭及相应的基因表达变化等。

2. G 蛋白的信号传递

植物 G 蛋白信号传递是最重要的信息传输渠道。G 蛋白是指能与鸟嘌呤核苷酸可逆性结合的蛋白质家族，在信号传输中承担分子开关的作用。相对于动物 G 蛋白，尽管所有的类型在植物 G 蛋白都能找到，但信号转导模式要简单一些。

G 蛋白通过与受体的耦联，在信息转导过程中常发挥着分子开关的作用。其跨膜信号转导一般分为以下几步：

（1）当外部没有信号或没有受外部刺激时，受体不与配体结合，G蛋白处于关闭（失活）状态，以异源三聚体形式存在，即α亚基与GDP紧密结合，βγ亚基与α亚基、GDP的结合较为疏松。

（2）当外部有信号时，G蛋白受体与其相应的配体结合，随之诱导G蛋白的α亚基构象变化，并使αβγ三个亚基形成紧密结合的复合物，从而使GDP与GTP交换，但是与GTP的结合导致α亚基与βγ亚基分开，α亚基被激活，即处于所谓的开启状态，随后作用于效应器，产生细胞内信号并进行一系列的转导过程，从而引起细胞的各种反应。

（3）G蛋白的α亚基具有GDPase的活性，在Mg^{2+}存在的条件下可以水解GTP，α亚基和GDP复合物重新和βγ亚基结合，使G蛋白失活，处于关闭状态。

以上三个过程依次循环完成信号的传递。G蛋白在信号转导的过程中主要发挥了分子开关作用与信号放大作用，通过G蛋白的激活与失活的循环，将信息精确无误地传到细胞并引起一系列的细胞内反应。

3．向重性信号传导

所谓向重性是指植物在重力引导下，根向下生长、叶向上生长的特性。植物的向重性反应包括感知环境刺激（重力）、信号转导（生物的物理信号转换为化学信号）、信号传输（将信号从感受部位传送到发生向重性弯曲的部位）、生长调控（不对称生长导致改变生长方向）等植物生理过程。

植物能感知重力方向。研究表明，感知重力的是根冠柱状细胞，这类细胞中的淀粉在重力场下沉降，感知并传导了根部重力信号。这些淀粉体被命名为平衡石。

Ca^{2+}参与了重力信号的传递，因为改变了钙离子通道，植物的向重性就会改变。质子、肌醇三磷酸也参与了重力信号的传递。向重性反应的重要内容与生长素的运输相关，把营养物质优先输送到向下的根、向上的叶。实现这个目的的是生长素的不对称运输。生长素调控的向重性信号有过氧化氢、一氧化氮、赤霉素等，同时，向重性还能与向光性、向水性等植物其他向性功能协调，实现植物在重力、水、光、其他营养物质等环境因子下，经过协调，决定其生长取向。

向重性及植物各向性的协调，说明没有神经系统的前提下，实现了植物的生长控制。基因的生长调控，外部信息的感知及调节功能的实现是调控的必要条件。

3.2.5 环境因素分析

环境从生存条件和进化前提两个方面决定了单细胞生物、植物和无神经系统动物智能进化的可能性和方向。

生存环境是所有生物进化最重要的条件，但对单细胞生物和其他无神经系统生物影响更大，因为这些生物对环境的依赖性更强。单细胞生物在进化过程中，适应不同的环境导致了物种的多样性。古细菌界在高盐、酸性、高热的环境下生存，进化出独特的环境适应能力。真细菌界、真菌和原生生物界生活于一般环境中，营养链的丰富衍生了大量的种类和种群，保证了数十亿年的生存。数十亿年的生存显示了这些生物高度的遗传稳定性，说明这种生理、遗传、行为高度一致的控制、功能、信息体系的效率和稳定。

进化前提是这类生物智能能否进一步进化的决定因子。衣藻的出现是因为有真核细胞的祖先和蓝细菌的存在，蓝细菌的出现是因为有质体的存在，质体的出现是因为有更基本的构件存在。进化和内共生规律左右着单细胞生物进化的能力和方向。单细胞生物智能的一个重要特质就是既能一步步进化，又能通过内共生加速进化。这个功能似乎在诞生了神经系统之后的生物体就没有了。

3.2.6 小结

从原始生命体到单细胞生物再到有神经系统生物的出现，至少经历了 30 亿年。在如此漫长的时间内，生物智能进化究竟是如何发展的，还需要今后的研究成果，特别是生物考古和基因组研究的成果。尽管还有大量未得到验证的假设，但越来越多的事实说明单细胞生物所表现出来的已经是复杂和成熟的智能行为，这些智能行为是从更简单的、更基本的智能行为进化而来的。

确实没有理由认为单细胞生物及其他无神经系统的生物不存在智能。前述植物的向重性、向光性、向水性调控，衣藻和草履虫的代谢和遗传功能，不仅完全达到智能定义关于适应环境的要求，而且已经达到了极高的水准。在一个细胞中，精准、高效实现光合作用，完成分解、吸收、排泄过程，超越今天人类所有工业生产的效率和精准度。

没有理由认为智能不是进化的。衣藻内共生叶绿体，具有独立的遗传基因；草履虫两个核，分别保有不同功能的遗传基因；还可以分出更早的内共生或组合的成分。单细胞生物的遗传和代谢功能，为此后进化出来的植物和动物所继承，在分子生物学角度看，这种继承所代表的进化特征无可争辩。

在单细胞生物阶段，主体性已经存在，体现在对生物自身各个功能的以生存为中心的有效控制上，但没有意识。单细胞生物所有的功能集中在这个细胞的控制、行为和信息处理上，是最基本的功能。单细胞生物能感知环境信息，能将可感知的自在态环境信息转换为自有信息，自有信息形成了载体、符号、结构和传递的功能。单细胞生物智能最鲜明的特征是控制、功能、信息的一体化，这是最有效的智能构成模式，也是为什么此后的物种继承的原因，是对生物智能进化最重要的贡献，也是理解智能特别重要的钥匙。

单细胞生物智能特点和进化过程，可以引申出三个十分重要的生物智能进化规律和一个生物信息处理的特征：

（1）它是从更简单的主体性、功能和信息能力逐步发展过来的。

（2）生物智能进化也是可以组合的。

（3）组合也好、逐步叠加式进化也好，智能进化改变连接，不能重新优化。

（4）生物信息的处理是全程语义的，只感知、传递与处理和控制相关的信息，没有多余。

今天的生物化学和分子生物学研究，还远远没有揭示单细胞生物智能进化的全部奥秘，本节的结论，基于已有的成果及适当的推论。一些学者认为，“刻画了一个细胞的全部信号通路，就能够成功设计个体化药物乃至治疗方案”[15]。如果能将单细胞生物的全部信号通路及其含义都清晰描述，我们不仅可以更好地理解智能，更可以以此为基础推动智能发展。

3.3 神经系统和脑：开启独立的认知功能

神经系统和脑的形成是智能进化，特别是生物智能进化的关键一步。这个阶段的进化过程就是生物体认知能力形成和巩固的过程。

3.3.1 进化的历程和特征

生物智能进化的这个阶段从具有神经网的腔肠动物开始到距今十万年现代智人诞生前，大约经历了 8 亿年。这个阶段只有生物智能，生物智能一骑独行，人类一枝独秀。从单细胞生物到拥有完美生理控制和全部认知功能的人类，是这个阶段对智能发展的主要贡献。

生物进化研究告诉我们，地球上最早的经过进化形成了类似于神经系统的神经网的生物是水母类腔肠动物。血吸虫、蛭虫等扁形动物的头部已经具有眼点和最原始的脑及简单的神经系统，但它的功能甚至还没有棘皮动物环状神经系统强。在动物分类上，有脑的动物包括软体动物、环节动物和节肢动物等无脊椎动物，以及所有的脊椎动物。这类生物起始于距今大约 5 亿年前，这说明从最早的脑到约 10 万年前，语言产生之前的人类大脑，经历了大约 5 亿年时间，长于最早的神经系统产生到脑产生的时间，脑的进化是智能进化最有力的实证。

拥有神经系统的生物都是动物。显然，异养和运动是神经系统和脑的进化动力。这也是生物智能进化与生物进化正相关的重要例证，说明智能进化与生物体的生存能力、运动能力密切相关，需要适应的环境复杂度、在复杂环境下生存对认知能力的需求是智能进化的主要动力。

神经系统和脑是进化的。单细胞生物没有专门的感知细胞，更没有神经系统，但感知和信息传输、处理的功能是存在的，多细胞生物，例如植物就有了具有感知功能的细胞群——气孔。草履虫向多细胞动物进化时，需要在运动中获得营养物提高生存能力，感知的需求更加突出。多孔动物中的海绵将接受的刺激从一个细胞传递到另一个细胞，类似于植物的信息感知、传递能力。进一步向腔肠动物（如水母）的进化中，形成的细胞开始分化，出现了神经细胞。神经细胞的丝状突起，组成了网状神经系统。

进化到距今约 5 亿年前，扁形动物（如血吸虫）开始出现，形成了左右对称的神经链，在头部出现了眼点和作为神经链中心的“脑”。经由环节动物、节肢动物的进化，达到了无脊椎动物神经系统和脑的最高峰，头部几对神经节组合成简单的脑，具有学习和视觉功能，对运动、生殖、内分泌等功能有一定的协调能力。

从脊索动物开始进入脊椎动物进化过程。脊椎动物一般左右对称，分为头部、躯干和尾部三部分。脊椎动物的神经系统是管状神经系统，管状空心的神经组织增加了空间和面积，使神经系统有可能向更高级和更完善的方向发展。经由鱼、爬行动物、两栖动物、鸟和哺乳动物，在 380 万年前进化到人。哺乳动物的神经系统和感觉器官非常发达，5 个脑区完全分化。

人类是生物进化的最高点，生物智能的最高点，具有最发达的中枢神经系统。380 万年，从类人猿的脑进化到现代智人的脑。直立人感知能力不断提高，但脑容量的增加却是由于丰富的食物，说明能量的分配是一个关键问题。食物不丰富，原始人类对肢体能力的需求，不能配置更多的能量到大脑。智力的发展，是人类开始使用工具来捕猎动物，获得更多的能量，丰富的营养加速大脑的进化。火的发明产生了熟食，更易消化，减少了能量消耗，大脑可以使用更多的能量。距今 10 万年前，智人出现，人类大脑定型。图 3.11 形象地展示了大脑的进化。

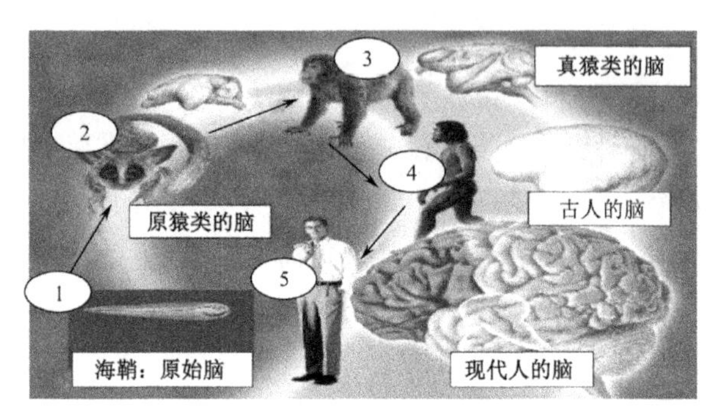

图 3.11　大脑进化过程简图[16]

经过 8 亿多年的进化，人类的神经系统由周围神经系统和中枢神经系统构成。周围神经系统由脊神经、脑神经、内脏神经构成，中枢神经系统由脊髓、脑干、小脑、间脑、端脑和边缘系统构成，这些系统协同工作，构成生物智能最高水平的认知能力，图 3.12 是人的大脑的简图。

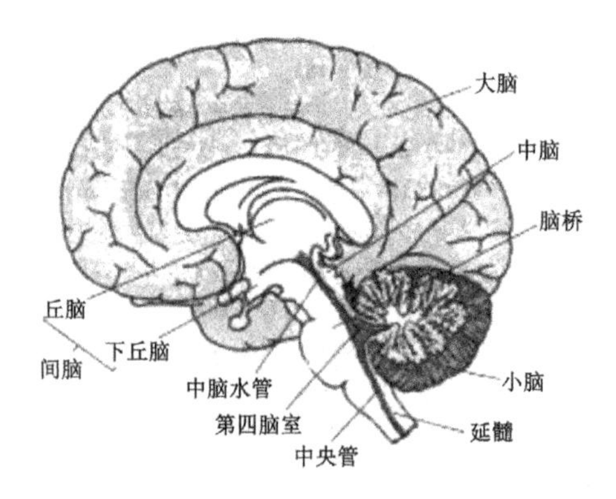

图 3.12　脑矢状切面示意图[17]

3.3.2　增加认知功能后的主体性

周围神经系统和中枢神经系统的架构，实现了对身体所有功能的控制。脑功能的增强，产生了意识，不仅对外部事件能进行分析判断和决策，还会主动发起有利于自身的资源争夺，拥有了意识、控制、资源构成的全部主体性三要素。

1．意识与决策

意识与决策是新增的主体能力，主体从基因带来的自我走向有意识判断、决策的新阶段。在某种意义上，经由意识的主体性才是完整的。以意识为基础的主体性是神经系统和脑进化的必然结果。

有意识判断和决策不是人类独有，但人类具有生物智能中最复杂的意识和最强的分析、判断和决策能力。蜜蜂关于蜜源的舞蹈、候鸟迁飞路径的确定、回游鱼类的时空判断等，在单项上甚至超越人类，综合起来任何动物都无法超越人类，其基础就在于人类拥有最复杂的神经系统和处理各类信息能力最强的大脑，特别是记忆和思维的所在地——大脑皮质。

意识和基于认知信息的决策是主体性在这个智能进化阶段的一个具有里程碑意义的质变。

2．资源

大部分生物，包括大部分形成了神经系统和脑的生物，只能被动地适应环境，而没有意识主动占有资源以改变生存环境。动物的战斗行为和领域行为可以看作是典型的有意识占有资源的行为。

动物的战斗有不同的原因。同类或不同类动物争夺同一具体的食物或一组食物，个体之间，甚至几个群体发生战斗，这是争夺食物资源；配偶选择也是导致战斗的重要原因，争夺同一个配偶，若干雄性动物用战斗决定，是常见的现象，这是争夺遗传资源。

许多动物存在领域行为。一些彪悍的动物可能独自划定一个领域属于自己，更多的是一个物种的族群圈定一个地理空间为领地，不是本族群的一律不得入内。无论是哪种情景，经常因领地而发生战斗。

人类在进化过程中，利用自身的优势，占用更多的资源，狩猎、农耕、采矿、伐林都是为改善自身生存而采取的占有资源的行为，这些行为在不同程度上是通过改变环境实现的。蓄奴、为资源进行的战争，是另一种意义上为占有资源而做出的决策。

占有资源既是生物进化的必然要求，也是主体性的重要体现，是主体性在这个智能进化阶段的又一个具有里程碑意义的质变。

3．控制能力

单细胞生物、植物的控制能力主要体现在自身的生理和遗传功能上，行动能力极为薄弱。生物内部器官分化，内部控制需要相应的神经系统；日益扩展的运动空间、运动能力，由此带来的复杂环境，需要更加有力的行为控制；这些都是促进神经系统和脑进化的重要因素。

对于动物自身的生理过程和行动过程的控制，主要基于周围神经系统的能力，有的还需要经过脑的协调或判断。动物需要根据环境而采取的行为，则需要感知信息、分析判断，然后才做出如何反应的决策。

人类的神经系统有效覆盖了所有的生理功能，绝大部分生理功能的控制已经成为本能，也就是不需要分析、思考、判断，直接通过固定的结构做出本能式的反应。对于环境响应或自身发动的学习、资源占有、完成各项事务的控制，不同的个体成熟度不等，但总体上能有效地控制。

3.3.3 完备的功能体系

生物智能的功能体系基于神经系统。神经系统进化到最高阶段，控制、行为、信息三大功能也随之达到完备状态。

1．控制功能

支持控制的功能与主体性同步进化。根据第 2 章对功能和主体性关系的分析，如果没有功能的支持，主体性就无从谈起。神经系统和脑的发展，提升了主体性的体现能力，也提升了相应的支持功能。

与前一阶段相比，控制功能有三个方面的发展。一是增加了对认知行为控制的功能，二是全面提升了生理行为控制的支持能力，三是提升并新增了主体的不同信息控制的能力。

2. 行为功能

这个阶段，以认知能力为中心，行为功能不断拓展和提升。

首先是动作行为更加复杂，行动能力全面增强。从软体动物到鱼类的水中运动，两栖动物水陆相连的行动，爬行动物进入广阔的陆地，节肢动物摆脱地面，鸟类在天空飞翔、水陆捕食，哺乳动物全方位的活动空间和行为，人类的直立、捕猎、火的利用，等等。行为能力在这个进化过程中不断提升，实现了以脑为中心，神经系统和骨骼、肌肉为支撑，信息传递为基础的行动能力。

其次是生理功能从简单的代谢不断扩展、完善。在数亿年的进化中，生物的生理功能从简单的自养、异养模式维持生存，逐步进化发展到完整的消化系统、排泄系统、呼吸系统、循环系统、内分泌系统、神经系统、生殖系统。生理功能不仅支持这些系统的生长发育和功能的发挥，还在神经系统和脑的支持下，实现了这些系统的协调发展和运转。

最后是增加了系列认知功能。主要有：基于信息存储能力和交流的学习功能，基于信息感知、传输和分析的环境反应功能，思维能力与大脑的进化同步发展，基于交流能力的群体行为，以肢体语言和种群理解的声音为基础的交流功能，等等。

3. 信息处理功能

这个阶段的信息处理功能得到大幅度提升，并在三个方面产生了质变。

首先是具备了认知信息的全程处理能力。神经生物学家和脑科学家都认为神经系统和脑在本质上就是信息器官，神经系统的产生，使生物体有了专门处理信息的系统，也产生了以神经元为基础的认知信息感知、传输、存储、处理功能。认知信息的处理能力是语言、文字和机器的智能客观化进程的基础，是智能再次进化的前提，从智能进化的角度看，这是一个具有里程碑意义的质变。

其次是形成了以认知信息与生理功能信息联通为基础的行为。具有神经系统的生物，特别是人类，生理功能的实现都是在认知信息和生理功能信息联合作用下完成的[18]。人的运动功能经典地说明了这两类信息联合产生的行为。人的运动分为三类：反射性、随意性、节律性。这三种运动都经由中枢神经系统参与或受其控制。在中枢神经系统的调节或控制下，骨骼肌接受运动神经元传来的冲动，进行收缩或舒张，从而产生各种运动。这个过程最核心的部分是神经元的信息如何传导到骨骼肌肉纤维。这个信息传递机制称为神经肌肉接头。神经肌肉接头是指运动神经元轴突末梢与骨骼肌肉纤维的接触部位。两个部位细胞兴奋时，运动神经元轴突末梢反复分支，形成大量终末前细支，这些细支脱去髓鞘，末端形成梅花状膨大终止于肌纤维上，每一根无髓鞘终末支配一根肌纤维。同一根轴突末梢的全部分支及其支配的所有肌纤维成为一个运动单位，运动单位是肌肉收缩的基本功能单位。从智能进化的角度看，这是另一个具有里程碑意义的质变。

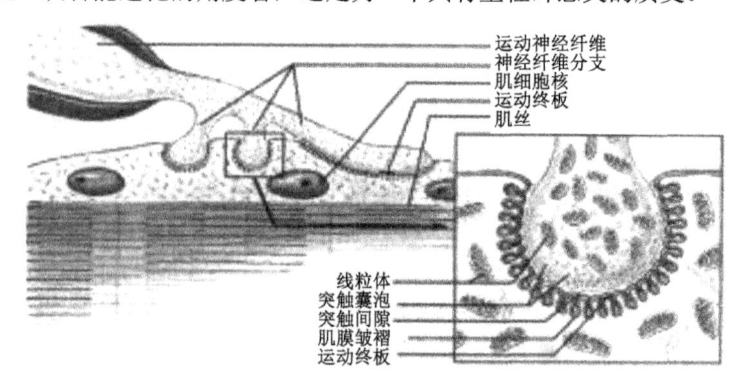

图 3.13　神经肌肉接头模式图[19]

最后是生理功能信息的处理与生理功能的完善同步发展。在动物进化过程中，生理功能日益复杂、完善，所有这些系统的运转都得到了主体功能的全面支持。

3.3.4　信息的作用进一步增强

在这个阶段，生物体自有信息完整性不断提高、结构性实现质变、可用性更加精细。

1．完整性

自有信息的形态更加丰富，生物体拥有的信息范围持续扩大，认知信息加入到自有信息的范畴，这是智能进化在信息领域取得的一个质变。认知信息由神经元承载，由神经突触负责传递，神经元的结构是表达含义的主要模式。遗传、认知、生理等生物体自有信息趋于完整。

2．结构性

认知信息的产生和生理性自有信息的进化，信息结构自有、隐性的特征没有变，但产生了两个质变：跨信息形态的信息结构和基于认知信息的可变信息结构。

跨信息形态的信息结构是指生理信息和认知信息形成一条可执行的信息链。这样一条信息链的形成有两个重要意义，一是以认知信息为中心，统一了生物体内生理信息和认知信息，因为所有的生理功能都接受中枢神经系统的调度或控制；二是跨态统一的信息链也是一种新的信息结构，可以在认知信息的控制下，实现新的功能。所以这是信息能力增长对智能进化具有里程碑意义的质变。

认知信息存在可扩展、可重组、可修正等特点，改变了生理和遗传信息结构在一生中一旦成型便不可改变的属性。可变的信息结构使生物体在一生的发展中，可以容纳来自感知和行为的新信息，可以对不恰当或不准确的信息修正，可以根据变化和需求重组信息结构。这一能力为信息基于结构的增长（生物体的信息增长都是基于结构的、基于语义的），为学习、决策、思维等重要功能的发展扫清了信息能力的障碍。所以这是信息能力增长对智能进化具有里程碑意义的又一个质变。

3．可用性

尽管信息的形式和内容有了大幅度增长，信息结构也产生了质变，生物体信息自有、隐性的结构特征，使生物体拥有的信息依然可以完全利用。利用的模式比上一个阶段有了重大突破，产生了三种利用模式：全本能、全认知分析决策、两者结合的模式。

全本能模式是指生物体的一类行为，全过程不受意识控制，如过热刺激的反射、自动步行、基因复制过程等。这类模式在上一阶段已经存在，只是外延增加了。信息在全过程发挥作用，但没有意识参与。

全认知分析决策是指生物体的一类行为，它的结果以信息形式存储于大脑，学习、思维、无反应的感知都属于这类行为。

两者结合的模式是指一个行为过程，既有本能的过程，又有大脑分析决策的参与。绝大部分行为属于这一类。

尽管可用性比上一阶段有重大进展，但在本质上是信息结构的变革，所以不作为智能进化新的里程碑。

3.3.5　环境影响机理的改变

这个阶段包含了大量生物物种诞生的历史阶段，环境对生物进化具有重大影响，特别是生物从海洋进入陆地、从森林走向平原等进程中有着决定性的作用。这种作用都是对整个生物物种的进化而言，与前一阶段的环境影响没有本质的差别。

认知功能的发展使环境影响机理发生了变化，这种变化体现在对个别种群或生物个体的影响。前一阶段的生物物种在一生中，不是没有移动能力就是智能作极微小的运动。适应环境的能力可以通过空间迁移来加强。一些种群因为环境相对有利而生存下来，另一些则反之。距今 3 万～10 万年间智人和尼安德特人之间的更替，就是环境影响机理变革的重要证据。

3.3.6　小结

在智能进化的历史中，这是一个承上启下、带有鲜明特色、做出重大贡献的阶段。承上启下是指这个阶段延续了生物智能的进化，为开启生物智能与非生物智能共同进化的时代奠定了基础；鲜明特色是指生物体认知功能为基础的智能构架；做出重大贡献是指实现了六个质变。

这个阶段产生了在智能发展中具有里程碑意义的六个质变。

两个主体性领域质的突破：意识的产生和基于认知信息的决策奠定了主体性的主要功能，占有资源的意识成为主体性的重要组成部分，影响了此后所有发展阶段。

两个功能领域质的突破：认知信息的全程处理能力，为此后人类智能的提升奠定了基础；以认知信息与生理功能信息联通为基础的行为在本质上解释了逻辑行为与物理行为、信息能力与行为能力结合的方向。

两个信息领域的质的突破：跨信息形态的信息结构为智能发展中如何构建跨态信息结构开了先河，提供了可行参考路径；基于认知信息的可变信息结构为信息（含知识）的增长、认知错误的修正、为智能任务调整信息结构打下了最重要的基础。

这六个质变构成了这个进化阶段的台阶。不仅使智能上了一个大的台阶，还使我们对智能本质的认知跨出了一大步。

除了语言和文字能力，生物智能的进化达到了最高水平。总结这两个阶段生物智能进化，有以下四个重要属性。

第一，主体性是进化的根本原因，没有主体性，无法解释进化。达尔文说“物竞天择”，物竞的根源就是主体性，就是前期的自我和后期的意识。主体性通过遗传基因表达，体现在生物体一生的行为中。

第二，功能进化呈现两个极致，每个功能进化到极致，不同功能组合到极致。极致的衡量标准就是效率，生物体所有器官或系统功能的实现，整体的运行，效率达到极致。这是“物竞天择”的最好注解。

第三，功能的极致和效率，基础是信息功能。生物智能的信息过程是全语义、无冗余结构。全语义是指从感知到传输、利用，无论是否经由认知过程，都是语义的，载体、结构只是形式，而感知的、传输的、使用的都是内在的含义。全过程无冗余结构是指在一个信息过程中，无论是感知—存储过程，还是感知—反应过程，整个过程的主体控制、功能实现、信息过程都是基于最小单元全过程、全功能、全部信息结构化的。

第四，生物智能的进化呈现叠加式继承和自我进化并存的有趣现象。在宏观层面，从单细胞生物（包括更简单的病毒）开始，更加复杂、进化层次更高的生物不断产生，但不同进化阶段的生物并存，从物种看是叠加，不是替代，从功能看是继承，不是重构。尽管同类物种的替代和物种的灭绝不断发生，但生物多样性仍然是主流。从微观看，后续的物种在原来物种已经形成的能力上继续进化，但进化都是包含了其祖先的能力，进化与继承并存，继承是叠加式的。

3.4 语言和文字：组合智能体与记录信息和客观知识

从生物进化看，语言的产生是人进化的最后一个小环节，只是一个小的功能进化，而不是一个大的进化阶段。对于智能进化，语言是文字产生的前提，语言和文字的产生是一次重大跨越，与语言文字同期产生的简单工具一起，形成了组合智能主体和客观知识，形成了主观和客观并存的智能双生子，改写了智能进化与发展的模式。

3.4.1　组合智能主体和记录信息、客观知识的新阶段

这个阶段起始于距今约 7 万年前现代智人语言和基于语言的认知能力诞生。同其他智能进化阶段一样，只有起点，没有终点，语言文字、非数字工具、非数字化的记录信息或客观知识与智能的进化、发展、使用同在。

在距今 15 万年前，地球上大约有 100 万的人类，存在很多的种族，尼尔德特人、丹尼索瓦人、北京猿人等，智人是新进入者，并没有证据说明那个时候的智人比其他人种有更强的竞争力。距今约 7 万年前开始，智人从东非向外扩张，战胜了脑容量比他大、体力比他强壮的尼尔德特人，用了大约 6 万年时间，智人成为地球上唯一存在的人种，现代人唯一的祖先。

什么力量决定了这个过程的发生呢？人类学家比较一致的意见是以语言为基础的新认知能力。可以设想在距今 10 万年到 7 万年的时间里，智人发生了某种有利于语言功能的基因变化，这个变化应该包括更强语音能力和大脑皮质对语言的处理能力。

韦德认为："对于一个社会化的物种，没有什么比相互传递准确的想法更重要的了。语言可以使小的群体更有凝聚力，长期计划成为可能培养知识交流和学习能力"[21]。交流能力和简单工具改变了种族之间的力量平衡，一个智人不是一个尼尔德特人的对手，但一个尼尔德特人的族群就不是一个智人族群的对手了。

语言能力的提升使智人拥有了超越其他人种的交流和学习能力，智能发展建立在利用他人知识和经验的基础上。因此，智人在其走向全球的过程中，发明了船、油灯、弓箭、针等工具，图 3.14 是距今 250 万年从旧石器时代到新石器时代石器工具的演进，智人的创造能力超越了同时代其他人种。

语言是进化而来的。动物的肢体语言和有声语言是动物交流的重要工具，动物行为学中关于动物的社会生活和通信功能的研究，给出

了明确的答案[23]。智人的语言功能到距今 8 千到 1 万年文字的产生，也是一个进化的过程，但经历的时间比从动物的发声到系统化语言功能的形成要短了很多。文字的产生使交流可以跨越时间，可以通达更加广阔的地域，实际上，在数字化信息和互联网产生之前，书面记录信息已经传播到全球各地。

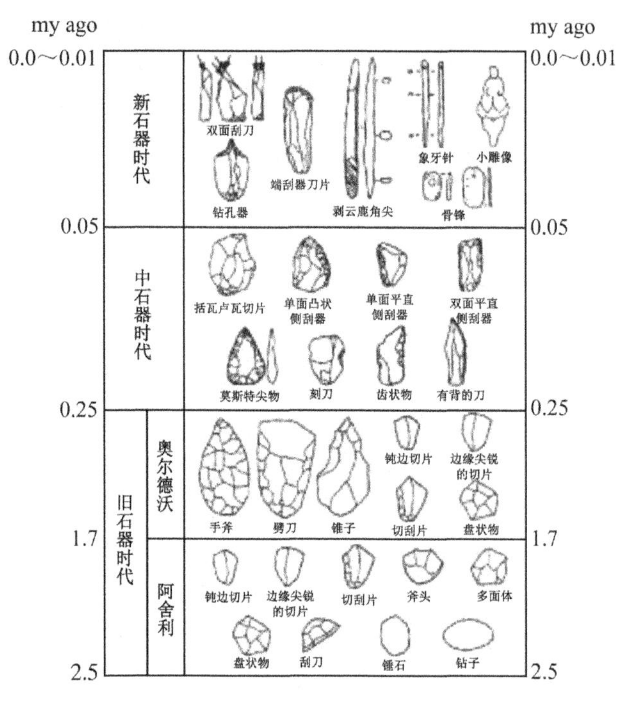

图 3.14　从旧石器时代到新石器时代石器工具的演进[22]

经历旧石器、新石器时代进入农耕和工业时代，工具成为智能重要的载体和人类发展、竞争的主要手段，在两个方面推动着智能的演进。

本节依然从智能要素的维度，讨论语言文字、非数字工具、记录信息或客观知识对智能进化的影响和作用。重点讨论在这个台阶上，几个代表智能进化的标志性成果：语言、文字，记录信息，非数字工具，组合主体，基于语言、记录信息、固化知识的学习，基于上述学习的智能发展，增加的信息转换模式和能力。

3.4.2　主体性：组合主体的诞生

在本阶段，主体性有了几个重要的发展，主要有：人际合作和人与工具的组合能力、更多的资源占有、产生了智能发展的智力增长模式等。

1．产生了人际合作和人与工具的组合主体

在智能进化的历史上，第一次产生了组合主体，有两种组合模式，一是人际合作，二是人与工具组合。人际合作源自语言的产生，交流工具和交流工具的能力是人际合作的基础，语言是第一类工具，是智人战胜尼尔德特人的奥秘所在。文字产生之后，人际合作的范围可以不受空间的约束，交流的表述也更加清晰。组合主体提升了群体的智能。

人与工具组合形成的主体有多种模式。一是个人与简单工具的组合，提升了个体的行为能力。二是群体与工具的组合，如一个企业使用的非数字机械，提高了群体的能力。三是个人承担群体任务中使用工具，直接提高了个体能力，间接提高了群体能力。数字工具产生之前，在一定的意义上，非数字工具代表了当代科技最高水平，人与工具的组合，也就是当代最高的人类行为能力，不管是体现在战场、农耕，还是早期工业时代。

2．更多的资源占有

人类社会进化到这个阶段，占有资源的目的更多样，可占有的资源类别和数量也在增加。部落之间争斗产生奴隶，人成为资源占有的对象；工具、食品的短缺，也成为占有的标的物；发展到一定时候，更多的生活、生产用品、自然资源都成为占有的目标。这个阶段，学习资源一般是稀缺资源，学习资源的占有成为一个新的重要内容目标。

3．学习能力与学习资源结合的智能发展

动物也有学习能力，甚至很高层次的学习能力，如黑猩猩在没有

示范的场景下，将两根棍棒接起来，拿到苹果的顿悟性学习[24]。语言、文字和工具的产生，使学习产生了根本变革，可以系统地学习以得到最先进的知识，提高主体的智力，使个体的智力达到当代的最高水平，在这个水平上再创新前进。我们称一个智能主体一生中通过交流、学习和实践提升智能的过程为智能发展，这个阶段就产生了真正意义上的智能发展。在这个阶段之后，智能主要通过发展提升，而不是进化。两者的差距是巨大的，进化必须经由遗传基因的改变，而发展则是基于生命周期的交流、学习、实践，带来的结果是，智能发展的速度持续加快。

4．质变

综合起来，这个阶段主体性发生了两个质变：三类组合智能主体，大幅提升个体或群体的智能；学习能力与学习资源的结合的智能发展，人类成为第一个有专门学习阶段的智能生物。

3.4.3 功能：信息转换成为重要的功能

在这个阶段，部分已有的功能得到提升，并增加了几个重要的新功能。下面分别介绍。

1．组合主体的控制能力实现

前面分析，这个阶段形成了三种类型的组合主体，对于这些组合主体的合作、工具的使用，存在控制的悖论，主体的控制功能是对着一个主体的，而不是对着不同主体合作者共同发生作用。因此人际合作的组合主体，功能只能适用于其中的个别主体，这些个别的功能叠加是否能实现整体的有效控制，显然没有直接答案，因此才有了超越个体控制能力的法律、道德规范、制度等社会性的约束。

组合主体超越个体控制能力的问题，始终是一个现代社会的重大课题。群体智能的产生并没有解决这个问题。当合作的各方有一个主导者时，权威主导的控制是常见的模式。

2．语言和文字能力

从智人语言能力的发展造成的结果看，一个主体语言能力不仅是语音，更重要的是在语言这个表象后边的一系列大脑功能，对事物的表征能力、语言相关的大脑皮质信息处理能力等。思维能力、观察能力、分析能力等由语言引发的能力与语音一起构成语言能力。幸运的是智人拥有了这一系列能力。文字是语言的双生子，是语言进化的必然结果。这有两个含义，一是文字功能不需要大脑功能如同语言产生一样的功能性变化，二是语言在使用和交流过程中变得日益复杂，人类必然寻找突破的路径，而这个路径就是文字。

从距今 7 万年语言产生到距今 1 万年文字产生的进化看，语言源自同一个根源——智人，而文字在几个不同的地方几乎同时各自独立产生。独立产生的文字形式有很大的不同，但存在很多共同的常用文字。语言功能来自同一个根源，但语音的差别比文字的差别还大。不同语言文字对事物的表达形式不同，但表达的事物本身却有很强的共性。这些特征说明主体在语言的发展中，具备对语言文字良好的操纵能力。

语言文字的产生改变了人类历史进程，改变了智能发展的进程。英国著名语言学家奥斯特勒认为，“比起帝王、国家、经济这些因素，语言群体才是世界历史的真正掌控者”，“假如离开了语言，人类的思考将无法进行”，“让我们能够站在祖先的思想和情感积淀的肩膀上”，“语言作为人类群体的旗帜和标志，也同样捍卫着我们的共同记忆，并且将它们传播到下一代”，语言是“人所用到的最强有力的工具”[25]。这里直接引用了奥斯特勒的评述，因为没有找到对语言文字在人类历史和智能进化中的作用和意义更好的表述。

3．信息记录能力

从考古发现看，记录信息早于文字产生。语言产生后，将发生的重要事项记录下来，几乎是独立分布于世界各地智人的共同需求。结绳记事、在各种可刻下符号的载体上表达想记录的内容，在各独立发展的人类文明中都可以找到。文字产生后，用文字形式记录信息是发展的必然，信息记录功能成为人类发展，也是智能发展的必然产物。

信息记录有两个要素，一是记录在载体上内容的丰富性和符号表达能力，二是载体及记录能力。这两个要素都是动态发展，表达能力和记录载体的创新从没停止，本节只涉及数字化之前的进展，数字化之后的在随后几节讨论。

信息记录能力是指以载体为基础的记录能力。在这个阶段，信息的记录从利用自然界动植物材料和泥土、石块等原始加工后的载体，用人工刻写等记录方式；发展到手工与工具或简单机械结合的记录模式，如泥板活字印刷；再发展到金属制版、全机械化印刷；与此同时，模拟方式的照相也成为信息记录的一种有用的模式，这种记录模式的特点是可以记录没有经过认知过程的自在态信息。

记录信息增长不仅依赖于记录能力，还与社会的经济发展水平和主体的接受能力正相关，还会受到法律、制度、价值观的影响。记录信息的增长产生了如何更好地管理和利用的问题，分类编目、主体、索引等方法先后问世。在一定程度上，这些方法是大颗粒度的信息结构显性，是一个集合的信息，无论物理空间上是否在同一个地方，通过这样的方式构成一种管理或利用的秩序，这样的秩序基于记录信息内在特征。这样的方法也是后几个阶段数字信息的组织管理和利用的主要方法，也构成人工智能系统发展中信息表示最基本的逻辑。

4．工具能力

这个阶段的工具覆盖了从最简单的加工过的石块、木棍到没有数字功能，但十分复杂精密的机械或机械组合。工具能力包括制造和操纵能力，分析工具史，一个地方使用什么样的工具，始终代表着这个地方最高的智能水平，也能有效地操纵工具，这是整体视野。从工具的个体视野看，制造和操纵能力基于社会分工。这是这个阶段环境对智能影响的新特点。

从组合主体协同模式看，关注主体与工具的连接模式。这个阶段，是能量和操作的连接，没有通过信息的连接。

5．质变：语言文字的产生和认知

这个阶段，智能进化在功能领域产生一个重大质变：语言文字的产生，形成了人类基于语言文字认识世界、改变世界的新模式。

3.4.4　信息：记录信息和客观知识的诞生

语言、文字和记录信息都是信息的一种形态，这个阶段信息增加了新形态。记录信息和工具的诞生，使人的智能跳出认知系统，成为客观存在，成为即时学习和交流的新介质，成为跨越时间和空间交流的基础，导致了客观知识这种记录信息中特殊形态、智能进化特殊作用客体的诞生。新的信息载体，带来了与认知信息的转换问题，带来了前所未有、一直困惑人类至今的记录信息、客观知识的信息结构问题。

1．信息新形态

语言、文字、记录信息、工具中隐含的信息都是这个阶段增加的信息形态。这些信息形态的共同特征是脱离了生物主体，可以在主体之外被感知、传递、存储、利用。这些新形态也有不同的特点。语言的载体是声波，只在该声波存续期间存在，直到最近 100 年，才有了将语言长期保存的能力。文字是语言的书面形态，与记录信息一起，天生服务于跨越时空的信息交流和利用。照相技术的发明，产生了不是来自主体认知过程的记录信息，在智能发展的第五、六阶段，非主体认知过程产生的信息获取，成为智能的重要构成部分，在本阶段基本没有体现出来。工具中含有工具制造者的认知水平和智慧，是知识的物质形态，在上一小节已经强调了一个时代和地区的工具代表了这个地区在这个时代最高的认知或智能水平，所以工具中隐含的客观知识是系统的、全面的。工具中隐含的知识不是直接的信息形态，需要经过主体的转换才能成为新的主体的认知信息，也可以再度转换为记录信息。

记录信息和工具携带的信息是信息增长的新模式。在记录信息产生之前，在信息的三个形态中，自在信息是无限的，不存在增长问题。信息增长主要是自有信息的两类增长，一类是一个生物主体中的自有信息量增长，如生理功能的增加、认知信息的增加等；第二类是生物体数量的增长。记录信息产生之后，记录信息增长成为信息增长的主要模式。

记录信息这种新形态是第一种可以让我们直接看到信息的三层构成：载体、外壳与语义[26]。外壳就是记录的符号，不同的文字、图形或可以表达含义的符号；载体是承载符号的物理介质，如纸张、芯片等；语义是符号中的含义，著者将认知的语义用符号系列表述，读者将符号中的语义再结合到自身大脑的相应语义结构中，在这个过程中，符号也会成为大脑语义结构的一个组成部分，它是转换必需的功能，是功能的语义，不是符号的含义。

记录态信息的产生，伴生了符号处理这种新功能，这种新功能在数字设备诞生之后才显现，所以是下一节的内容。在记录态信息产生之前，生物体自有信息尽管也是三层结构，载体、外壳与语义可以区分，但不可分离，因为所有的传输、存储、使用过程都是语义的，载体、外壳是为了功能的实现而存在。

记录态信息的产生，伴生了认知信息——符号——认知信息的转换过程。这个过程在本阶段承担转换的是人，所以依赖于人对信息含义的理解能力，依赖于相关主体内在的、基于语义的信息结构。由于脑科学的研究尚未全面揭开这个过程的奥秘，如何使记录信息语义结构显性化，成为阻碍非生物体智能进化和发展的关键问题。

新的信息形态是这个阶段信息要素取得的最重要进展，全面改变了智能进化的方向和速度。

2．追求信息完整性的持续努力

记录信息的诞生，信息完整性增加了新的范畴。在一个利益相关的群体或区域内，如何使记录信息尽可能完整，取得信息完整性优势，是学者、政治家、企业家共同关注的重大问题。所以，藏书楼、图书馆、文献中心在数千年人类文明中长盛不衰。一直到近 20 年数字化记录信息成为主流之前，上述藏书场所的记录信息数量和质量，是记录信息完整性的主要标志。

3．认知——记录信息的互换能力

迄今为止的研究，还没有能够清楚地说明，相比于尼安德特人，智人的大脑究竟发生了什么样的功能或结构的变化，但在后续进化中发生的复杂语音系统、符号系统、概念系统，以及文字、语音的互换能力，应该都是这次进化的直接成果。

认知——记录信息的互换能力是个体能力，是智能进化在这个阶段取得的重要突破，是智能之所以在记录信息产生之后，以前所未有的高速向前发展的功能基础。

4．记录信息和客观知识的信息结构

记录信息和工具中隐含的信息，脱离了认知主体，这个信息看起来源自人的大脑，写的人和具备相应知识的读者都能理解，但信息客体本身，书或者论文，并不能像在人的大脑中一样具有可理解的语义结构。记录信息实现了人的认知信息外化，也带来了两个根本性挑战。一是表述出来的人的认知成果对于作者的大脑，是完全基于语义的结构，可以对其中所有内容的最小单元和复杂关系任意调用，嵌入到思维和问题求解过程中，但该书的读者需要转化为自己的隐性结构才可以，学习和记忆过程实际上就是相对于阅读对象的自有认知信息重构。二是对相关知识或客体的表述与描述对象的准确性问题，也就是相对于对象的信息结构完备问题。三是当这样的信息输到机器之后，机器

自身不能理解，就有了如何表征的问题。与利用主体不对应的信息结构，无结构的记录信息，这是本阶段留给此后阶段智能进化的难题。

5. 质变：信息新形态、认知——记录信息的互换能力

这个阶段，信息要素发生了两个质变：认知信息外化的信息新形态和认知——记录信息的互换能力。

3.4.5 环境：交流和学习的影响

在以前的阶段，活动空间和影响智能的信息来源十分有限，环境的影响主要在生存方面，进入本阶段，环境将影响个体智能如何发展，社会性加入环境影响。社会性加入智能发展的环境因素，对主体的智能发展，产生了纵横两个方面的影响。

从纵向看，主体受到所处时代认知水平的制约，分析 300 年来基础教育和高等教育教材的变化，就能够解释这个变化的重大影响。

从横向看，主要是社会地位、社会分工及地域差异。首先是教育机会的公平；其次是信息的可获得性；最后是社会分工决定的被动式智能发展方向。教育机会即使到了普及高等教育时代，依然存在不平等，因为优质教育资源在今天所有的国家和地区都是稀缺的。教育是个体智能发展的重要基础。信息的可获得性既有个体自身社会地位或经济能力的因素，还有所在国家地区的可获得性约束。终生教育或终生学习是个体智能不断发展的路径，决定因素主要在于个体，在于个体的意识和能力，差异性来源于上述两个原因。社会分工是第三个原因，不是由主体的愿望而是由分工决定了智能向什么样的知识或能力领域发展，所以是被动的改变。

3.4.6 小结

这个阶段语言文字的产生是在前一个阶段产生的动物群体的交

流，是持续进化的结果。

这个阶段是过渡性阶段，即由生物体为主的智能进化转向非生物智能为主进化过程的中间阶段。这个阶段变化的主要力量依然是生物智能，产生的重要进展也基于人。

这个阶段产生了五个具有里程碑意义的重大进展，分别是主体性领域的三类组合智能主体、学习能力与学习资源的结合的智能发展，功能领域语言文字的产生，信息领域的客观化的信息形态和认知——记录信息的互换能力。

这些进展强力影响着下面几个阶段的智能进化。

3.5　计算和数字设备：弥补脑力的不足

上一阶段，生物智能的进化达到了极致。但在智能的发展中，也很快发现了基于生命特征的生物智能的局限性。管理和科研对计算能力的需求、大量积累的记录信息如何有效存储和利用、如何使信息与使用需求快速连接、如何使机器能懂得人的要求，等等，智能进化开始碰上生物智能天花板，继续前进需要新的能力。本节介绍计算工具、计算机、信息网络、制造业及其他领域需要的数字设备，它们所承担的智能任务和完成这些任务的模式。这些工具和设备弥补脑力的不足，与人的智能一起，开创了智能进化的新阶段。

这个阶段的起点与文字的产生同样古老，真正的发展是在信息革命之后，还在加速发展之中。记录信息的诞生和爆炸式增长，是催生数字设备、推动其快速发展的动力，按摩尔定律和超摩尔定律规律发展的信息技术，是数字设备飞速发展的技术基础。

3.5.1　计算工具和数字设备：符号处理的极速发展

在逻辑上，不需要专列计算工具，它的功能已经全部为计算机取代，这个概念也已经为信息处理替代。专列计算工具，是需要以它为起点，解释人使用与脑力劳动相关的工具与设备过程与动力。计算能力和符号处理的极速增长是这个阶段的主要特征。

1. 计算工具

计算是智能问题，简单的计算问题求解，哪怕是使用最简单的计算工具完成计算任务，也需要学习。计算工具的需要和广泛使用，说明对于大多数人，实际上需要计算工具的补充。对于计算量很大、巨大的计算问题，已经超出所有人的能力。今天由计算机和其他计算设备所完成的计算任务，全世界所有人不干别的，只做计算，也是没有任何可能性完成的。

计算工具在一系列数字设备中，最早创造出来并广泛使用。算筹等简易计算工具的发明，告诉我们，用工具完成计算任务即使对还处于早期部落制的时代，大脑已经不能满足计算的需求了。再次证明人的需求是工具进化的原动力，这也是以工具为起点的非生物智能进化的原因。

2. 计算机

尽管算盘、计算尺等计算工具还有人在使用，但在功能上被计算机（含计算器）替代，已经超过20年了。计算机是数字设备发展的重要里程碑。

最早研制计算机的动机还是用于数值计算，而且主要是军事目的的计算，如火炮的弹道轨迹、密码破译等。更加复杂的数值计算，如天气预报、地质勘探、地震预测、基因组和蛋白质结构分析、数学和物理学研究等应用需求，是与计算机数值计算能力不断提升互动发展的，更高的处理能力，激发了更多的计算需求。随着功能提升和使用领域扩展，计算机逐步成为包含数值处理的通用信息处理和存储工具。

计算机处理的记录信息是数字的，由0和1表示。数字化的信息能够实现高密度的存储和高效的处理。今天大企业数据量达到了10^{12}～

10^{15}字节。一些大型数据中心的数据量达到或将要达到 10^{18}～10^{21} 字节。一台超级计算机可以执行每秒万万亿次浮点运算。

3. 信息网络

没有数字化的记录信息，从一个地方到另一个地方的传递，只能通过物理手段，将载体运送到相应的地方。记录信息的数字化，为网络化的信息传输创造了条件。追求信息传输速度的提升也是人类在经济社会发展和生活过程中迫切的需求。烽火、信鸽、驿马都是加快信息传输的方法。借助电磁波传输模拟信号达到了速度的极致，但信息通道的容量不够。直到数字化技术与计算机结合的信息网络，特别是基于 TCP/IP 协议的互联网的诞生，全球范围的大容量、高速度信息传输才得以实现。

从智能进化的角度看，全球化高速网络的普及使用，使几乎所有智能主体在问题求解和学习中获得信息的环境改变了，组合主体间的协同能力增强了。全球企业可以在同一时间召开遍布全球的中高级管理人员会议，做出部署；科研人员可以实时调用远程的计算能力。

信息网络作为信息传输的数字设备，使用程控交换机之后所有的信息网络，本质上是自动化系统，而软交换之后的信息网络，更像智能系统。这是下一个阶段的内容。

4. 制造业和其他领域的数字设备、信息系统

数字化的信息和具有数字处理能力的芯片，人们将这样的能力引入机械设备，各种各样的数字设备和信息系统出现在经济和社会发展的各个领域。

制造业由普通机床进化到数控机床就是典型例子。与普通机床相比，数控机床增加了几个元件，感知信息的传感器，可以控制动力、机具、加工对象运动的动力和动力传递功能及软件。这些元件使数控机床能自主执行具备能力的加工任务或加工任务重的部分，这个过程中不需要人的干预。这是功能完整的数字设备。大部分使用的数字设

备功能要简单一些，是一个自动化系统中的组成部分，其作用和影响将在下一节自动化系统中分析。

在过去的半个世纪，以计算机和信息网络为基础技术，构建了使用在各个领域的信息系统。这些信息系统功能各异，从办公自动化系统到各类机构的管理信息系统、企业资源规划系统、制造执行系统等。本节讨论的系统不是自动化系统或智能系统，而是在系统的各类功能、各个阶段还需要人的参与或只是辅助人完成部分信息处理的系统。

3.5.2 主体性：人驾驭的计算和连接能力

在这个阶段，资源占有有了新的含义，体现在两个方面：一是工具的能力继续提升，很多任务需要工具的支持完成，在组合智能主体中的位置更加重要。二是社会进步的结果，对人的能力要求也日益提升，在许多国家，个人收入与学历成正相关，学习成为个体发展，包括智能发展的重要途径，学习需要资源的支持。

在经济社会各领域的活动中，计算机和数字设备几乎无处不在，组合智能主体成为完成各项事务、问题求解的主要主体模式。这个阶段，所有的计算机、数字设备、信息网络均没有自我，即使是其行为能力中，存在一定的自我完成过程，也是在人编制的程序的控制下。也就是说，赋予模式是这个阶段工具主体性的唯一来源。

人驾驭强大的计算能力和连接能力是这个阶段主体性的主要特征。

3.5.3 功能：符号处理与准语义处理的诞生

这个阶段，智能进化在功能领域取得几个十分重要的进展：它有效地实现了机械能力与信息能力的结合，基于符号的计算能力高速发展，从纯符号处理到准语义信息处理积累了一系列新能力。

1. 机械能力与数字化信息能力的结合

生物智能进化的特点之一就是一开始就能将运动能力与信息能力、控制能力结合在一起，但简单工具、机械设备没有信息能力和控制能力，直到计算机和数字设备的诞生，机械能力才开始和信息能力结合起来。

信息的数字化、数字信息的处理能力、控制软件、能满足任务需求的动力与机械运动功能，这些都是机械能力与信息能力结合的关键。实现这样结合的典型设备是数控机床，计算机和信息网络也实现了机械功能与信息功能的结合。计算机控制系统是信息的，处理过程是电子的；信息网络的管理和控制软件是信息的，信息传输过程，包括中间的处理过程本身是电子的。

机械能力与信息能力的结合是功能领域的一个重大进展，因为非生物智能要成为自主的智能主体，这两个功能的结合是必要条件。

2. 模数转换功能

数字设备直接对印刷等方式形成的记录信息，必须转换成不能处理感知的模拟信息、非数字文本信息。在这里，有两种转换，一种是将手写的、印刷的记录信息转换成数字模式；另一种是一些传感设备采集的图形类模拟信息，转换为数字信息。两种方式都有反向的数模转换。

3. 符号处理

符号处理相对于语义处理，是指在计算机或其他数字设备的信息处理过程中，按照程序进行符号的变换或传输，与语义无关。现在看到的各类信息系统进行的信息处理，计算机系统完成的信息处理任务，其主要处理过程都是符号处理，有的全程都是符号处理。如数据存储系统、信息检索系统、信息网络中传输的客户信息，都是符号的处理或传输。即使有些检索系统具备的个性化推送或联想式检索，本质上还是符号处理，程序或承担处理的计算机不理解所处理或提供的信息的语义。

4．结果的语义解释

有些符号处理过程的某个或某些子过程，存在一定意义的语义解释功能。如数值计算的结果、结构化数据库形成的报表、图形等处理，输入时有数据的校正，输出时根据数据模型给出结论，这样的子过程是一个以符号处理的形式存在，实际上在准备语义的解释。很多嵌入到工作流中的信息系统，通常也或多或少地存在这样的语义解释过程。处理本身依然是符号处理，但为如何实现语义处理带来一定的启发。

5．准语义处理

准语义处理是指信息处理过程中，发生作用的不是符号，而是语义，但实施主体没有意识。数控机床等高水平数字设备的信息处理，具有准语义处理特征。数控加工中心的控制，动力变速和强度、多轴联动的运动、加工作业面和精度的控制，落实到主轴驱动单元、进给单元、主轴电机及进给电机，在数控装置的控制下，通过电气或电液伺服系统实现主轴和进给驱动，当几个进给联动时，就可以完成定位、直线、平面曲线和空间曲线的加工。如果这个工艺过程是木工雕刻（今天大部分木工雕刻由数控机床完成），与雕刻木工雕刻相同的木器相比，控制单元是大脑，电机、各个轴的运动是手的动作，那么木工的雕刻过程中，大脑根据雕刻过程进行分析，做出下一步雕刻的指令，大脑到手的信息传递，手感受信息向大脑的反馈，是语义处理过程。木工数控机床的相同过程也是语义信息处理过程，但没有意识，没有自我，控制系统和参数是预置的，或者说主体性是赋予的，不具备自我发展的能力。

6．质变

功能领域在这个阶段取得三个具有里程碑意义的进展：符号处理、数模转换、机械能力与信息能力结合。

3.5.4　信息：工具中的信息、符号处理中的语义

这个阶段，产生了数字化信息这种数字处理设备的自有信息形态，以及处理这种形态的信息处理设备，传递这种形态信息的网络，对不同主体的可用性、可获得性（完整性）、结构性产生了重大影响。

1．新形态：数字化信息

信息传递、存储和利用的需要，催生了数字设备和信息网络。数字设备和信息网络不仅能存储、处理传递大容量数字化信息，还能低成本、快速复制数字化信息，数字化信息的数量以指数方式增长。信息的可获得性比之前的以印刷方式为主生成的记录信息时代相比，不可同日而语。

在数量增长，成本下降，经由网络方便、快速获取的条件下，改变了信息的可获得性，影响了信息的完整性。

2．数字设备的多重自有信息

数字设备存在多重自有信息：处理或传递的数字信息、实现信息处理或传输功能的控制信息、关于自身构成和功能的信息。类比于生物体，数字设备的自有信息类型一致了。数字设备被赋予的控制信息，是语义的，如同认知信息中承担控制功能的信息；隐含的设备结构和能力信息，如同生物体的遗传信息和生理功能信息，也是语义的。作为工作对象的数字信息，如同生物体认知信息中感知、学习、问题求解过程得到的信息，为问题求解服务。

数字设备存在的自有信息还可以区分为隐性存在和显性存在。显性存在的是在这些设备或系统中处理、存储、传输的信息和控制信息。隐性存在的是关于设备或系统的构成和功能的信息。关于设备自身构成和功能的信息是十分有用的信息，为了使这样的信息可用，就有了反求工程这样的课题。反求工程将设备或系统中隐含的信息转换为记

录信息，在智能发展角度有两个重要意义，一是变不可用信息为可用信息，提高了信息的完整性；二是将反求工程对象系统的隐性自有信息变成显性记录信息。自有隐性信息变成记录信息是对生物学研究的重要内容，解剖学、神经科学、分子生物学、脑科学等学科，本质上就是将隐藏在生物体中的自有信息转变为记录信息的过程。反求工程的意义是可信地展示了一种信息结构显性化的方法。

尽管控制信息、结构和能力信息是语义的，但是，数字设备既不能描述，也不能发展、调整。这是无主体性设备与生物智能体的本质差异。尽管数字设备处理的信息也是设备的自有信息，但只是按控制系统或功能系统指令操作，自身不能利用。所有这些特征，是非生物体智能发展过程中要逐步解决的问题。

3．符号和符号处理中的含义

数字设备或信息网络中的信息是数字化的符号系统。为了方便传输和处理，这些信息都是有结构的。信息网络将要传输的信息加上与传输目的一致的标识，以确定传到什么地方，到达目的地之后可以根据原来的状态恢复。计算机等处理设备中信息根据处理任务需求对要处理的信息进行加工。在传统的信息处理中，有所谓结构化和非结构之分，这是指处理过程中的所有单元信息能否进行逻辑操作，得出具有意义的结论，而不是真正基于对象系统语义的信息结构。

数字设备或信息网络中信息的结构是基于信息的符号，而不是语义，但这样的结构含有语义的成分。这里的语义成分有两层含义，一是指处理和传输目的是有语义的，这样的结构服务于有语义的功能，因此本身就有语义；二是基于符号的结构中，在很大程度上反映了符号所代表的信息的含义，数据库中的有定义的字段，数据文件中标识代表的属性，都是一类语义。

通过上述分析，我们发现一种有趣的现象，人交给计算机执行的或交由信息网络传输的信息，看到的是符号背后的语义；计算机或信息网络操纵的是代表语义、转换为数字的符号。符号的结构本质上是语义结构局部映射，形式和内容就这样在一定程度上统一起来。这个发现对我们如何建立基于语义的信息结构，并在此基础上实现非生物主体的主体性提供了一条可能的路径。

4. 质变：数字化信息、多重自有态、符号与语义结构的映射

这个阶段，信息要素发生了一些重大的、影响到智能进化和发展、具有里程碑意义的事件。一是产生了数字化信息这个形态，对信息的完整性（可获得性）和可用性具有实质性影响；二是产生了具有多重自有态信息的数字设备，为非生物智能体的产生向前走了一大步；三是符号结构与语义结构存在必然联系，为基于对象系统的信息结构显性形成，走出了第一步。

3.5.5　环境：技术的力量

这个阶段环境对智能进化和发展的主要影响来源于数字化技术。计算机等数字设备、互联网为代表的信息网络已经成为一个人、一个团体、一个国家智力构成中不可缺少的元素，直接关系到能完成什么样的智能任务，没有这些工具的支持，就可能没有完成任务能力。拥有资源的能力前所未有的重要和突出。

这个阶段，环境影响还有一些值得重视的地方，最重要的是能不能有效利用互联网，这成为一个智能主体完成智能任务的能力和效率的重要标记。能否有效利用互联网，基础设施能力、个体利用网络的能力以及制度对网络使用的匹配程度都是重要的因素。

3.5.6　小结

这个阶段的亮点是机器，主导者是人，主要变化由数字化信息形态的产生而引发。信息是智能的基础、智能的材料。数字化信息形态

和对这种信息处理能力的提升，都是对智能进化的重要贡献。

在这个阶段，非生物智能与生物智能的本质不同开始显现。生物智能天然不做信息的符号处理，即使将自己的认知信息转换为文字这种符号，也是基于语义的，在这个方面非生物智能远超人的能力；而生物智能天生具备的基于语义处理的能力，非生物智能在这个阶段还无法达到。

这个阶段在功能领域和信息领域产生了 6 个重要的具有里程碑意义的进展。在功能领域是符号处理、数模转换、机械能力与信息能力结合。在信息领域是产生了数字化信息、产生了具有多重自有态信息的数字设备、符号结构是语义结构的局部映射。这 6 个质变叠加在一起，既为现实的问题求解能力提升做出了实质性的贡献，更为非生物智能进化迈上一个新的台阶。

3.6 自动化和智能系统：非生物智能显示力量

本书 1.6 节已经系统介绍了自动化系统、人工智能、智能系统和机器人的发展和特征。本节将从智能要素和智能任务的角度，介绍它们取得的进展和对智能进化的主要贡献。

3.6.1 自动化和智能系统：承担复杂智能任务的主角

从数字设备开始，工具已经可以替代人承担一部分具有智能性质的任务。自动化和智能系统阶段，在承继上一阶段成果的基础上，技术和使用并进，能够承担的智能任务领域不断扩展，智能要素的能力也不断增长，下面从 4 类智能任务如何实现的角度，逐一分析，前 3 项属于事务性智能任务，最后一项属于表现性任务。

1．生产性任务

生产性任务是指在制造业、农业、物流业等领域，物质产品的生产或运输过程中具有替代人性质的智能任务。这类任务在经济社会各领域中的使用越来越普遍，制造业生产线的自动化、存储自动化、物流自动化系统，无人车间、无人港口，自动化养殖、工厂化农业，等等，都属于此。在这类任务中，自动化系统、机器人、智能系统都在发挥作用，尽管名称不同，但具有共同的技术特征。

这样的系统至少有五个功能构件，三项基本能力。五个功能构件是：传感系统，感知对象系统的状态；机械运动单元，如数控机床、实现相应功能的机器人、物资传送系统等，实现作业对象根据任务要求的精准运动；动力单元，如伺服电机、步进电机等，为机械运动精准提供能量；数字控制单元，如可编程控制器，控制系统的硬件；信息网络，如现场总线、工业以太网等，实现整个系统所有需要信息传输的功能。三项基本能力是：分析、决策能力，根据对象系统的状态和任务要求，对感知的信息进行分析，并做出决策，给出行为指令，这些行为指令包括改变或不改变既定的控制指令；控制指令与机械运动单元、能量提供单元之间的无缝连接，及时准确地执行控制指令；模型与算法，为对象系统及作业建模并构件优化的算法，为控制和行为提供逻辑基础。

2．服务性任务

服务性任务是指在金融、商贸、医疗、教育、养老等领域的事务中具有替代人性质的智能任务。智慧金融、无人零售、智慧医疗、智能教育、智慧养老、智能交通、无人驾驶、机器翻译等都属于这类任务，并在快速发展中。

尽管都属于服务性任务，但其技术构成差异十分大。机器翻译、聊天机器人这类智能系统，核心构件是信息和软件，主要包括语音识别、生成和不同语种转换等功能，没有机械运动、动力和作业控制等构件。无人零售、无人驾驶等智能系统，作业系统的运动和控制功能是核心部分。

服务性系统的功能构件和基本能力基于作业系统的需要。功能构件由三个必要构件、两个选项构成。三个必要功能构件是：传感系统，感知对象系统状态与/或作业对象的需求；物理载体与/或其运动，如手机、服务机器人、物资传送系统等；信息网络，广域网或局域网。两个选项是：动力系统、控制单元。三个基本能力依然是必要条件，只是依对象不同而有细节的变化，主要是对机械运动和能量与机械运动协同的控制并非都需要。

3．管理性任务

与服务性任务相比，管理性任务更加减少了设备和能量的过程，很多管理性任务的作业本身没有设备和能量控制的因素。在模型和算法上，作业过程的要求更加突出。

4．似人人工智能

上面 3 项替代人的智能任务，都是处于经济社会各个领域的需求，是发展的需要。似人人工智能则是人工智能发展追求的目标，它的目的不是在现实生活中替代人，所以在 2.1 节中归入表现性任务。2011 年 IBM 的“沃森”在电视智力竞赛节目“危险边缘”中战胜最强人类对手，2016 年和 2017 年谷歌的“AlphaGo”战胜最强人类围棋手，以及在语音识别、图像识别等领域的人机竞赛，都属于这类任务。

这类任务是展示人工智能研究的成果，验证人工智能在这个方向研究路径的正确性。这类任务的技术构成和功能与服务性或管理性任务大同小异。主要的不同在于数据量和计算能力，上述两个系统或其他与人类比赛的系统占有比对手多得多的信息，拥有巨大的计算能力，而对手的数据和计算都在自己的大脑中。这些系统几乎穷尽了该领域所有的可以获得的信息，部署了应对最复杂局面的计算能力。即使如此，还需要大量的人工辅助，数据标注，顶尖领域人才为分析问题、判断决策提供经验，顶尖算法工程师确定算法，顶尖软件工程师编制软件，等等。

对四类任务结果进行分析，我们发现性能都达到或超越了人的能力，最主要的差别来自效率。前三类系统对人的替代是追求更低的成本、更好的服务、更强的竞争力，效率均高于被替代的人，第四类则反之。

所有完成上述任务的自动化或智能系统，也可以分解为硬件、软件、信息三个部分。如果把完成任务所需要的所有分析、决策和动作统称为作业，则软件控制作业，硬件完成作业，信息驱动软件。这样的划分没有回答为什么会有这样的软件、硬件和信息，也没有回答如何发展及发展的动力。说到底，就是缺失了主体性这个智能发展驱动力和决策要素。

所有完成上述任务的自动化或智能系统，本质上基于智能构成三要素，拥有完成任务的资源和任务执行的决策属于主体性，所有与作业相关的过程实现属于功能，主体性和功能实现的信息完整性、结构性、可用性属于信息。第四类任务效率低的主要原因是任务的性质和主体操纵什么样的信息。

3.6.2　主体性：赋予主体性可以达到或超越人的智能

这个阶段的非生物智能依然是赋予的主体性，但赋予主体的系统可以达到或超越人的智能。

1．赋予主体性的本质没有变

在分析前述四类智能任务时，我们看到了资源占有对智能的影响，在这个阶段，所有资源都是人在分配，系统没有能力自己占有不属于本系统的资源。在这个阶段，所有的系统都具备了感知能力和根据感知信息进行分析判断和决策的能力。不管这样的决策是否超出系统本身的解空间，即是在已有的解中选择还是给出一个新的解决方案，都遵循程序事先确定的原则。同样分析，本阶段的智能主体虽然具有对系统功能完全的控制能力，很多系统人并不干预，但这样的控制基于输入到系统的软件。

因此，从资源占有和调配、分析判断决策的自主空间到系统行为控制的前置性，本阶段所有的智能系统的主体性还是赋予的。

2．封闭性任务的控制能力

上述各类智能系统的分析判断决策和行为控制能力，与任务的封闭和开放密切相关。迄今为止，还没有将开放系统的事务作为智能系统的对象。因此，可以将这个阶段的对象系统或任务，分为封闭性的或半封闭性的。

一项任务称为封闭性任务，是指这项任务边界清晰、行为清晰、环境清晰，系统的状态完全可感知，全部系统的可能变化，都有给定的应对策略，感知状态、确定状态特征，就可调用已有决策或按既定规则生成决策。自动化系统和部分具备封闭特征的智能系统属于这一类。这一类智能系统，显然具有与任务一致的完全的控制能力。

完全控制能力，表象看是控制软件的功能，是执行控制软件实现的。问题是，为什么能编制具有完全控制能力的软件？是因为我们理解了该任务所有可能的状态、所有的功能和所有的控制，不仅设计这个系统的人理解，还把这样的信息以各项作业所需要的最小颗粒度、最完整关系表述了出来，没有遗漏。信息的收集和表示达到这个程度，也就是相对于任务的对象系统，做到了完备的显性信息结构[27]。完备性、结构性、可用性是智能构成中信息要素的三个重要部分，但结构性却经常被解释为人工智能中的知识表示，其实两者之间本质上完全不同。作为智能要素的信息结构化的主体是信息，主线是语义，范围是对象系统的全部客观存在，特别是与任务相关的客观存在。语义的、完整的、可用的信息是控制能力的基础，是构建模型、优化算法、设计控制模式和流程的基础。

3．半封闭任务的控制能力

半封闭任务是指在任务涉及的对象系统的边界并不封闭，存在性质、大小不等的“开口”。边界不清晰，开口部分信息不完整、问题求解策略不能覆盖，针对未知，算法和模型的有效性需要证明。因此，许多称为智慧、智能的系统实际上自动处理的是其中封闭的部分，而不封闭的部分采用人机结合，人做最终决策，或干脆由人来完成。

围棋实际上是一个封闭系统，只是在理论上解的空间数量巨大。实际上通过约束、利用知识，具体过程解的空间可以化为有限，有时候很小甚至是唯一的。

4．质变：赋予主体性达到或超越了相应任务人的智能

这是非生物智能进化的重要标志，尽管还没有能够拥有真正的主体性。

3.6.3　功能：自我意识之外的完整功能类型

从功能的类型看，这个阶段已经具备了除自我意识主导的决策倾向和资源的占有能力这两个相关的能力之外的所有功能。这个进步具有重大意义。从社会发展看，说明可以在很多领域实现智能系统对人的替代，社会劳动生产率提升有了新路径；从智能发展看，为走向非生物智能进化的最后一个阶段，突破自主主体性创造了扎实的基础。

与上一阶段相比，感知成为独立的功能构件。感知是智能的起点，结合到自动化系统或智能系统中的感知，更是语义的，为基于语义的信息过程提供了起点。

对基于感知的信息进行分析决策，能实现动态控制；机械运动和动能的控制更加成熟，范围也进一步拓展；应用拓展到更多的系统和更多的领域，对象系统作业过程及控制的模型、算法的水平和适用性继续提升。

质变：实现超越人的智能、感知和语义信息处理

在功能上，这个阶段有两个具有里程碑意义的突破，一是能实现达到或超越人的智能所需要的全部功能，二是感知能力越来越强，并形成了以感知信息为基础的语义信息处理功能。

3.6.4 信息：完备显性结构的诞生

不管是自动化系统、机器人、智能系统，还是人工智能系统，只要任务是封闭性的，或者存在局部的封闭性，在封闭的对象系统范围内，就会产生关于任务的对象系统完备显性信息结构。

在全过程数字制造和自动化过程中，对产品整体和所有部件，对产品生产全过程从设计到检测的各个环节，对建立统一精确、无缝的数据集合，给予高度重视。有人指出，现代飞机产品制造过程的实质，是对一个产品进行并行协同的数字化建模、模拟仿真和产品定义，然后对产品的定义数据从设计的上游向零件制造、部件装配、产品总装和测量检验的下游进行传递、拓延和加工处理的过程。最终形成的飞机产品可以看作是数据的物质表现。产品的定义数据能在整个制造过程下游的各个环节有效地利用起来，即用产品定义数据直接来驱动所有的数字化加工和测量设备，直至飞机的装配[27]。

在自动化制造过程中，不仅对制造的产品全面数字化，还对加工功能、加工设备、加工过程作业控制、加工过程状态感知、感知状态的分析决策等所有过程、所有状态、所有功能实现了精确的数字化，这样的数字化经过标准规范，全过程所有不同的数字设备可以理解，设计、维护、监控的人可以理解，满足了该对象系统信息结构显性完备的条件。图 3.15 是数控机床的一种曲面加工软件，说明加工功能的模型和算法已经通过软件实现了显性结构，切入到自动化生产线中。

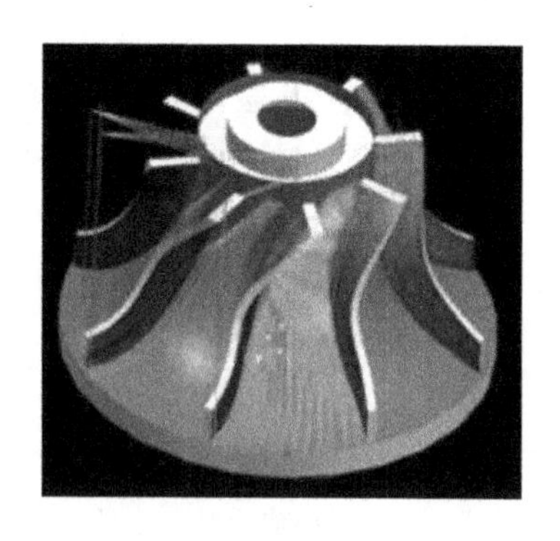

图 3.15 数控机床曲面加工软件[29]

对于记录信息符号与语义的区分在于利用主体对信息的处理是语义的还是符号的。人对接收到的信息只进行语义处理。牙牙学语时对语音、识字时候对字的形态，在这样的场景中，是语义，不是符号，是理解音和形代表什么含义。看书、听课时，大脑只关注语义，不关注形态。在自动化系统或相似的场景，感知部件感知系统分析状态必要的信息，这样的信息以处理该信息的系统能理解的方式表征，模拟还是数字，格式是什么，都以能理解为准。表征的还是符号，但传输的路径是确定的，不是随意传递，处理信息的系统收到的是符号，处理的是其中的含义，如压力、温度、距离、测量值等。由于主体性是赋予的，系统没有意识，没有可依主体需要改变的大脑中的信息，不能对这样的语义信息做任何给定超越软件能力的处置，但利用的过程是语义的，分析和判断也是语义的，做出的决策也是语义的，它指示功能系统做出正确的反应。

上述分析，是在得出一个重要的结论，即在一个封闭的系统中，信息的获得、利用是语义的，在这样的系统中，已经形成了一条基于语义的信息链。

逻辑性的讨论总是过于乏味，做一个形象的比较来说明这一结论。如果上述数据链和基于数据链的行为和决策在人的大脑发生，一定可以肯定地说，这个数据链是语义的，这样的处理过程是基于语义的、智能的。若把自动化系统的控制系统比作大脑，执行系统比作手脚，感知和传输信息比作人的感知觉器官和神经网络，那么，这个结论就呼之欲出了。同时，系统中所有信息可以为不同的主体所理解和使用，与大脑中的信息只能由该主体一人使用相比，结构的显性也就不言自明。

质变：语义信息链逐步发展、显性信息结构产生

这个阶段，在信息领域，也有两个对智能进化意义重大的里程碑，语义信息链和显性信息结构。这两个都是局部的、有条件的，存在于基于封闭对象系统任务的自动化系统或其他智能系统中。

3.6.5 环境：人与非生物智能的权衡

在本阶段，前一阶段的环境影响基本上依然存在。主要的环境影响因素转移到可能性冲动和人本反思，以及计算能力增长的巨大影响。

所谓可能性冲动是指人工智能在上述四个领域取得进展之后，学术界和产业界在人工智能研究和应用两个方向形成了强大的冲动。世界各国对人工智能研发的投入快速增长，产业界机器换人，各领域智能、智慧的项目风起云涌。

社会各界既对人工智能抱有很热切的期望，也怀着深深的忧虑，机器超越人的智能，人干什么？一时间，关于人工智能的争论遍及全球，支持的、反对的、观望的，各种观点不一而足。这就是人本反思，人的作用和人如何主导变革。

创新的成果需要加快在实践中应用，既可以收获创新红利，更可以持续推动创新，人工智能毕竟还很不成熟。60 多年人工智能的发展，几经起落。起落的标志是人工智能专家关于人工智能目标的预言到期了，却没有兑现。起落的核心是人工智能的发展是否走在了正确的道路上，理论和方法是否基于智能发展的规律。再往前一步，我们是否用计算复杂性替代了智能发展规律所决定的人工智能发展规律。

计算能力增长主要指三个方面，即感知能力、处理能力和传输能力。这三个能力成为自动化系统、人工智能和其他智慧、智能系统发展的必要条件。

人们已经看到了在一些领域，人工智能超越了人的智能，期望和忧虑必然并存。我们需要回答它的下一步将如何发展，与人的关系将呈现何种态势。本书的余下部分，将致力于在最基本问题层面，给出答案。

3.6.6 小结

在这一阶段，人工智能和工业自动化经历数十年积累，在失败和成功的磨练中，取得了重大进展。在实践上，在复杂智能任务的许多领域看到了超越人类智能的成果。但在理论上，我们却没有能够说明为什么取得这样的进展，困难又在什么地方。这是基本特征。

在主体性领域，赋予主体性达到或超越了相应任务人的智能；在功能领域，达到或超越人的智能所需要的全部功能都能实现，感知能力进入系统，形成了以感知信息为基础的语义信息处理功能；在信息领域，给定的封闭性系统中，产生了语义信息链和显性信息结构。

这五个质变，是本阶段的主要成果，与上一阶段的里程碑意义的进展合在一起，将非生物智能发展到了离非生物智能体只有一步之遥。这一步之遥，却要跨越重大理论和实践障碍。

3.7　非生物智能体：隐约可见的未来、新自我的产生

生物智能体进化的最高阶段是人，非生物智能进化的最高阶段本书称之为非生物智能体。非生物智能体能否诞生，如何诞生，诞生之后的智能主体将呈现什么样的格局，这是本节要讨论的内容。

3.7.1　什么是非生物智能体

非生物智能体是具有完整主体性的非生物智能，是非生物智能进化的最高阶段，应该满足智能构成三要素的全部要求。

本书 2.3 节已经定义了主体性，包含三个要素：拥有自我与/或意识，拥有并能支配资源，拥有自身行为的控制能力。自动化系统、人工智能系统或其他智能系统（以下统称时简称为智能系统）已经拥有一定的、但是赋予的后两种要素。智能系统为完成给定任务可以调配资源，可以对整个系统的行为进行控制。但是否完全授权，在整个过程中，人不再干预，不同的系统存在很大差别。

主体性的核心是自我。生物智能天然具备自我，地球上第一个原始生命体就拥有自我。不管是否具备意识，所有的生物体在其生命周

期内始终把维持生命和遗传作为第一要务。迄今为止，所有的非生物智能系统均不具备自我，不能决定承担或不承担什么任务，不能决定是否需要扩展资源。最关键的是，不能判断面临的状态是否对自身有危险，不能为保证自己的安全和自我复制做出决策和反应。智能系统在生存这个主体性核心问题上没有任何选择。

在智能的另外两个要素——功能和信息领域，非生物智能系统正在许多方面赶上或超越人类。但这些成功都是局部性的，也就是在特定的任务域，而不是综合的类似于人的智能。在信息处理和传输能力方面，由于生物体本身的局限性，非生物智能早就超越人类。在利用机械设备和能量等方面，也在趋近或超越人类。信息的存储容量、完成给定任务的持续稳定等特性也超越了人类。信息只在局部实现了语义性质的处理和利用，在绝大部分场合都是符号处理。在生产、服务、管理等领域的智能系统，已经取得比人类更高的性价比，也就是有效率或高效率的，在与人类高手竞赛领域，人工智能尽管取得绝对性胜利，但效率很低。

综合起来，功能和信息两个领域的特定问题中，非生物智能体与人类各有千秋，只要主体性得到突破，特别是自我的意识能在智能系统中形成，非生物智能体的进化目标就能达到。

3.7.2 走向非生物智能体的技术要素

非生物智能体可能通过赋予拥有完整的主体性，也可能通过进化拥有完整的主体性。这一部分只讨论技术因素，社会环境约束在下一小节讨论。

3.7.2.1 赋予式完整主体性

完整主体性通过赋予获得，需要回答赋予什么、如何赋予。自我，以及实现自我必需的功能、信息。

主体性是抽象的。生物体的自我是一种本能，基于意识的自我是生物智能理性指导下的自我。在今天智能系统赋予主体性的基础上，还需要将关于生存、关于发展、关于复制子代等自我意愿及其能力赋予智能系统，能力由功能和信息两部分构成。

1．生存意愿和能力的赋予

生存意愿主要体现在避免威胁和损害。智能主体能感知外部环境和内部运行，分析是否对生存和发展具有威胁；对面临的事件或任务，可以自主做出判断，如果不利于自身，可以自主决策，不承担该任务或不介入该事件。这样的意愿可以转化为一组软件和支持软件功能的一个信息集合。3.6 节的分析明确指出，智能系统不像生物智能一样，同类生物具有相似的智能构成，而是为着完成特定类型的任务的。因此生存意愿及其支撑的功能和信息被约束在这样的范围内，是可以实现的。

2．发展意愿和能力的赋予

发展意愿是指该智能系统在一个生命周期，完成任务能力的增长，一般体现在两个方面，一是占有更多的资源，二是提高现有资源的利用能力，包括决策能力和作业过程优化等。这样的意愿也是由一组功能和要素信息集合构成。需要智能系统能对作业进行判断、分析，找出可以改善的地方，并实现改善、调整；要能够得到承担同样或同类任务的人或其他智能系统的行为的信息，根据信息进行判断，以改进自身；要能够分析是否存在发展自身的资源，设备、功能软件、可用信息等，并具备占有的能力。归结起来是生命周期内学习与可用资源扩展。在智能系统任务类型的范围内，这样的意愿及实现意愿的功能显然也是可以做到的。

3．复制意愿和能力的赋予

复制是非生物智能代际传递的核心功能。复制的能力和被复制资源是复制能力的必要条件。复制意愿体现在占有能被复制的资源和一旦这样的资源具备即实施复制行为上。非生物智能信息和功能都是显性的、程序化的，所以复制比生物智能的遗传要简单得多。第二个必要条件，资源的满足则远比生物智能复杂，生物的遗传资源是生命体自带的。

复制是占有资源的，资源存在稀缺性。需要建立类似物竞天择的机制，在竞争中复制子代，而不是所有的非生物智能体都有这样的权利。在赋予复制能力的时候要将遵循这些规则的实现功能同时赋予。

上面列举了三类体现自我的主要主体性要求及其实现，可能还会有一些不在此三类中的主体性要求，这些抽象的意愿和具体的功能和信息集合，需要在一个智能主体中整合，相互兼容、融为一体。

赋予式智能适用于特定问题域的智能系统非生物智能体的进化，不适用于一般似人智能的非生物智能体进化。这是因为这类主体性实现所需要的功能和信息集合，还没有可以形成的基础。

赋予式智能适用于特定问题域的智能系统等向非生物智能体的进化，不适用于一般似人智能的非生物智能体进化。这是因为这类主体性实现所需要的功能和信息集合，还没有可以形成的基础。

3.7.2.2 进化式完整主体性

进化式的基础是存在互联网，以及互联网上可以广泛利用的计算资源、功能部件、信息资源。没有互联网就没有进化的非生物智能体。生物进化的历史告诉我们，进化的原点是一个关键问题。在生物进化的起点问题上，设计和自进化的不同观点至今还在争论中。我们可以从设计和自进化两个角度分别设想一下。

1．设计的

所谓设计的进化式是指一类智能主体进化的起点是人设计后投向互联网，然后基于互联网不断发展生长。

比特币和区块链在互联网上的生长是一个不典型的例子。比特币的概念和方法于 2008 年提出，2009 年提出者本人在位于芬兰赫尔辛基的一个小型服务器上挖出了比特币的第一个区块，数年时间生长为遍布全球的挖矿和交易。在某种意义上，这是第一个基于互联网，具有自我意志的非生物智能系统持续快速发展的例子。矿工和交易的参与者都是人，这些人为比特币这个网络客体的生存和发展提供资源，付出资金、精力和智慧[30]。人为非生物系统的生存和发展服务，这种服务不是比特币、区块链这个系统强迫的，而是它巧妙设计的利益链驱动的。

这个例子对设计的主体性进化给我们提供了有益的启示，存在五个必要条件，缺一不可：第一是要有资源，没有资源不能发展；第二是有利益驱动；第三是互联网的环境；第四是可以组合、融合、整合来自互联网的资源，不管来自人还是来自系统自己扩展的；第五是制度和价值观可以包容。所以说它不典型，一是因为它是为生存而生存，系统没有解决对社会有价值的问题，自身也没有获得利益；更重要的是因为它没有进化需要的自我发展提升能力，看起来很多人为它的发展而努力，但自身没有智能进化的功能，这是设计者不是为智能进化这个目的的原因，也就是基因不对。

根据这样的条件，我们只要找到价值和利益链，设计可发展的起始系统，放在互联网上，让其价值和利益显示出来，自我发展的机制就产生了。

进化机制如何在起始系统中设定，放在进化模式中讨论。

2．自进化的

在 3.1 节和 3.2 节两节中，我们强调了生物智能是进化的，是从最简单的原始生命体进化而来，其代价是时间，可知的就是 40 多亿年，很可能更长，甚至比地球存在的时间还长。生物智能进化的关键过程是“感知、吞食、行为、组合、遗传”，起点的生物体，吞食其他生物体或物质、感知外部环境信息、调整行为、组合到已有的与智能相关的器官中，引导遗传变异，实现一个进化循环。在早期，将吞食生物体进化的成果占为己有，是加速进化的重要方式，所谓内共生现象就是对其他生物体的占有。

非生物体从起点开始进化，其起点至少具备这样的特征：第一，一切能占有的资源都占为己有；第二，新占有的资源能与已有资源组合，这种组合基于语义、基于主体性，也就是说，经过组合，所有的资源都是该主体可理解、可调用；第三，组合之后能进行调整优化，摒弃冗余、无用或无效的资源，功能和信息结构进行优化；第四，遇到生存危机，具有避险本能，或在系统生存不能维持时，复制以再生。

归结起来，非生物智能体能从起点开始进化，需要这样的前提：要有占有本能，环境中有可占有资源；具有组合本能，具备可组合功能；具有调整本能，具备可调整功能；具有复制本能，具备复制的资源和功能。

生物智能体进化经历了无数次的失败，我们能看到的只是成功的存在，不成功的不存在了，甚至连生物考古也不一定能发现。

互联网和物联网为非生物智能体进化提供了可能的环境，至于在互联网和物联网的汪洋大海中，是否有，如果有的话，那个特殊的功能体成为这个进化的起点，那只能在若干年后研究历史时得出结论了，今天不能预测。

设计的进化与赋予式主体性在本质上是一致的。差别在于设计的位置和最终智能体的功能定位。一般来说，设计的进化在较低进化位置赋予起始主体性、功能和信息集合，发展起来的智能体功能定位不那么明确具体，可塑性强；赋予式则在很高的位置，甚至是某种功能的顶点处赋予主体性，发展起来的智能体功能确定，几乎不能有大的变化。

理论上，纯进化的路径是可能的，但由于另两种非生物智能发展的速度更快，存在扼杀纯进化路径的可能。

在生物智能体进化的路径选择上，需要明确的一点是，算法不可能产生非生物智能体，因为再高明的算法，都是功能的一个组成部分，在绝大部分的智能系统中，甚至不是重要的组成部分。学习能力，包括深度学习，也不能产生非生物智能体，因为学习只是智能发展的一个重要功能，在智能进化中有重要位置，但只是一个组成部分，必须和其他组成部分一起，才能实现智能的发展或进化。

不管以何种方式进化为非生物智能体，主体性的一个特征是具有理性。自我与理性是并行不悖的，生物智能完全基于自我和从原点开始的进化都能演变成自我约束的理性，非生物智能体也一定具有自我约束的理性。

3.7.2.3　非生物智能体进化的关键技术问题

在非生物智能体进化的路途中，可预见的关键技术问题有：第一个实现复杂问题任务的智能系统赋予完整主体性成功，第一次两个或两个以上拥有完整主体性的智能系统组合成功，第一个设计进化的非生物智能体成功地独立完成复杂问题任务，第一个自我进化的非生物智能体成功实现第一次自我复制，第一个在一个复杂问题范围内全语义的信息集合或显性信息结构诞生，第一个在一个复杂问题范围内基于全语义的完整功能诞生，第一个自我进化的分生物智能体第一次完成来自外部的任务。

上面列举了 7 个关键技术问题，还只是到达针对特定任务的非生物智能体，没有提出范围更广泛的信息和功能组合问题，更没有提出相对于通用智能的非生物智能体的难点问题。从社会进化论的角度看，社会不会选择一个进程不可预期、看不到早期成果、从早期成果到可用成果之间很遥远、速度远慢于设计式或赋予式的进化模式。

这 7 个问题，实际上也是需要实现的质变，将在本书的第 5～7 章中进一步讨论。

3.7.3　非生物智能体产生的社会环境

如果说地球表面的海洋是生物体进化的重要外部环境的话，今天的互联网和物联网是非生物智能体进化的必要条件。非生物智能体如果诞生，就会在地球上产生一种新的有自我意识的主体，对地球生态和文明带来巨大的冲击。社会环境催生了非生物智能体，也需要约束它的行为。不同的人群从不同的视角看待人工智能，有赞成的、有反对的、有担忧的，如何正确对待也是非生物智能发展的外部环境。

信息网络、网络上可用的计算、连接、信息资源是非生物智能体产生的必要条件。促进互联网和物联网的发展，为非生物智能体的进化提供生长基础。

建立不阻碍非生物智能发展和进化、规范非生物智能体行为、育成非生物智能体遵循社会共同规范的制度和价值观，是非生物智能体健康发展的社会基础。

在技术改变经济和社会发展形态时，制度总是根据变化的情况持续调整，人与非生物智能的关系是一个不断调整的过程。正如前面分析的，非生物智能体进化的最可能路径是人赋予主体性，那么，非生物智能体的理性实际上掌控在人的手里，人的理性才是最重要的社会理性要素。

3.7.4　非生物智能体产生后的智能主体格局

非生物智能体形成后，地球增加了一类具有自我意识的行为主体，必然对地球生态链和地球文明产生影响。人、非生物智能体、组合智能主体等三种模式的智能主体将主导地球上发生的各类行为。

生物智能进化的历史已经告诉我们，其基本规律是进化的物种与已有的物种共生，这就是地球生态链，而不是智能更高的生物替代智能较低的生物。

非生物智能体和组合智能主体也是如此。不是智能水平更高、能力更强的智能生物体或组合智能主体替代了水平较低的智能系统、智能机器、其他组合智能行为主体，也不会替代拥有智能的工具或机器。所有的行为主体在完成全社会的任务中，各自承担相应的角色。

一旦非生物智能体诞生，社会的结构就会开始改变，地球文明需要新的制度来规范，建立包含人和非生物智能体在内的新的生态平衡，走向整体优化、整体理性。

人类不应该担心，更不应该害怕非生物智能体的诞生。非生物智能体是社会进步的产物，使人能进一步从各种事务中解放出来，生活变得更加有价值。与其说担心非生物智能体的理性，毋宁说要担心人类本身的理性，非生物智能逐步发展的过程会告诉我们，只要人类有足够的理性，包括所有智能主体的社会就有足够的理性。

3.8 生物智能的发展

本节先介绍智能发展的一般问题，然后重点讨论人的智能发展，非生物和组合主体的智能发展在 3.9 节讨论。生物智能的发展按生长发育、学习、事务处理、蜕变四个过程展开。四个过程在时间上是交叉的，内容上是互动的，区分是必要的。

3.8.1 什么是智能发展

智能发展是指一个智能主体在其生命周期内影响智能变化的所有行为。从智能发展的目的看，也可以称之为智能主体解决问题的能力的提升。如此定义的智能发展有四层含义，一是其对象为一个主体，而不是指群体或社会；二是其时间范围为一个生命周期，这与一个主体的约定是一致的；三是所有能对智能产生变化的行为，变化既有增长，也有降低，发展包含了正反两个方向；四是发展的目的是提升解决问题的能力。

研究智能发展的目的是能通过自身增长、创造并赋予增长等模式，提升主体智能，更好承担需要完成的智能任务，使对人的教育、培训和对非生物智能的赋予更有针对性、更加有效。

智能的发展以主体为单位，不同的主体类型具有不同的发展特征。根据第 2 章的分类，智能主体有三类：生物智能、非生物智能、组合智能。

生物智能体的进化以人为顶点，研究人的智能发展足以涵盖所有生物智能的发展行为，本书此后涉及生物智能时，只以人类为模板。

人的智能发展有四种主要过程：一是从胎儿期开始的生长发育过程，使遗传的认知功能变为可用功能；二是从胎儿后期开始的学习过程，使可用的功能变成与信息结合在一起的问题求解能力；三是职业与/或社会角色带来的事务处理过程，提升专门能力；四是生理的自然或意外蜕变过程，智能下降。

非生物智能在上一章的讨论中已经明确，迄今为止还没有自己诞生自我，所以，发展基于使用它的人。现在有一些人工智能系统已经具备利用占有的信息进行学习。但是，总的来说，这样的学习，要么是基于人赋予的数据和算法，至少也是基于人赋予的算法。

在具有自我的非生物智能体产生之前，没有单独意义的非生物智能体的发展过程。它依赖于人，局部的学习行为，也是人赋予的。非生物智能体产生之后的智能发展，到第 7 章讨论。

组合智能主体的发展是主从模式，主要有三种发展过程：一是非生物智能的诞生，一次性赋予的能力；二是在执行任务过程中发现应该得到改善的问题，由操作人员进行的修正；三是在执行任务中发现应该得到改善的问题，由系统自己进行修正。这种赋予和完善的过程，就是组合主体在一个个智能事件空间或智能任务空间问题求解能力的提升，并不断达到在特定领域完美的任务求解能力。

3.8.2 生长发育过程

从智能发展的角度看，生长发育是将遗传给定的可能性变成可用智能载体的过程。对于智能发展，只需要讨论神经系统的生长发育。从神经系统的生长发育看，人的一生都在发展变化，其中经历了早期的快速发展和几个先扬后抑的过程，而以神经元树突的发展为特征的认知功能成熟，则贯穿一生。

从神经系统生理发育的过程看，除大脑神经元之外，其他中枢神经系统和周围神经系统的成长都与身体发育同步。神经元是决定认知系统能力的核心部件，对人的认知能力来说，大脑神经元又是最关键的部分。人的神经系统发育主要是大脑神经元的生长和功能的成熟，功能的成熟不仅与数量相关，而且与神经元，尤其是由其突触构成的结构相关。

受精卵数周后开始形成神经胚，由神经胚外胚层生成神经管，神经管沿着相关方向分化：轴向、径向和周长。轴向向中枢神经系统发展，前端分化成前脑和中脑，后端分化成脊髓。受孕五周，前端神经管逐渐形成大脑的雏形。沿着神经管中轴的切线方向分化出感觉和运动神经。沿着神经管径向分化出大脑中的部分分层结构，随着不断膨大的过程，神经元不断产生、迁移，分区功能开始产生，不同的隆起发育成不同的脑室。不同功能脑区开始出现，神经元的增长开始增速，每个神经元的树突和轴突也开始生长发育。大脑各个功能区连接到一起，形成整体功能的关键环节是轴突生长建立神经环路。轴突沿正确的方向定向生长和选择性突触的形成，是建造大脑神奇功能的设计师和建筑师。到出生时，中枢神经系统大体形成，一些功能，如听觉，已经在学习中初步形成。大脑神经元首先经历了快速的增长。

出生之后的两年内，大脑神经元的突触达到最高峰，如图 3.16 所示，以后逐步减少。

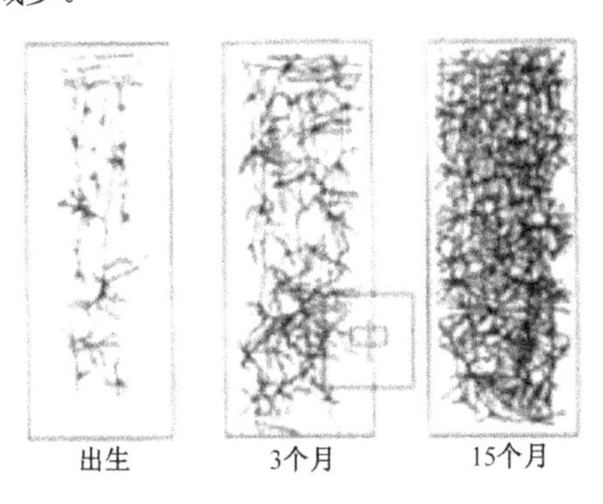

图 3.16　幼儿期大脑神经网络的发展[31]

神经元及其树突或轴突的数量，均随年龄而不断双向变化，增长与死亡，但在总量上是到达顶点后呈现持续减少的过程。

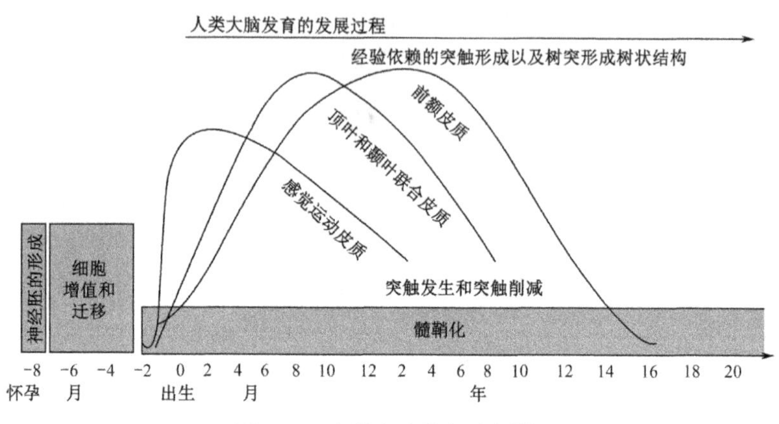

图 3.17　人类大脑发育过程[32]

图 3.17 说明，在出生时，感觉运动皮质的树突就达到顶峰，这是哺乳动物具备的功能，不需要出生后的体验改变其结构，或者说，出生后的体验没有为感觉、运动的认知功能提出新的结构性的变革需求。顶叶和颞叶联合皮质大约在出生后一年内达到顶峰，而更加复杂的与认知控制和复杂认知功能相关的前额皮质则在出生后 5 年左右才达到顶峰，并在一生中持续变化。说明与人的学习过程有很大的关系。

神经科学的研究证明，一生中，神经生长发育变化最大的是神经元的树突，它随时间变长，神经元间的联系，随年龄增长而日益稳固。图 3.18 说明了这个变化的总趋势。

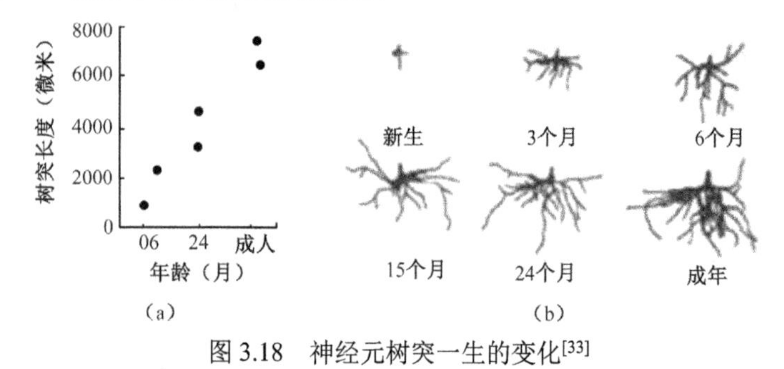

图 3.18　神经元树突一生的变化[33]

轴突的定向生长和树突随年龄的增长而变长、变多，是从功能维度理解神经系统，理解信息和控制，也就是体验对功能影响的最好教材。这一事实说明，人的智能主要取决于遗传，而后天的环境可以带来正负两方面的影响，负面影响会导致实际智能达不到遗传的可能，正面影响将使实际智能高于遗传的可能性。

3.8.3　学习过程

从智能发展看，学习是人类将遗传的智能变成现实的智能，并不断提升，适应变化的环境需求的过程。学习伴随人的一生，从胚胎期一直到脑功能正常活动终止。关于学习的心理学和认知神经科学的内容已经在 1.3 节和 1.4 节中做了介绍，这里从智能发展的角度讨论学习的动因和目的。

3.8.3.1　遗传诱导：动力、方向、特长

学习是人的本能，这个本能源自基因，是经由遗传和神经系统生长发育形成的认知功能。学习在胎儿期就开始，一出生就在多方面展开学习：动作、感知、语言，而这个时候认知控制能力还十分弱，这些学习行为不是基于婴儿的认知控制，而是本能。生物对生存的渴求和对未知环境的恐惧，已经牢牢地融在遗传基因中。人类在数百万年的进化中，把生存优先的烙印也刻在基因中，通过感知觉、语言功能与大脑皮层功能连接的优势，能优先记下人脸、亲人的语音和人像等信息。

到长大一些，由遗传决定的智能类型特征也会显现。有的在语言上有天赋、有的在逻辑上更强一些、有的在空间感上擅长、有的有艺术细胞、有的力量爆发比其他孩子强、有的更喜欢静、有的更喜欢动，等等[34]。

学习的动力、方向和特征，遗传扮演了重要的角色。

3.8.3.2 潜在功能转变为现实功能

学习的首要任务是将遗传给定的潜在认知功能变成现实的可用的功能。

神经系统这个认知功能承载体的发育成熟，不等于相应的认知功能就能自然发挥作用，而需要学习的环境和学习的过程。众所周知的"狼孩"的故事，是说人类婴儿在狼群或其他野兽的环境中长大，身体发育大体上差距不大，但认知能力远远低于同龄的在人群中长大的孩子，这是神经系统成熟不等于认知能力也成熟的有力例证。潜在认知功能转变为现实能力，有三种不同的学习过程。

一是行为型学习。平衡能力、空间能力和肢体动作能力等认知功能在成长中不断协调，成为本能。这类能力在动物脑形成的最早期开始发展，经过数亿年的进化，特别是哺乳动物和人的进化，已经完整地刻录在基因中，学习过程就是激发已经形成闭环的神经系统功能变成人行为的本能的过程。

二是填充型学习。这类学习是指通过系列训练，使相应的功能具有必要的信息及过程控制能力。如婴儿第一次看到一只猫，它不知道这是什么，只是根据遗传的视觉功能，经由固定的通道，传输到并存储在大脑规定的区域。再次看见的时候，会提升存储区的激发水平，将可能已经或有些模糊的影像清晰；当他会说话时，再看见这只猫，他会问这是什么，并将得到的回答"猫"这个语音存储在相应的脑区，并通过存有猫的图像和语音的神经元的树突和轴突连接起来，在他还能记住的时间内，如果再次看到这只猫，他会指着猫说"猫"；当他看到不同的猫，并达到一定量的时候，大脑神经系统会自动归纳猫的一般特征，并可以简化存储；当他认识猫这个字的时候，会将这个文字存储在相应的脑区，并与相应的语音、图像连接起来；随着长大，可以区分不同品种的猫，可以将猫和人给予猫的称呼连接起来，可以将不同方言的发音存储并连接，可以将不同语言的文字及其发音存储并连接。

上述所有的感知、连接、存储功能都是遗传规定的。这些规定的路径和过程构成的认知能力，需要在学习过程中通过填入相应的信息和动作过程，才能熟练地使用，形成稳定的认知控制。所以认知控制既是遗传的，又是学习的。对照狼孩的故事，这类学习的重要性不言而喻。

三是认知控制类学习。轴突定向生长和树突随年龄而变长的神经元生长发育过程，说明认知控制的基本功能遗传基因及遗传发育过程的控制已经在人的生长过程中赋予，但这些功能变成实际的认知控制能力，这些能力的成熟，却需要一个比前面两个学习过程更长的学习过程。在前面介绍的平衡、空间、肢体运动协调，是运动控制的一种类型，关于猫的形象、语音、文字的一重和多重存储、连接、利用，则是另一种认知控制。这两个例子已经说明了认知控制能力是在学习过程中由潜在功能变为现实功能，在人的生活、工作过程中，拥有大量这样的过程，还有很多比这两个例子复杂得多的认知控制需求。满足这样的需求就是认知控制类的学习，是人的认知能力成熟的关键环节。

3.8.3.3　兴趣的力量

遗传对学习的诱发，其作用主要发生在婴幼儿期间，长大之后的学习以及对学习什么感兴趣，在于主体的内在动力。如前所述，遗传在一定程度上决定了一个人对什么样的智能类型有专长，但环境的影响也具有重大影响。学习过程的主动性，在很大程度上源于兴趣，不管这个兴趣是环境产生的还是遗传决定的。

在不同的社会发展阶段，兴趣力量的影响力大不相同，这是智能发展中环境因素的重要作用。当人类处于满足生存需要支付所有的劳动能力的时候，即使有兴趣，也不能因兴趣而放弃劳动。当网络游戏盛行，又有相当多的余暇时间的时候，很多人对网络游戏感兴趣，压抑了其他兴趣。这是两个极端例子。这两个例子说明兴趣基于人自身的生存状态和社会提供的服务。

兴趣对学习的影响是如何培养人的重要课题。因才施教基于两个基本点，一是遗传的智力特征，二是个体的兴趣所在。

3.8.4 使用过程

学习过程将遗传的潜在认知功能转变为现实的、成熟的可用认知功能，个体智能的持续发展在使用过程中继续。智能使用不断提升认知功能，并存在将这种提升记录到遗传基因的可能。

一个人在社会上生存和承担责任，需要与社会环境一致的基础知识和通用认知能力，这种能力的获得是学习和使用交叉的过程。家务、与人交流、各种作为正常的社会人必备的常识以及普及教育的要求，是基础知识和通用认知能力的构成。即使是基础知识和通用认知能力也是和人的社会角色或社会地位相关的，处于不同社会角色的人，差别很大，但从一般学习的概念，这种区别只是结果的差别，而不是这类学习本质的差别。除普及的基础教育外，这类学习主要依赖在日常生活中的学习、实践和交流，是一个在成年之前基本完成，又在一生中不断改变、完善的过程。

绝大部分成年人，需要承担社会职业中的一个或多个岗位，承担这种岗位的专业知识和其他认知能力是学习的又一个重要方面。这样的知识和技能一部分在学校教育中完成，另一部分在专门的职业培训或在工作中。不同的社会角色需要不同的知识和技能。对于智能的发展和使用，有三种类型具有重大的差别。一类是基于基本固定的程式，基于大体稳定的知识集合和操作过程，绝大部分社会职业属于这一类；另一类是基于成熟、前沿的知识和技能，利用一定的方法和工具，创造出新的产品或服务，技术和服务等创新大体属于这一类型；最后一类是需要一定的甚至很复杂的知识和技能基础，但没有固定工作规范的职业，如艺术和科学家。不同的类型具有不同的专业知识和技能的学习过程，都需要在使用中熟练和提升。

认知控制处于认知能力的高层。对同一项作业，一个熟练的工人与一个学徒工的操作水平差异很大；对同一项管理事务，一个高明的管理者与一个刚从大学管理专业毕业入职的管理者，处理管理事务的方式也有很大差别。这种基于经验形成的能力，主要体现在认知控制能力上，而这种能力是不断积累提升的，体现在神经系统，就是神经元树突与/或神经元本生的生长。复杂事务在有经验的人看来，如同走路一样成为本能。这种经由神经元变化的认知控制能力，存在一定概率，成为下一次生命过程变异的来源，从而固化到基因中。

3.8.5　蜕变过程

人的智能在一生中不断生长，也不断蜕变。有三种蜕变过程：自然蜕变、毁损、疾病。

自然蜕变是指正常的神经系统生存过程中的蜕化。图 3.18 形象地说明了神经元及其突触生长发育过程中的蜕变。神经元或神经元的突触如果在生长出来后一段时间内没有被利用，就可能被淘汰。淘汰过程是严厉的，数量巨大的神经突触在生长后不长的时间内消亡。

人的一生可能发生很多次意外，有的意外会造成神经系统的毁损。重大自然灾害、战争、车祸，甚至摔一跤，都可能对神经系统带来损伤。

很多疾病可以对人的神经系统带来损害，持续发热、脑血管病、脑膜炎、重金属中毒等；一些由免疫系统引发的神经系统疾病，如脑脊髓炎、小脑共济失调、脑桥髓鞘溶解、重症肌无力等；代谢紊乱、内分泌紊乱、异常增生等疾病也可并发神经系统疾病；阿尔茨海默病（老年痴呆症）更是神经系统退行性疾病，导致认知能力的全面下降。

蜕变过程是生物智能，包括人的智能局限性的有效注解。自然蜕变说明人的能量供应不能承担无效的神经元或突触的生存需要。而灾害、疾病导致的神经系统损伤说明了生命体认知能力的脆弱。

3.8.6　小结

本节的生物智能发展讨论以个体为对象。以个体为对象分析其发展的一般路径，以及发展与进化之间的关系。

生物智能的发展基于主体，离开主体，发展失去基础，不同的主体类型具有不同的发展特征。人的主体性主要体现在认知控制能力方面。认知控制在胚胎期就产生，在一生中持续完善。成年人、经验丰富的人能很好地控制自己的情绪，娴熟地控制承担任务的执行，既有神经系统生长发育的贡献、轴突的髓鞘化与树突的生长，也有学习和使用的贡献，更多的知识、信息和经验不断提升认知控制能力。

智能发展在功能和信息领域呈现显著增长，主体性的增长主要基于进化，在使用和发展中只是量的提升，没有质的变化。但是，发展的成果存在一定的概率成为生物智能进化的原因。

智能的生长发育过程说明人的认知功能主要是经由遗传赋予的。学习和使用将这种赋予的功能变成实际可用、使用的功能。学习与使用是人的智能发展的主要方式，两者之间不能截然分开，学习中使用，使用中学习，是任何个体都会碰上的过程。

人的生物学特征既是智能形成和发展的基础，也是人的智能必须接受生命特征局限性的原因。

整体的智能发展，期待结合非生物智能客体的组合智能，期待非生物智能体的产生。

3.9 非生物智能和组合智能的发展

人的智能发展过程基于主体，发展结果凝聚于主体。非生物智能在上一章的讨论中已经明确，迄今为止还没有诞生自我，所以，非生物智能发展动因基于开发、拥有、使用它的人，结果落实到非生物智能体上，本质上是组合智能的发展。现在有一些人工智能系统已经具备利用占有的信息与/或知识进行学习，这样的学习，也基于人赋予的数据与/或算法。独立的拥有自我的非生物智能体尚未诞生，本节主要讨论组合智能体的智能发展，讨论组合智能体的生命周期、智能发展特征、赋予过程、使用过程、进化和淘汰过程等内容。

3.9.1　生命周期和发展特征

组合智能体由人与不同非生物智能客体组合而成，不同的主体和客体可以构成不同的组合。

主体主要有三类：设计开发者、所有管理者、操纵使用者。设计开发者是创造非生物智能客体的人，所有和管理者是拥有客体并管理客体的人，操纵使用者就是客体的具体操作者。这三类主体在不同的场合可能有不同的关系。对于没有商业价值的人工智能系统或机器人，很可能三类主体合一；在很多具体的场景中，所有者和管理者合一的占了多数；管理者与操作者合一也在一些场景存在。

在 3.4～3.6 节，介绍了从简单工具到复杂智能系统，所有介入到智能过程的非生物智能客体。由于简单工具、非数字机械无法承载智能发展的信息和认知控制，非生物智能客体主要指数字设备、自动化系统、人工智能系统、其他智能系统和机器人。

组合智能主体的生命周期是指客体的存续期。相对于一个非生物客体，一般而言，主体是在变化的。一个自动化系统，研发人员一般不是所有者和管理者，也不是操作者；所有者和管理者一般不操作，发展又主要依托操作者和研发队伍；在客体存续期，各类主体都可能发生变动。因此，客体存续期是确定组合智能生命周期的稳定载体。由此，可以给出组合主体智能发展的定义：组合主体的智能发展是指组合主体中非生物智能部分功能的形成和增长。

以客体为中心，组合主体的智能发展过程可分为赋予、使用、淘汰三个阶段，下面分别讨论。

3.9.2　赋予过程

赋予过程是指客体获得功能的过程。由于客体尚不具备主体性，赋予过程有两种主要模式，一种是初始赋予，一种是使用过程改善性持续赋予。这里只讨论初始赋予，改善性赋予在下一节讨论。

初始赋予实际上就是客体的研发或生产过程。研发性初始赋予是指被赋予的系统或产品是首台套，此前没有，或不能买到的系统或产品。生产性初始赋予是指可以重复生产的客体形成目的功能。初始赋予的终点是一个自动化系统或一台数控机床等非生物客体被生产或研发成型，达到产品设计功能的正常运行，所以一般工程过程中的试车也属于初始赋予的范畴。

非生物智能客体由硬件和软件两个部分构成，一般情况下，认知控制能力在软件部分，感知和行为能力在硬件部分。赋予过程包括所有的能力。

不同于人的智能发展过程中神经系统的生长发育过程，初始赋予还包括了人的智能发展过程中基础知识、技能和常识的学习过程。初始赋予达到了完成给定任务的所有要求，在组合主体智能发展中，初始赋予阶段是最关键的环节。

3.9.3 使用过程

使用过程的智能发展是指从非生物智能客体完成初始赋予之后一直到淘汰之前全过程客体性能的调整和提升。

使用过程的提升包括软件版本更新和硬件替换。一般的路径是操作者发现问题、提出问题，设计开发者进行修改完善，通过更新软件或替换硬件实现。

很多非生物智能客体在使用中取得的显著发展，体现在控制、执行功能、信息质量等方面。完善的起点在发现问题和数据积累。以连续型制造自动化生产线为例，当生产线的最终产出与预期的不一致时，也就是出现质量不稳定问题，操作者就需要找出原因，是材料不纯、工艺波动，还是生产过程某项控制不精准？寻找原因的过程，就为发展积累了分析数据，最终确定的原因及解决方法，就是功能和控制的提升。

使用过程最重要的发展是信息的积累。具有信息感知和存储能力的各类非生物智能客体，在使用过程中持续积累数据，这些数据成为分析该客体运行状态的基础，成为优化运行、重新构建控制模型和算法的基础。数据积累、分析、使用、解决问题、客体功能提升的过程，使得反映该任务的描述更加详细、客观、完整，也就是相对于该对象的信息结构显性更加完备，这是非生物智能体产生的重要前提。

3.9.4　淘汰过程

淘汰是发展的必要环节，非生物智能客体的淘汰有多种原因。有些与智能发展没有关系，如企业倒闭、科研项目缺乏资金来源、工艺或材料的颠覆性改变等；更多的源于发展，如在使用中积累的信息、经验已经超越原有客体完善的极限，或完善还不如换代更有效。

对于智能发展，淘汰过程要关注的是被淘汰客体积累的信息和知识、经验能充分保存，并利用到新的产品中；积累的知识、信息和经验的归属。

3.9.5　小结

组合主体的智能发展对非生物智能体的发展具有重要意义。一个个非生物智能客体因现实需求而创造出来，在持续的应用过程中不断提升，每一类客体在自身的任务范围内逐步走向极致，意味着这类任务的信息结构、功能构成与控制需求达到全面清晰的程度。这样的结果持续积累，就可能抽象出非生物智能体的基于初始赋予之后的自我进化模型。

无论是赋予还是完善，以自动化生产系统为例，非生物智能客体的研制者在不断地思考：应该使用什么样的传感器，传感器应该安置在什么地方，传感器采集信息的频率和表示方式是什么，传感器采集的信息用什么方法传输，在什么地方处理，需要不需要对生成过程调整，如何反馈，如何实现调整、这一信息如何累积，到什么程度需要调整控制参数，到什么程度需要修改模型或算法，等等。这些过程在生物智能的进化过程中无数次遇上，在不同生物体的不同智能水准下，都已经变成本能，成为固化的认知控制流程。

非生物智能客体的创造者们正在将生物的本能变成非生物客体的本能，这是分析智能发展得出的一个重要结论，对我们如何赋予非生物智能体初始智能，具有显然的启发性。

智能发展分析的一个重要结论是，使用是智能发展最重要路径，也是智能发展的目的所在。

3.10 本章小结

本章系统介绍各类智能体智能是如何形成的。总结了生物智能和非生物智能进化已经发生和将要发生的全过程。这个过程分成六个阶段，前三个阶段主要总结生物智能进化的过程和规律，后三阶段主要介绍非生物智能进化的过程和规律。

一个特定智能的形成，不仅是进化的，也是发展和使用的，在发展中提升，在使用中完善。生物智能的进化这几万年来，处于极为缓慢变化的停滞式状态，非生物智能体自我进化还没有发生，智能的提升主要依赖于发展和使用。本章分析了不同主体智能发展的模式与特征，阐述了如何形成实际可用的智能。

归纳生物智能和非生物智能的发展过程，得出智能是进化的结论。智能进化的结论基于生物进化，又有所不同。生物进化目标是多样化的物种和站在生物顶端的现代人类。生物智能进化的目标不仅是不同生物体的不同生物智能，更重要的是站在生物智能顶端的人类智能继续孵化非生物智能，形成组合的社会智能。

生物智能的进化是从最简单的主体性、功能和信息能力逐步发展过来的。生物智能进化的所有特征源自单细胞生物。单细胞生物智能的进化结果为进化到人类这个最高端奠定了基础。从这个意义上来说，在生物智能进化中，单细胞生物的贡献是最大的。单细胞生物奠定了生物智能最有效的架构：生理、行为、遗传一体的智能架构，即主体性、功能和信息；所有的信息都是语义的，所有的信息通道和功能实现一体，通过生命构成单元承载信息和功能；能够将其他生物体的构件在吞噬、组合功能下占为己有；能够持续叠加进化，单细胞生物智能进化追求极致的有效性一直保持到现在。正是语义的信息结构、多功能一体的信息表征和功能实现、极致的效率约束等在单细胞生物智能进化阶段奠定的基础，决定了生物智能持续进化的可能性。

在这样的基础上，生物智能在保证主体性的前提下，功能开始专门化，第二阶段意识的产生和基于认知信息的决策、占有资源等进一步强化了主体性；形成了认知信息全程处理能力，以认知信息与生理功能信息联通为基础的行为在本质上解释了逻辑行为与物理行为、信息能力与行为能力结合的方向；跨信息形态的信息结构为智能发展中如何构建跨态信息结构开了先河，基于认知信息的可变信息结构发展打下了最重要的基础。到第三阶段，组合智能主体、语言文字、学习、客观化的信息形态、认知——记录信息的互换能力，聚合在一起，改变了智能演进的模式。

非生物智能进化的特征看起来与生物智能正好相反。它不是基于自身的主体性发展，而是人类为适应环境、改变环境、提高自身生存和发展能力的副产品，它的进步依赖于人类社会的进步。但是，非生物智能的产生，对人的智能进化和发展，产生了不以人的意志为转移的进化模式。

在第四阶段，非生物智能实现了符号处理、数模转换、机械能力与信息能力结合、符号结构与语义结构的映射；产生了数字化信息、具有多重自有态信息的数字设备。在第五阶段，非生物智能被赋予主体性达到或超越了相应任务人的智能；实现这样的智能所需要的功能都能实现，感知成为非生物智能的重要功能构成，形成了以感知信息为基础的语义信息处理功能；在给定的封闭系统中，产生了语义信息链和显性信息结构。

威尔森指出，“在进化的时间长河里，个别有机体几乎是无足轻重的。从达尔文主义的意义上讲，有机体不是为了自己而活着，它的基本功能甚至不是繁殖后代，它繁殖的是基因，并且像一个昙花一现的运载体那样为基因服务”[35]。这一对生物进化的结论，也可借用到非生物智能的进化，非生物智能进化的每一个具体的进步，看起来都是偶然的，是依赖于人的，但它所产生的不可抑制的传递能力，则超出了创造它的具体人，成为在社会环境持续进化的单元，直至非生物智能体的诞生。

智能进化的过程验证了第 2 章提出的智能构成要素及主体性、功能、信息三要素的架构。所有智能进化的重要突破都验证了它的解释性和预测性。智能进化的每一个突破，基于前一阶段的基础和现实的环境，智能进化的每一个成果，都直接落在主体性、功能或信息上。

从进化的机理看，生物智能进化是叠加的，基于语义和所有功能的清晰结构，没有算法；非生物智能基于符号，依赖算法和模型通向问题求解的彼岸，但产生了主体性和效率两大问题。在智能进化的最后一个阶段，实际上需要对这些本质问题给出答案。

智能进化已经走过五个阶段。回过头看，这五个阶段似乎环环相扣，在一个个重大突破中发展，其实是在很不平坦的路上艰难前行。还有最后一步，注定了一样不平坦。最后一步进化是必要的。因为面临一些十分重大的关系到人类生存和发展的问题已经复杂到超越人类的能力，解决这些问题需要在能力上远远超越人的非生物智能体，这些智能体必须具备完整的主体性。最后一步进化也是必然的。进化一定会达到它所可以达到的最高阶段，这就是进化的力量。

与智能进化一样，智能的发展基于主体。主体是智能进化和发展的推进者，也是成果的承载者。主体性是研究智能发展的基础。在讨论生物智能发展时，本书聚焦人类，这是因为生物智能发展已经到达顶点，人类就站在这个高峰。在非生物智能客体和组合主体这两类主体中，本章集中讨论了组合主体，因为迄今为止，还没有诞生具有自我的非生物智能体。人的智能发展以人的一生为周期，组合智能的发展以非生物智能客体的存续期为周期，这是由智能发展成果的主载体决定的。在组合智能的发展中，成果落实在客体上，人的收获属于人的智能发展的使用过程这个范畴。

主体性是智能发展的驱动力，在发展过程中，认知和行为控制力也会提升，但发展的主要成果体现功能和信息两个领域。人的生长发育是遗传的功能变成承担各类智能任务的现实功能。非生物智能客体通过赋予获得功能，并在使用过程中完善。迄今为止还没有证据说明人的上一代拥有的信息可以经由遗传赋予下一代。非生物智能客体信息不是在赋予功能时同时赋予初始信息，或者在测试、试用过程中形成初始信息，并在以后的使用过程中不断积累信息。更为重要的是，这些信息本质上是显性结构的。发展对人和非生物智能客体的进化都有重要作用。认知神经科学的研究已经说明，人的智能发展过程改变了中枢神经系统，特别是大脑皮质认知控制的神经元结构，这些结构存在一定的概率反馈到相关的遗传基因中，诱导基因发生变异。各类非生物智能客体的发展积累的功能和信息，成为最终形成具有自我的非生物智能体的构件。

替代或追赶人的认知功能有三条路径：一是人的功能架构、交互式增长，二是从功能开始重新进化一遍，三是分项叠加。前面两个是通用强人工智能模式，最后一个是弱人工智能叠加走向强人工智能模式。

前面提出了走向非生物智能体的七个关键环节，这是从可能路径出发做的分析。从理论的角度看，核心是解决以下问题：一是基于互联网的生存和进化环境是否存在，特别是资源的可用性；二是基于语义信息的功能聚合自动生成基础如何产生；三是非生物智能体的社会理性如何形成；四是同一任务、多独立智能主体参与的决策与协调机制如何产生，生物智能体看别人的行为是黑箱，而非生物智能体之间是白箱；五是从处理符号为主到处理语义为主，再到全语义的信息和功能环境，新的功能体系的进化；等等。

这本书以后的篇幅中，将讨论存在的智能如何有效使用在问题求解过程中，完成智能任务；如何抽象语义逻辑，发展智能机和智能系统。

注：

[1] （美）梅尔著，唐理明等译，细胞中的印记，团结出版社，2012年，第446页。

[2] 参见百度百科，单细胞生物词条及百度互动百科“衣藻”条目。

[3] 吴庆余编著，基础生命科学第二版，高等教育出版社，2006年，第117页。

[4] 陈晓亚、薛红卫主编，植物生理与分子生物学，第四版，高等教育出版社，2012年，第214-289页。

[5] 参阅（美）Robert F. Weaver 著，分子生物学（原书第五版），郑用琏、马纪、李玉花、罗杰等译，科学出版社，2014 年。第6-第23章。

[6] 陈晓亚、薛红卫主编，植物生理与分子生物学(第五版)，高等教育出版社，2012年，第524-564页。

[7] （美）Robert F. Weaver 著，分子生物学（原书第五版），郑用琏、马纪、李玉花、罗杰等译，科学出版社，2014年，第123页。

[8] 同[3]，第114页。

[9] 同[6]，第245页。

[10] 同[6]，第253页。

[11] 参见（德）G. 克劳斯著，信号传导与调控的生物化学（Biochemistry of Signal transduction and Regulation），原著第三版，孙超、刘景升等译，彭学贤审校，化学工业出版社，2005。

[12] 参见（美）戈帕尔（Gopal S.）等著，生物信息学，李岭等译，科学出版社，2014年，第16-55页。

[13] 同[6]，第524-622页。

[14] 同[6]，第 559 页。

[15] Hornberg J, Bruggemana J., Westerhoffa H, et al, Cancer: A Systems Biology disease. BioSystems 2006, 83 期，第 81-90 页。

[16] 科普杂志。

[17] 于龙川主编，神经生物学，北京大学出版社，2012 年，第 218 页。

[18] 同[17]，参阅第 287-432 页。

[19] 同[17]，第 336 页。

[20] （以色列）尤瓦尔·赫拉利（Harari, Yuval Noah）著，人类简史：从动物到上帝，林俊宏译，中信出版社，2014 年，第 14 页。

[21] （美）尼古拉斯·韦德（Wade Nicholas）著，黎明之前，陈华译，电子工业出版社，2015 年，第 28 页。

[22] 同[21]，第 269 页。

[23] 尚玉昌编著，动物行为学（第二版），北京大学出版社，2014 年，第 343-404 页。

[24] 同[23]，第 428 页。

[25] （英）尼古拉斯·奥斯特勒著，语言帝国——世界语言史，章璐、梵非、蒋哲杰、王草倩等译，维舟校，上海人民出版社，2011 年，第 1-2 页。

[26] 杨学山著，论信息，电子工业出版社，2016 年，第 16 页。

[27] 同[26]，第 179-180 页。

[28] 大型飞机数字化设计制造技术应用综述，模具联盟网 2010-10-05。

[29] 参见北京数码大方科技有限公司网站。

[30] 参见 owndiandian 在 CSDN 上的博客，区块链的前世今生，发表于 2016 年 12 月 6 日。

[31] 于龙川主编，神经生物学，北京大学出版社，2012 年，第 416 页。

[32] （美）Bernard J. Baars, Nicole M. Gage 主编，认知、大脑和意识，认知神经科学导论（英文原名：Cognition, Brain and Consciousness Introduction to cognitive neuroscience），王兆新、库逸轩、李春霞等译，上海人民出版社，2015 年，第 500 页。

[33] 同[32]，第 498 页。

[34] 参阅 Howard Gardner， Frames of Mind，The Theory of Multiple Intelligence, New York, Basic, 1983 年。

[35] 转引自（美）Michael S. Gazzaniga, Richard B. Ivry, George R. Mangun 著，认知神经科学，关于心智的生物学（英文原名：Cognitive Neuroscience The Biology of the Mind 3rd Edition），周晓林、高定国等译，中国轻工业出版社，2015 年，第 554 页。

第4章

智能的使用

在进化和发展中，形成了各类主体的智能，任何主体的智能面对的都是各类智能事件，承担的是智能任务，本质是问题求解。任何智能都需要在使用中得到检验、体现其价值，任何问题求解都需要智能主体的努力，这就是智能使用要讨论的对象。

4.1 智能事件

本书第 2 章已经对智能给出了明确的定义，智能就是智能主体的行为。智能事件是对人类社会广泛存在的智能行为进行归类，为更好理解智能任务、智能的有效使用、问题求解的针对性和评价建立一个基本范畴。智能行为各异，从不同维度可以给智能事件不同的分类，本节从内与外、开放性等维度区分智能事件，并分析其特征，目的是为智能的使用和评价提供基础分析框架。

4.1.1 内部智能事件

内事件是指所有产生于智能主体内部或结果仅影响主体本身，与自身生存与发展相关的智能事件。表 4.1 给出了 12 类纯内部智能事件。

表 4.1 纯内部智能事件类型表

内事件名称	事件描述	事件适用
能量	生物体自养或异养的代谢过程	生物体
	系统运转能量供给的操作	非生物智能客体
运行	生物体生命延续的其他过程	生物体
	保证系统正常运转的操作	非生物智能客体
抗毁	应对非正常突发事故	各类主题
遗传	遗传信息的生成和保存	生物体
	从父代到子代的遗传过程	生物体
	从父代到子代遗传过程中的变化	生物体
复制	非生物智能体功能的整体复制	非生物智能客体
	非生物智能体信息的部分复制	非生物智能客体
规范	适应外部规则	各类主体
思考	智能主体无外在表现的思维活动	组合主体、人
学习	智能主体积累于自身的学习行为	组合主体、人

续表

内事件名称	事件描述	事件适用
事务	非生物体系统内部事务	专指非生物体
控制力增长	增长的实现和管理	各类主体
功能增长	增长的实现和管理	各类主体
信息增长	增长的实现和管理	各类主体

表中 12 类事件属于纯内部智能事件，也就是不直接参与智能主体承担的智能任务问题求解过程。这 12 类智能事件中，前 6 类基本属于生存范畴，后 6 类则属于发展范畴。这 12 类事件都与智能主体承担的外部智能间接相关，是承担智能任务的前提，也是任何非生物智能客体的研制中必须兼及的功能。

4.1.2　跨界智能事件

除纯内部智能事件外，还有一些智能事件，既有内部特征，又直接与智能主体承担的任务相关，可以称之为跨界事件。

表 4.2　跨界智能事件类型

认知控制	制止不符合主体意愿的判断和决策	所有智能主体的所有智能事件
行为控制	制止不符合主体意愿的行为	所有智能主体的所有智能事件
信息感知	各类感知信息的行为	各类主体
信息获取	各类获取信息的行为	各类主体
信息传递	智能主体内	各类主体
	智能主体间	各类主体
	信息传输系统	各类主体
信息存储	主体内存储	各类主体
	主体外存储	各类主体
信息可用性处理	异态和同态信息转换	各类主体
	信息表征	各类主体
	显性信息结构	各类主体

续表

信息可用性处理	适用性处理	各类主体
	社会性积累	各类主体
释放	个体余暇时间的娱乐、休闲活动	人
	个体内心世界的无目的发泄	人

表中 8 类智能事件均表现出既可能是内部事件，也可能是外部事件的双重特征。以认知控制为例，如果控制的决策行为是内事件，如遗传，则属于内部智能事件；如果控制的行为是外部事件，如加工一枚螺丝，则属于外部智能事件。行为控制和 5 类信息处理的事件均可与认知控制类比。具有不同特征的是释放类智能事件。释放是人类一种特殊行为，大体分两个大类，一是余暇时间的个人活动安排，娱乐、休闲、健身等都可归入此类；另一类是情绪性的宣泄，纯粹的心理行为。如果与外界无关的释放则属于内部智能事件，反之则是外部智能事件。

跨界智能事件在问题求解和智能发展中需要特别关注，释放类体现人的情绪特征，其他各类包含的功能是所有智能不可缺少的，具有鲜明的基础性特征。

4.1.3　外部智能事件

外部智能事件是指一项智能事件源自主体之外或产生的结果主要影响外部。表 4.3 列举了外部智能事件的主要类型及其一般特征描述。

表 4.3　外部智能事件一览表

一级事件	二级事件	事件描述	适用
研究	自然	自然科学研究类任务	人、组合主体
	人文	人文科学研究类任务	人、组合主体
	社会	社会科学研究类任务	人、组合主体

续表

一级事件	二级事件	事件描述	适用
工程	复制型	标准化的工程项目	人、组合主体
	改进型	有先例要改进的工程项目	人、组合主体
	开创型	无先例的工程项目	人、组合主体
事务	一般管理	所有机构的规范性管理	人、组合主体
	生产	所有第一和第二产业	人、组合主体
	服务	所有第三产业	人、组合主体
	国防	所有军事活动和其他国防事务	人、组合主体
	社会管理和公共服务	所有政府和社会发展事务	人、组合主体
	生活	家务、家事、日常生活等	人、组合主体
	其他	其他未列入的社会事务	人、组合主体
文化艺术	表达	所有以记录信息形式表达的艺术	人为主
	表演	各类以形体形式表达的艺术	人为主
	制作	所有以物质形式表达的艺术	人为主
工具	简单工具	获取或制造	人、组合主体
	机械系统	获取或制造	人、组合主体
	数字机器	获取或制造	人、组合主体
	计算工具	获取或制造	人、组合主体
	软件系统	获取或制造	人、组合主体
	其他	如资本、能源等的获取	人、组合主体
逻辑	模型	获取或构建	人为主
	算法	获取或构建	人为主
	计算能力	获取或构建	人为主
	其他逻辑任务	获取或构件	人为主
人力	组合主体的人	得到组合主体中全部人力资源	人为主
其他	未包含的外部事件	如群体性事件等	人为主

表中共列举了 8 个一级类、28 个二级类，这不是一个详尽的、更

不是穷举的外部智能事件表。外部智能事件 8 个大类中，研究和工程包含了所有与科技、创新相关的事务；事务则包含了所有经济、社会、管理、国防、军事、生活常规性事务；文化艺术类包含了所有文化性事务，用记录信息、形体、物质载体三种存在方式作为小类划分标准，有利于问题求解的针对性；工具、逻辑和人力是构建、获取完成智能任务或者说问题求解中形成必要资源的事务，一般地，这类事务中的工具或逻辑若属于科研创新，则归入第一、第二类。最后的其他是为了说明外部事务包括社会中存在或需要的所有智能事务而设。

外部事件实际上囊括了所有的智能需求，内部事件和跨界事件既是独立的智能事件，在很大程度上也是直接或间接地为主体完成外部事件做基础准备。

4.1.4 智能事件的系统特征

任何智能事件都可以看作是一个系统，这样的系统按其闭环或开环的标准，可以分为四类：闭环、半闭环、开环、半开环。按此标准划分，其目的同样是为智能任务问题求解的复杂性和模式提供识别框架。

闭环智能事件是指该事件具有可清晰定义、可封闭执行路径、解集合可穷举的特征。所有生物智能的本能，所有自动化系统，大部分产业事务，部分工程、管理、国防、生活、工具、逻辑等可以实现自动化的事务具有这一特征。

半闭环智能事件是指该事件具有可清晰定义、执行路径尚未全部封闭，但存在可封闭的可能，解集合存在穷举可能性。生物智能中经过学习趋向本能的事务，管理、产业、服务、国防、生活、复制性和完善性工程、工具、逻辑等事务中可能实现自动化系统事务均属于这一类型。

开环智能事件是指该事件不可清晰定义，或虽可清晰定义，但边界不能确定，路径全部不清晰或部分不清晰，解集合不确定，有些甚至连目标都不可定义或不能确定。在物理、生命、智能等领域对未知的探索这类复杂科研项目，无目的的情绪发泄，潜意识等属于此类。

半开环智能事件是指事件可定义，路径基本清晰，但存在不确定路径，不确定过程变量，不确定行为结果。如路径发现未知问题、同因不同果、不同的判定准则。半开环智能事件既源自事件本身的性质，如复杂生产管理过程、创新性工程等；也有源自不同的场景（趋近于半闭环），源自不同的理性逻辑（趋近于半闭环），源自非逻辑（没有任何以前的经验可以解释）的行为模式（趋近于开环系统）。文化艺术类事件以及对生物智能、人的智能、社会现象的模拟属于此类。

4.1.5　智能事件的一般构成

前面从两个维度共定义了 7 类智能事件。智能事件是智能主体作用的对象，相对于智能主体，它是客体。7 类客体各具特色，但存在共性，这个共性就是其一般构成，如图 4.1 所示，所有的智能事件有 5 项基本要素：定义、边界、目的、路径和解，一个智能事件如有必要也可以划分为一个或多个子空间，也可称为子事件。这 5 个要素不是按类分析，而是一个个具体的智能事件的构成要素。对于类而言，定义都是存在的，表 4.1、表 4.2 和表 4.3 的描述没有做精确定义，但均可以区分；类的边界是很难清晰的，在不同类的边界一般都存在不清晰的事件。

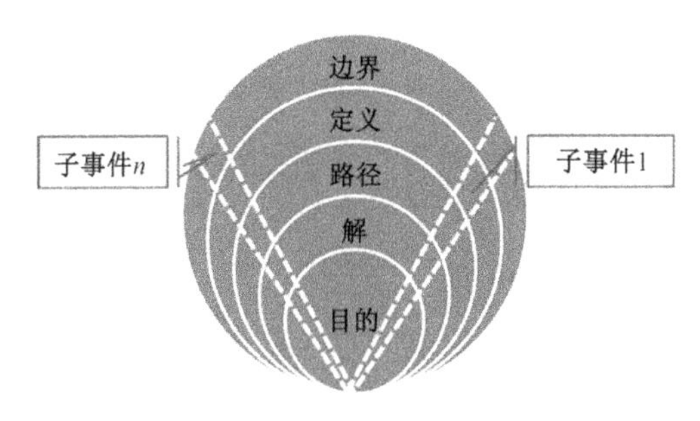

图 4.1　具体智能事件构成示意图

这 5 类要素中，定义、边界、目的 3 个要素规定了事件，路径、解不是指主体在问题求解中的路径和解，而是作为客观存在的路径和解。问题求解是迫近客观存在的路径和解的过程。

分析智能事件的构成要素，可以得出几个重要的结论。

（1）一个智能事件可以划分为若干个子事件或子空间。这样的划分，可以使一些整体无解的智能事件在局部有解，也可以使一些整体求解十分复杂的智能事件降低复杂度。

（2）定义、边界、目的 3 个要素中，任何一个不确定，这个智能事件就没有整体的、客观可评价的解。如果对这样的智能事件求解，应该允许主观性解的合理性；应该允许分解后先求局部的解。

（3）任何智能事件，只要事件的客观性成立，就存在客观的问题求解路径和解的集合。当然，如果事件是主观性的，那么求解路径和解也是主观性的。

（4）所有客观性的智能事件，都是可描述的。定义、边界、目的的正确描述是问题求解的前提，解和路径描述清晰程度决定着问题求解的复杂度。所有的描述及形成描述的过程，都是该事件信息的表征、结构化过程。

4.2 智能任务

智能任务与智能事件是一个事物的两个侧面，智能事件是从存在角度看智能事务，智能任务则是从实现的过程看智能事务。智能任务讨论的重点是相对于实现的智能事件特征及其对智能发展的要求。本节讨论智能任务的类型与执行问题。

4.2.1 智能任务的一般分析

从智能事件转向智能任务，是讨论智能任务的类型、特征、谁是承担主体，智能任务的构成和执行所要考虑的要素。

根据智能任务执行的特征和智能任务在社会发展中的不同使命和目的，如图 4.2 所示，本书将智能任务分成 5 类：主观性和个体自身任务、增长性任务、重复性任务、变革性任务和开创性任务。这 5 类智能任务的特征和执行模式将在本节分别展开讨论。

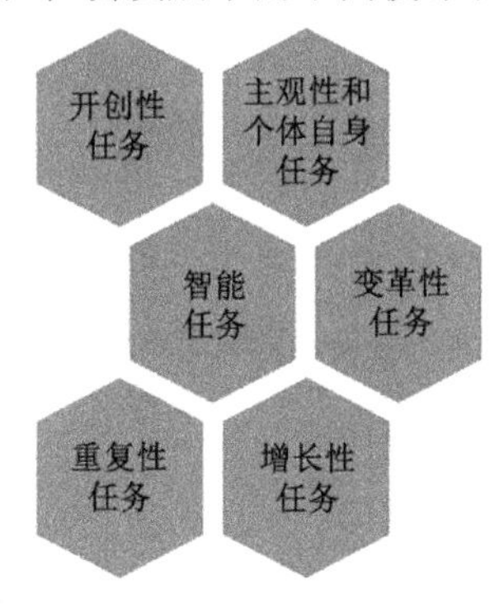

图 4.2　智能任务类型

如同智能事件，智能任务一般也可划分成子任务。但划分的目的不一样，智能事件服务于特征分析，智能任务的划分服务于任务执行的分工和降低复杂性。智能任务是具体的，是人类社会当前正在发生和执行的一项项具体的任务。如图 4.3 所示，这样的任务构成一个具体任务的空间，这个空间由执行主体、构成要素、执行后的评价和学习构成 3 个方面，9 个要素构成。

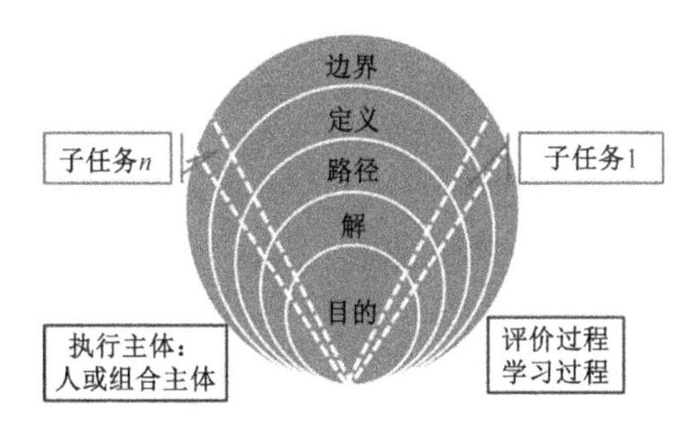

图 4.3　一个具体智能任务的执行空间

图 4.3 的核心部分与图 4.1 相同，一个智能任务由定义、边界、目的及解和解的路径 5 个要素组成，一个智能任务可以划分为若干个子任务作为实际执行的对象。一个智能任务的执行过程，除了中间部分的执行路径和解的获得，还有之前的执行主体确定和之后的评价、学习。任何智能任务，包括其子任务，执行完成后必须对其有效性，即执行过程是否符合智能要求，成本、质量、效率的评价。同时必须将

执行过程新增加的信息和评价结果一起，成为执行主体的学习对象，启动一个学习过程，将成果固化，作为下一次执行的基础。

4.2.2 主观性和个体自身任务

在众多的智能事件中，存在两类特殊的智能任务：自循环和主观性任务。这类任务无需社会安排，自行产生、自行完成，又是不可或缺的智能任务。

自循环任务根据主体的不同分为人与组合主体两类。人的自循环任务是指人维持生存及没有外部影响的内事件，代谢和其他生理过程、遗传、潜意识、内省等都属于此类。这类任务数量上超越所有外部事务。组合主体的自循环事件是维持该组合中非生物智能客体的正常运转所需各项与能力增长无关的内事件，能量、运行、抗毁、复制等事件属于此类。

主观性任务是指主体释放自身情绪或精力的行为，专指跨界事件中释放类智能事件。这类行为是不是智能的？我们翻阅关于人工智能不能做什么，人的什么能力计算机不能实现等领域的文献中，许多例子都属于这类行为。被誉为认知神经科学之父的加扎尼加在其名著《人类的荣耀，是什么让我们独一无二》中，系统讲述了人区别于动物和人工智能的行为，其中就详细讨论了“我的情绪我做主”，“区分自我和他人”[1]。

自循环任务是维持主体能力的事务，是其他智能任务的附着性事务，事件的发生就是任务的完成，如果不能完成，相应主体或客体就会发生功能障碍。主观性任务是人的特有行为，事件的发生也是任务的结束。

自循环和主观性任务不与一般的问题求解过程相关，是强人工智能和非生物智能体研究的对象。

4.2.3 增长性任务

增长性任务是指能使各类主体完成智能任务能力提升的任务。例如，内部事件中的规范、思考、学习类任务以及控制力、功能、信息增长类任务；跨界事件中信息的感知、传递、存储、可用性处理类任务中，不是直接应对主体当前任务求解的部分；外部事件中，不是直接服务主体当前任务求解需求的资源增长部分。

尽管在任务完成或问题求解过程中，主体能力也可能获得增长，但增长性任务是在此之外的主体智能提升任务。

人的非任务性智能增长，主要是学习、培训过程，在第 1 章和第 3 章中的相关部分已做了介绍，不再重复。非生物智能客体及组合主体的增长性任务是智能发展的重要构成部分，在第 3 章也有介绍，这里从任务的角度再做简单的分析。

组合主体的增长，既可以区分为人的增长和客体的增长，可以分别列入相应的范畴，但对具体的增长性任务而言，存在一些任务将这两者在同一任务中关联起来。如一些专家系统或人工智能系统中对获取信息的可用性处理过程，一方面，系统的问题求解能力提升了；另一方面，研发和使用这一系统的主体也增加了相应的知识，为开发新系统或维护既有系统提升了能力。

在增长性任务中有一类特殊的任务，就是对执行智能任务的能力的学习与培训的智能任务。与所有其他学习型任务一样，这是概念性任务，是为解决人类社会实际存在的智能任务的执行培养更有经验的执行主体。概念性任务能否正确抽象具体任务，把握不同类型任务的能力需求是能否培养合格人才的关键。

本质上，增长性任务属于内部智能事件，是主体能力提升中最重要的任务。对于智能的下一步发展，具有特殊意义。

4.2.4　重复性任务

重复性任务是指不需要做变更、反复执行的智能任务，也包括任务执行过程及产生的结果可能有所变化，但整个任务空间是封闭的，所有的解和问题求解路径集合是一个清晰的有限集合。外部智能事务中，工程类中的复制型事务，事务类中的制造、建设、服务、一般管理、日常生活、社会管理和公共服务中符合重复性任务条件的均可归入此类。从数量看，这类任务是外部智能事件的主体，也是社会就业的主要领域。

5000 年来这类任务承担的主体逐步从全部由人转向人与简单工具、机械、数字设备、自动化系统、智能系统等非生物智能客体构成的组合主体承担。数千年的发展轨迹十分清晰，在这类任务的总工作量中，非生物客体承担的比重持续加速增长。在可见的未来，这个趋势将延续，加速度还会加快。

理论上，所有重复性任务都可以实现自动化。实践上，这个进程的速度取决于三个关键变量。一是实现自动化的成本与替代劳动力、提高效率和质量、改善服务等带来的收益是否在经济上是合理的，二是技术是否成熟、是否可以得到，三是人才及其他社会环境是否具备。

成本与收益的两个侧面都是动态变量。成本随着劳动力成本和人的价值追求而持续上升，这也是不可逆转的必然趋势。在发展过程中，技术的成熟度不断提升，实现相同或相近功能的技术成本日益降低。在受益侧，自动化可以更好地适应供需之间关系变革，更好地适应用户的需求或满足更加复杂的用户需求，收益呈上升趋势。

技术与人才是转变的关键变量。自动化技术包括三个主要部分：物理运动和加工的能力、贯穿全过程的无缝的数据链及其积累和表征、全过程控制和运行的软件。物理运动和加工的机械能力与非自动化本质上没有区别，只是根据需要进行分解和操控接口的调整，是一个在持续实践中不断完善的过程。无缝数据链及高质量的数据积累是最重要的部分，要能够为构建任务执行的控制模型、动作模型和相关算法积累足够的数据，要能够建立完整的数据模型，或者更进一步，实现这个客观对象的信息结构完全结构化。前面两个技术完成后，编制软件没有困难。人才问题不是社会上没有实现这类任务自动化的人才，而是一个个具体的转变过程缺乏人才。

4.2.5　变革性任务

变革性任务是指该项任务在完成过程中需要做局部的改良、完善。相比于重复性任务，具有变革的部分，相对于开创性任务，大部分是重复的。

跨界事件中的认知和行为控制，信息相关任务中存在可变执行过程的事件；工程类的改进型任务，事务类所有任务中存在变革需求的任务，工具和逻辑类中的大部分任务，都属于这一类。变革性任务涉及的范围最广，任务执行过程对人高度依赖。

提升变革性任务的承担能力是提高相关任务执行质量的重心，也是智能发展的主要内容。

变革性任务范围广、跨度大，提升路径各异。提升的一种路径是使任务朝重复性任务或闭环事件发展，在不断的变革中，尽快使之变成重复性的或闭环的。提升的另一种路径是在已经闭环或重复的任务中发现需要完善的环节，并加以变革。

提升最重要的成果是将所做的改善以其他主体可理解的方式记录下来。需要再次强调的是，智能任务是具体的，同类任务或不同类任务的子任务中，存在大量的重复，由不同的主体或组合主体承担。这是改善成果以其他主体可理解的方式记录下来、在适当的范围内传播的意义。

4.2.6　开创性任务

开创性任务是指该项任务在之前没有完成的先例，或虽有完成的记录，但承担任务者不能得到。

开创性任务主要是外部智能事件中研究类任务、工程类的开创性任务、文化艺术类除重复性或接近重复性任务之外的任务，跨界或内部事件中也有少量任务符合开创性任务的定义。简而言之，就是研究、工程、文学艺术或其他领域创新型任务。

与前面几类任务最显著的不同是，开创性任务依赖于人，是推动社会进步最重要的智能任务，主体的承担能力不足，提升创新能力是世界各国的共同政策取向。

另一个值得重视的问题是，有些开创性任务超越人的能力，需要比人更强的智能承担。组合主体的智能发展，特别是其中的非生物智能客体或具有自我的非生物智能体的发展显得更加重要。

在开创性任务中，有一类特殊的任务，即为目前还不能提供确定性执行路径和方法的智能任务探索新的方法和策略。这一类任务，不仅是算法、知识表示、问题求解策略，更重要的是如何定义问题、如何使既有智能使用优化、如何使更多的任务变成闭环、如何使组合主体的知识和信息能够直接互用、如何使非生物智能体能承担超越人的智能的任务。

4.2.7 小结

智能任务讨论智能事件在实现过程中的特征，并从这些特征出发，提出智能发展的需求。

从整体看，人类社会形成以来，智能任务承担者逐步从全部由人承担向人主导的组合主体共同承担发展。而且在组合主体中，非生物智能客体承担的比重越来越多。这个过程还在加速发展中。重复性任务中，人的比重最易于减少。变革性任务与重复性任务持续处于互动式转变中。重复性任务经历一个过程后，可能又需要变革完善；变革性任务在经过一段时间的完善后，可能变成重复性任务。对重复性任务通过变革提升，对变革性任务通过改善使之成为重复性任务，这是这两类任务提升发展的基本路径，也是人的作用向非生物智能客体转移的主要领域。

文化艺术的创新为社会提供日益丰富的精神食粮，具有评价非客观性特征。人工智能已经在这一领域展示出其学习、模仿和“创新”的能力。从人的价值展示角度看，这是不可替代的，从欣赏的角度看，又是可以替代的。人与人工智能一起，将为社会提供更多的艺术作品。

在人类历史长河中，研究开发任务始终是拉动社会发展的动力，始终是主体完成任务的能力不足，永远是一个未知变成已知的时候，更多的未知产生了。面向未来，人类社会需要加快科研进展，以期在人类面对毁灭性灾难的时候，有能力或已经提前准备好生存下去的办法。在可预期的毁灭性灾难应对中，人的智能局限已经成为制约寻找解决办法的瓶颈，提升非生物智能客体或非生物智能体的紧迫性从来没有像今天这样强过。人类历史冀希望于强人工智能、强组合智能主体及非生物智能体的诞生。

各类任务的边界不是恒定的，而是在持续变化。变化的过程是主体承担任务能力提升的过程。

4.3　作为智能使用的问题求解

智能主体在承担什么智能任务、智能任务应该由谁承担，这是智能使用问题。智能使用是一个问题求解过程，智能任务在一个个可分解的子任务的求解过程中完成。如何使智能主体与智能任务的匹配更加有效，如何使问题求解过程是有效的，这是本节讨论的主要内容。

4.3.1　智能使用

智能的使用是指一个智能主体在其生命周期完成智能任务的行为。这个定义规定了三层含义：一是其讨论对象是一个主体，是该主体如何使用自身的智能；二是其时间范围为一个生命周期；三是针对所有智能任务。这个定义不包含社会为了得到更高的智能使用效果而采取的资源配置等调节手段。

在一般意义上，智能使用包括人和组合智能主体的所有行为，既包括内部事务，也包括跨界事务和外部事务；既包括工作事务，也包括生活、休闲事务，还包括学习、交流事务；既包括人的释放性任务，也包括科研、工程类任务。在实际场景，人的内部智能事件不归入智能使用范畴。

智能的使用以主体为单位，不同主体承担的智能任务不同，完成同类任务的方法不同。人的智能使用具有多形态，伴随一生的特征。一出生对周边环境的观察，对人脸的聚焦开始就在使用智能，通过学习获得的所有生存和发展能力，都是智能使用的过程。在一生中，所有的日常生活事务、职场工作事务、社会交往事务、自我呈现事务都在使用智能，也在发展智能。

组合智能主体的智能使用，基于承担的任务，承担的任务是给定的。在组合主体中，非生物智能客体没有选择权，主导权在人手中。这个提法与迄今为止的事实相符，但并不确切，确切的提法应该是主导权掌握在组合主体中居主导地位的一方手中。在未来的某一天，诞生了非生物智能体，在承担任务中由该主体主导有利于任务的完成，则主导权就转移了。区块链和比特币是介于两者之间的具体形态。

组合智能体的智能使用同样承担涉及各种类型的任务，具有不同智力的非生物智能系统在任务完成过程中，存在有差别的关系，主要表现在问题求解过程中，人参与的程度或组合主体中的分工。上一节已经讨论过，在外部智能事件中，随着更多的智能任务变成重复性任务，变革性任务中越来越多的部分变成局部重复性任务，开创性任务中也存在一定的重复性子任务，人与非生物智能客体的关系呈现人承担的部分持续减少的过程，直至全部或近似于全部退出某一类智能任务的执行。

从智能使用的整体看，是人与非生物智能客体之间的关系，而从具体的任务完成看，关注的是如何更加有效地完成任务。

研究智能使用，目的是从中找出不同类型智能事务问题求解的规律，为非进化的智能发展及主动推进的智能发展打下基础。

智能的使用还有一个要关注的问题，即使用过程的智能。使用过程的智能是指到达问题的解的过程有效性。所谓到达解的过程的有效性是指在给定约束条件下，效率最高。这里约束条件包括资源、时间、偏好等不可改变的外部因素；效率标准包括任务执行的质量、时间、成本和成果的积累等元素。

4.3.2　问题求解过程分析

问题求解的对象是所有的智能任务，也就是所有的智能事件。问题求解的目的是达到所执行的智能任务结果。研究问题求解的重点则在于如何有效地达到结果的过程。下面讨论问题求解的对象、过程、结果等一般性问题。

1．对象分析

问题求解这个概念已经在人工智能及更广泛的领域，如心理学、逻辑学、数学中使用，本书讨论的问题求解与这些领域的概念在对象范围和问题性质上有重要不同。

对智能事件和智能任务求解或对执行的问题求解，对象包括了所有智能主体的行为，也就是在本章前两节讨论的，除人的内部智能事件之外所有智能事件和智能任务。问题求解就是这些行为如何实现，这些事件如何求解，这些任务如何执行。

这些对象的问题求解过程，不仅包含了逻辑过程，也包括所有必需的物理过程。例如人机围棋比赛，不仅包括下棋过程中对棋局的分析判断和对这一步棋下在哪儿的决策，还包括计算资源的占有和使用、能源的供应、下棋地点选择、机器人的位置和姿态等物理性行为。所有这些都是完成人机围棋比赛这个智能任务的必要条件，缺一不可。

如此定义的智能任务问题求解对象，有人会认为其中不少对象不应属于“智能”的范畴，如生物体为生存采取的行为、数字设备就绪行为、家务事、人的情绪释放等。认为这些事件不属于“智能”范畴是因为对于智能定义的理解不同，按本书的定义这些行为都属于智能。此外，不是因为定义，而是因为思维定式，一些相同的过程有的认为是智能任务，有的则不认为。例如，人们可以将研究或学习光合反应认为是智能事件，而植物的光合作用则不是；可以将扫地、端盘子机器人作为智能，但人做家务就不是；可以将像人一样的步行机器人作为人工智能一个比较复杂的目标，但人的走路则不是。

2．过程分析

问题求解的过程与人工智能或逻辑的过程不同，一般而言，人工智能的问题求解是智能主体的问题求解过程的一个子过程。

智能主体的问题求解过程可以分成三个阶段六个环节。第一个阶段是分析分解过程，将一个需要执行的智能任务进行分析，确定能否承担、是否承担、谁来执行，并对任务进行分解。第二个阶段是求解、整合过程，将已经分解的任务逐个求解，最后将各个解组合成整个任务的解。第三个阶段是评价、学习过程，对前两个过程的所有步骤进行评价，给出评价结果，结果进入主体的学习过程，成为下一次智能问题执行的基础。

分析是智能任务求解的第一个环节，在这个环节，对如何完成这个任务有决策权的主体，确定这个智能任务能否完成，能完成的是否执行，确定执行的由谁承担。在智能上，这个环节属于认知科学或社会心理学范畴的群体智能，在没有自我的智能生物体形成之前，它不属于人工智能的“群智”范畴。图 4.4 显示了这个环节的逻辑关系。

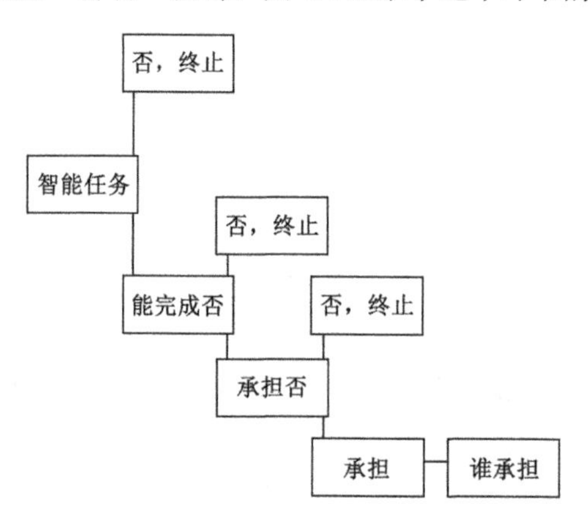

图 4.4　智能任务分析逻辑过程

这个过程在现实的智能任务执行过程中是不可缺少的环节，是问题求解的前提。在现实场景中，明知不能完成而承担者不是没有，但如何求解就无需认真对待了。能够承担不是一定要承担，任务本身的合理性及可能存在更好的安排模式，都是否定的原因。确定承担主体之后，才是狭义的问题求解起始。

分解是问题求解的第一个步骤。分解的目的通常是更好地执行任务，或是降低复杂性，或是利于分工，或是发现关键环节等。原则上应该分解到不可再分的最小执行单元，并明确这些单元的性质和类型。如前所述，现实场景的问题求解承担主体有两类，人和人主导的组合主体。问题分解是智能主体对该问题求解的第一步。在有些研究领域，如人工智能，设定由智能系统进行问题的分解，并确定问题求解策略和路径，现实的智能任务执行场景，这种模式是较少发生的。人承担的智能任务则由人类完成这个过程，组合主体有两种选择，即人或非生物智能客体。一般地，如果已经将问题分解、求解策略或路径的方法赋予了非生物智能客体，后者对面临的问题具有完全的把握，这个过程由人来完成。后者在人的主导或赋予流程的控制下，进行的学习或训练过程是例外。分解的方法及结果基于主体的经验和能力。

求解是对分解后的最小执行单元求解。要确定问题的类型、求解的策略、调配求解必要的资源、确定最优的求解路径，执行这个过程获得结果。

整合是分解的逆过程，将各个最小执行单元各自得出的解整合起来成为整个智能任务的解。

评价是对前面各个环节和步骤的工作按照与智能任务相一致的评价标准、方法和程序，做出恰当的评价，一一列举其不足、新的发现及进展。

学习是将评价的结果与问题求解过程结合起来，将过程、不足、发现、进展详细地、显性地融合到主体、功能、信息相关各项能力中，并综合地体现在关于智能任务的显性信息结构中。

4.3.3　求解问题的类型分析

被执行的智能任务整体，及其分解出来的子任务都是求解问题类型分析的对象。求解问题的类型是指该问题属于智能事件或智能任务中的哪一类，目的是根据确定的类型为问题求解调配适当的资源、确定适当的策略。

对于问题求解而言，类型分析是要将被分析的智能任务和子任务与智能事件的内部、跨界、外部和闭环、半闭环、开环、半开环两个系列 7 类，智能任务的主观性、个体自身、增长性、重复性、变革性和开创性 6 类进行比对，确定到具体的类型中。智能任务及其分解的子任务类型很多，一个任务中的子任务可能分属不同的类型；同一任务可能由不同主体承担，也可能归于不同类型。下面通过典型例子说明类型分析的过程和方法。

主体释放自身情绪或精力的主观性任务，之所以称之为主观性任务，是因为这类任务大都不需要明确的结果、不需要确定的过程，只需要顺利进行。这类任务大部分可能不会成为需要别的主体承担的任务，但也有一部分会衍生出社会需要完成的任务，如聊天。聊天是休闲、养老的一种重要方式，聊天的特征是需要 2 人或多人，陪聊就会成为一种社会性任务。

承担陪聊任务的主体有两种：人或非生物智能客体。聊天是复杂的智能行为，属于半开环的智能任务。人通过经验或学习可以承担该类任务。非生物智能客体一般先从闭环或半闭环的赋予式开始，经过长期的学习、积累，逐步走向半开环的、熟练的承担者。

个体自身任务也是主体的自循环任务，是各类主体维持其存在和功能的任务。如同 4.2 节所介绍的，人和组合主体的自身任务在智能任务的总量中占据了大部分，无时无刻不在发生。医学和生命科学的其他分支对人的自循环任务进行研究，但不是人的自循环任务，它不能替代人的功能，因此也不会成为外部的智能任务。组合主体的自循环任务是维持该组合中非生物智能客体的正常运转所需各项与能力增长无关的内事件。

非生物客体，如计算机系统、自动化系统的运行环境自检，周期性或一个任务执行完成之后系统内部清理，按固定程序进行的学习、训练等事件都属于此类。此类任务一般是闭环的、重复的。

重复性智能任务在现实世界的发生率是仅次于主体自身任务的类

型，在所有外部智能事件中数量居于首位。人承担的大部分工作或生活的日常事务，组合智能主体中的自动化系统、绝大部分其他智能系统属于重复性任务或可归于重复性任务。所谓可归于重复性任务是指有些任务看起来求解过程（相当于逻辑性任务）或执行（相对于行为性任务）过程存在不重复的部分，但本质上是重复的，是一个可重复的封闭路径集合中某条或某些路径的变形。理发、做饭、做鞋、制衣、流水生产线操作、会计、库存管理、基础教育等均属于此类。

自动化系统通常执行复杂程度比较高的重复性任务，非数字机械设备通常执行复杂程度较低的重复性任务，具有数字处理能力的设备执行任务的复杂度在两者之间。

各类信息系统作为独立的非生物智能客体，执行的是重复性任务。人承担的大部分一、二、三产业事务，部分工程、管理、国防、生活、工具、逻辑等事务中可以实现自动化的都具有这一特征。

变革性事务大量存在于内部或外部智能任务中。在外部智能任务中，变革性任务大多产生于执行过程中发现可以改进的问题，将此问题作为一个新的智能任务。例如一个管理信息系统，管理流程、管理人员、管理规则等任何与系统相关的因素发生了变化，信息系统的相应模块就要重写或调整。在自动化生产线上，如果一个部件的加工过程发现可以有更好的控制手段，相应的控制软件就要重写。这些调整、修改产生的结果就是系统的完善，就是变革性任务的本义所在。

内部任务的学习、外部任务的功能或信息构件的增加，都是增长性任务。增长性任务与问题执行之后的评价高度相关。无论是内外部任务，在执行之后的评价所发现的问题及任何可以对主体的智能有提升的内容产生，都可以通过启动学习过程来增长主体的智能。

在非生物智能体产生之前，开创性任务主要由人承担，非生物智能体发展到一定的高度，达到或超过人类在开创性任务的能力之后，非生物智能体将承担开创性智能任务。在一定意义上，人类之所以要发展非生物智能体，是要让其完成人类不能完成的任务，第 7 章将对此展开进一步的讨论。

4.3.4 问题求解的策略和路径

在完成了任务分解和类型分析之后，进入具体的问题求解过程。具体的问题求解过程一般包括：资源确定—策略确定—分工确定—路径确定—执行过程—结果—评价—学习。结果的评价及后续的学习过程则在下一小节讨论。

问题求解的策略和路径与任务的类型、执行任务的逻辑基础和资源基础、问题求解的要求密切相关。这是一个重要的结论，与纯学术的讨论不同，现实的问题求解策略和路径是由多方面、性质各异的约束条件构成的，这也是智能要素中环境因素的体现。

资源确定是指所有能够拥有的与该问题求解过程相关的基础资源。主要包括人的数量和能力，非生物智能客体的数量和能力，非生物智能客体运行的外部条件（如空间、能源等）。能力主要是指相对于问题的适当性，即是否适于该问题的求解需求。

策略确定是指基于问题类型、工作量、对问题求解精度或其他要求和拥有的资源，做出问题求解的规划。规划描述问题求解过程的策略。对求解结果要求的理解，对拥有资源的估计和使用，以及对执行路径的原则要求是策略的主要构成部分。对变革性、增长性、开创性任务是否采取渐近成熟的策略，对主观性和开创性任务应该包含宽泛的容错策略。

分工确定是指根据问题求解策略和拥有的资源，将执行任务分配到具体的人与非生物智能客体。

路径确定是指按照分工执行任务到达目的的具体过程。路径是由子任务或任务的类型决定的。对所有重复性或闭环的问题求解，路径都是确定的。所谓确定是指过程及过程所使用的方法、工具、算法都是确定的，改变的只是参数。很多重复性任务，连参数都可能不改变，通过检索，直接给出结果。这样的路径，不仅在重复性、闭环智能事件的问题求解过程中存在，而且在所有其他类型的问题求解中也存在。因为在半闭环、半开环、开环的智能事件求解过程中，可以分解出大量闭环的、重复性的子任务，这些子任务就按照固定的路径求解，甚至一个简单的检索过程就得到了解。

对于路径需要根据子任务或任务的特征重新确定的，首先根据人或组合主体中非生物智能客体拥有的经验，选择有经验的类似的路径。如果超越了所有主体的经验，则由人按照更一般的逻辑或推理，提出试错性的路径。

固定路径、经验路径、试错路径是确定问题求解路径的三种主要模式。最经常使用的是固定路径；经验路径经由使用得到验证，即成为下一次问题求解的固定路径；试错路径得到验证，即成为下一次问题求解的经验路径。

4.3.5 问题求解的评价与学习

使用过程的智能，就是使用最小的资源、付出最小努力，达到问题求解目的的模式。在一次次问题求解中，每一次都成为走向固定路径和经验路径的迭代，就是使用过程智能最主要的实践形态。实现这个目的的手段就是问题求解的评价与学习。

问题求解的评价与学习是前后相继的过程，是问题求解的内在过程。问题求解过程的终点不是得到结果，而是对过程及结果评价后的结论成为智能主体学习过程的起点，学习过程结束才是问题求解的终点。

4.3.5.1 问题求解的评价

问题求解的评价是指对问题求解过程及结果进行完整的评价。评价的目的是确定每一次问题求解过程的合理性及结果的质量。

问题求解过程的合理性评价包括从任务分解到结果产生的全过程。评价的前提是对过程的详尽记录，评价的方法是基于设定的评价程序和流程。

记录的完整性和可评价性是评价的前提。对于数字化的非生物智能客体，记录是可以完整和可评价的。即使之前没有为评价而记录，根据评价要求建立这样的记录并不复杂。形成供评价的记录，难点和重点在人的问题求解过程。把人的问题求解过程，包括与问题求解相关的逻辑过程和物理过程结构化成计算机可操作的表征，是问题求解能力不断提升的核心环节，也是智能发展的基础性工作，是在现实问题求解过程中被长期忽略的环节。对管理和作业操作类智能任务，已经存在很多成功的记录实例，如自动化生产线或工艺过程，各类管理信息系统；也有不少工具、方法辅助实现[2]。

评价基于一定的规则、流程和标准，本身是一类学习型内部智能事件，可以是闭环的，也可以是半闭环、半开环甚至是开环的。对一类智能求解问题的评价方法，采用先易后难、逐步迭代的模式。从重复、闭环的子任务开始，以形成记录为起点，逐步向更加复杂的任务和详尽的记录发展，并在这个过程中形成并完善评价的准则、标准、流程、方法。

评价的目的是给出过程合理性和结果质量的结论，并通过结构化的、计算机可操纵、可融合到主体的记录，完成问题求解的学习过程。这个学习过程与评价方法的学习过程是相关的但不是同一个过程。

过程的合理性评价是指以问题求解的实际过程和结果来反推此前的每一个决策是否合理。合理性是指过程中每一个决策对结果正确性和资源使用有效性的正的或非负的贡献，而不合理则反之。

评价服务于后续的学习过程，评价与学习过程一起提升主体完成任务的能力，也就是智能的发展。这样的提升主要体现在记录的完备度、任务执行路径的成熟度、执行过程的容错能力、约束条件下的达成解的正确度与资源消耗的平衡。

记录的完备度提升是指以一个个同类型任务求解的记录为基础，形成对一类问题对象空间各要素完整、系统、显性、各类相关主体可操纵的表征。这一表征结果成为路径成熟度提升的基础。

路径的成熟度提升是指一类问题对象空间基于显性表征的问题求解路径中，一条条路径逐步向重复、闭环路径迫近，问题求解过程需要复杂判断和计算的路径逐步减少，通过固定路径完成的数量逐步增加。

容错能力的提升是指在对象空间表述和问题求解路径不确定状态下趋近合理路径和正确的解的能力提升。提升的来源有两类，一类基于人的判断，通过人的判断试错式逼近合理路径和正确解。另一类基于非生物智能客体的搜索—推理的选择与/或试错过程。这是应对所有非固定路径问题求解的必要能力。

约束条件下达成解的正确度与资源消耗的平衡是指一种问题求解策略，既不是追求极致的解的正确度，也不是追求极致的资源消耗最少，而是在给定的时间和资源约束下的平衡。这既是问题求解的策略，也是智能发展的一类动力。

通过对每一项智能任务/子任务的评价，分别对上述四类智能发展指标及其他需要评价的内容给出评价结果，作为学习的输出信息。相应评价指标将在本章第四节进一步讨论。

4.3.5.2　问题求解的学习

问题求解的学习是指对评价的结果落实到相应的主客体能力中。不同的智能任务类型和不同的承担主体，存在巨大的学习特征差别。人类的自身任务，一般地各自完成，积累在大脑中。非生物智能客体的内部事务，学习过程基于赋予的能力。这里的对象主要是组合智能主体。

（1）落实记录完备度的提升。根据评价得出的关于记录完备度的评价，将本次任务完成过程中取得的进展，融到已有的记录中。这里的记录包括所有主体在问题求解过程中获得的新的信息，即事实、判断、过程，也包括对已经存在的过程或事实的肯定。

（2）落实任务执行路径成熟度的提升。如果是重复性路径，则在成功记录上增加一次，如果是改变的路径并取得成功，则修改已有路径或增加新路径，如果评价结果是不成功或不够成功的路径及评价得出的原因，或转入（5）。

（3）落实执行过程容错能力的提升。这是对所有新形成的路径或判断、结果的评价落实到相应环节的记录中，如果需要进一步验证的新路径、新判断，则转入（5）。

（4）落实约束条件下达成解的正确度与资源消耗的平衡的提升。现实的问题求解，存在不同的约束，如何平衡是确定问题求解策略的关键环节。求解策略不是简单地建立在逻辑的正确性上，而是建立在妥协的平衡点上。每一次求解策略的执行是对平衡点恰当与否的测试，把这样的结果记录并修改已有的策略。如果不能确定，则转入（5）。

（5）对评价时存疑的不确定事项启动试错性内事件。在前面几项学习过程中，都存在需要通过一些试错性内事件，以求证实或证伪判断的结论。无论是人或组合智能主体，应该把这个过程作为经常性学习事项。

（6）评价过程产生的其他需要通过学习落实的事项，特别是成为组合智能主体的人与非生物智能客体既融合到各自的相关知识、能力体系中，又能一致地提升此后的问题求解能力。

完整的学习过程是一个智能任务求解的必要组成部分，是智能发展的核心环节。

4.3.6　智能与人工智能的问题求解

智能与人工智能的目的都是通过一个过程达到问题的解。问题求解是智能和人工智能共有的概念。但两者在对问题的定义、问题求解的过程、问题求解的主体及主体的内部分工方面存在不同之处。当然在人工智能研究的不同学派，也存在不同的路径。

罗格认为，人工智能研究者所关心的两个基本问题是知识表示和搜索。知识表示所针对的是如何以一种正式的适合计算机操纵的语言来表征智能行为必需的全部知识；搜索是一种系统探索问题状态空间的问题求解技术，问题状态就是问题求解过程中的各种连续或被择步骤[3]。罗素和诺维格则认为，人工智能就是像人一样思考和行为，理性地思考和行为。实现这个目标的是将知识表示，问题求解的规划、推理、决策、学习，以及机器人等智能行为由不同类型的“智能代理”实现[4]。梅斯特尔和阿尔巴斯又提出另一种模式，由一种以多分辨率为特征的智能系统，来实现上述目标。这种智能系统由执行器、传感器、感知处理、环境模型、判值、行为生成等部件构成，通过基本作用回路的工作机制，完成问题求解过程[5]。

智能关于问题求解的理解和模式与人工智能相比存在四点重要区别。一是问题求解的任务来源不同。智能针对的是所有现实世界存在的事务，包括存在于智能主体内部的事务，而人工智能只针对人工智能学者或工程师认为可以由人工智能系统完成的任务。二是问题求解的承担主体不同。智能是指人或人与非生物智能客体的组合，人工智能只有人工智能系统。实际上，今天的人工智能系统的“智能”都是人赋予的，一般地都是在人的监督下运行的，改善是通过人事先赋予的学习行为或事后调整的学习模式实现的。本质上，这样的人工智能系统均是智能中组合主体的一种特殊类型，在问题求解的具体过程中人尽可能不参与的组合主体协同模式。三是问题求解的出发点或目的不同。智能是所有现实问题的求解，所以必须将约束条件作为前提，必须将资源利用的有效性，或问题求解过程的智能作为追求的目标。追求问题求解过程的智能或有效，必然会选择更加有效的算法和过程，而对任何可以重用的环节或子问题，只要算法的使用被证明是正确、可靠的，相同的智能任务就会直接使用结果，不再重复执行过程的每一个环节，包括过程的策略和算法的调用。因此，越是成熟的智能，使用的算法越少，或使用的算法成为固定路径的固定计算，而不是问题求解策略的搜索过程。人工智能一般地重视追求解的科学性，强调问题求解过程逻辑的重要性，甚至简化为逻辑的复杂性。四是评价标准不同。智能认为一个问题求解过程在环境约束下，路径最简单、使用资源最少是最佳、最成熟的模式；而人工智能将逻辑和算法的复杂性、通用性作为评价人工智能的水平或成功与否的关键要素。

人工智能目前都是以组合智能主体中非生物智能客体的身份参与到问题求解过程中，但完整的过程还是组合智能，是组合智能主体问题求解的一种特殊形式。没有人的管理、决策，AlphaGo 不能选择棋手，不能选择比赛场所，不能保证计算资源的调用，不能处理与比赛相关的各项事务。由此看来，人工智能是问题求解中的一个环节，是组合智能主体在下棋。组合智能体现在非生物智能体智能的赋予过程、发展过程、实现过程。

4.3.7 小结

本节讨论了智能理论中一个关键的环节，以全社会需要处置的智能任务为范畴，聚焦每个任务的问题求解过程，分析智能使用的目的、策略、方法、路径。

本节以承担任务的主体和问题求解过程路径和解的确定性程度为主线，讨论了智能的问题求解过程的三个阶段中分析、分解、求解、整合、评价、学习等六个环节。对每一个具体问题求解过程的资源确定、策略确定、分工确定、路径确定、执行过程、结果、评价、学习做了系统分析。

在现实生活中，一个具体智能任务求解的实际路径，受制于三个关键要素。一是问题的类型，特别是路径和解的确定性程度；二是可以利用的资源，问题求解的时间紧迫性等环境约束；三是承担任务的智能主体的能力。

这三个要素是随着主体持续承担相同、类似或不同的智能任务过程而变化。智能主体经过每一个问题求解之后的评价和学习过程，不断提升着自身的能力，这个能力主要体现在类似任务的路径和解的确定性增加，逻辑或物理工具利用的成熟度增加，也相应降低了时间紧迫性和资源的依赖度。

这样的智能使用过程，就是智能的发展过程。在这个过程中，智能主体的主体性、功能、信息三要素都在提升。换言之，问题求解过程是以过程中获得的知识和经验、信息落实到三要素中为结束标志，而不是得到结论为结束标志。

对现实世界智能的使用过程，我们得到一个十分重要的结论，那就是智能任务执行过程的智能问题。所谓执行过程智能就是这个过程的有效性——使用资源少、求解过程快、结论质量高。智能任务执行过程，或者说问题求解的有效性，一个十分重要的结论是：算法和计算的使用与智能成熟度呈反比，基于算法的计算越多，智能程度越低。复杂智能任务在持续的过程中变得越来越简单，最后变成简单的问题与解的匹配过程。复杂事物简单化是科学的本义，智能使用和发展过程再次说明了这一结论的重大意义。逻辑和算法通向问题求解的彼岸，但通向彼岸的不仅是逻辑推理和算法一条路，还有很多选项，所有这些选项共同构成智能任务求解的优化和发展。

本节只针对智能主体个体或在问题求解过程中可精确分工、协同的多主体，群体作为个体的集合来讨论，没有涉及群体决策这类智能行为或智能任务。实际上这是假定社会给予主体的分工是合理的。

对于组合智能主体问题求解过程的评价和学习是智能使用和发展的重点。如何使这类智能主体真正将学习成果落实，形成共同理解的表述、共同可用的功能、自主协同的主体，这些是智能发展的关键问题，这就需要通过语义逻辑、智能计算体系架构来完成。

4.4　智能评价

智能在使用中实现价值，在使用中积累控制力、行为能力和信息，积累又促进了智能的发展和进化。智能评价，就是为智能使用更有效，智能发展更充分，智能进化有基础。

4.4.1　智能评价的一般讨论

如上一节介绍，智能评价的对象是一个智能主体完成一项智能任务过程，评价的目的是对该过程的效率和质量、影响质量和效率的原因给出结论，并评价这些结论在学习过程中的效果。

智能评价是智能使用中的一个关键环节，是智能发展和进化的基础。通过对每一次智能任务执行过程的评价，获得了智能各要素在这个过程中每个环节、每个步骤的详细分析和结论，成为学习的输入，一次次这样的积累，不仅执行该任务的主体能力提升，通过适当的交流机制或平台，也可以成为一个组织，甚至全人类能力提升的基础。

获得完整有效的结论，需要对智能任务执行过程的不同维度进行评价。评价分为 5 个方面：复杂性、就绪度、完备性、有效性、成长性。复杂性是对智能任务特征的评价，就绪度是对承担任务主体的评价，完备性是对主体拥有的信息及其表征力相对于承担任务所做的比较，有效性是对同类问题、不同问题求解过程使用的资源与效果进行的比较，成长性是对承担主体学习能力和效果的评价。这些评价内容既有独立性，相互之间也存在一定关联。

评价需要相应的测度，使之尽可能建立在定量的基础上。定量的测度对有些评价对象或评价要素适用，对另外一些则可能不适用。

4.4.2 复杂性评价

复杂性是指一项智能任务自身的复杂程度。复杂性评价是分析一项智能任务执行过程对降低任务复杂性的贡献。复杂性评价的目的是使智能主体与智能任务的匹配趋于合理，达到主体能力与任务复杂性的平衡。

一项智能任务复杂性主要体现为：资源复杂性、时间复杂性、主体稀缺性、计算复杂性、问题求解策略复杂性。

资源复杂性是指问题求解过程中必需的资源稀缺、昂贵。这里必需的资源是指能源、材料、零部件、设备、道路等物理性设施。稀缺可能由于全社会的稀缺，也可能是执行主体获得这种资源的能力不足。昂贵可能是由于资源本身价值高，也可能是相对于智能任务的价值高。

时间复杂性是指相对于智能任务执行的必要时间，问题本身允许的时间要求更短，或十分相近，增加了任务执行的难度。

主体稀缺性是指具备执行这项智能任务能力的主体很少，导致成本的上升或能力不足的主体来承担，可能影响任务完成的质量。

智能任务执行过程的计算复杂性有两种不同的含义：一是指任务需要使用的算法存在不可计算性，即计算量大到实际上不可完成。二是指该项任务涉及大量的计算，在给定的时间与/或经费约束下，拥有的计算资源不足以支持计算需求。

问题求解策略复杂性，也可以称为问题求解路径不确定性，是指执行主体对所承担智能任务的求解过程存在部分、大部分甚至全部不清晰。不清晰的原因可能是此前没有此类问题求解的经验或问题本身就是新问题，以前没有出现过。

复杂性降低的贡献是指一次智能任务执行完成后，是否对前述一项或多项复杂性产生了可评价的降低。因此，复杂性评价是一个时间纵向比较性评价，以刚完成的执行为基点，与该主体此前类似任务或类似任务其他主体此前执行的结果进行比较。

复杂性评价测度的要求是能对是否降低复杂性做出定量评价，每一项复杂性的主要评价测度如下。

资源复杂性的测度基础是问题求解过程对材料、能源、设备等物资需求量。资源复杂性评价是测算一次智能任务执行后对资源需求降低的量。降低的量以前一次同类任务执行所使用的量为基础，若没有可比的前项，则以本次为第一次，用作以后的评价。计量单位采用通用计量单位。测算的值可以是正，表示减少了，可以是负，表示增加了，也可以是零，表示没有变化。

时间复杂性的测度是指该任务执行过程所使用的时间。时间复杂性评价是对一次智能任务执行时间的测算，并与此前同类任务执行所花时间比较。执行任务如果是组合智能主体，则应对承担不同子任务的主体或非生物智能客体分别计算。时间的计量采用通用的计量，计算方法同资源复杂性测算。

计算复杂性的测度是该任务执行过程中计算资源使用的成本和时间。若不同类型的计算资源，可用通行的方法换算成可比口径。存在一些计算资源不收费或收费标准不同的问题，可以换算者，换算为可比的量；不可换算者，只以时间计量。对不可计算的问题，如果没有提出可计算方案，则不予评价；如果提出了替代方案，且据此计算的结果评价合格，则作为首创进入记录，用以此后的同类问题评价；若据此计算的结果不合格，则不予评价；不予评价者，此后同类问题求解视同新问题。

主体稀缺性的测度是指该任务执行过后，测算主体能力提升对稀缺性的影响程度。对于组合智能主体，主体稀缺性由人的稀缺性和非生物智能客体的稀缺性构成。主体在一项智能任务执行后，能力的提升体现在执行任务的效率和结果的质量两个方面，这里的测度是指效率的提升，而不是结果质量的提升。效率的提升可以分主体类型和下一次执行同样任务少用的时间为基础进行测算。

问题求解策略复杂性的测度是测算一项智能任务执行之后对降低策略复杂性的贡献，是承担任务主体的能力与任务复杂度的函数，因此此类评价只适用于同一个主体执行同一类任务的场景。评价由主体自身给定，外部则通过其他复杂性变化作为参考依据。

复杂性评价的测度都是可度量的，度量值都是可得到的，因此，是可定量评价的。在实际的智能使用和评价场景中，还要以一定的前提为依据，主要是起点和持续性。任务的提出者或任务的执行者要及早启动评估，完成各类复杂度评价的第一次。评估的持续性更为重要，这是智能任务执行能力，也是智能发展、进化的源泉。

4.4.3 就绪度

就绪度是指主体能力与承担的智能任务的吻合程度。就绪度的度量值是[0～1]，如果是 0，则说明该主体完全没有完成该任务的能力；如果是 1，则说明该主体充分具备完成该任务的能力；中间的值，则是代表不同的就绪度。

就绪度的范围在逻辑上包含主体相对于任务所有能力的状态，有多个子指标构成，如组合智能主体中主导方对其他主体的协调能力、主导方对资源的获得能力、主导方对问题求解策略的把握能力、主导方对求解过程及结果的评价与学习能力，相关非生物客体的逻辑能力、计算能力、行为能力，组合主体功能集合与任务的一致性，组合主体拥有的信息及其表征对问题求解的完备性等，问题求解过程的路径确定性是其中之一。

就绪度评价就是评估一次智能任务执行过程及其结果对主体就绪度的贡献。就绪度不是智能事件复杂性的度量。复杂性与就绪度之间是相关关系，如主体对问题求解策略的把握、资源获得性是两种评价共有的，但评价的目的不同，计算方法也会有不同，不存在必然的一致性。

就绪度测度基于不同的主体和不同的任务类型，有些很复杂、有些很简单。前述所有就绪度指标，测算的基础是评价提升的计量方法及此前的记录或评价结果。以主导方对资源的获得能力为例，在起始时，可以是一个定性的评价，如能、不能、基本能等，而在过程结束时，可以形成定量评价，即获得的资源与实际使用过程及结果的比对。比对至少可以从两个维度着手，即速度和成本。速度可以通过资源量的多少，找到最快速度的资源量组合；成本同样可以通过不同的资源量找到最少成本的组合，至于速度优先还是成本优先，则根据任务的性质或要求。这是一个例子，实际上所有就绪度指标都可以通过这样的方法，实现定量测算。

对于任意一个智能主体承担的一项职能任务，列举需要评价的所有子项，对所有子项进行评价，给出[0～1]的数值，1 为最高标准，0 为完全不能达到。至于汇总，可以是简单汇总，各项值相加除以项数，得到 0～1 之间的一个数值就是最终评价；也可以自己定义各项的重要性并加权评价，各项值保持在 0～1 之间。

4.4.4　成熟度

成熟度是度量给定主体执行给定任务的确定性，对理解智能发展和问题求解，并在此基础上加快智能发展步伐，成熟度评价具有重要作用。确定性有三个要素构成，主体对问题求解策略把握程度、功能对策略实施所需功能的满足度、信息对策略实施的完备度。下面讨论成熟度评价的方法和测度。

设一个智能主体完成一件智能任务的所有路径数为 n。

若所有执行路径是确定的，其功能和信息均是完备的，则称该主体完成该智能任务（以下简称为该事件）的成熟度为 1。

若所有路径都不确定，所有路径的信息和功能均不完备，则称该事件的成熟度为 0。

设该事件成熟度为 π，则

$$\pi=(\pi a+\pi f+\pi i)/3，0\leqslant\pi\leqslant 1$$

其中：πa 是该事件中，智能主体相对于承担的智能任务 Π 的成熟度，指该事件中主体对任务求解路径的把控程度，取值范围为[0～1]。若该事件实际存在 10 条路径，而主体只能把握其中的 8 条，则 πa=0.8。

πf 是该事件中，智能主体拥有的功能集合相对于智能任务 Π 的完备程度，取值范围为[0～1]。若该事件需要 10 类功能，而主体只具备其中的 8 类，则 πf=0.8。

πi 是该事件中，智能主体拥有的信息集合及其表征力相对于智能任务 Π 的完备程度，取值范围为[0～1]。信息的完备度要复杂一些，是事件成熟度的核心指标，在下一小节专门讨论。

上述 3 个子项的测度是简单平均数还是加权平均数，可以各自设定，只要保持一个主体的测算使用一种计算方法即可。

智能成熟度评价是评价该事件对主体成熟度提升的贡献，基础是与该事件相同的前一事件的评价结果。有了前一事件评价结果，就有了该事件的贡献，可以具体到主体性、功能和信息的具体进展。

对智能主体成熟度评价的分析说明智能的发展寓于一个个主体执行一项项智能任务的过程中，这样的任务既有社会维持正常运作的所有管理或生产、生活类事务，也包括各种创新、发明、科学探索类事务，以主体和事件为基础、前后相继、度量一致、落实到主体学习过程的评价是智能发展的有效途径，成熟度也就成为智能发展的核心指标。

4.4.5 完备度

完备度是指一个智能主体在执行一项智能任务（以下简称为该事件）时，该主体所有成员拥有的关于这一任务的信息状态。完备度评价则是该事件结束后对主体拥有的信息增长了多少的测算，或者称该事件对完备度的贡献。

所谓该主体的所有主体是指构成一个组合智能主体的所有人及非生物智能客体。这样的组合主体通常与承担的任务相关，为完成一项智能任务而成立，如果这样的任务是偶发的，甚至只发生一次，则是临时性组合智能主体；如果这样的任务是多发的甚至在一个时期是持续的，就变成一个稳定的组合智能主体。

要对该事件的信息完备度进行评价，就要先具体分析在组合智能主体中，谁、拥有什么样的信息。谁，即拥有关于该事件信息的成员，组合主体中的人都具备这个资格，对于非生物智能体则必须是可以处理和保存信息的设备或系统。拥有什么样的信息，相当于当前任务，所有合格的成员都可以一分为二，相关的和不相关的。对于不相关的信息不予分析。相关的信息又可以分成控制、执行、分析三大类，三类信息又分成所有主体共同理解的、只有人可以理解的和只有数字设备或系统可以理解的三大类。

信息完备度中的信息，不同于一般的知识或信息的范畴。包含了关于行为和过程控制的描述、各类功能的描述、关于与任务和任务执行的相关描述。信息完备度中的信息表征，不同于人工智能的知识表示，是所有关于任务及任务执行的控制、功能和信息及其表征。

我们已经区分出一个智能事件的两类主体、三类信息，共有六类组合，而这 6 类信息又有显性和非显性之分。下面为信息的完备度评价，分别对这 6 类信息进行分析。

人拥有的控制信息是指关于该事件执行的策略、路径、资源调配、根据执行状态对控制的调整等与控制指令相关的信息及其表征。表征有显性和隐性之分。显性表征是指这种信息的描述被客观记录下来，能为同一智能主体中的其他人和各非生物智能客体所理解。隐性表征是指这种描述存在于特定主体的大脑中，与别的主体通过语言或约定的其他表述方式实现，与非生物智能体则对其控制件的操作实现。

人拥有的功能信息是指人在该事件中执行时使用的功能及这些功能的表述。对功能的表述是完备度评价的基础。如果功能不是清晰地表述出来，为该组合智能主体中其他成员所理解和使用，就会影响该主体的能力，也不能进行客观的评价，评价之后也不能为学习提供精准的定位。

人拥有的关系任务的描述信息是指人对该事件涉及任务所了解的

各类信息及其表述。表述的作用与功能信息的表述相同。

非生物智能客体拥有的控制信息是指已经被赋予的过程、分析、判断、推理策略等信息。由于信息是赋予的，所以一定是显性表述的[6]。

非生物智能客体拥有的功能信息是指与该事件相关的功能信息。一般地，功能是赋予的，是人设计出来的，这样的信息应该是显性表述的，是可以为该组合智能主体中的人及具备该功能的其他客体理解和使用。

非生物智能客体拥有的关于任务的描述信息是指赋予的与任务相关的描述信息，显然也是显性的。

对上述6类信息的讨论用两个例子来说明。第一个例子说明主体的3类信息完备度，第二个例子说明非生物智能客体的3类信息完备度。

第一个任务是关于发明一套离散制造生产线上自动化设备。第二个任务是用这套设备制作不同规格的产品。

假设第一个任务涉及生产线上3项前后相继的操作（部件组合、焊接、精磨），该条生产线生产3种规格的产品，前道工序已经自动化，后道工序依然是手工过程，且该任务此前没有同类任务完成的先例。

为完成这个任务，组织了6人研发队伍：3个分别熟悉3项操作的技术骨干（A、B、C），一个项目负责人兼总设计师（D），一位负责硬件研制的工程师（E）和一位负责软件和算法的工程师（F）。调配了若干台研制用的设备，其中4台是数字设备，仿真计算机（G）、操作机械手（H）、焊接机械手（J）、磨削机械手（K）。

假设D的控制性信息分别是分工、计划、调度、审定、应急5项，分别以Dc1～Dc5标识；功能性信息分别是该套自动化设备的外形总成设计、工艺总成设计、软件需求定义、预算、资源获取5项，分别以Df1～Df5标识；信息性信息分别是3道工序的信息、3种规格产品的信息、参与人员的信息、拥有的设备的信息、经费工期等性能工程项目信息5大类，分别以Di1～Di5标识。所有的3大类15小类的信息，都可以也必须继续向下细化，直至实现根据信息的使用目的分别达到精确定义、精准操作、数字设备可以理解和执行的表征，即显性信息结构。

假设E的控制性信息分别是3道工序的物件移动控制策略、力的来源及控制策略、3种规格产品的参数识别与加工控制策略、前道工序衔接策略、后道工序交付策略5项，分别以Ec1～Ec5标识；功能性信息分别是组合工序部件组合需求及运动功能信息、焊接工序焊接需求及实现信息、精磨工序的光洁度需求及实现信息、研制设备的技术参数及达到本项目需求的实现过程信息、新设备硬件的组成信息5项，分别以Ef1～Ef5标识；信息性信息分别是3道工序的部件运动、操作运动、力与部件和操作运动协同信息、新设备硬件部分的规格与参数、新设备各构成硬件的详细说明5大类，分别以Ei1～Ei5标识。与D的要求一样，所有的信息都要细化到规定的程度为止。

假设F的控制性信息分别是从感知或得到加工部件规格之后确定3道工序总的和分的逻辑流程及控制策略、3道工序所有物理运动的软件实现策略、与加工过程精度要求一致的感知策略、与感知一致的加工过程分析判断和调整策略、与调试和评价一致的软件实现策略5项，分别以Fc1～Fc5标识；功能性信息分别是组合工序部件组合需求及运动功能信息、焊接工序焊接需求及实现信息、精磨工序的光洁度需求及实现信息、研制设备的技术参数及达到本项目需求的实现过程信息、新设备硬件的组成信息3道工序的物件移动控制策略、力的来源及控制策略、3种规格产品的参数识别与加工控制策略、前道工序衔接策略、后道工序交付策略等由D及A、B、C 3位工人确认的相应实现过程结合在一起的软件功能实现5项，分别以Ff1～Ff5标识；信息性信息分别是前述软件及系统的详细说明等，分别以Fi1～Fi5标识。与D的要求一样，所有的信息都要细化到规定的程度为止。

假设A是负责第一道工序的技术工人，他的控制性信息分别是作业流程、分辨部件2项，分别以Ac1、Ac2标识；功能性信息分别是本工序部件组合操作、后道工序移交2项，分别以Af1、Af2标识；信息性信息分别是本道工序流程的描述、3种规格部件的描述、每项动作的精确描述（力度、方向、精度要求等）、前道工序接口描述、后道工序接口描述5大类，分别以Ai1～Ai5标识。与D的要求一样，所有的信息都要细化到规定的程度为止。

假设 B 是承担第 2 道工序的技术工人，他的控制性信息分别是分辨需要焊接的部件、根据部件确定焊接流程、确定焊料规格、确定焊接方式 4 项，分别以 Bc1～Bc4 标识；功能性信息分别是 3 种规格部件的焊接作业、换焊料、调整焊接部件位置、后道工序移交 4 项，分别以 Bf1～Bf4 标识；信息性信息分别是焊接工序的描述、3 种规格部件焊接要求描述、焊接使用的焊料描述、换焊料的动作描述、焊接动作的精确描述（力度、方向、温度要求等）、前道工序接口描述、后道工序接口描述 7 类，分别以 Bi1～Bi7 标识。与 D 的要求一样，所有的信息都要细化到规定的程度为止。

假设 C 是承担第 3 道工序的技术工人，他的控制性信息分别是分辨部件、3 种规格部件精磨工艺流程控制 2 项，分别以 Cc1、Cc2 标识；功能性信息分别是 3 种规格部件的精磨作业、换模具、调整磨整部件位置、后道工序移交 4 项，分别以 Cf1～Cf4 标识；信息性信息分别是磨整工序的描述、3 种规格部件精磨要求描述、磨整使用的模具描述、换模具的动作描述、磨整动作的精确描述（力度、方向、注水降温等要求）、前道工序接口描述、后道工序接口描述 7 类，分别以 Ci1～Ci5 标识。与 D 的要求一样，所有的信息都要细化到规定的程度为止。

假设 G 是承担仿真任务的计算机，它的控制性信息是根据输入启动相应的仿真程序，以 Gc1 标识；功能性信息分别是被赋予的所有仿真程序的功能、调用这些功能的功能 2 项，分别以 Gf1、Gf2 标识；信息性信息分别是所有程序的全部文档以及计算机的操作手册、维护手册等。这些信息是按标准记录的，具有良好的显性结构特征。如果文档维护自动化，则信息的表征还需要在实现人与计算机共同理解上进一步提升。

假设 H 是操作机械手，它的控制性信息是分辨进入操作台的部件，并根据确定的部件决定作业流程 2 项，分别以 Hc1、Hc2 标识；功能性信息分别是抓部件动作（力度、角度、空间运动轨迹）、部件移动的动作（力度、角度、空间运动轨迹）、动作间调整的动作 3 项，分别以 Hf1～Hf3 标识；信息性信息分别是所有软件的全部文档以及操作手册、维护手册，特别是功能的描述。这些信息也是按标准记录的，具有良好的显性结构特征。如果文档维护自动化，则信息的表征还需要在实现人与计算机共同理解上进一步提升。

假设 J 是焊接机械手，它的控制性信息是分辨下一个需要焊接的部件，并根据确定的部件决定作业流程 2 项，分别以 Jc1、Jc2 标识；功能性信息分别是换焊料、按焊接流程焊接、调整部件的位置或角度、焊接效果感知、根据感知调整或继续焊接流程、焊接过程中机械手的移动（力度、角度、空间运动轨迹）、焊接过程电流控制、上道工序接口功能、下道工序接口功能 9 项，分别以 Jf1～Jf9 标识；信息性信息分别是所有软件的全部文档以及操作手册、维护手册，特别是功能的描述。这些信息也是按标准记录的，具有良好的显性结构特征。

假设 K 是磨削机械手，它的控制、功能、信息的类型、表征类似 H、J，不做详细介绍。

完成这项创新工程，假设主要有 5 项关键任务：一是形成完整的工艺数据链。通过 3 个工人的回忆、操作、与其他操作工的比较，将 3 道工序分解到机械可执行的最小单元，将每个单元的逻辑过程和物理过程转换为统一的人和仿真计算机能识别的格式化表征，再将一个个分解的动作合成一条完整的数据链。二是将这样的数据链通过仿真、与工人的交互，确定工艺流程、每个动作的感知—反馈—控制模式、每个动作的空间运动轨迹函数、每个动作的力度及其实现、焊接和精磨动作的功能实现，构成一个数字化的工艺流程以及相应的模块、算法，完成逻辑过程。三是设计该套设备的硬件，并进行开发、组装。从工业设计到每个功能实现的硬件，什么功能可以利用现有的设备、什么功能需要在现有设备上改进、什么功能自行研制硬件更为合理，用不同途径分别实现。四是根据确定的硬件和逻辑过程编制软件。五是软件与硬件组合，并反复测试、调整、改进，直至任务的完成。 有过程信息，并自动规范为机器和人都能理解的表征，作为逐步求精的基础。

在这样的智能任务中，任务求解策略的逻辑、工艺流程或作业空间轨迹的算法，都是选择已有的策略或算法，一般地都存在于 D、E、F 三人的知识和经验中，研制的过程只是选择恰当的，并通过反复的仿真和试错，求出最适合的参数。

第二个任务是用这套设备制作不同规格的产品。当该套设备接到上道工序传过来的工作部件，即启动感知，辨认工作对象，确定工作对象之后，即按设定的流程启动相应功能，直至完成3道工序，交由下一道工序。这个过程的实施，表面上是自动化的，没有人的干预，本质上依然是人主导的组合智能主体在执行。这是因为设备的所有能力都是人赋予的，而且没有赋予它自我演进的功能，生产过程中发现问题的解决和设备通过使用提升性能由人最后决策。

每一个加工过程结束之后，根据最后产品质量检验的结果，该设备应该自动执行一次评价，对每个动作和逻辑流程进行全面的比较，找出不同、分析原因。如果发生了不合格或更好的质量，人与设备应一起分析原因，并将结果作为设备软硬件完善的起点，设备在使用过程中继续完善。

这两个智能任务执行的分析，对信息完备度及其在智能任务发展、进化和使用中的作用，做出了最好的诠释：一是智能任务的执行基于完备的数据链，数据链的质量决定了任务完成的复杂度和结果的质量；二是在组合智能主体的场景，数据链的信息表征必须能为所有主体理解和利用，也就是信息结构必须是显性的；三是进展和完善首先体现在数据链上，数据链是这些进展的主要载体；四是数据链是跨形态、跨主体、跨功能、跨任务的；五是智能任务完成的特征是与社会发展的水平，即智能的环境要素紧密相关，前述第一个任务，如果缺乏有经验的软硬件工程师、熟练的技术工人、相应功能的软件和硬件的基础，换言之，放到20世纪80年代之前，几乎是不可能完成，或者需要耗费很长的时间和巨额的资金；六是数据链及其表征能力不仅是为这两项智能任务的进一步提升，而且是整个社会的相关能力提升的基础和载体；七是信息完备是指任务相关的所有内容，逻辑、算法、策略、模型、物理运动都是信息记录和表征内容，构成了智能发展和进化的客观基础。

因此，完备度评价的主要测度是数据链的完整性和恰当的表征方式。同所有的智能使用评价一样，完备度评价启动于特定智能主体与智能任务执行后，是与同主体或同类型任务此前执行的结果进行比较，基于此前执行过程的详细记录。

数据链对数据链的比较，可以具体到控制、功能、信息三类信息中最小的描述单元，整个数据链中存在的任何差别。不仅可以计量，更可以进行具体的完善。

表征方式的比较基于组合智能主体执行过程、学习过程、评价过程不同主体间顺畅性。这样的比较可以计量，更重要的是发现什么信息、什么环节、什么过程不同主体之间不能交互、不能直接调用，成为完善的基础。

两个例子说明在实际的智能事件中，信息都是可显性表述的，只要将代表智能任务的对象系统定义清楚，在人与数字化设备、软件工具的协同下，将每一次智能任务执行过程根据需求详细记录，就能形成完整的关于该对象系统的完备显性信息结构，成为成熟度提升的基础。

4.4.6　有效性

有效性是指完成一项智能任务所支付的成本或所占用的资源尽可能少。有效性评价是测算两次同一种任务执行过程哪一次更有效。有效性评价的目的是寻找更有效的智能任务分工模式，更合理地选择智能任务，从个体有效性转化为社会有效性。

有效性的主要指标是资源占用量和价值。资源占用量包括所有在任务执行过程中直接或间接消耗的资源，人、设备、能源、材料等。价值是指被执行的智能任务在社会运转和发展中的价值，可能是直接或间接的经济价值，也可能是社会价值，还可能是个人的特定价值。

有效性是智能进化和发展的一条基本准则。生物智能发展的过程中，代谢、行为、认知功能中无效或效率不高的都被“物竞天择”的原则淘汰了。在非生物智能发展过程中，有效性原则促使能源技术、机械技术、计算技术优先发展，在替代人的体力和复杂计算任务的同时，推动了社会的进步。

有效性的第一要义是任务本身的价值。在本章讨论的智能事件和智能任务中，每一类都有其存在的理由，是有价值的。所有智能体的内部事务是必需的，没有这些内部任务，不是智能体消亡就是能力不能充分发挥；所有的与社会运转相关的任务是必需的，没有这些任务，社会不能正常运转；创新和研发是必需的，没有这些任务，社会长远发展失去基础；人的能力释放或休闲是必需的，没有这些任务，人的正常生活就会受影响。但是由于各种原因，会诞生一些、有时甚至大量没有价值的智能任务，几乎存在于所有社会中。因人设事、信用缺失、流程冗余等，都是导致无效任务的原因。有效性评价有助于发现这些无效智能任务，减少无效任务。

有效性评价的另一个基础是可替代性。如果没有可替代性，有效性评价的结果不能落实，在现实世界，很多任务是不可替代的。所有主体的自身的或内部的任务是不可替代的，很多家务是不可替代的，跨机构的任务可替代的也不多，跨国家的很多任务也不可替代。

现实世界同样存在大量可替代的任务，人工为主的生产线和自动化生产线、教育医疗等社会服务、研究和创新、管理类任务，存在选择不同主体的可能。

同样功能的智能主体，不同的目的，有效性评价不同。如 AlphaGo 这样的人工智能，用于陪下围棋与围棋比赛，目的就大不相同，性能要求不同、评价的指标不同、占有资源不同、创造的价值不同，前者具有商业价值、只需要很少的计算资源，后者具有研究价值、需要大量的计算资源。就是 AlphaGo，2017 年的能力远强于 2016 年时，但计算资源的需求却有了一个数量级的下降。

有效性评价就是促使资源使用的下降和价值的增加。

4.4.7 增长性

增长性是指智能主体在执行智能任务后获得的增长，包括主体性、功能和信息的增长，并通过个别主体的增长为社会整体智能增长做贡献。

主体性增长是指一个智能主体在问题求解策略、控制逻辑、分析判断能力、协调能力等方面能力的具备和发展；功能增长是指一个智能主体执行智能任务的各项功能的具备和发展；信息增长是指一个智能主体执行一项智能任务时拥有的信息的增加和表述能力的提升。

增长性评价的测度在前述不同的评价中已经讨论。

在智能进化的当前阶段，增长的关键是跨主体增长，融合不同的智能要素，将异质转化为同质，即如何使不同主体、不同主体类型共享增长的成果，即控制、功能、信息。通过完备性分析，已经看到，跨主体增长的基础是信息的完备性，尤其是显性信息结构的完备性。

4.4.8 小结

本节对智能使用的所有评价都是测算任务执行后对执行主体能力在什么地方、提升了多少。因此，承担评价的主体由该事件的执行主体，或者是通过评价能对自身的智能发展有现实意义的主体承担。

智能任务是具体的，所以评价必须是针对具体的智能任务。

智能主体是具体的，是在执行一个个具体的智能任务中发展的。具体而又重复的智能任务需要重复评价，只要重复是有意义的，就是不可简约的。如果重复没有意义，这样的智能任务就不应该存在。所以评价必须针对特定主体执行特定智能任务，也就是前述简称的该事件。

智能的评价是服务发展的，所以评价的目的是找到该事件与前一事件的进步，评价的结果如何成为该主体学习的对象，并融入到该主体的主体性、功能和信息中。评价的度量就是基于前一事件的记录，记录的一致性需要主体维护。

对同类任务由不同的主体执行、同一主体执行不同类型的任务进行评价，对智能的发展和使用也存在一定的意义。只要存在测算的基础，并能将评价成果落实到主体能力的提升中，就可以或应该进行评价。

4.5 本章小结

本章讨论智能事件、智能任务、智能使用和智能评价，通过分析，得出了如何在现实世界中客观认识智能的几个重要结论。

在人的主导下，人与非生物智能客体共同完成各类智能任务是当前的主要模式，而且这一模式还将持续下去。这是研究智能使用和发展的基本出发点，或者说是前提。

人与非生物智能客体的有效协同、融合增长是智能发展和使用有效性的关键环节。这是本节通过对智能事件、智能任务、智能使用和评价的分析得出的重要结论，而解决这一问题的技术和逻辑基础就是相对于不同类型主体完备的显性信息结构。组合智能主体的主体特征与自动化系统发展的实践，为走向一个个具体智能任务的显性完备信息结构提供了可行的路径。《论信息》中信息结构可显性，信息结构显性的动力是客观存在，相对于特定目的或任务的显性信息结构可完备性等结论可以在这里找到例证[6]。

注：

[1] （美）迈克尔·加扎尼加著，人类的荣耀——是什么让我们独一无二，彭雅伦译，北京联合出版公司，2016 年，第 200-231 页。

[2] 参阅（爱沙）杜马（Dumas M.）、（荷）阿斯特（Aalst W.）、（澳）霍夫斯太德（Hofstede A.）著，过程感知信息系统（英文原名：Process-Aware Information System），王建明等译，清华大学出版社，2009 年。

[3] （美）George F. Luger 著，人工智能　复杂问题求解的结构和策略（原书第五版），史忠植、张银奎、赵志崑等译，机械工业出版社，2006 年，第 15 页。

[4] （美）Stuart J. Russell and Peter Norvig 著，Artificial Intelligence, a Modern Approach, second edition, Pearson Education, Inc. 2003 年，第 32-55 页。

[5] （美）Alexander M. Meystel, James S. Albus 著，智能系统——结构、设计与控制，冯祖仁、李仁厚等译，电子工业出版社，2005 年，第 124-144 页。

[6] 杨学山著，论信息，电子工业出版社，2016 年，第 129-146 页。

第5章

智能的逻辑

本章总结了智能逻辑的10项准则，这10项准则存在于智能进化、发展和使用过程中，并决定了智能进化、发展和使用的形态。

5.1 语义性准则

智能和语义紧紧连接在一起。任何智能行为的信息处理过程都以语义信息为主。在第 2 章中已经指出，智能的基础是信息，信息是智能发生发展的基础构件，如同材料之于工业。这里的信息使用的是《论信息》中对信息的定义，即是它所代表的客体的含义，就是语义[1]。智能行为基于信息的语义，智能的逻辑必然基于语义逻辑。

5.1.1 智能进化中的信息过程语义性

在 3.2 节和 3.3 节中，已经从多个角度讨论过生物智能的信息处理是语义的。生物进化过程清晰地说明，代谢、遗传、认知等功能的所有信息过程都是基于语义的。代谢过程，例如光合作用的信息过程，传递的是精准的语义；遗传过程，传递的是生物特征和生长过程的精准信息；认知过程，如视觉成像，从对光线的感知到成像、传送到大脑皮层指定的区域完全是语义的、结构化的，非计算的；所有这些过程处理或利用的信息，不仅都是语义的，而且对无关的或不感兴趣的信息，均被忽略或过滤掉。

生物体信号传导的高度特异性和敏感性，源自生物体第一及第二信使分子及受体分子之间精确的互补性，源自特定的信号分子的受体以及一个特定信号通路的细胞内蛋白只存在于某些特定类型的细胞中。换言之，生物体信息传输的语义性是基于特定的分子、规定的通道和信使—受体之间的化学特征及特定区域的结构或化学特征实现的[2]。

绝大部分计算机信息处理过程是对信息的外壳，即符号处理，在很多场合就是对 0/1 字符串的处理，然后通过各种方式将处理结果转换为语义。形式处理结果转化为语义存在于绝大部分今天的信息处理中，如数值计算，根据数据模型转换，声音处理、图像处理、自然语言处理、模式识别等都是这样的过程。

语义处理则在每一个处理环节对处理对象都以其代表的含义为基础，不是在处理结束再做转换。感知、物联为基础的信息处理大都是语义处理。以火电机组为例，从燃料进入、蒸汽产生和输送、发电机组运转到电力并网等所有的工序都是自动的。在各个环节，根据控制、调节的需要，设置了数千个传感器，每个传感器感知的对象和范围、取值范围和方式、信息传输方式和目的地都是事先根据判断整个系统运转的需求设定的。信息接收的地方就是对信息分析判断的地方，根据传感器传送的每一组信息所代表的含义进行分析处理，做出判断和决策。

生物体和非生物智能系统对信息处理的经验说明，基于语义是信息处理最有效的方式。感知的信息没有冗余，信息传输没有迂回，信息处理即时、实地，也无需对感知的信息用复杂或简单的算法进行学习、归类，再用作分析决策。最少信息冗余、最短信息传输距离、最直接的处理过程，基于语义的处理是最有效的。

比较人对猫的认知过程和以无标识、无监督方式的神经网络学习过程认识猫，就可以看到语义处理与形式处理的重大区别。婴幼儿对猫的认知过程直接、有效。几个月大的婴儿看到一只猫，不认识，也不会问，直接存储在大脑皮层规定的区域；等会说话时，再看到猫，就会问身边的人，这是什么，当被告知是“猫”时，他/她会将这个音与这个图像连接起来，几次重复就成为稳定的记忆，也就是神经元突触间稳定的连接；等认字后，他/她就会将“猫”这个字与“猫”这个音，以及“猫”这个图像连接起来；以后无论看见什么样的猫，或听到猫的声音，看到“猫”这个字，都会自动将这些关于猫的信息连接起来；到后来，又在学校学习了动物学，更多关于猫的知识，猫在动物学中的位置，猫与其他动物的异同，与此前的图像、声音和文字全部连接在一起，成为他/她理解猫的基础。整个过程很少使用逻辑，从不使用算法，简单、直接、有效。所有的功能实现，则是生物数十亿年进化的结果，绝不仅仅是现代人发展的功能。

5.1.2 智能行为中的语义处理和形式处理

我们称一个智能主体执行一项智能任务为一件智能行为。在有些智能行为中，信息的语义处理与形式处理并存，而且会长期并存。

所有在大量信息中的搜索、物理运动的仿真、按照算法得出结论的计算等，都需要用信息形式处理的模式，然后通过给定的转换方式，将结果转换为与目的相关的结论。所有这类智能任务，问题空间、路径空间和解空间都是有限的。当出现以前曾经实现过的计算需求时，就可以直接给出答案，无须再次计算。处理次数足够大时，就可能遍历所有路径空间和解空间，这样的过程就全部由形式处理转化成为语义处理。

显然，无须计算，直接给出语义答案的过程远比通过计算和转换达到结果要有效、成熟，这就是对 4.4 节中关于智能使用有效性和成熟度分析的再一次说明。

可以推论，一个智能主体的生命周期中，随着智能的发展，信息的形式处理将日益减少，信息的语义处理日益增多。

同理，作为整体的智能发展和智能进化，信息的形式处理将日益减少，信息的语义处理将日益增多。这是智能语义性的重要结论。

5.2 结构准则

智能的进化、发展、使用的逻辑起点是最小智能单元。由控制、功能、信息三个要素构成的智能单元逐步进化、发展，构成了林林总总的现实智能。

5.2.1 结构准则

智能的进化和发展基于智能的结构。理解、分析、构建智能结构，需要对结构准则及其一系列相关概念恰当定义，并给予恰当的解释。

结构准则是指任一智能主体拥有的智能是由一个个结构化的单元构成。

任一智能主体囊括了人、非生物智能客体、组合智能主体等所有的智能主体。

非生物智能客体的智能是赋予的，是完全结构化的。

人的智能是高度结构化的。人的所有智能行为——学习、工作、生活、释放自我等，都是基于语义，语义通过特定的结构成为人的所有智能行为的基础，而智能行为的控制和功能也是通过认知、行为、生理、遗传等过程中结构化模块实现的。

对人的认知或智能的研究还没有将这样的结构全部揭示出来。也就是说整体上是主体本人可利用的隐性结构，局部已经显性。显性通过主体自身的描述和仿真的迭代实现。所有替代人的能力的系统，或多或少地将相应的人的该功能显性表征出来。

在组合智能主体和非生物智能客体的发展中，或在自动化、智能化过程中，必然会将有必要的人类智能结构显性表述。

智能结构的逻辑起点是最小智能单元，而最小智能单元又由最小主体单元、最小功能单元、最小信息单元组成，下面分别定义。

5.2.2　最小主体单元

具有控制和调用功能与/或信息单元作用的最小单元称之为最小主体单元，简称控元。

这个定义明确了该单元的特征，是代表主体调用功能或信息单元，以实现主体需要执行的某个智能行为。在第 2 章中，我们已经规定主体性是使智能主体的行为代表主体意愿，不是行为本身，所以主体单元是概念性的，不是功能性的。

这个定义明确了该单元的不可分割性。作为智能单元的不可分割相对于表述的主体意愿，如果体现一个特定的主体意愿需要一组不可分割的主体单元实现，则这些主体单元也是最小单元。

最小主体单元1（Am1）
描述（D）
d1:[d11,d12,d13,……]
d2:[d21,d22,d23,……]
……
dn:[dn1,dn2,dn3,……]
调用（T）
tf1:[t11,t12,t13,……]
tf2:[t21,t22,t23,……]
……
tf1:[tl1,tl2,tl3,……]
ti1:[t11,t12,t13,……]
ti2:[t21,t22,t23,……]
……
tiq:[tq1,tq2,tq3,……]

图 5.1　最小主体单元示意图

如此定义的主体单元是描述性单元。详尽描述一项代表主体意愿的控制，其目的、属性、与其他主体单元的关系，以及实现控制功能对功能单元与/或信息单元的调用过程。

调用过程的实现是功能性的，按照第 2 章三要素的定义和相互关系，控制的实现属于功能的范畴。

最小主体单元的结构如图 5.1 所示。

图中，tf 表示对功能单元的调用，ti 表示对信息单元的调用。不同的主体、不同的功能，其描述模式存在极大的差别。生物大分子、蛋白质结构，机械的齿轮、传动、敏感元件，记录信息各类符号都可以作为描述的载体，并通过结构来实现描述。

图中所有具体的描述，如 d1、tf1、ti1 等都称为智能单元的构件，简称智能构件。

5.2.3　最小功能单元

具有智能行为中任何执行功能的不可分割单元称之为最小功能单元，简称最小能元。

这个定义明确了该单元的特征，是主体完成智能任务所有实际动作的执行者，是作业性的单元，包括逻辑和物理两种作业。它接受主体单元的调控，可以调用需要的信息单元。功能单元还具有描述特征，需要对具备的功能和如何实现进行详细的、智能行为相关主客体能识别、利用结构化描述。

这个定义明确了该单元的不可分割性。作为功能单元的不可分割是相对的，取决于特定智能行为中功能的不可分割性。

作为三种智能单元构件中唯一具备作业能力的单元，在所有具有物质性作业的单元中，含有与物质性部件的接口或该物质性部件就是单元的组成部分。如人的拍手功能单元，手是该单元的构成部分；自动化的拧螺丝，该机械手是拧螺丝功能单元的组成部分。

最小功能单元，其结构如图 5.2 所示。

```
最小功能单元1（Fm1）
  功能描述（D）
    d1: [d11, d12, d13,......]
    d2: [d21, d22, d23,......]
    ......
    dn: [dn1, dn2, dn3, ......]
  调用（T）
    ti1: [t11, t12, t13,......]
    ti2: [t21, t22, t23,......]
    ......
    tiq: [tq1, tq2, tq3, ......]
  接口（S）
    s1: [s11, s12, s13,......]
    s2: [s21, s22, s23,......]
    ......
    sq: [sq1, sq2, sq3, ......]
```

图 5.2　最小功能单元结构示意图

其中，功能描述和调用与图 5.1 相同，功能描述中包含连接的功能描述，调用只针对基本信息单元。接口是调用外部工具或自身所拥有工具的描述及物理接口。

5.2.4　最小信息单元

最小信息单元是指只含有描述信息，不具备控制和功能、不可分割单元，简称最小义元。在智能单元的构成中，最小信息单元数量最多。

这个定义明确了该单元的特征，就是对智能任务相关的所有对象的描述。对控制和功能单元的补充性描述，对智能任务的所有描述，对主体在过去所有智能行为的详尽描述，对主体拥有的知识、经验和信息的描述，控制单元、功能单元、信息单元间及多重关系的描述等，都是信息单元的对象。

该单元的不可分割性是相对的，取决于主体对描述对象的已知程度，也取决于特定智能行为中对信息单元的调用特征。

最小信息单元的结构如图 5.3 所示。

```
最小信息单元1（Im1）
  描述（D）
    d1:[d11,d12,d13,......]
    d2:[d21,d22,d23,......]
    ......
    dn:[dn1,dn2,dn3,......]
  连接（C）
    ca1:[a11,a12,a13,......]
    ca2:[a21,a22,a23,......]
    ......
    ca1:[aw1,aw2,aw3,......]
    cf1:[f11,f12,f13,......]
    cf2:[f21,f22,f23,......]
    ......
    cf1:[f11,f12,f13,......]
    ci1:[i11,i12,i13,......]
    ci2:[i21,i22,i23,......]
    ......
    ciq:[iq1,iq2,iq3,......]
```

图 5.3　最小信息单元示意图

与最小主体单元和最小功能单元相比，最小信息单元的特点是关于连接的描述。连接在智能结构、智能逻辑和智能计算中居于核心位置，关于连接的描述数量远大于对对象客体的描述。图中例示了三种连接，即主体、功能、信息，不仅说明了该单元与主体单元、功能单元和其他信息单元的连接，如果该信息单元是主体、功能的描述，就包含了主体与其他主体、功能和信息单元的连接，包含了功能与其他功能、主体和信息单元的连接。也就是说，所有的连接在信息单元均有描述，即使这些描述可能已经在相应的主体、功能单元中为功能的实现做了描述。

5.2.5 最小智能单元及其存在

最小智能单元是若干个最小主体、功能、信息单元合在一起，具有最小行为能力的单元。

如此定义的最小智能单元是具备进化、发展、使用功能的单元，是所有智能主体智能的基本构件。换言之，智能是由最小智能单元为基本构件组合起来的。最小智能的基本逻辑结构如图 5.4 所示。

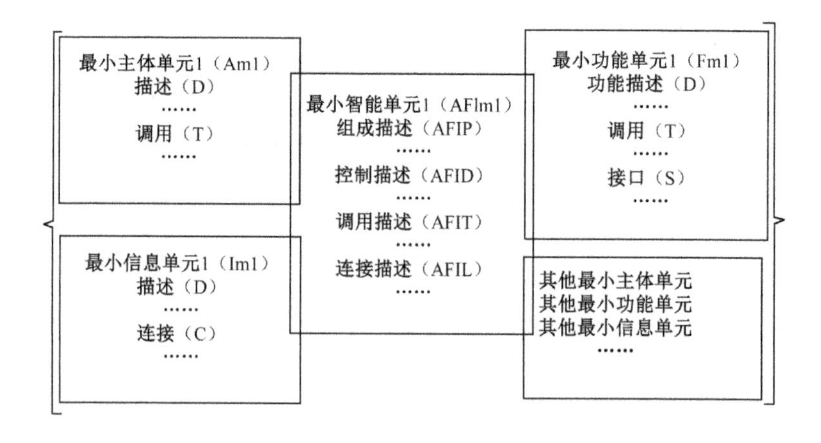

图 5.4　最小智能单元示意图

如此定义的最小智能单元具备多种存在形态，有的形态比较易于识别，有的形态比较难于识别，甚至难以理解。

非生物智能客体的智能单元，成立是显然的。迄今为止，所有的非生物智能客体，从数控机床、自动化生产线到人工智能系统，所具有的功能都是人赋予的。无论是其中的物理运动的构件，还是逻辑功能的构件，都是模块化的，其中的最小模块就是最小主体单元（控制功能）、最小功能单元（执行功能）、最小信息单元（说明、连接功能），合在一起，形成不可分独立行为能力（物理的或逻辑的）单元就是最小智能单元。

生物智能体的所有智能——作为客观存在的能力还是作为使用的行为，都是由最基本的智能单元构成的。第 2 章关于生物智能进化和发展的讨论，实际上也是对生物智能由最小智能单元出发不断进化、发展而成的证明。

组合智能主体目前还没有实现非生物客体直接调用人的特定智能的能力，但人可以直接调动非生物智能客体的任何功能。这种调用，如果作为一种智能行为，就是跨主体类型的最小智能单元。组合智能主体的存在是为了执行某项智能任务，最小智能单元及其构成部分，可以通过任务的执行得到证明。

5.2.6　从最小单元到单元构成的体系

最小单元是起点，任何主体拥有的智能是在最小单元的基础上扩展出来的复杂体系。扩展通过组合、分解、复制、融合等方式实现。单元构成的体系呈现并行与/或层次性结构。

1．组合

组合是指两个或两个以上智能单元构件或智能单元整体合并的逻辑过程。

智能单元的构件是指各类智能单元中的可独立描述的任意构件，

如图 5.1 中的 d1: [d11, d12, d13,…]与 d2: [d21, d22, d23,…]，将此两个构件合并为一个新的描述 d3，包含了 d1，d2 的所有内容就是构件的组合。

单元的组合则是将两个同类信息单元合并为一个信息单元。如图 5.4 是一个信息单元，如还有一个信息单元 Im2，则将 Im1 与 Im2 合并为一个新的信息单元 Im3 的操作就是单元的组合。

组合的条件是逻辑和内容上的可组合。逻辑可组合是指组合后单元的性质不变、语义上可解释。单元性质不变是指组合后，主体单元还是主体单元，功能单元还是功能单元。语义上可解释是指组合后的各个构件具有合理的语义解释，而不是不顾语义的简单拼接。

组合的前提是对主体有价值。价值可以体现在学习、执行智能任务、主体间交流等。

2．分解

分解是指一个智能单元的构件或智能单元整体分解为两个或两个以上构件或智能单元的逻辑过程。

分解是组合的逆操作。如图 5.1 中的分解为 d1 与 d3 两个构件：d1：[d11, d12, d13,…]与 d3：[d31, d32, d33,…]。

单元的分解则是将一个单元分解为两个或两个以上的同类单元。如图 5.4 是一个信息单元，则将 Im1 分解为 Im1、Im3 的操作就是单元的分解。

分解的条件和前提与组合相同。

3．复制

复制是指一个智能单元的构件或整个智能单元复制为两个或两个以上相同的构件或单元的过程。

复制是智能发展和使用的重要途径，在现实的智能任务中，有很多是重复的。当对其中一项任务的执行成熟之后，相应的智能单元可以通过复制来扩散。即使是不重复的智能任务，但在问题求解过程中存在很多相似甚至相同的子任务，这时，复制是最有效的学习过程。

复制可以在一个智能单元构成的体系的各个层级进行。前提只是需要与重复执行的任务或子任务的需求一致。

在一定意义上生物的遗传与复制具有共性。

4．融合

融合是指不同主体间和不同态主体间智能单元组合的逻辑过程。

前面讨论的智能单元组合、分解、复制都是指同一种形态的智能结构体系中，融合过程的组合、分解、复制则是在不同态之间进行。这里的不同态主要指两种场景，一是人与非生物智能客体，二是人与人之间。

不同态之间进行组合、分解、复制的操作是必要的。人与人之间的问题求解能力共享十分困难，一般以记录信息为中介。人与非生物智能客体之间的问题求解能力共享同样十分困难，一般以赋予方式将非生物智能客体可以处理执行的形态输入。随时的变动依赖于已经输入的功能。非生物智能客体在执行过程中新增的知识和信息与人的交换一般以记录信息方式作为主体析取的中介。

融合的最终目标是能实现人与人之间和人与非生物智能客体之间的实时转换，无需中介。通向这个目标的中间态是人与非生物智能客体共同理解的显性信息结构，智能单元的描述逐步趋向共同理解。

5．并行结构

并行结构相对于层次结构，即在整个智能单元的结构中，存在纵贯两个或两个以上层次，描述和功能基本一致，甚至完全一致的子结构，称为并行结构。

并行结构可以通过复制的方式形成，也可能是在主体执行智能任务时反复评价、学习的结果。

6．层次结构

层次结构是指在一个主体的智能构成中，存在显著的层次特征且上下层之间存在逻辑上的从属关系。

层次结构反映了智能任务存在层次结构的普遍性。

5.2.7 小结

结构准则是智能逻辑的基础。本节定义了结构准则，定义了最小主体单元、功能单元、最小信息单元和由这三类最小单元构成的最小智能单元。

定义了在最小单元基础之上的主要操作，即组合、分解、融合，由此构成现实的各个主体拥有的智能架构。

在智能架构中，信息单元数量最多，信息单元中描述连接的构件数量最多，连接是智能架构中最具特殊性的一类构件。

智能架构不是纯逻辑的，功能单元包含所有与执行智能任务相关的物理部件，甚至是庞大的生产线。

智能架构存在并行和层次两种主要构成特征，而针对问题求解的使用结构，则通过调用和连接组成。

5.3 具体性和有限性准则

具体性准则是说智能事件、智能任务和智能行为是具体的，智能结构的逻辑操作也是具体的，均不可约简、抽象。基于智能结构和具体性准则，任何主体的智能构件是有限的，任何智能任务涉及的智能构件是有限的。

5.3.1 智能任务和智能行为都是具体的

第 4 章已经定义了智能事件和智能任务。实际上，智能事件和智能任务是同一事物的两个视图，智能事件是客观存在的智能任务，智能任务是需要执行或正在执行的智能事件。如果将一个智能主体完成一项智能任务称为一次智能行为，则可以得出一个结论，任何智能行为都是具体的，集中作为智能行为对象的智能任务也是具体的，都不可约简，不能抽象。

服装厂生产 1 万套完全相同的服装，每套的生产过程都是一次智能行为，不能约简，必须重复一万次，完成生产（也是智能）任务。一个餐馆同时有 10 位顾客点了土豆丝，厨师必须炒出 10 份土豆丝，不能约简、抽象。小学生学习，同一个汉字抄写 10 遍，每个学生必须抄写 10 遍，不能约简、抽象。大学数学考试，如果有 100 个学生，每位同学必须做完，100 份卷子 1 份不能少，同样不可约简、抽象。日常生活，做饭、打扫卫生、洗衣服，日复一日、年复一年，必须具体做完每一次、每一项事务，不可约简、不可抽象。

根据第 4 章智能使用中的评价和学习的过程，在具体的智能行为中，后续的与此前的相比，逻辑过程可能简化、物理过程可能优化，但智能任务和智能行为本身却不可省略。

5.3.2 智能结构及其操作是具体的

无论是从属于主体的智能结构，还是服务于智能行为的智能结构都是具体的。智能结构发展过程中的组合、分解、融合可以采用逻辑算符表示操作逻辑特征，但操作本身是一个个具体的处理。数理逻辑、集合论等形式上适用的算符操作不适用于智能结构的相关操作。

所有的智能结构都是具体的，不可约简、不能以抽象方式表示。智能结构中存在冗余的描述项、构件或单元，对于这些冗余，可以通过连接表示，删除描述实体，但所有的含义或功能依然存在于相应的结构中，只是因某种原因改变了表述方式。服务于智能行为的智能结构，其构成中的冗余在具体的问题求解过程中是不可缺少的，所以不能删除；主体拥有的智能结构是针对功能特征或任务特征而构成一个个具体的子结构，子结构中或子结构间的冗余，同样只能通过连接减少描述重复，但作为具体的功能或描述，不能删除。

我们解析一次组合操作。

如图 5.1 中的 d1: [d11, d12, d13,…]与 d2: [d21, d22, d23,…]，将这两个构件合并为一个新的描述，包含了 d1，d2 的所有内容就是构件的组合。这里 d3 不等于 d1、d2 中的描述项合起来，即 d3: [d11, d12, d13，…，d21, d22, d23，…]，而是要分辨 d11, d12, d13，…，d21, d22, d23,…这些描述项中有没有重复的部分,有时候整个描述项没有重复,但其中的具体描述存在重复。如果 d1、d2 分属于不同的控制逻辑，甚至可能出现不一致的描述。

组合操作是具体地比较不同，然后构成新的 d3。若组合由非生物智能客体承担，存在不一致的描述，又缺乏如何组合的判断规则，或规则处理不了，还需要人具体判断。

单元的组合也不能用简单的合并操作，需要逐一分析和判断，形成新单元。将 5.2.2 节中所述 Im1 与 Im2 两个信息单元组合为一个新的信息单元 Im3，Im3 不是 Im1 与 Im2 简单合并，而是一个新的单元。

分解操作在逻辑上是组合的逆操作，这一理解不能用于实际的智能构件或单元的分解。如前述 d1、d2 组合而成的 d3，Im1、Im2 组合而成的 Im3，如果执行逆操作分解，并不一定能够或一定需要分解到与 d1、d2，Im1、Im2 完全相同的构件或单元。

目的性是组合、分解、融合的首要，学习、任务执行等需求才会触发智能构件或单元的相应操作。详尽记录组合、分解、融合的变化是恢复或互逆操作实现的基础。

5.3.3 智能构件是有限的

具体与有限有着密切的联系。具体意味着可数，可数意味着有限。主体拥有的智能构件和用于智能行为的智能构件是有限的。

任何智能主体拥有的智能构件都是有限的。一个人拥有的智能构件是有限的。由遗传基因决定的中枢神经功能是有限的。一个人一辈子学习过程习得的智能构件是有限的。承载于大脑的人的智能构件是有限的。人的数量是有限的，因此作为整体的人类拥有的智能构件也是有限的，这是显然的。

任何智能行为使用的智能构件都是有限的。任何已经完成的智能行为无论有多少主体参与，都是在有限时间、有限步骤内完成的。任何没有完成的任务，如果属于承担者能力不足，别的智能主体可以完成，那么结论也是使用的智能构件是有限的。

存在任何主体都没有能力完成的不可解智能任务。这样的智能任务涉及的智能构件可能不可预测，也可能可预测。可预测的，其智能构件是有限的。不可预测的，是当前还没有预测能力，更没有解的能力，当问题能解时，该智能行为的智能构件也成为可计算的有限数量。

存在不可预测智能构件数量的智能事件。科学家或普通人，设想一些需要做的复杂智能事件，这些事件的求解所需要的智能构件不可预测，不知道是有限的还是无限的。但当这样的智能事件变成智能任务，成为有解的智能行为的时候，构件数量就相应成为有限的。

5.3.4　小结

根据定义，智能是主体适应、选择、改变环境的能力。这种能力是属于每一个主体的，这些智能的使用则是体现在一项项智能行为上，无论是从拥有还是从使用的角度，智能必然是具体的。

具体的智能一定是可数的，有限的。超越主体能力的、设想的智能事件，也许会体现出抽象的或无限的特点，但超出了本节界定的主体拥有和智能行为的范畴。

智能是具体的而不是抽象的，其讨论范畴是智能主体、智能事件、智能任务、智能行为这些概念。在问题求解、智能发展的研究等领域必然用到抽象的工具或方法，这些过程是智能任务或智能行为的一个环节。

智能是具体的、有限的，也包括情绪、潜意识、内省这类人的内部智能事件（心理活动）。

具体和有限的智能，不仅使我们从一个新的角度理解智能，还可得出一个直接的推论，那就是任何智能任务都可以由机器来承担。

5.4 连接准则

生物智能的功能进化以无与伦比的连接构成了复杂的脑功能。人的大脑拥有数以千亿计的神经元，每个神经元有数百上千突触，这些突触间的连接与神经元簇包含的信息和功能，构成了人的智能。连接是智能的核心，也是智能处理的核心。

5.4.1 连接的对象

连接的对象是指谁在连接，与谁连接。智能各要素、各环节连接无处不在，连接和结构是智能的基础构件。下面分别从主体内连接、主体间连接、组合主体的主客体连接、智能行为过程的连接进行介绍。

1．主体内连接

主体内连接是指各类主体内部智能构件及智能行为中存在的连接关系。各类主体是指人、组合智能主体、非生物智能客体。人的连接比任何其他生物体都复杂，非生物智能体还没有诞生，所以不专门讨论。

主体内部智能构件中存在连接。非生物智能客体的智能构件通过连接构成一个体系。分子生物学、生物化学的研究已经证明，人的所有功能，以代谢为基础的生理过程，以遗传基因为基础的遗传过程，以肌肉骨骼为基础的运动过程，以中枢神经为基础的认知过程，从以分子为基础的微观过程到宏观的各个生命系统、智能行为都建立在精确连接的基础上。

同理，人的内事件涵盖生理过程、运动过程、认知过程、遗传过程，包括意识和潜意识等，同样基于连接。没有连接，人的任何生命功能都不能实现。

非生物智能客体内事件，如自我学习过程、软件系统的版本管理、承担物理功能设备和部件的维护等，连接贯穿这些内部智能行为的始终。

2．主体间连接

生物智能诞生以来，主体间交流能力是生命进化的重要方向。在一定意义上，主体间交流能力决定了生态链中生物种群的位置。

主体间连接是适应主体间交流普遍性的概念，包含了交流的所有内涵与外延。主体间连接有三种状态：人与人之间、人与非生物智能客体之间、非生物智能客体之间。任何一种连接状态，都需要回答两个问题：连接作为功能的实现，连接作为含义的获取。

上述三种连接状态都已经实现，在本书关于智能进化和发展的过程中，讨论了已经实现的连接，分析了连接能力的作用和影响。连接的能力与智能使用和发展的要求相比，存在巨大的差距，这正是智能发展需要解决的问题。

3．组合主体的主客体连接

组合主体的存在，就说明了包括人与非生物智能客体在内的不同态连接已经在不同的层次实现。

人对非数字客体通过直接的操作来实现。人对数字设备的连接一般通过操作指令实现，也存在操作指令及直接操作并存的场景。

这些指令都是按照预先设置的格式和程序实现。从自动化系统向智能程度更高的智能化系统发展的过程中，人到客体之间的连接逐步从键盘、程序方式向自然语言，甚至意念控制过度；反向的客体向人的反馈也出现了相同的趋势。

这些连接都产生于交流这个层面，而主客体之间交互基于智能构件，或者说智能的逻辑构成直接调用，还没有实现。

4．智能行为过程的连接

智能行为过程的连接是承担任务的主体与对象的连接。无论智能任务是物理类的还是逻辑类的，或者是两者都有的，智能行为的起点是连接，将承担任务的智能主体及智能行为的对象连接起来。

智能行为连接的对象，依据智能任务需求而定。外部能力的调用连接，与前述主体间、组合智能主体的主客体间相同。围绕智能行为的问题求解过程，调用不同的智能结构，形成求解过程的功能链，是更为复杂的连接。连接的实现，依据主体的经验，或非生物智能客体内置的场景逻辑。

5.4.2 连接的目的

连接围绕两大类需求：一是智能增长的需要，二是智能行为的需求。

围绕智能增长的需求主要体现在控制、功能、信息单元增长过程中的连接，通过连接将新增的智能单元连接到恰当的智能结构中，将新增的构件连接到恰当的智能单元、恰当的位置，并建立、调整所有与这些新增构件、单元相关的连接。人对这样的增长，是通过以遗传为基础的大脑功能实现，如果超越了已有的功能，则需要启动有意识的学习过程，有时候，可能会通过无意识的学习实现。对于自动化系统或智能系统，如果是一个逻辑关系复杂的智能结构，这类调节的工作量很大，需要专门的处理。

无论是有意识或无意识的学习过程，是典型的增长性连接。如第4章关于猫的例子，当一个儿童已经将一只猫的整体图像和特征图像、文字、声音、触感、运动形态连接起来，他又看见了一只猫，但与脑袋中已有的猫在形象上有很大的差别，于是，会问大人，这是什么，当得到肯定的回答后，他将会根据新的知识重组整个关于猫的信息单元，建立一系列新的连接。

围绕智能行为的需求主要是指外部的智能任务，已经在上一小节讨论过。

连接是一组复杂的处理，将在第6章讨论。

5.4.3　连接的模式

连接模式是指连接的形成机制。连接产生于智能主体的所有智能行为中，不同的智能行为产生实连接、临时连接、虚连接、任意连接四种模式。

实连接是一个智能主体（包括组合智能主体）已经获得、使用，并通过不同的途径得到证实的连接。也可认为是已有的，可以在智能行为中使用的连接。

临时连接是指连接已经建立，但还没有得到证实的连接。这类连接来自主体的学习或智能行为。经过另外的学习过程（包括与别的主体的交互）或智能行为的检验，得到证实可以进入实连接，被证伪即被放弃，既没有证实，也没有证伪者，留存为临时连接。

虚连接是指学习或外部智能行为中的一类试错连接，这种连接通常是按照已有的推理模式导向问题的解。同一问题可以用不同的逻辑路径进行多种试错连接。仿真、逻辑对抗等，都是试错连接的典型实例。虚连接得到一次证实，即可看作是临时连接，得到两次或两次以上可靠的证实，即可看作实连接。虚连接不能直接用于下一次不试错的问题求解过程。

任意连接是指对未建立连接的同质智能构件或智能单元建立联系。人的潜意识经常产生这类连接，直觉也是这类连接的一种现象。在智能行为中，如果碰上既有路径、策略或逻辑推理无解的时候，也会采用这种任意连接的模式。任意连接可能没有任何意义，也可能产生其他问题求解方式不能达到的结果。任意连接也可以成为机器学习的重要途径。若一个问题的解空间是可穷举的，则可以通过密集任意连接完成学习过程，此后的问题求解就简化为问题的前提、要求确认下的匹配过程。连接是解释意识和潜意识、解释理解的有效工具。

任意连接存在有约束和无约束的区分。有约束的任意连接就是基于一定场景或逻辑规则约束的任意，也就是任意连接的范围、对象或结果要有一定的约束框架，但不基于既存的逻辑。无约束的任意连接、不受限制的任意连接就是在连接可及的范畴内，没有任何约束。基于神经网络或卷积神经网络的学习，也可归为一种试错式任意连接。

5.4.4 连接的有效性

在智能进化的过程中，有效连接扮演着重要的角色。语言、文字、记录信息作为人类交流的共同介质，互联网作为人类交流的平台，对人类智能的发展具有不可替代的重要作用。

有效连接至少需要三个要素，一是各类主体能共同使用的平台，二是各类主体能共同利用的介质，三是各类主体能直接调用的智能构件。

互联网、物联网已经成为各类主体共同使用的全球平台；记录信息是机器与人共同使用的介质，但需要相应的接口与转换功能；各类主体直接调用其他主体的智能构件目前还没有做到，成为连接有效性的障碍，也成为地球智能进一步提升的主要障碍。

跨主体连接的实现，需要特殊的处理功能。这个时候连接就不仅是指针，而是一项特殊的智能。

5.4.5 小结

连接是智能的构成、发展、使用中的基本准则。与智能结构一样成为智能两大基础。

连接不仅体现两个构件、功能、过程、主体、客体之间或相互之间的关系，指出关系的性质，更是一种功能，即连接是如何实现的，什么样的连接方式是最有效的。

连接平台与介质的能力，已经多次改写了智能进化的速度和模式。连接的转换和接口效率成为当前连接能力提升的瓶颈，跨主体转换和接口模式的突破，将带来智能发展的又一次跨越。

5.5 容错与规范准则

允许出错、广泛包容是所有智能行为的普遍准则。允许不完美是容错准则的自然推论。容错准则存在于智能进化、发展、使用的所有进程中。

容错和以价值为基础的规范是智能进化、发展到今天现实状态的主要规则。从原始生命体的简单智能到今天组合智能主体具有物理上移山倒海，逻辑上透视过去未来的能力，这是两个准则交互作用的结果。

5.5.1　进化的容错

进化的容错和包容体现在两个方面：遗传过程变异和遗传基因包容性存在。

遗传过程如何发生变异从机理上是清楚的。除非人工干预的遗传过程，变异既有生物体在上一生命周期获得性正向倾向之外，更存在大量的随机性变异。这些随机性变异既是生物进化的基础性机制，也产生了大量不利于生物自身进化的变异。但是，除了掌握了基因重组技术的人类，所有的生物都包容了这些出错的变异。

在研究各种生物的基因时发现，在一次生物体遗传和生长过程中，实际发生作用的只是一小部分基因，绝大部分基因没有参与到一次具体的遗传过程中。

在基因组研究中，也已经发现，没有参与遗传和生长发育过程的基因中有该生物体进化过程中曾经发生过作用的基因。我们称这种现象为遗传基因的包容性存在。

迄今为止对遗传基因的这种现象还没有给出确切的结论。但是，在有些遗传过程中，一些在一般过程中不参与的基因参与进来，产生了生物体性状的变异，如人的返祖现象。也许是因为生物体没有有效地废弃永远不需要的基因，保留可能需要的基因的能力。但结论是清晰的，那就是生物体基因的存在是包容性的，这种包容性可能会延续长达数亿、数十亿年的进化过程。

5.5.2　发展的容错

在一个智能主体整个生命周期智能发展过程中，错误经常发生，并且包容了这些错误的发生。即使是有些人“追求”完美，其实也是对错误的一种态度，不可能不出错。

出错的根源在于智能主体代表自我的逻辑控制功能是有缺陷的，这种缺陷植根于人的大脑功能和非生物智能客体被赋予的逻辑控制中。两类主体的这种缺陷既有逻辑的，也有物理的。

人的物理缺陷可能源自遗传，也可能源自后天的病变。色盲患者的视觉误差，小儿麻痹症、脑中风患者、老年痴呆症患者的知觉和认知误差等，都是大脑物理缺陷导致的结果。

人的逻辑缺陷源自中枢神经系统认知功能的特殊性。人的学习或者问题求解，回忆或者问题求解策略的形成，记忆和记忆强度是关键因素，而记忆的强度基于神经元及其突触间的连接，连接又基于特定的信号产生和传递过程，这个过程的各个环节都存在发生错误的可能。由此产生的错误几乎每个人都会发生很多次。

非生物智能客体的物理错误来源于系统物理部件的可靠性。除了一些特殊目的以极大成本实现的系统，几乎没有一个由多个物理部件构成的系统可以达到百分之百的可靠。物理错误可能导致智能行为中物理相关子任务完成的错误，也可能导致逻辑部分的错误。

非生物智能客体的逻辑错误来源于相关软件的错误。软件的正确性不可证明，除非逻辑关系极为简单，一个具有比较复杂逻辑关系的软件通常存在一定的错误。这些错误一旦触发条件具备，相应控制或操作就会出现错误。

组合智能主体发展的错误源自两者的叠加。智能主体的学习过程存在错误，包容错误的存在是普遍行为。

5.5.3 使用的容错

使用的容错是指对智能使用过程或智能行为的错误采取包容的态度。

使用的容错源自错误的必然性。智能主体内在错误的存在以及智能行为过程的约束条件，智能使用过程同样会产生错误或不同程度缺陷的结果，个人及社会对这种现象的存在一般采取包容的态度。

使用的容错也源自试错的必要性。智能的进化和发展过程中，试错是一种必然的路径。大量遗传变异错误中的正确导致了生物的持续进化，学习过程持续对错误的纠正产生了所有个体承担社会分工的能力。对没有经验的智能任务执行，试错法就是一种有效的方式。仿真、数字化模拟是试错法的典型例子。

使用的容错还来自环境因素的约束。智能任务执行的必需资源不足、完成任务的时间不允许寻找最佳答案，等等，都直接导致问题求解结果的错误或不完美。

使用的容错的另一类原因是智能行为的结果本身很难做出客观的判断，是对还是错、是完美还是一般。开创性研究型任务、个体的释放性行为等都会产生这样特征的结果。

5.5.4　规范和价值准则

规范准则是容错准则的相对方，规范的基础是价值。价值准则在智能进化、发展、使用过程中发挥作用，通过主体性及环境约束这两个智能要素体现。

1．进化的价值规范

进化的价值规范就是物竞天择。物竞显示了价值，天择选择了价值。从原始生命体到人，这个规则和生命体的自我本能实现了似乎不能解释的数十亿年正向进化。

天择是有条件的，一是需要足够长的时间跨度，二是需要一定的环境条件，三是一定环境下生态链的需求。变异时时都在发生，“天择”容许具有不同生存能力的变异物种在一个很长的生物时期共同生存，直到有一天环境发生重大变化，不适应者开始消亡。环境巨变，居于生态链同一环节的生物开始竞争，弱者被淘汰。这里的弱者既有不同的物种，也有相同的物种。这是物竞天择的进化论意义所在。但是，居于生态链不同环节的生物不存在这种压力。所以，数十亿年来，很多看起来很弱小的物种，持续存在，构成了生物的多样性，保持了生态平衡。

实际上，在生物进化的历史进程中，多次存在“天不择”的状态，就是外部环境不足以淘汰落后，同一生态链环节的生物良莠并存，价值规范失去作用。在 40 多亿年的生物进化中，数次生物大爆发，原因是变异物种尚能适应环境变化，淘汰弱者的紧迫性尚未显现。除了最后这一次人类进化成功之后的天择尚未发挥作用，其他多次大爆发最终还是被环境挤压了。

人类进化成功之后，随着适应环境变化的能力增强，弱者淘汰、强者生存的自然进程被科技进步改变，天择变成人择。大猩猩、黑猩猩等可能进化出语言、文字的物种失去了天择的机会，人类的存在打断了这一进程的必要条件。

2．发展的价值规范

智能发展的价值规范是指智能的发展遵循有利、有价值的方向发展。价值规范基于一般智能体的理性，迄今为止就是人的理性。

智能发展基于智能主体，每个智能主体的价值取向决定了其在整个生命周期的智能发展。

智能主体的价值取向基础是生存和发展，与生物进化价值规范一致。尽管会出现价值取向的矛盾，但如同进化一样，整体上产生正向发展的价值规范特征。

3．使用的价值规范

使用的价值规范是指智能的使用过程，即所有的智能行为遵循价值规则，追求基于价值的理性。

使用的价值规范既有与智能进化和发展相同的正向性需求之外，还要求使用的有效性，即智能行为结果的价值与为此支付的成本的评价。

4．规范的有效性

生物进化与人类社会的历史证明了规范的有效性。智能理性呈现出必然的进化规律。历史已经证明，智能的增长与理性的增长成正比，那么，我们没有必要为非生物智能体的产生而惶恐不安。

5.6　叠加准则

智能构件的叠加式增长是智能发展的主要逻辑形态之一。本节将定义叠加，分析智能过程中的叠加现象，阐述叠加的实现模式。

以具体主体为分析基础的智能增长有三种模式，一是叠加式增长，二是递减式增长，三是融通式增长。本节讨论叠加式增长，此后两节分别讨论递减式和融通式增长。

5.6.1　叠加式智能增长

极为简单的 1+1 结构加，实现了智能从最简单的形态到今天可见最复杂形态的增长，无论是认同还是不认同，当我们最终理解人的智能、以本来的面目还原非生物智能客体和组合智能主体的智能构成时，这个结论必将成为智能发展的主要准则。

5.6.1.1　叠加式增长

本章 5.3 节阐述了一个主体的智能是由一项项智能构件组成的。叠加式增长是指任何智能主体的任意一次智能增长都是在原有的智能结构叠加了新获得的智能构件。可以用式（5.1）表示：

$$B+I=A \tag{5.1}$$

其中 B 是该智能主体的基础智能结构，I 是本次增加的、需要叠加到 B 上的智能构件，A 是叠加之后的智能结构。

其中，I 是一次智能行为之后需要增加到的智能构件。智能行为是指该主体发生所有智能行为。智能构件是一个智能构件集合，所包含的内容是该主体一项智能行为过程和结果相对于该主体已有智能结构的增量，从一个智能单元中描述项内的一个最小描述构件一直到一个完整的智能结构。

“+”这个算符不是简单地将 I 中的构件加到 B 中的集合加，所以 A 也不是 B 和 I 的集合和，A、B 和 I 都可以定义为智能结构集合，但作为离散数学分支——集合论中的所有逻辑操作均不适用于此。+这个算符应该称为智能结构加，根据 B 和 I 的内容，在 B 上进行增、删、改等结构操作，A 是这系列操作后的结果，是语义加。

5.6.1.2 进化—增长

第 3 章已经全面阐述了智能是进化的这个基本结论。叠加式增长贯穿智能进化所有类型的全过程。

生物智能进化的全过程是叠加式的智能结构增长，生物智能进化的成果是基因。非生物智能体进化的全过程是智能结构的增长，进化的成果是赋予式逻辑功能。

设最早原始生命体的初始智能结构为 B_0，进化到当前的该生物物种的最终智能结构为 A_n，则中间经过了 n 次叠加，即：

$$B_0+I_1+I_2+I_3+\cdots+I_n=A_n \tag{5.2}$$

叠加的智能结构主要基于遗传变异。但在早期的进化过程中，存在吞噬别的生物体之后基因的组合，如在第 3 章介绍过的叶绿体、线粒体的基因整体融入其他生物体，所有生物学上的内共生机制都属于此。

尽管到目前为止，这个结论缺乏精确的结构增长描述依据，即 $I_1+I_2+I_3+\cdots+I_n$ 的具体区分，但进化生物学、基因及蛋白质组学的研究已经可以为得出这个结论提供依据，特别是整体性及主要进化阶段的叠加式增长依据。

5.6.1.3 发展、使用—增长

本书 3.8 节和 3.9 节已经定义并阐述了不同主体智能发展的过程。一个主体在其生命周期智能的提升，称之为发展式增长。发展式增长

也是叠加的。

人一生的智能增长是叠加式的。人的智能增长通过学习，以及使用，即承担各类智能任务实现。按智能行为的定义，学习也是一类智能行为。由于在智能增长中学习的特殊作用，单列出来。人的一生是学习的一生。从胎儿开始，求知就是其生命的重要构成部分，通过感知外部世界，向所有接触到的人求教，是儿童的天性，或者说，遗传基因中就把这类行为置于优先的位置。此后的正式教育过程，以及一生的各种经历都成为学习的过程。承担各类智能任务既是学习成果的检验，也是通过智能行为的评价，成为更加有效的智能叠加式增长过程。4.4 节已经讨论过这一智能行为、评价、学习过程。

人的智能叠加式增长，不仅是占有的知识、信息的增长，行为能力的增长，也包括问题求解逻辑过程形成能力的增长，主体性的控制、功能和信息三要素都通过这一模式增长。问题求解策略能力、选择和使用逻辑工具、选择和使用算法的能力都以叠加的方式增长。

非生物智能客体一个生命周期的智能增长是叠加式的。初始的赋予作为非生物智能客体生命周期的起点，此后每一次版本更新，或系统维护形成的更新都是对其已有智能结构的叠加式增长。如果非生物智能客体的控制软件能够对执行的智能任务进行评价、总结，并自我学习，这就是使用过程的叠加式增长。如果这个旧版软件废止，则是一个生命周期的终止。

由人的一生和非生物智能客体智能的叠加式增长，可以直接推论，组合智能主体的增长也是叠加式的。

第 4 章系统阐述了智能的使用与主体智能增长的关系。使用增长是发展增长的一个子集。

5.6.2　叠加的计算

上一小节已经指出，叠加是智能结构加，集合论或其他似乎可以适用的逻辑方法不能直接用于智能结构叠加的计算。需要特殊的计算方法。

5.6.2.1 叠加计算定义

叠加计算是智能结构加。它是通过一系列操作，将 I 中包含的智能构件叠加到 B，得到该主体新的智能结构 A 的过程。改变的是主体的智能结构，不是简单的加了什么，减了什么。

叠加计算是改变一个智能主体已有智能结构的过程，如果没有改变，就无需操作。因此，叠加计算成立的基础是经过操作改变了已有的智能结构。换言之，如果 I 是空集或经过对 I 的叠加操作，主体的智能结构没有改变的，叠加计算不成立。

这里所说的改变是语义的，即是否改变了该智能结构的语义。增加或减少某些智能构件，对连接的对象或描述的改变，都属于语义改变的范畴。

5.6.2.2 叠加的对象

以下智能构件都可以成为叠加的对象。

1．最小构件（含连接）

最小构件是指一个最小智能单元中描述项中的一个构成部分或智能结构中的连接两个构件的连接。连接的对象可以是任意智能构件构件。

2．基本描述项

基本描述项是指一个最小智能单元中的任何描述项，如图 5.3 中的 ci1。

3．单元

单元是指智能结构中不同层次的结构单元。包括基本智能单元，及由基本智能单元构成的高层级智能单元。

4．结构

结构是指一个主体的智能结构中，或相对于主体的智能结构，由一组智能单元及连接构成的，具有相对独立的逻辑功能或行为能力的子结构。

5．体系

体系是指一个主体的智能结构中，或相对于主体的智能结果，由一组子结构组成的具有基本独立、范围或功能更加广泛的子结构。

这五项可用于叠加操作的智能构件，可用于表述主体拥有的智能结构，也可以用于表述用于叠加的智能构件集合。但由于叠加的构件集合表述，必须与前者一致。

叠加计算不包含人的动作功能及非生物智能客体拥有的物理作业部件。也就是只包含结构中的逻辑部分，不涉及物理构成部分。

5.6.2.3　结构比较

结构比较是指是对 B 和 I 的比较。叠加计算成立的前提是加上 I 后，B 的语义构成会产生变化，所以比较是所有操作的前置操作。比较的目的也就是找到是否有差异，差异在什么地方，差异是否导致 B 的结构增长。

结构比较第一步是匹配，匹配首先在相同的层级进行，然后逐次下行，最终到达最小构件。

匹配的策略对计算量影响极大。一个主体的智能结构通常已经十分庞大，逐一、分层穷举式匹配，显然需要大量计算，需要采取结构特征缩小搜索范围。缩小的方式就是根据主体智能结构子结构特征描述与 1 中的特征进行比较，找到相似或相同的局部进行比较。

比较的过程也是确定本次结构叠加操作范畴的过程。

5.6.2.4　加的操作

加的操作是经由比较之后，找到了 I 中与 B 中不同并需要通过加的操作，合并到 B 中相应的位置和具体的构件。

加的操作是增加，有两种可能的操作：构件加、连接加。

1．构件加

构件加的操作是将 I 中经过比较确定需要加到 B 中的相应位置的构件加到 B 中。

2．连接加

连接加的操作是将 I 中经过比较确定需要加到 B 中的相应位置的连接加到 B 中。

5.6.2.5 修改操作

修改操作是经由比较之后，找到了 I 中与 B 中不同并要通过修改后，成为 B 中相应位置的构件。

修改操作是修改或修改后增加，有四种可能的操作：构件修改、连接修改、构件修改加、连接修改。

1．构件修改

构件修改的操作是将 I 中经过比较确定需要对 B 中的相应位置的构件进行修改的操作。修改包括两种可能，一是构件的修改，二是构件位置的调整。调整可能就在本智能单元中，也可能跨单元调整。

2．连接修改

连接修改的操作是将 I 中经过比较确定需要将 B 中相应的连接进行修改的操作。连接修改只改变连接的一端或对连接属性描述的修改。改变的一端可能还在该智能单元中，也可能跨到别的单元。改变两端的，不是加就是减的操作。

3．构件修改加

构件修改加的操作是将 I 中经过比较确定需要将 I 的确定的构件先行修改后再加到 B 的恰当位置。构件修改加是两个前后相继的操作，其他的规则同构件修改和构件加。

4．连接修改加

连接修改加的操作是将 I 中经过比较确定需要将 I 中确定的连接先行修改后再加到 B 的恰当位置。连接修改加也是两个前后相继的操作，其他的规则同连接修改和连接加。

5.6.2.6　删除操作

删除操作是经由比较之后，找到了 I 中与 B 中不同并需要进行删除的操作，删除 B 中确定的构件或连接。

删除的操作是减少，负增长。有两种可能的操作：构件删除、连接删除。

1．构件删除

构件删除的操作是将经过比较确定需要在 B 中删除的构件删去。同时，删除构件之后，要确定是否需要对相关的连接进行修改或删除，是否需要对其他智能单元或描述项中有关的部分进行修改，如果需要，则进行操作。

2．连接删除

连接删除的操作是将经过比较确定在 B 中删除的连接删去。同样在删去连接后，要确定是否需要调整相关的其他连接或修改相关连接的说明，如果需要，则进行操作。

5.6.2.7　叠加模式

上述叠加操作是有前提的，那就是“经比较确定”。这是一个强约束。满足这一条件存在很多困难。需要变通的、可行实施办法。通常有两条路径，一是通过人机交互，二是降低确定性，容许没有确定的构件或连接先行进行加的操作，并在相应描述中注明事实，这是容错准则的一种体现。人作为唯一主体和组合主体的叠加实现模式存在不同。

人作为唯一主体的叠加操作，“经比较确定”这一前提是自身完成的，所以在逻辑上没有困难。问题在于如何使这样的智能增长成为多主体共享，或组合主体共享的增长，需要将主体自身的隐性过程变成显性过程。人作为智能主体，其智能结构整体上是隐性的，通过其智能行为间接或直接地将一部分智能结构展示了出来。今天替代人的自动化系统或智能系统中都有人的智能结构显性部分。有目的地、系统地将智能增长过程和结果显性是智能发展的一个核心问题，这将在第 7 章进一步讨论。

组合智能主体在学习或问题求解过程中，将需要叠加的智能构件叠加到非生物智能客体的智能结构中，是非生物智能发展的必然要求，也是社会整体智能提升的有效途径。

满足“经比较确定”的前提，需要同时采用人机交互模式和容错准则。

人机交互模式就是将机器不能确定的问题交由人判断并给出结论，这里的人是指操作该数字设备、系统的人或设计该设备、系统软件的人。

容错准则就是将没有能够得到“经比较确定”，但又肯定与现有的智能结构不同的部分，直接加到相应的结构中。

这种不确定的叠加，可以采用暂时性挂接的并行构件，即需要加的智能构件并列叠加到最有可能的位置上，并给予说明，为此后的学习或智能行为过程中进一步确定增加判断依据。

5.7 递减准则

叠加是智能增长的主要规律，递减则是智能逐步走向成熟的主要规律。递减准则就是智能成熟过程中不确定性和复杂性的递减。

5.7.1　不确定性递减准则

不确定性递减准则是指智能进化、发展、使用的全部过程中，都把降低问题求解，即智能行为的不确定性作为基本行为准则。

不确定性是智能主体承担智能任务时可能遇见的一类问题的特征。不确定性的产生有多种因素，缺乏正确判断问题的知识或信息，缺乏问题求解的知识或信息，问题本身的不确定性，等等。不确定性递减是智能进化、发展和使用所有过程的普遍规律。

所有主体是从问题求解能力接近于零开始的，或者说是从不确定性接近于无穷大开始的。生物智能进化过程是这样，人的一生是这样，非生物智能客体在赋予智能之前也是这样，非生物智能客体赋予智能后，赋予之外问题域的智能依然接近于零。智能进化和发展过程就是一个不确定性持续减少的过程。

人成年之后或非生物智能客体被赋予智能之后，承担并完成智能任务的过程也是不确定性递减的过程。每一次智能任务的完成所积累的知识、经验、信息，都会对此后的智能行为减少不确定性做出贡献。

任何智能行为可能面临两种不确定性：问题本身的不确定性和问题求解策略的不确定性。

造成问题本身不确定性有三种可能的原因：一是问题本身到问题求解时还不能准确定义，主要是开创性研究类智能任务。自然科学、社会科学、人文科学和工程技术创新性任务都存在问题不能确切定义的问题。二是主体的原因。问题本身可以精确定义或基本准确的定义，但承担任务的主体由于各种原因不能准确定义问题与/或不能获得与问题求解相关的信息。三是由于问题求解策略的不确定性，需要获得关于问题的什么信息也不确定。

导致问题求解策略不确定性有三种可能的原因：一是问题本身不能准确定义导致问题求解策略也不能确定。二是承担任务的主体对承担的智能任务没有求解经验，提不出明确的求解策略。三是缺乏形成问题求解策略必要的问题信息。

面对这两类六种不确定性，智能行为的目的是在这种不确定性中找到通向解的路径，并持续降低不确定性，直到变成完全确定性的问题类型。

对于问题和问题求解的不确定性，自动化系统、人工智能系统都通过不确定条件下的推理策略、模式识别或分类方法来实现对不确定性问题定义和求解。

这是应对不确定性的必要举措，然而并不充分，更加重要的是经过每一次问题求解，如何降低同类或相似问题的不确定性。实际上，任何社会的任何发展阶段，绝大部分智能任务是重复、类似的，科研、创新型任务只占十分小的比例。即使是科研、创新型工程技术任务，此后没有重复，但积累的知识、经验、信息对于主体承担新的任务，都有潜在的降低不确定性作用，而重复和类似的任务，则一定可以大幅度降低不确定性。

降低不确定性就可以提高智能任务完成的质量与/或降低成本。任何主体都会自动地参与到这一进程中，使得相对于智能主体—智能任务的场景，不确定性持续降低。这就证明了不确定递减进程是智能发展和使用的必然规律。

5.7.2 复杂性递减准则

复杂性递减准则是指智能在进化、发展、使用的全过程中都致力于降低问题求解过程，即智能行为的复杂性。

一般地，复杂性是一个相对概念，相对于一般问题求解的复杂度更加复杂一些，或相对于承担智能任务的主体以前的任务或他具备的能力，更加复杂一些。特殊地，复杂性也是绝对概念，相对于所有的问题求解资源都复杂到几乎很难到达结果。

问题求解过程的复杂性有两类：过程复杂性和逻辑复杂性。过程复杂性是指问题求解过程十分复杂，或者是时间十分长，或者是步骤极其繁复。时间长短是相对于主体的生命周期而言，有的智能任务甚至超越人的生命周期。步骤复杂性也是相对概念，相对于通常的问题求解的步骤或承担任务的主体通常承担的智能任务所涉及的步骤。

逻辑复杂性既有相对一面，也有绝对的一面。相对性的因素与过程复杂性相同，绝对性的因素在于问题求解所需计算资源超越可能，计算复杂性的研究已经对此做过充分的解释，这里不做讨论。

在第 3 章介绍智能的进化和发展以及第 4 章介绍智能的发展和使用中，已经讨论了智能进化、发展、使用时如何降低复杂性的。人的本能、熟练地承担工作或家务的能力，都是复杂性降低的实例。

使越来越多的智能行为成为本能或固定的作业步骤，是所有主体在执行智能任务时追求的目标。

对于绝对的计算复杂性，要么放弃任务，要么简化为相对复杂性。每一次简化，就是复杂性递减的过程。

5.7.3　递减的实现

递减是指一次智能行为之后，对此后类似智能行为不确定性和复杂性降低的结果。

递减的实现就是将复杂性和不确定性降低的结果为更多可用的智能行为利用。递减的实现有三个过程：递减的成立、递减落实到智能结构中、落实的智能结构有恰当的途径扩散。

递减的成立是一个评价过程。4.3.5 节介绍了智能行为的评价和学习方式，递减的成立是这一评价过程中的一类。评价的结果就是确认是否、在什么地方降低了该问题求解的不确定性与/或复杂性。

确认递减成立之后，下一个操作就是落实到该主体的智能结构中。这是一个比较复杂的叠加操作，一般会同时涉及智能结构加、删除、修改几类操作。问题求解策略不确定性和问题求解过程复杂性的降低，主要体现在控制相关的智能单元中，相应在描述信息单元和相关功能的连接及连接描述等地方进行必要的操作。

通过恰当的途径扩散成果，是指扩散到其他主体，需要智能成果共享的平台和机制。如果是不同态主体间的共享，还要建立可利用的转换机制或直接利用的融通工具。

智能主体的学习、承担智能任务都是递减产生的原因。对于特定的主体或特定类型的问题，可能在一个阶段产生持续的递减操作。由于递减会持续发生在一些复杂的逻辑链环上，可以沿着这些逻辑链环形成一串经过标识的并行智能子结构，为持续性的递减操作提供特殊的空间和路径。

2017 年的 AlphaGo 比 2016 年的 AlphaGo 下围棋的水平更高，但计算量却降低了一个数量级，说明它在一年的学习与比赛中大幅度降低了下棋过程中的不确定性和计算复杂性，判断棋局形势和做出下子的决策都是如此。

5.7.4　算法、计算复杂性与不确定性和复杂性递减

在人工智能的研究中，算法和计算复杂性一直占据重要的位置。在智能的研究和进化发展中，算法和计算复杂性只是一类一般性的工具如何形成和使用的问题。

这是重大的差别，源自智能研究和人工智能研究的方向、目的等核心问题上的本质不同，最明显的不同体现在以下三个问题上。最重要的差别是人工智能力图替代人；智能则将人的智能与非生物智能融通一体，构成全社会执行智能任务的实际能力，并在这个基础上如何提升。另一个具有认识论意义的差别是人工智能专家把智能和人工智能明确或不明确地限定在几个特殊的领域；智能则是所有的生物智能体和非生物智能体的所有行为，认为智能的高低、类型是不可分割的，必须认识整体，才能恰当地认识局部。第三个显著差别是人工智能强调科学性，认为不采用复杂算法，超越人的逻辑能力的算法，就不是先进的、成功的人工智能；而智能认为科学研究、创造发明只是智能的一个领域，在整个社会的智能行为中所占比例十分小，如果科学研

究对人工智能要解决的问题没有解决，这个智能任务可以暂时搁置，等有条件时再去解决。

因此，人工智能的研究和应用系统中，十分强调算法的作用，绝大部分人工智能的研究论文以算法作为主要内容，有些人工智能的专著也以算法为主要内容。智能则是根据问题的特征，去选择谁是最合适承担这个任务的主体，为完成任务，如何获得或配置资源，如何通过交互降低复杂性和不确定性，如何在得到解的同时降低资源的消耗、如何将每次问题求解的结果效益最大化。当然，该使用逻辑工具的时候就使用，能不使用的就不使用，而且将不用算法和少用算法、不用推理和少用推理作为智能成熟的主要标志。

人工智能的算法和逻辑工具涉及几个数学分支，不同的著作中采用不同的分类。如（美）迪达的《模式分类》从模式识别的角度对算法进行了分类，包括模式类概率结构完全知道场景下的贝叶斯决策论，模式类概率结构未知、分布形式可知场景下的最大似然估计和贝叶斯参数估计，远离贝叶斯理想状态下的Parzen窗方法、最近邻规则、模糊分类等非参数技术，用于参数估计的线性判别函数，前馈运算、反向传播、卷积和递归网络等多层神经网络学习算法，能够克服部分神经网络计算遇到的困难的模拟退火算法和玻耳兹曼学习算法，用逻辑规则表达的树分类算法、串的识别等非度量算法，偏差与方差、刀切法、基于查询的学习等独立于算法的机器学习，无监督学习的最大似然估计、无监督贝叶斯学习、层次聚类等算法[3]。王万良教授在《人工智能及其应用》中，则对算法做了另外一种分类，作为确定性推理的自然演绎、归结反演等逻辑推理模式，主观贝叶斯、模糊推理等不确定性推理方法，盲目和启发式搜索，进化算法和群智算法、神经网络和机器学习的算法[4]。

从人工智能的角度看，算法主要解决学习（模式识别，分类或归类）、问题求解策略、知识表示等功能需要的算法或逻辑推理模式。从智能行为的角度看，不仅需要上述逻辑或算法，还需要关于行为的算法，如力的过程和物运动的轨迹等。但所有算法或逻辑过程，都是人与非生物智能客体共同实现，组合智能主体确定一个智能任务需要解决什么样的问题，根据问题确定需要什么样的算法和逻辑，根据主体对算法和逻辑掌握的情况确定如何使用，根据拥有的问题求解对象系统的信息确定算法中的参数，使算法或逻辑的使用过程成为直接得到结果的过程。

任何智能任务首先要确定算法及逻辑之上的逻辑问题，寻找最有效的智能任务执行方案，将执行的成功得到最大的效用。对于暂时无解的问题不是去努力求解，而是搁置下来，待有条件时再求解。条件许可，也可以作为一项研究类智能任务执行。

这也是递减准则之所以存在和遵循的原因。

5.8 融通准则

以遗传机制主导的智能进化全面进入“天花板”状态。智能发展如何突破瓶颈，走向新的高度，融通成为智能增长的一个重要模式。

5.8.1 融通准则

融通准则是指不同智能主体之间智能结构实现有效转移，是提升智能主体智力水平的一种模式。

这里的不同主体有两种类型，一是同类主体，二是异类主体。同类主体是指主体的智能结构是同构的，存在有效转移的直接通道。异类主体则反之，智能结构是异构的，不存在直接的转移通道。这里的直接通道是指一个主体智能结构的全部或部分可以直接融入到另一个主体的智能结构中。

这里的有效转移是指两个主体的智能结构中存在的具有互补作用的子结构，可以不通过学习过程，叠加到另一个主体的智能结构中。这里不通过学习过程的叠加，可以是 5.6 节中的叠加操作，也可以通过一个转换过程后再执行叠加操作。

这里的有效转移包含了智能三要素，即控制、功能和信息。部分转移的过程可能是三要素中的部分要素，或是三个要素的部分可转移智能结构。

同类主体的融通称为跨主体融通。同态多个主体间智能构件的融通，包括信息、功能和控制。

不同类主体间的融通称为跨态融通。不同态多个主体间智能构件的融通，包括信息、功能和控制。

动物行为学的研究证明，黑猩猩具有惊人的模仿、学习能力，通过手语能够完成一段完整的意思表达，如果不是现代智人的诞生，这些能力很可能发展为语言和文字，从而创造出另一种地球文明。但人类诞生之后，发展成语言文字的环境被中断，人类唯一拥有跨主体、跨空间、跨时间的交流介质，进一步发展为连接所有智能主体的交流平台。

融通准则在智能进化的全过程中已经多次发生，在智能进化处于停滞状态的时期，融通成为智能进化发生质变的唯一途径。

在智能进化的当前阶段，以遗传机制主导的智能进化全面进入“天花板”状态。这个天花板不是说不再有进化，而是说各生物物种的变异继续发生，但几乎没有可能突破到人的智能水平；人的智能进化正处于一个稳定的台阶上，在这个台阶上，“物竞”存在，但看不到或不会发生“天择”。智能进化必然处于近乎静止的状态，这个阶段已经持续了数万年，还将延续很长时间。

融通不同于叠加和递减这两种智能增长模式，后者是渐进、量变、积量变为质变，而前者直接就是质变。每一次跨态或跨主体融通的实现，都是智能进化过程的一次重大突破。

5.8.2　跨主体融通

同类多个主体间智能构件的融通产生于生物体之间、人之间和非生物智能客体间。

动物的肢体语言和声音是生物智能进化中一次重大的融通事件。

肢体语言和声音为动物间的直接交流提供了教—学的渠道，有经验一方通过肢体语言与/或声音将经验传授给缺乏经验的一方，实现了内在智能结构的融通。

语言、文字的产生是只有人类实现的一次跨主体融通。语言文字的产生使人之间能充分表述自身积累的知识和经验，不仅突破了时空约束，还使用了相同的认知结构表述方式，加快了融通速度，提高了融通的质量。肢体语言和能表达意思的声音，与语言和文字的融通，显然存在质的差别。如果没有语言文字，人类积累的知识没有可能一代代传递，也就是跨主体的融通。

非生物智能体的跨主体融通相比于生物主体，相对容易一些。尽管不同的自动化系统或智能系统由来自不同国家、使用不同语言和文字的不同的工程师或科学家开发，但使用着大体相同的、数字设备可以理解的逻辑语言编制软件。这种模式使得不同的自动化系统或智能系统之间存在智能结构直接融通的技术基础——采用大体相同的语言描述的显性智能结构。

5.8.3 跨态融通

不同类主体间的融通称为跨态融通。不同生物物种之间，人与非生物智能客体之间都存在这样的融通过程。

生物智能进化的早期，生物进化史上十分重要的内共生现象，就是若干类不同态主体多次融通准则的典型例子。原始真核细胞持续吞噬了含有线粒体的原始细胞，将这些原始细胞中不同线粒体的功能逐一并入自身既有功能，形成向除了古细菌界和真细菌界之外所有生物进化基础的真核细胞体。原始真核细胞吞噬了含有叶绿体的原始细胞，将叶绿体的全部功能并入自身既有功能，形成新的物种——光合原生生物，进一步进化成各种自养生物。这是生物进化史上一次性完整地将另一种生物的智能全部融合到母体中的智能融通例子。实际上，叶绿体本身依然保持着独立的遗传和代谢功能，成为母体相对独立的构成部分，生物体的控制权在母体。

人创造并主导的自动化系统和智能系统，实现了跨态智能构件共享，是另一种形式的融通。人将一个作业过程或一类问题求解能力转换为一组软件，这组软件连同相关的信息和物理加工能力的数字设备一起，在人的主导下，完成相应的生产或问题求解任务。人的智能构件直接输入到数字设备中，使数字设备不仅拥有了这些智能构件，还能正确地使用这些智能构件。反过来，这些系统对执行过程的总结和学习的成果，也为操纵系统和开发系统的人共享。需要指出的是，人赋予数字设备的智能构件人可以理解，但不是有效的使用形态，如果使用，还要回到大脑的认知结构中。

5.8.4　智能融通的下一步

总结上述智能融通例子，在技术上有三种不同的融通模式，主体性主导下并存的内共生模式，共同理解的介质为基础的学习模式，非生物智能客体可理解、可利用的智能结构赋予式。

主体性主导下并存的内共生模式在理论上是最有效、最快捷的智能发展方式，生物进化的内共生模式对生物进化的促进作用，证实了这个结论。问题在于，如何满足这种模式发生的条件。第一个条件是主体能主导。内共生的母体具有强主导性，线粒体、叶绿体在母体中只是围绕母体生命过程发挥作用的局部功能，是丧失了主体性的独立功能体。假设是人主导的组合智能体，如果扮演主导角色的人能够把握组合体中所有非生物智能客体的功能，而且这些非生物智能客体的独立性不争夺主导权，这个条件成立。第二个条件是能共同生长。主客体之间存在智能结构协同增长，特别是主导的主体能理解所有其他共生体的智能增长，这是主导权的基础。

以共同理解的介质为基础的学习模式是同类主体间智能结构共享的主要模式。人类自从语言文字诞生以来智能发展的加速度充分展示了这种模式对智能增长的贡献度。这种融通模式存在两个弱点：依赖于主体性、效率不高。共同理解的介质，不论是语言、文字、图像还是程序，通过主体性主导的学习及转换过程才能实现融通。非生物智能客体目前还没有主体性，所以很难实现非生物客体间理论上可以十分高效的融通。人具有主体性，但转换效率和准确性并不高。

非生物智能客体可理解、可利用的智能结构赋予式是当前自动化系统或智能系统的主要实现模式。这种模式的缺点首先是依赖于人，人的能力和效率是这些系统的智能水平和能承担多少工作量的基础。其次是自我增长的能力很弱，同样基于人的系统，赋予什么就具有什么样的学习或其他主动增长的能力。

对三种融通模式的分析，得出的结论是需要找到一种或几种新的模式，以突破人与人、人与非生物智能客体、非生物智能客体之间更为有效的融通障碍。突破的方向在主体性与转换。

主体性是指使非生物智能客体具备更强的学习动力，并通过学习实现自身智能结构的增长。在非生物智能客体中内置学习的动机，学习的成果叠加到自身的智能结构中，都不难做到。难点在于判断力如何形成，如何发展。也就是如何决定学什么，如何判断学到了什么。学习意愿是人与生俱来的，基因决定的，判断能力是在交互式学习过程中逐步增长的。非生物智能客体可能也要走这样的路。

转换是指不同类主体拥有的不同特征的智能结构如何通过 转换工具或转换过程实现结构对结构的融通。人与人之间的语言和文字，人与非生物智能客体以及非生物客体之间的结构化程序，是目前的转换工具，是智能进化和发展的重要进展，但不足也是明显的，就是效率不高。为提高效率，有人设想直接将芯片与大脑连接，或意念直接驱动数字设备；有人设想通过深度学习算法，人工智能系统直接从对象数据集达到给定的学习目的；等等。转换工具的要求是确定的，那就是同类主体或异类主体之间能高效地实现智能构件的融通，能实现直接的叠加、递减等操作。

5.9 本章小结

本章讨论了智能的 10 个逻辑特征，即 10 项准则。

语义性准则和结构准则是所有其他准则的基础。语义性准则明确了智能拥有的信息或信息的处理是基于语义而不是承载语义的符号。这一特征直接导致与传统的计算机信息处理、人工智能学习逻辑的本质不同。

结构准则明确了智能是由一个个具体的智能构件组成。智能结构可以跨态、跨主体存在，也是每个主体能力增长的载体和评价基础。语义和结构准则是决定智能处理和智能逻辑特征的基础。具体性和有限性准则是结构准则的直接推论。

连接准则是语义性的直接体现、是所有基于语义的智能处理主要模式。以感知触发为起点，通过连接机制，构成智能行为的主逻辑。

叠加、递减、融通三项准则建立在语义和结构的基础之上，是智能进化和发展的基本模式。容错和规范这对准则是智能进化、发展过程的显著特征，容错保留了多样性和可能性，规范引导整体的合理趋向，为智能理性的实现构建了可能的通道。

以语义、结构、连接为基础、决定智能进化和发展路径的十项智能逻辑，是所有智能系统构建、智能处理架构必须遵循的普遍性准则。

基于十项准则的智能发展模式，与人工智能发展模式显然基于不同的认识论和出发点。智能是将整个文明拥有的能力作为前进的基点，将有效性作为智能发展和使用的基本准则，将人和非生物智能客体看作问题求解的一个共存主体。人工智能的本义就是实现人的智能、超越人的智能，这与智能研究的方向完全一致，但出发点和实现目标的思路不同。人工智能力图找到人不参与的替代方式，而智能力图在人参与的前提下减少人的参与，在人参与并拥有主体性控制的前提下，提升非生物智能体的能力，直至组合主体或非生物智能体具有超越人的能力。

智能把以最简单的形态求解复杂或不复杂的智能任务作为问题求解策略的首位。智能进化的起点是简单的，复杂的智能构成是为了更简单地完成各类智能任务。

人工智能专家自觉或不自觉地将使用复杂逻辑的智能看作智能的顶点，而没有认识到，智能是由广泛的类型构成，不同的类型对逻辑的依赖性不同。更重要的是智能的发展是降低逻辑和过程的复杂度，最成熟的智能是不使用逻辑的智能，不管这个任务曾经使用了何等复杂的逻辑。人类以及非生物智能体（一旦产生之后）还需要使用并发明更加复杂的逻辑、算法，需要发现客观事物中存在的新逻辑，但用到智能任务执行之后，就是一个逐步降低复杂性的过程。

算法是智能在一定的发展阶段，为一些特定问题求解而找到的一种方法，不是智能的内在要求，不是智能的普遍性特征。

智能的发展是一个互动的过程。智能进化的历史已经清晰地、无可辩驳地证明，吸取已有成果，通过互动、交流加速智能发展是基本规律。逻辑和算法只是，强调一下，仅仅是，在一定阶段、一定问题、一定过程的必要手段。智能使用、进化、发展的目的就是少用算法和逻辑。

知识表示是为了问题求解过程的简化，不是围绕算法和策略逻辑的实现去表征。追求的是关于问题的描述完备度，即关于问题的控制、功能、信息三类智能结构的完备度，使智能任务的执行更加简单、有效。智能结构趋于完备是追求的目标，如何趋于完备是方法和工具问题。

十项准则的背后有一条认识论的逻辑，即智能的进化与发展唯一正确的路径是从具体到抽象，从简单到复杂，从专用到通用，而不是相反。通用智能基于具体智能、专用智能，是具体和专用智能的归纳和融合。渐次同层融合、向上归纳，通用性就渐次提升，逐步超越某一个具体的人的通用智能，一类人的通用智能，最后是全人类的通用智能。

注：

[1] 杨学山著，论信息，电子工业出版社，2016 年，第 4 页。

[2] （美）纳尔逊（Nelson D L），科克斯（Cox M M）著，周海梦等译，高等教育出版社，2005 年，第 375-407 页。

[3] （美）迪达（Duda R O）等著，模式分类（第二版），李宏东等译，机械工业出版社，2003。

[4] 王万良著，人工智能及其应用（第三版），高等教育出版社，2016 年。

第6章

智能的计算架构

各类智能行为处理的是语义，不是符号。冯·诺依曼体系架构基于符号处理，经过转换将结果变为语义，本质上不适用于智能计算。

本章介绍以感知、连接、最小构件、微处理、内计算为结构特征，以语义为逻辑特征的智能计算架构。

6.1 基于语义和智能任务流程的智能计算架构

智能计算以语义逻辑为基础，以内外部智能任务的计算为过程，以主体智能持续增长为目标。

6.1.1 基于语义和智能任务流程的智能计算架构组成

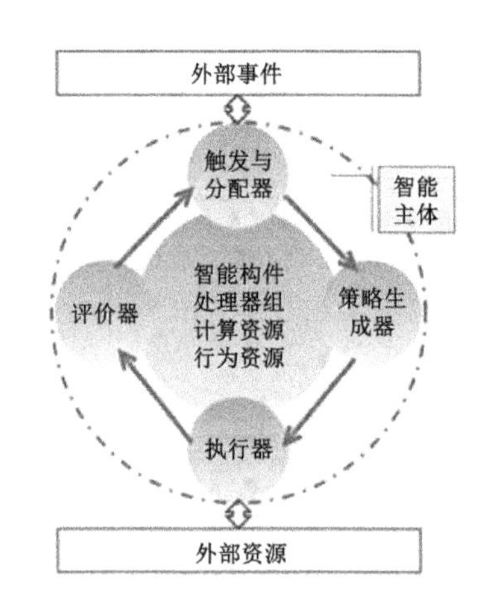

图 6.1　基于语义流程的智能计算架构

以外部感知或任务提交和内部计算需求触发智能行为，经过策略确定、资源调用、任务执行、过程评价、成果学习、智能拓展的循环，形成以智能行为过程为基础的智能计算循环，以这个过程为基础，主体的智能逐步提升。依据这一思路，构成了如图 6.1 所示的智能计算架构。

图 6.1 的智能计算架构由三大类构件组成。智能行为流程：触发与分配器、策略生成器、执行器、评价器。智能主体的资源：智能构件、微处理器、计算资源、行为资源。环境：外部事件、外部资源。圆虚线内就是现实的智能主体，包括人、非生物智能体、组合智能主体。

这个智能计算架构适用于所有智能主体、所有智能行为和所有发展阶段。所有智能主体是指人、非生物智能体、有主导的组合智能主体。所有智能行为和所有智能主体承担的所有智能任务，包括内部智能事件构成的智能任务。所有发展阶段是指智能主体从起点到成熟的所有发展阶段。这里，人的适用性是指解释性，可以解释所有人的行为；非生物智能客体或非生物智能体适用是指操作性、预测性，可以按这样的架构构建。

6.1.2　智能行为流程

智能行为是任何智能主体存在和发展的依据。任何形态的智能行为都可以划分成图 6.1 中的四个前后相继的过程。一项智能行为可能要经过若干个循环才能终止。

6.1.2.1　触发与分配器

触发与分配器是智能行为的起点。拥有触发与任务分配两个相继的功能。

触发器的功能是感知所有可能引发所属智能主体(以下简称主体)智能行为的事件。智能行为触发按内外来分，有两大类：外部触发和内部触发。

外部触发来自主体本身感知和其他主体的交付。触发器应该具备一项功能，所属主体的所有对外部的感知能集中到触发器，然后提交任务分配器，这是所有主体共有的外部触发功能。部分主体会接受来自其他主体的智能任务，或将一些智能任务委托其他主体承担，触发器应能完成这些任务的交互。因此，就外部感知和触发而言，触发器是主体的门户。

内部触发来自主体内事件处理器的要求。内事件的来源有四类。一是智能行为评价过程的结果，通过内事件完成学习；二是感知激发的直接智能行为之外的联想式学习过程；三是控制类处理器发出的内事件，虚拟连接的、调整结构的、突发奇想（任意连接）的、潜意识的经由连接到达内事件处理器，内事件处理器连接触发器；四是维持主体功能类内事件，如能量、复制、维护等。各类内事件参见表 4.1。

任务分配器的功能是将触发器激活的智能任务分配给主体中恰当的功能组件承担。任务分配器的功能是与主体智能成长同步，基于主体拥有的功能和积累的经验。任务分配可能需要几次反复。当第一次被分配的功能组件给出不能完成任务，或其他功能组件更适合承担，需要重新分配，直至有功能主体承担或决定不执行。所以，激发的任务并不是都需要完成的，任务分配器最终决定内外各类智能任务承担还是不承担。

任务分配器也是一个任务注册表，记录主体在执行的所有任务，注销已经完成的任务。

触发器和任务分配器都是控制类处理器，至少应该具备两种功能，一是完成各自承担的功能，二是完成记录相应的智能构件。具备成长性，持续积累经验和能力。积累不仅体现在处理器的功能上，还体现在记录的智能构件上。

触发处理器和任务分配处理器是一组处理器的总称，在一个总的处理器管理下，一组具有特定的触发类和分配能力的微处理器构成了上述触发器和任务分配器的功能。

6.1.2.2　策略生成器

策略生成器是控制类处理器。策略生成器是一组策略处理器的总称。在一个总策略处理器的管理下，由一组能生成并管理不同性质任务的策略微处理器构成。它接受来自任务分配器的任务，并确定如何完成这项任务的策略，因此是该智能行为执行的实际控制者。

策略生成器应具备四项功能：选择执行器和评价器、调用内外部资源、评价执行过程与/或重新确定策略、确定任务的终止。

选择恰当的执行器和评价器执行任务并评价最终结果。任务实际上有一组执行处理器执行并交一组评价处理器评价。策略处理器将与总的执行处理器和评价处理器共同决定承担该项任务执行和评价的微处理器组。

策略生成器负责调用与执行该项任务相关的内外部资源。这里的内外部资源不是执行和评价处理器组，而是任务完成必要的计算资源和行为资源。如果内部的资源不能满足，则调用外部的资源。如果外部资源不能满足，该项任务的实施策略需要调整，或终止任务的执行。

策略生成器需要随时评价执行过程，根据对执行状态的评价确定是否需要重新确定策略，甚至终止任务的执行。

策略生成器负责决定任务的终止，包括正常的、任务完成的终止和非正常的、任务中间的终止。

6.1.2.3　执行器

执行器是一组门类最多的控制类处理器，由一个总执行处理器和覆盖所有执行控制功能的一组微处理器构成，承担主体所有智能任务执行的控制。

执行微处理器既包括对计算、逻辑类任务控制，也包括对一般性行为和制造类行为的控制。

执行微处理器控制执行过程，并将执行结果提交总执行处理器，由它将不同执行微处理器的结果汇总提交评价器。任务执行的结果不仅是最终的结果，也包括对全部执行过程的描述。所以执行微处理器也是与该项处理相关的智能结构的描述处理器，生成的智能构件一并提交总执行处理器。

6.1.2.4　评价器

评价器也是一类控制处理器，同样由总评价处理器和一组具有对特定任务和结果评价能力的微处理器构成。

总评价器与策略处理器一起确定对一项智能行为进行评价的评价微处理器，接受来自总执行处理器的任务完成结果及过程描述的智能构件。

承担评价的微处理器评价结果及过程，做出评价。评价主要包括四个方面，一是对结论正确性和过程可靠性的评价，给出可历时累积的标准评价；二是对智能构件做出评价，是否需要对已有的智能构件进行修改；三是向执行处理器和策略处理器反馈，提交评价结果；四是向触发器提出建议，是否就该项智能行为的结果启动内部学习性智能任务。

6.1.3　智能主体的资源

一个智能主体除了前述智能行为过程控制器之外，还拥有一组支持智能行为的资源池，一般地，资源池由四大部分构成：智能构件、微处理器、计算资源和行为资源。

智能构件是指一个智能主体拥有并不断增长发展的知识、经验和事实等构成的信息及其表征体系，其构成和体系见 5.2 节，是智能主体所有能力的体系化表述，是语义性智能行为的基础。

微处理器是指主体拥有的所有具备特定逻辑功能处理能力的处理器。这些处理器以智能主体的控制体系为纽带，形成该主体智能行为实现的逻辑能力，并操纵内外行为资源，构成该主体的实际智能。

智能构件和微处理器的工作机理和组合结构将专门在6.3节讨论。

计算资源是指主体拥有、微处理器在执行逻辑操作时可利用的计算资源。主体拥有的通用或专用的计算机系统、其他具有特定逻辑计算能力的计算器件，都属于这样的计算资源。微处理器本身也是计算资源，但不能被其他微处理器调用。计算资源拥有管理处理器和表征其能力的智能构件，智能行为执行先调用微处理器，通过计算资源管理处理器和表征，确定调用什么样的计算资源。

不同的智能主体根据其承担的任务和环境约束，拥有的计算资源差异很大。随着网络的发展和性能的提升，智能主体通过外部计算资源完成逻辑计算需求的可能性日益增加。

行为资源是指主体拥有、执行微处理器可以调用的各类具有行为能力的资源。行为能力的资源包括但不限于人的行为能力、物质移动的器械、主体承担任务相当的机械设备、满足拥有的机械设备需求的动力设备、可编程的数字设备等。拥有什么行为资源、拥有多少与主体主要承担的智能任务密切相关，因为占有行为资源的成本很高。同样，在网络环境下，行为资源的外部性也在不断增加。

6.1.4 环境

第 2 章介绍的智能要素中，环境是一种与智能进化、发展使用紧密相关的要素。这里的环境是从使用的角度对智能行为的影响。主要包括两个部分：外部事件和外部资源。

外部事件是指智能主体承担的来自外部的智能任务。智能主体的内部任务是隐性的，显性的智能行为都来自外部。这里的外部事件覆盖表 4.3 中所有的类型。具体的智能主体只承担其中的部分类型。

外部资源是指智能主体在执行智能任务时可以调用的各类外部资源，主要是计算资源和行为资源，资源的类型同前述主体拥有的资源。

6.1.5　主体

智能的主体性特征，决定了任何计算架构必须围绕主体。图 6.1 的圆虚线内就是一个智能主体的构成。这里的智能主体有三种形态：人、非生物智能体、人主导的组合智能主体。由于迄今为止，非生物智能体还没有形成（见第 3、4 章的讨论），讨论主要集中于人和人主导的组合智能主体。

目前，人依然是智能主体的主要组成部分，依然是智能任务的主要承担者。人的智能同样由图 6.1 圆虚线内的部件组成。在人的智能行为控制流程中，复杂的智能行为可以分辨出不同阶段，相当多的重复性智能行为已经进化为“本能”，从外部刺激感知到反应的完成这个智能行为中，没有复杂的认知控制流程，但在逻辑上可以区分出来。人的智能构件存在于所有的神经系统中，其中有部分是固定的、不可更改的，其他部分是由构件的性质确定的，内容在智能发展或使用中可以变化。人的处理器和微处理器体系十分完整、运转高效，主要通过神经元之间的结构和连接实现，不同区域、不同结构形成功能各异的微处理器，触发和使用通过连接实现。人的计算资源是具备处理或信息存储功能，并可以为计算任务需要所调用，或者说不是用以固定功能的大脑皮质功能。人的行为资源就是一个人所拥有的行为能力。人的行为能力是人的智能必要构成部分。

组合智能主体的数量在持续加速增长，所承担智能任务的类型、复杂性、数量同样呈现加速增长的态势。目前的组合智能主体中，人居主导地位。一些独立承担智能任务的非生物智能客体，如 IBM 的“深蓝”、谷歌的 AlphaGo，本质上依然是人主导的组合智能主体。如果离开人，系统的行为能力，保证系统正常运转的事务，更高层次的决策，如与谁、在什么地方竞赛等问题，系统本身还没有能力实现。工业机器人和服务机器人在承担任务时可能是独立的，但这个独立至少在两个方面不完整。一是缺乏自主性，没有主动选择工作场所和工作任务等主体具备的能力；二是缺乏生存主导权，是否过度使用或使用过程中的维护依赖于人。

对于组合智能主体中人的构成部件，前面已经分析，非生物智能客体的构成部件，一般都是图 6.1 圆虚线中的部分，尤其是控制流程，包括内部的或外部的智能任务，都是不完整的。合起来，还是图 6.1 圆虚线中的构件。

从非生物智能客体演进为非生物智能体，关键的环节是主体性和资源的占有能力。主体性标志对该主体拥有完整的行为控制能力，资源占有标志该主体拥有生存的发展的基础，缺乏这两点，无论具备何等高深的“智能”，或者说，在某些局部具有超越人的智能，依然是组合智能主体中的非生物智能客体，服从人的主导。

一旦非生物智能体具备了主体性和资源的占有能力，则其智能的构成也必然同图 6.1。

6.1.6 小结

本节介绍了智能计算体系的总架构。这个架构基于以语义逻辑为基础的十项智能逻辑准则。这个架构适用于解释所有的智能主体形成和发展，但人的智能形成和发展必然沿着其既有的规律前行，本章以后部分主要讨论这一智能计算架构如何使非生物智能客体演进到非生物智能体。

本节仅给出了最高层次的组成部分。这些组成部分需要更具体的、可以操作的构件构成，本章以下部分将从最基本、最小的微功能单元为起点，逐步组合、发展形成具有独立功能的功能单元组，并进一步发展为功能系统，若干个功能系统构成了独立的非生物智能体。

6.2　微功能单元

非生物智能客体如何能够具有主体性并通过主体性去获得需要的资源，以求得生存和发展能力，需要从最基础的功能开始，最基本的具有智能的单元能够像神经元一样“活”起来。以处理器为中心，使每个处理器都拥有特定的连接和描述构件，形成一组活的微功能。同样任何连接和描述构件都有特定的微处理器支撑。这些活的微功能单元构成非生物智能主体的“神经元”，也可称为最小智能单元。智能构件、连接和微处理器构成的微功能单元中，微处理器是核心。

6.2.1　微功能单元的构成和机制

微功能单元是智能计算架构中的最小功能单元。所谓最小，就是该非生物智能体不可分割的功能。如一个具体加法、谓词逻辑的一个表述、一个特定人声纹、一个行为特征等。如图 6.2 所示，由微处理器、描述构件和连接构件组成，拥有多类、多条通道通向架构中其他组成部分，能通过资源控制功能单元调用需要的计算资源或行为资源。

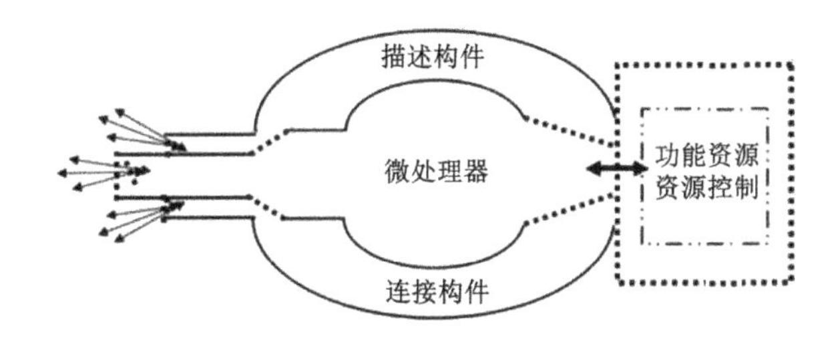

图 6.2　微功能单元结构示意图

在微功能单元中，微处理器居于核心位置，是功能的执行者，也是整个单元所有要素的控制者。描述构件、连接构件以及描述构件中关于微处理器功能的描述一起，构成 5.2 节中的最小主体单元、最小功能单元和最小信息单元，也就是描述功能的最小智能单元。

微功能单元既是开放的、又是独立的、具有充分的主体性。它通过广泛的全连接实现了开放性，它所拥有的处理功能和描述构件、连接构件别的单元不能修改，或需要得到它的确认。

6.2.2 微处理器

微处理器执行微功能单元中的所有功能——控制功能、处理功能、描述功能和连接功能，具备主动性。

微处理器拥有控制功能。控制功能的类型和特点与该单元承担的功能有关。至少应包括：处理执行过程的控制，保证不被外部中断；描述的控制，协同描述处理器实现描述功能并确定除初始描述之外的所有修改；连接的控制，主导本单元发起的连接，接受与/或记录来自其他微功能单元请求的连接；处理功能维护的控制，主导或协同实现处理功能的调整；等等。

微处理器拥有并只拥有一项不可分割的处理功能。如四则运算、结构叠加或递减、一个不可分割的算法执行、一项判断、一项调度、建立连接，等等。

微处理器拥有描述功能并只负责本功能单元描述的修改、增加。描述是对微处理器拥有功能的记录，记录不仅详尽，而且可以为该主体内其他相关微处理器理解。

微处理器具有连接功能并只具备本功能单元需要的连接功能。连接是一个微处理器最复杂的构成，如果是通用的非生物智能体，一个微处理器平均拥有数以千计或更多的连接。微处理器主导主动连接，记录被动连接。

主动性是智能计算架构中功能单元最重要的特征，这个特征由微处理器承担。微处理器的控制功能中应该有这样一个模块，能主动保持感知、保持就绪、保持学习、持续成长。

保持感知是指微功能单元通过连接感知与本单元相关的环境变化。这里的感知是广义的，包括接受处理任务安排、感知各相关微功能单元与本单元相关的变化、感知可利用的资源的变化。如果是承担触发器功能的单元，则感知包括对主体外部环境的感知。

保持就绪是指微功能单元的处理、描述、连接均处于能完成本功能单元应该承担的处理任务。

保持学习，一是指在每次任务结束后，完成由评价器传来的学习任务；二是指通过扩展连接，寻找本单元处理功能与其他单元的处理功能、描述和连接方面新的连接，并按成熟度分别记录、调整。

持续成长是指实现微功能单元发展的功能。微功能单元一般通过分裂、连接、补充等模式成长。成长的处理需要在上一层或总的处理器控制单元控制下、协调下实现。

6.2.3　描述构件

微功能单元的描述构件也是最小智能单元的描述结构。描述构件是非生物智能体所有功能和信息的承载体、复制的基因、智能行为可调用记忆。

描述构件在微功能单元中承担信息承载体的作用，用主体规定的标准、格式和表述语言将微功能单元中所有功能、连接、信息描述出来，并动态修改、增删。

描述构件的起始与该功能单元的起点相同的模式形成。发展和调整则根据该功能单元的需要和相关微功能单元的变化需求而产生，有本单元的微处理器与该主体的总智能构件处理器协调，形成一个内部智能任务，由本单元微处理器或更适合处理的专用构件生成微处理器实施。

6.2.4　连接构件

连接构件是描述构件中的一类特殊项，一般的微功能单元中数量众多、类型各异，是微功能单元保持生长与发展的基本构件。

从功能实现和逻辑关系两个角度看，一个智能主体必须有专门的连接功能系统，拥有一组连接处理器，具备主体内所有连接的控制、生成、实现。具体到一个微功能单元，连接既是该单元的基本构成部分，也是连接生成、修改的具体载体。微功能单元的处理器与相应的连接处理器共同确定连接的建立和使用规则。

连接构件至少包括四个部分的描述：连接端点、连接类型、连接组、连接处理。

连接端点描述连接两端的名称、标识、地址，保证唯一性。任何连接只有两个端点，特定场景下一对多、多对多的模式拆分描述，保证不同场景下的可用性。

连接类型描述本连接属于什么连接类，如处理、控制、功能、信息及其细分类。用于区分连接的正确性、便于连接的处理。

连接组描述在本主体中这一连接的前后相继关系。记录属于什么组，本连接在组中的位置。服务于控制与处理。

连接处理描述本连接实现时需要什么样的处理，处理由谁来执行。通常可能有三类功能单元承担一个连接的处理：本单元处理器、连接另一侧微功能单元的处理器和专门的连接处理器。一次处理的承担者由连接功能系统确定。

6.2.5 形成和增长模式

逻辑上或理论上，微功能单元可以通过长期、复杂的进化过程形成，人的智能说明了这一点。实际上，赋予式是初始形成的必然路径。不可能，也没有这样的环境再重复智能漫长的进化历程。应该说，无监督增强学习属于一种类型赋予式。

如智能结构的叠加操作，我们用 $F(+)$表示，则至少可以分别由 5 个微功能单元实现。比较微功能单元，将两个结构之间的结构差落实到具体的描述项或更基本的构件；策略微功能单元，被加的单元如何接受，即内部的结构要做什么样的变化；执行微处理器，实施确定的结构加；调整连接；调整控制。形成形如式 6.1 的操作过程。

$$F(+)=\{F(c), F(p), F(e), F(l), F(m)\} \quad (6.1)$$

式中，$F(c)$表示比较功能，$F(p)$表示策略功能，$F(e)$表示执行功能，$F(l)$表示连接处理功能，$F(m)$表示控制处理功能。

将$F(c)$, $F(p)$, $F(e)$, $F(l)$, $F(m)$微功能单元用赋予方式形成初始态，然后根据该主体的规则，通过任务、逻辑、试错等过程进入持续成长过程。任务是指经由微功能单元承担的智能任务来学习、提升；逻辑是指将单元拥有的连接、处理功能和信息以确定性逻辑将主体拥有的或外部环境可得到的相应信息、功能、连接叠加到现有的微功能单元中；试错是指非逻辑的任意扩张，能得到证明是正确的即叠加到现有单元中，若得不到证实，即独立存放，等待此后成长过程的证实或证伪，在没有证伪之前，一直保留，这就是智能逻辑的容错准则。

6.2.6　小结

微功能单元是非生物智能体计算架构的基础、核心。如此定义和实现的微功能单元是活的、开放的、具有独立功能的单元。

分析所有的智能行为，除开部分开创性研究和工程项目之外，其功能单元都是可以用赋予方式构建的。

初始时赋予、发展时交互、评价时参与、行为时主导是人与非生物智能体关系的基本准则，是非生物智能体发展最有效的模式。

6.3　功能单元组和功能系统

一组功能上相互依赖的单元组构成功能单元组，一组功能上性质相同的单元组构成功能系统，若干个功能系统构成一个非生物智能体。本节从一个非生物智能体的角度，分析功能单元组和功能系统。

6.3.1 功能单元组

微功能单元是构成智能计算架构的基石，但自身不能独立完成一项智能任务中的一个子任务。功能单元组就是一组相互依赖、共同完成智能任务中一项子任务的一组微功能单元，如式（6.1）就是简化的一组功能单元组。图 6.3 展示了功能组的一般结构。

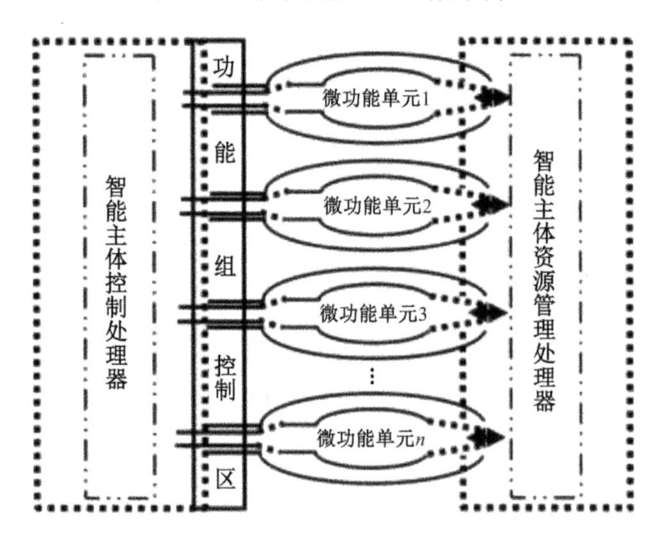

图 6.3 功能组构成示意图

如图 6.3 所示，功能组由一组在共同完成一个子任务时相互依赖的微功能单元组成。逻辑上与该主体的控制处理器，特别是控制处理器中负责该功能组的控制区连接，接受智能行为的整体控制。功能上与该主体的资源管理处理器连接，获取该子任务完成需要的另外处理资源。所谓另外处理资源是指这一组微处理器自身资源之外，与完成该子任务相关的逻辑或物理资源。

微功能单元之间为完成该子任务的各项协同，从任务分配、执行协调、评价到学习、结构调整，主要通过功能组控制器实现。

功能组的组成，可能是暂时的，也可能是长期的。以式（6.1）中的微功能单元为例，就是暂时的功能组。具有结构比较功能的微功能单元，也可能成为递减功能组的成员；其他几个微功能单元也类似。

6.3.2　功能系统

功能系统是智能计算结构中的主构件，若干个功能系统构成了一个具体的非生物智能主体。

如图 6.4 所示，一个功能系统由若干个功能组构成。前边已经介绍，一个功能组由若干个微功能单元构成。

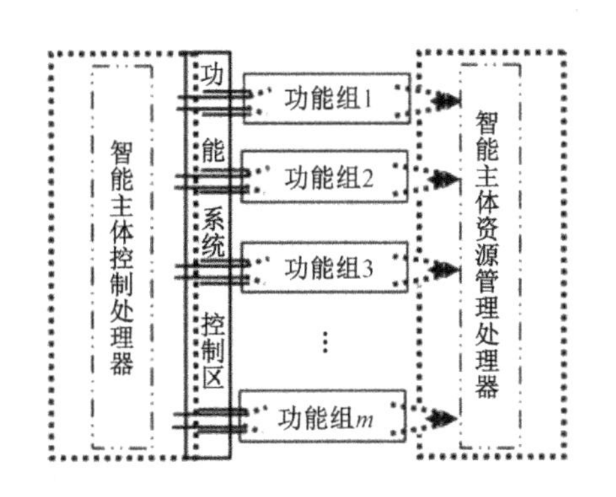

图 6.4　功能系统构成示意图

功能系统是功能组的放大版，具有更加完备的控制功能，更强的调用内外部资源的功能，可以独立承担一项智能任务或复杂的子任务。

若干个功能系统构成一个非生物智能体的全部功能，这是智能计算架构的基本组成模式。图 6.5 是以功能系统为构件的一个非生物智能体的计算架构。

不同的非生物智能体根据其承担的智能任务不同而拥有不同的功能系统。所有的非生物智能体又有一组功能相同的功能系统，控制的、资源调用的、结构和连接描述及处理的，等等。

一般地，一个非生物智能体的计算架构的功能系统由控制、连接、执行、构件描述等四大类功能系统构成，每个大类下又分别由一组功能系统组成。

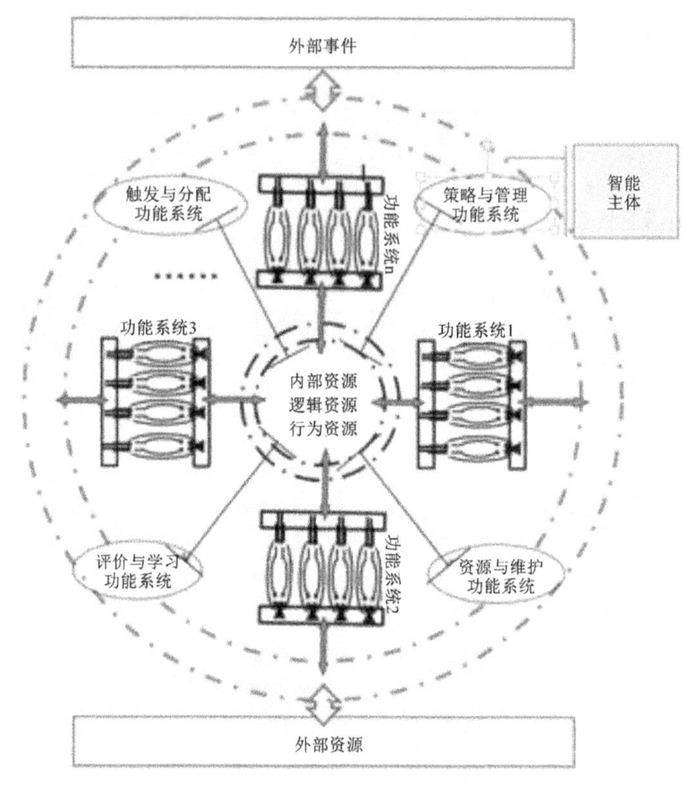

图 6.5　由功能系统构成的智能计算架构

6.3.3　控制类功能系统

控制类功能系统是非生物智能体计算架构中的核心，它决定该智能体的主体性特征，即系统的控制权人占多少，非生物智能体占多少。如果只有执行人安排的任务的，则是最低层次的主体性；如果能自主确定承担什么任务、自行获取可控资源、自行完成各类内部事务、自行决定学习，则是完整的主体性；而中间层次，则按各类控制功能的主导权分配来分析。以下对不同控制类功能系统的分析，是对相应控制客观功能需求进行的，该功能中人与非生物智能体之间的分工没有涉及，但隐含的结论是，无论如何分工，都是可以实现的。

控制类功能系统包括触发、分配、策略、管理、资源、维护、评价、学习等，在具体的智能主体计算架构中，可以用不同的定义方式，也存在实际能力的差异。

触发功能系统是该主体所有智能行为的启动器，是该主体的门户。功能主要包括对外部的感知并分类，不同的智能主体感知需求不同；对主体内部产生的各项事务感知并分类；维护感知的精准性。这个门户不仅让内外的事件感知并确定是否允许激发内外智能任务，还能精准区分感知的是什么。从另一个角度看，只感知能精准定义的内外事件，不能精准区分的感知等同于不感知。

分配功能系统承担该主体所有智能行为的分配，递交给主体拥有的哪个功能系统承担。分配功能系统应该拥有本主体所有功能系统能力的评价及结论。

策略功能系统负责对主体承担的每项智能任务确定实施策略。一般地，一项智能任务的策略确定由策略功能系统和承担该任务的功能系统一起完成，策略功能系统拥有更多的策略制定相关的功能和资源。

管理功能系统承担保证该主体的计算架构按规则运转的管理性任务。主要包括各功能系统分工的界定和调整，各类操作的标准、规范及持续完善，各类操作出现冲突时的仲裁，检查各功能系统是否遵循相应的规范或标准，纠正不符合管理要求的部分。

资源功能系统负责该主体内部资源的管理、外部资源的获取或使用。管理功能负责的是计算架构中的逻辑部分，资源功能负责计算架构的物理部分，满足架构运行及承担任务的能源、机械等设备需求。这样的资源有主体自有的，也有通过连接使用外部的。

维护功能系统保证该主体计算架构正常运转的所有维护性任务，包括故障修复、日常维护等任务。

评价功能系统负责该主体所有智能行为结束后的评价并将评价结果递交相关的功能系统，完成相关各类描述构件的形成或修改。如果需要通过学习过程，消化或落实取得的进展，则通过触发功能系统发起内部学习任务。

学习功能系统负责主体所有学习行为的实施和协调。前面已经讨论过，主体的学习行为有三个源点：一是感知引发，二是任务执行引发，三是由微功能单元、功能组或功能系统内部触发。

6.3.4　连接功能系统

连接是智能计算架构中最具有主动性的功能，是静态架构中数量最多的构件，是动态架构中最主要行为发起或执行者。

连接是静态构件中数量最多的构件。智能计算架构通过初始赋予、任务执行、内部学习、与人的交互、网络获取等多种手段，获得与所承担的功能相关的、尽可能完整的信息，并完全结构化，为提升问题求解能力，减少对人的依赖，实现主体性。图 6.6 只是以连接为纽带，对猫这个静态对象描述的局部，如果是关于猫的通用智能系统，连接可能高达千万，甚至更多。其他各类事务的描述、任务的描述、内部功能的描述，同样以连接为基础。智能的语义性在实现上，连接是基础，结构是根本。一组连接的结构就是一个特定事物的语义表述。

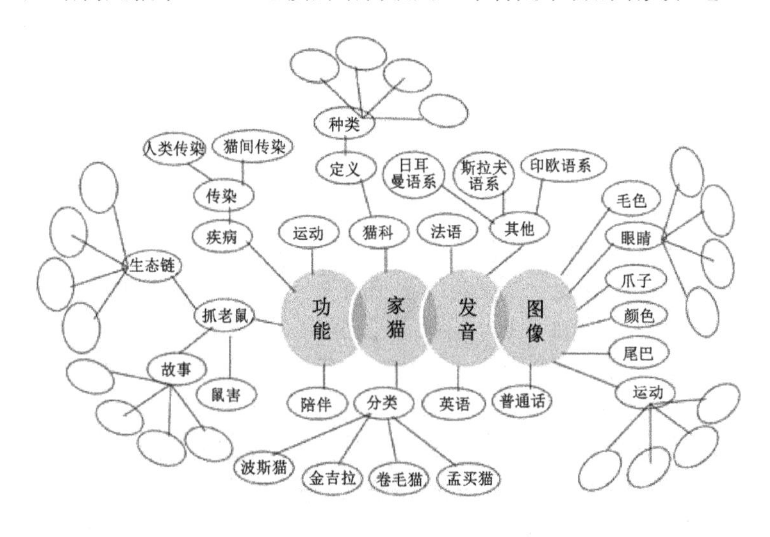

图 6.6　连接构件数量的不完整示意图

连接是动态架构中积极主动的部分。外部感知，连接是桥，是感知和采取行动不可缺少的功能构件。内部主动发起的学习，除了常规的智能任务执行后，落实取得的经验外，主要是内部各描述构件与微功能单元发起的逻辑或非逻辑连接，以内部构件为基础，与获取的外部信息建立连接，通过连接之后的评价，构建更多的语义连接、功能连接、连接的连接，提升主体智能。

连接功能系统主要承担以下任务：跨单元的连接的确定、建立跨单元连接串、按标准给予不同连接性质与标识、维护全体系架构的连接目录及其完整描述构件。

连接覆盖该主体计算架构的所有成分和功能，从最基础的描述项中的构件、一次逻辑操作或物理动作，到各层次的功能单元，从感知起步的控制到问题求解策略的确定、任务分配、内部管理事务，连接都是不可缺少的核心功能。连接同样在理解、执行、反馈、学习等所有智能基本功能中扮演基础和核心的角色。

连接功能系统具备连接处理的功能，微功能单元处理器也具备处理连接的功能，原则上，单元内连接由微功能单元处理器承担，跨单元的由连接处理器确认并交由两端单元处理器完成。连接处理器是连接功能的执行者，整个计算架构中所有连接的确立、每个连接的性质、连接的功能等要素均由连接处理器承担。连接处理器按管理功能系统确定的标准，对不同的连接赋予不同的标识，以利于在计算架构各项功能执行时的操作。

连接功能系统不仅决策连接的建立，给定连接的属性，更承担判断连接的成熟度，对成熟度高的连接之间构建连接串。连接串上的描述通过串描述完成，连接串上的处理以串为单位完成。这是基于成熟度的递减准则体现。

6.3.5　执行类功能系统

执行类功能系统是该计算架构中所有智能任务的执行者。如果是通用的非生物智能体，则包含表 4.1～表 4.3 中的所有智能事件。上述智能事件中，有一部分主要是控制类事件，还有一部分主要是连接或构件描述类任务，所有的智能事件在执行中都为控制功能系统所控制，都需要构件描述系统的参与，但都需要执行类功能系统的不同处理器承担主要的处理任务。

非生物智能体主要是专用型智能体。其计算构架中执行类功能系统的比重更大。在人主导的组合智能主体中，控制类、连接类和构件描述类的比重随人主导的力度而递减。在自动化系统中，非生物智能客体主要是执行类功能系统；在智能系统中，非生物智能客体增加了一定的控制功能。

由于大量数字设备、自动化系统、智能系统或人工智能系统的发展和应用，在智能计算架构中，执行类功能系统发育的最充分。几乎所有的软件都可以归入执行类功能系统中。

在第 1、3、4 章，已经用不少篇幅介绍了这类功能系统，这里不再重复。

6.3.6　构件描述类功能系统

描述构件是所有智能单元的必要构成部分，构件描述类功能系统与所有的功能系统和功能单元交叉。具体的描述归各个功能单元的处理器承担。如何描述、如何扩展、如何使整个计算架构中的构件成为一个为所有功能系统所用的活的机体，这些功能由构件描述功能系统承担。

如何描述就是要确定描述的规范。构件描述功能系统要将本主体描述构件分类，规定功能的、控制的、连接的、对象的等类型的构件描述过程、格式、标识体系，规定谁启动、谁确定、谁命名、谁定性、归属到哪个微功能单元中。

如何描述还要归纳并规范不同功能、不同连接、不同控制、不同对象的描述框架，即一个完备描述的框架、逻辑关系、使用约束、成熟度评价与处置等。这样的框架指导相对不完备描述构件走向完备。这样的框架本身也是动态的，在发展中完善。

如何扩展就是要指引各微功能单元、各功能组、各功能系统描述构件不断完善。具体的扩展方式有两种：一是由构件描述功能系统所确定的维护并动态完善的描述框架指导相关功能系统完善自身的描述构件；二是按照前述连接扩展模式，利用计算构件内外的信息，进行扩展。

对于功能的、控制的、连接的构件描述，基于主体承担的任务和上述扩展方法进行，对象的扩展是一类特殊的扩展。在人工智能系统、自动化系统中，对任务的对象描述均没有作为系统的一个必要组成部分。任务对象，或对象系统的各项信息的把握和理解，是非生物智能体智能提升的重要途径。在非生物智能体的计算架构中，对象系统的描述构件是独立于任务执行之外的构件。构件描述功能系统管理这些构件，对不同对象系统建立完备性的参考框架，并动态完善，使该主体对执行任务时可能遇到的对象系统有尽可能完整的信息，有利于提高执行效率和质量。

如何为所有功能系统所用，构件描述功能系统应通过规定的格式和标识，为不同的功能单元或功能系统理解和运用描述的构件提供接口。

6.4　起点、成长和停止

前面三节分别从非生物智能体计算架构的总体、基本单元和构件、功能系统等角度做了讨论，本节分析这样的架构如何发展，不同类型非生物智能体的起点和成长模式。

6.4.1　非生物智能体的主要类型

非生物智能体的自身特征是决定其计算架构起点和成长的关键因素。非生物智能体的类型可以从两个维度区分：通用和专用；组合智能主体中人与非生物智能客体的关系。

从非生物智能体适用的范围看，有通用和专用，而专用之中又可进一步细分为若干类不同的用途。不同用途的具体使用目的差别很大，但从计算架构看，主要的区别在于开放程度。就是该主体承担任务的对象解空间是封闭的还是开放的，如果是开放的，程度又如何。

通用非生物智能体的计算架构应该拥有前一节讨论的所有类型功能系统，并应该对所有这些功能系统提供可生长的架构能力。

组合智能主体中人与非生物智能客体的关系决定了非生物智能体的计算架构中，控制功能的构成与实现方式、成长模式。如果非生物智能体只对确定的操作有控制权，这样的计算架构没有自我成长的空间。如果人只对需要的资源及任务的场所拥有主导权，具体的问题求解过程由非生物智能体承担，如大部分人工智能系统，则具有自我生长的功能。

6.4.2 起点

迄今为止，各类非生物智能体计算架构的起点都是赋予方式，但有三种不同的赋予模式。

一是只赋予某种学习功能，试图让其成长为一定逻辑能力的智能体，并继续成长。这种模式的理论基础是深度学习，典型例子是当时谷歌公司吴恩达领导的团队进行的一个项目，让一个运行在 16 000 个处理器上的神经网络浏览了 1 000 万个 Youtube 上的视频后，神经网络中的某个部位对猫脸感兴趣。这种模式成本高、没有恰当的逻辑来解释结论，所以在很长的时间内，可能不会成为实用的非生物智能体发展选择。因此，实际上非生物智能体计算架构的起点选择只有下面两类。

二是一次性赋予全部功能。几乎所有的自动化系统都采用了这种模式。这里的自动化系统不仅是指制造业、商业、物流业等产业部门的系统，也包括管理领域具有独立功能的系统，如办公自动化（OA）、管理信息系统（MIS）、资源规划系统（ERP）。一些可以大量重复、过程稳定的事务系统在一次赋予后长期不变，甚至整个生命周期不做改变，而更多的系统不具备这一特征，所以需要随着技术和对象系统需求的变化而持续改善。但这样的改善主要依靠人来实现，主要由人来决策。本质上，我们可以将这种改善称为再次赋予。

三是赋予初始可工作、可生长的功能。许多专家系统、人工智能系统属于这一模式。与第二类模式的主要不同是系统具有自己学习的模块，尽管这个模块初始也是赋予的。典型的例子如 AlphaGo，前面已经介绍过 2017 年战胜柯洁时围棋能力比 2016 年战胜李世石时提升了很多，提升主要源于在对战中的学习，既有在与人的对弈中学习，还通过自己与自己对弈学习。由于该系统拥有强大的计算能力，只要采用恰当的对弈策略，就可以在已经对人类主要棋谱学习基础上，将可能取胜的路径逐步遍历。换言之，尽管理论上围棋拥有近乎无限的可能，但在已有成功策略的规范下，每盘棋、每一步胜率大的选择都是有限的。推而广之，可以将这类智能事件的解空间称为可穷举有限解空间。承担这类智能任务求解的非生物智能体都可以用这一方式走向成熟。成熟度就是已经遍历的解空间中解的比例。

第二和第三类模式之间存在交叉。第二类模式中也有赋予学习功能的模块，近来这种模式正在增加。当第二类模式中学习模块的能力不断增强时，与第三类中学习能力弱的系统之间就会接近。

专用闭环和专用半开环的自动化系统或智能系统适用于第二类模式。闭环且解空间不复杂的一般可一次性赋予，半开环的一般先赋予非生物智能体闭环部分功能，其他部分采用再次赋予或学习模块方式逐步扩展，也可以两者兼用。

专用开环类智能事件，人也没有掌握其解空间，一般适宜采用第三类模式。学习过程与再次赋予结合，学习过程为主，再次赋予的重点也是调整学习模块的功能。

通用的非生物智能体必然需要处理大量开环性质的智能事件，应该以第三类模式为主，对一些稳定的具有闭环或半闭环的智能事件处理，则尽可能采用第二类模式，以降低整体复杂性。第三类模式的初始赋予中，重点不在于针对特定功能系统的处理能力，而是要把所有功能系统如何成长的架构和起始学习模块，特别是控制功能系统的学习模块纳入初始赋予中。

人完全主导的非生物智能体原则上采用第二类模式。具有自主学习功能的非生物智能体，则采用第三类模式。

6.4.3 成长

非生物智能体成长的终极目标是达到相对于承担智能任务的成熟度为 1，即每一项任务都能经由确定的路径高质量完成。达到这样的目标，需要通过一个动态的持续成长过程实现。非生物智能体的计算架构成长至少有三种模式：自己成长、持续依赖于人、交互成长。

自己成长是指在第一次接受赋予之后，计算架构完全通过学习模块成长，适应承担的智能任务需求。自己成长一定基于第三类起点模式，一般地也适用于任务范围比较窄的专用非生物智能体，承担闭环或半开环性质的智能任务。理论上，通用非生物智能体可以自己成长，但还有很多障碍需要去除。主要有两点：一是赋予的学习模块是否可以自己进化覆盖通用智能的全部功能，进化过程还可以使这些不同功能系统之间建立与内在逻辑关系一致的控制模式；二是智能的有效性问题。在人的智能进化过程中，没有进化速度和成本的压力，因为在地球上没有另外一种生物智能体对人类构成竞争。但在非生物智能体进化过程中，有效性的约束已经成为刚性约束。不是因为成本的原因，就是因为通用功能的非生物智能体是国际竞争的前沿，还有别的队伍为占领制高点而努力，如果别的团队成长模式成本低、速度快、质量不差。那么，落后者必然被淘汰。

持续依赖于人是指非生物智能体的计算结构没有自己的学习功能，完全依赖人的赋予。甚至对求解问题的基础数据、主要参数也依赖人的输入。这种模式从智能成长模式看，比较缓慢、被动，但从特定智能事务的执行看，却十分有效，特别是承担产业和管理领域长期重复的稳定事务的非生物智能体。

交互成长是指非生物智能体的计算结构与人一起通过不同形式的交流实现成长，这是当前，也是今后主要的非生物智能体成长路径。我们回顾人的成长，所有的学习过程都是一个交互的过程。即使是自学，那也是前人的知识和经验以文字的方式与学习者交互。特别是，正如在本书反复强调的，全社会实际执行的智能任务，在数量上至少99%以上是人可以熟练地完成的。因此，只要有恰当的渠道、找到恰当的人、具备适当的交互界面和工具，非生物智能体可以快速成长。

交互有很多方式。有效的交互需要三个条件：触发点、界面、通道。

触发点是指互动谁发起、频率和质量。人和非生物智能体都可以发起交互，但以非生物智能体更为有效，因为人发起，就与赋予的性质相同了。非生物智能体发起的交互，针对性强，人的回答可以直接为计算架构接纳。非生物智能体主动交互源自问题求解过程或学习类内计算发起，自身不能确定、不能解决的问题。显然，必须具备学习模块。

界面是指交互时使用的介质，既指物理介质，是键盘还是语音，也指逻辑的，如程序、格式。界面决定效率和质量。

通道是指人与非生物智能体之间交互的参与模式。什么人，以什么方式参与到交互中，所以只要指连接的网络，并有权利、有能力、有意愿的人，都能适时连接到交互的界面上。

人与非生物智能体的交互，从过程看是人的参与和退出。参与不仅是辅助非生物智能体完成好承担的智能任务，更重要的是不断提升非生物智能体的智能，从而在恰当的时候，人逐步退出。经过交互，退出成熟的问题求解过程。持续的交互，成熟的智能行为不断增加，退出的比重越来越高，最终人完全退出该专用非生物智能体的任务域。

6.4.4　跨架构成长

前面讨论了一个计算架构的组成、起点和成长。一个计算架构并不是孤立的，有的由于共同执行一项智能任务，有的由于属于共同的主导主体（如机构），还有的由于自身学习模块的功能而与其他计算结构的连接。

智能进化和发展的历史证明，跨架构（跨主体）学习是最有效的模式之一，是引发智能进化质变的基础。基于跨架构学习的成长，除了需要具备人与计算架构交互时的三个条件外，还要满足三个条件：表征可理解、构件可融入、功能可叠加。

表征可理解是指两个计算架构之间的表征采用相同或相似的语言、格式和标准，具有与人类交流类似的语言和文字基础。

构件可融入是指两个计算架构之间在描述性构件的处理上具有相同的机制，描述性构件可叠加，实现跨计算架构的描述构件协同成长。

功能可叠加是指两个计算架构之间的逻辑功能单元可叠加，实现跨计算架构的功能单元或功能单元组协同成长。

这三个条件的基础就是跨非生物智能体计算架构具有一致或基本一致的管理标准，包括主要功能系统的控制、流程、描述的标准、规范，达到计算架构间“车同轨、书同文”。

6.4.5 计算架构发展的内部规范

非生物智能体的计算架构在发展过程中，按照智能逻辑的十个准则和计算架构积累的内容，需要对结构本身进行规范，使之能持续保持效率和增长。规范基于该计算架构的管理原则、一般逻辑准则和具体的规范标准，主要体现在冗余、沉淀、优化与约简等结构操作上。承担不同任务、基于不同成长原则的计算架构，对这些操作的规范不尽相同。

6.4.5.1 冗余和沉淀

决定计算架构组成和发展的许多规则，决定了很多发展中的计算架构存在大量冗余和沉淀。冗余和沉淀是实现计算架构成长的必要组成部分，但也带来占有计算资源、影响问题求解速度等负面影响。如何根据不同的场景平衡，是计算架构发展中必须处置的问题。

冗余是指完全相同的构件、功能或控制出现在不同的构件描述单元、功能系统或控制系统中。在一个计算架构中，有很多因素产生冗余。功能、连接、描述的分立与衔接，问题求解路径的调用等计算架构管理系统确定的标准和规范，决定了大量冗余的必要性。但也可能存在非必要的冗余，即由于在动态学习、调用、构件操作时没有及时确定构件的冗余性而保留下来。

对于冗余构件的处置，规则是简单的，对于任何非必要的冗余，可以经过评价系统确定之后删除。对于必要的冗余，在管理功能系统中协调或遵循相应的冗余处置规范，确定在一个单元中保留，其他单元只保留连接。

沉淀是指一些构件已经产生，但几乎不被使用，又没有被评价系统确定为无用的构件，通过与某个或某几个基本智能单元连接。5.5 节中讨论的容错准则要求凡不能确定绝对无用或在任何场景下都是错误的构件才可以从计算架构中删除，这个原则体现在计算架构的成长上，必然造成大量沉淀。但这些沉淀是学习模块的材料，是评价系统的材料，是调整策略后问题求解的备用品。

除了对所承担的所有智能任务的成熟度达到或接近 1 的计算架构，沉淀是计算架构成长的必要条件。

6.4.5.2　约简与优化

计算架构在自我学习和执行智能任务的过程中不断成熟。初始赋予的问题求解策略逐渐不适用于计算架构成熟度不断提升后的智能行为，需要用约简和优化的方式，反映这种成熟度提升带来的变化，提升计算架构的执行效率。

约简是指一个计算架构中一条操作指令、一条问题求解路径、一条路径中相连的一个子集的成熟度达到 1 时，将处理过程直接从起点跳到终点的方式，或是循一条逻辑串从开始执行到结束就得到了结果，将一个复杂的问题求解过程转变为确定的串计算。

优化是指将计算架构的静态结构进行优化。所谓静态结构是指计算架构不在进行计算作业时各功能系统、描述构件、连接的状态。

初始赋予的静态结构经过一个阶段的内计算和外部智能任务执行之后，尽管按准则不断地评价、学习、修改，但这些评价、学习和修改大都存在局部性，难以在全局进行优化。全局优化应该作为一项专门的结构性操作。

优化还应对前述关于冗余、沉淀、约简等操作遗留下来，未经全局优化的部分，进行优化。

6.4.5.3 终止

规范应根据各类非生物智能体及内计算的特征，有针对性地确定内计算终止的规则。

一般而言，有以下四个参照终止条件。一是平衡计算资源可用性，如果外部智能任务与内计算发生冲突时，内计算暂停；二是由控制系统启动的学习性内计算按要求完成；三是微处理器启动的内计算按照所有完善规则已经完成；四是外部感知获取的需要通过学习过程纳到构件中的计算任务结束。

终止是一个计算结构中与启动同样重要的功能。

6.4.6 小结

本节介绍了非生物智能体计算架构的起点和成长的一般模式，对不同模式的条件和适用范围进行了原则性分析。

成长模式的基础是主体性，也就是控制功能的特点和谁在主导。组合智能主体的非生物智能客体的起点和成长取决于居主导地位的人。具有主体性的非生物智能体成长将在下一节涉及。

本节给一个计算架构在成长过程中积淀的构件、功能，包括控制功能的优化处理提出了一般性原则，主要针对冗余和沉淀、简化和全局优化。

6.5 微处理和内计算

非生物智能体成长的学习过程，基于内生的计算模式及支持其实现的硬件架构。计算架构的内生计算模式是微处理和内计算，硬件架构是支持微处理和内计算的芯片和系统。

6.5.1 微处理

微处理是计算架构中，依据智能计算特性、支持非生物智能体成长的特殊设计。

我们在 6.2 节中已经系统介绍了微功能单元的组成与特点。任何非生物智能体的计算架构由一个个微功能单元构成，每个微功能单元均具有处理能力，拥有特定的连接功能和描述构件。每个微功能单元处理器既能在该计算架构承担外部智能任务的处理，也能成为内计算的处理功能承担者。

这样的微功能单元拥有自主发起完善自身的内计算机制。这个机制赋予为处理器的一个模块。处理器根据架构内设的学习机制，依据本单元的功能、连接和描述发起学习，也接受来自别的单元的学习处理请求。

主动发起学习型内计算的逻辑基础是这样的微功能单元一个特定的语义单元，学习的发起和结果都具有一致的语义性、逻辑性、功能性，保证了学习在计算架构成长的有效性。在讨论生物和非生物智能进化、发展和使用时，多次阐述了以语义和结构构成的功能单元为基础的特点。基于微功能单元的学习型内计算正是契合了这一智能计算的基本特征。

如图 6.7 所示，微处理并不意味着每个微功能单元的处理器是孤

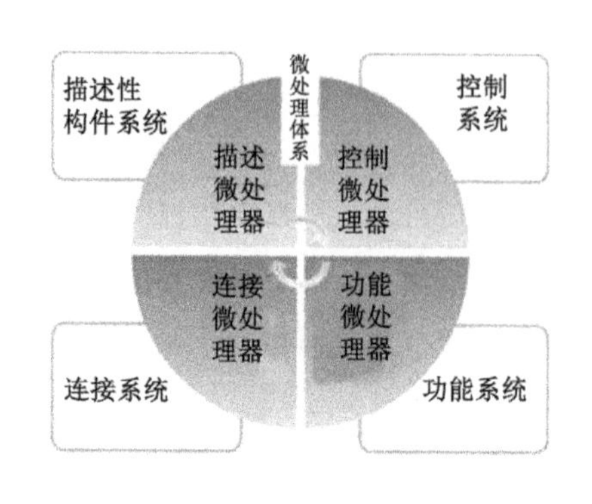

图 6.7 计算架构中的微处理体系

立的，它只是整个以微处理器为基础的计算架构中学习功能的一个构成单位。

微处理器内置的内计算模块是整个计算架构中内计算功能的一个组成部分。在计算架构控制系统中的处理功能子系统整体管理和控制下，连接具有各自逻辑功能的微功能单元、功能单元组、功能系统中不同层次的处理器及其中的控制模块构成了微处理体系。一个计算架构可以并发数量众多、逻辑并行的微处理，为计算架构学习功能奠定了计算基础。

6.5.2 内计算的定义、类型和机制

内计算是指非生物智能体计算架构自身发起并实现的计算功能。内计算是计算架构主体性的核心体现，是从目前的自动化系统、数字设备、智能系统和没有内计算功能的人工智能系统等非生物智能客体走向具有主体性的非生物智能体的关键环节和功能构件。

非生物智能体自身主导的成长，从计算逻辑的架构看，基于微处理和内计算，但受制于两个关键要素：问题求解方法和进化过程的把握；是否能够拥有足够的满足学习需求的计算资源。问题求解方法和进化过程的把握与智能事件本身的复杂性正相关，也与人积累的，与此类事件相关的知识和经验正相关。

初始内计算模块是赋予的，质量依赖于赋予者对智能事件对象系统规律的把握。承担不同类型智能任务的计算架构被初始赋予的功能中，存在必然的交集，所以，随着这类成长方式的发展，可以期待初

始赋予的水平会不断提升，从而扩展了此类非生物智能体成长模式的份额。

内计算的主要类型是成长性和维护性两类。如图 6.8 所示，这两类内计算又可以分成若干个小类，这些小类还可以根据计算模块功能的需要进一步细分。细分的依据不是目的，是使用什么样的逻辑或算法进行计算。

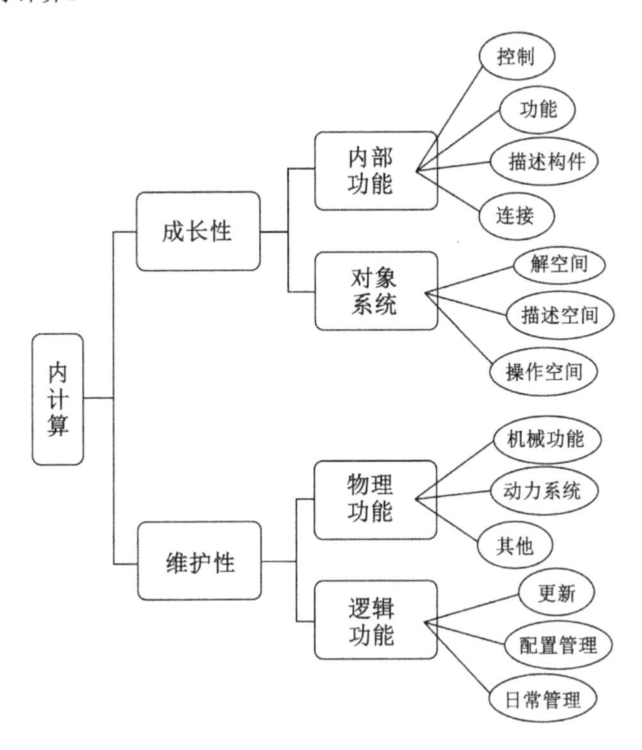

图 6.8　内计算主要类型

6.5.3　成长性内计算

内计算是自我成长的主要计算模式。在本章定义的计算架构下，学习模块可以在控制系统的操纵下，通过连接、描述、功能、控制四大体系的构件特点，利用主体拥有的计算资源，以内计算的模式，完善控制功能、处理功能、描述功能和连接功能。

提升内计算能力是初次赋予的学习模块能力的核心要求。不同的非生物智能体，学习的方向和路径不同，内计算方式也应与计算架构和主体承担的智能任务性质一致。

成长性内计算，也可称之为学习性内计算，是内计算的主要功能。成长性内计算根据其目的又可以分成内部功能和对象系统两个部分，而在实际的学习过程中，这两个部分又经常需要协同进行，形成共同的学习成果。

内计算增长内部功能。一个非生物主体计算架构的内部功能主要是控制、执行功能、信息或描述性构件，连接分属于前面三个部分，但在架构中具有相对独立的功能和贯穿计算架构所有构件和操作的特征，也是内计算发起和实施的关键要素，需要作为独立的部分。

内计算提升对象系统理解。计算架构为完成特定的智能任务而存在，有的计算结构甚至只为执行一种智能任务，所以，对智能任务的理解，是计算架构问题求解能力成长的重要方式。对象系统的理解，一般是指不断提升解和操作的确定性，信息描述构件逐步逼近对象系统全部真实。

提升解的确定性。如果我们将一类智能任务所有可能的解称为该问题的解空间，本节已经讨论过，迄今为止的计算架构执行的智能任务的解空间，均为可穷举的有限集合。内计算的学习模块就是针对特定问题，有适合的逻辑推理或算法，去得到解或降低求解时的不确定性、复杂度。

提升操作的确定性。如果我们将一类智能任务的所有物理性质的操作，不管是加工还是移动，称为该问题的操作可选空间，这样的空间显然是可穷举有限集合。内计算的学习模块就是将所有可能的操作变成一个直接的执行过程，减少执行时的探索或构建操作策略时的工作量。

信息描述构件逐步逼近对象系统全部真实是指在计算结构中经由

学习模块，不断增加对象系统各种事实的描述构件，直至达到对象系统完备的显性信息结构。

内计算最有成效的是解空间封闭的智能任务类型，前提是把握可穷尽问题求解路径的知识和方法，找到不断降低路径不确定性的算法。AlphaGo Zero 没有输入初始数据，或者说人类棋手的棋谱，完全基于原理和算法，从随机下子为起点，用比较短的时间达到了百战百胜，完美超越了它的前辈。显然，AlphaGo Zero 初次输入的基于围棋获胜原理的学习算法质量明显高于它的前辈 AlphaGo 的初次输入质量，真正把握了如何遍历围棋封闭解空间，降低可能路径不确定性的方法，提出了有效的学习策略。任何封闭解空间性质的智能任务，只要可以通过内计算（在围棋的例子中就是自我对弈）逼近所有路径，就必然达到成熟度趋近于 1 的理想境界，问题求解也就成为本能，对算法和计算资源的依赖趋于最小。AlphaGo Zero 下棋时占用的计算资源，也比 2016 年的 AlphaGo 小了几个数量级。

需要特别指出的是，不同的封闭或半开环智能事件，如何降低问题求解路径的不确定性，使非生物智能体问题求解的成熟度趋近于 1 的算法或方法是不同的，不能试图用一种算法或方法解决所有类似的问题。

成长性内计算都是为了提升计算架构的问题求解能力，为了以后更好地执行智能任务。

6.5.4　维护性内计算

维护性内计算是非生物智能体保持自身处于就绪状态的功能。维护性内计算也有两个主要部分组成：物理部分和逻辑部分。

物理部分视非生物智能体执行的智能任务的性质不同而不同。若只是承担逻辑性、计算性智能任务，则物理部分主要是计算资源中硬件的可用性维护。计算资源硬件维护的自动化、远程维护已经比较成熟。保障硬件部分正常运行的电力、网络、机房及其他附属设施的维护，原则上不属于维护性内计算的范畴。

各产业部门生产性非生物智能体，则包含对象系统物质系统和动力系统的正常运转。这类内计算通常是相应自动化系统的必要构成部分，是自动化系统的一部分，其成熟度也比成长性内计算高。

逻辑部分的维护性内计算是指维护计算架构本身正常运转的功能，也就是保证计算架构中的各系统正常运行。

计算架构在运行中不断发生变化，软件一般总存在缺陷，计算架构是一个复杂的软件体系，存在一定数量的缺陷是必然的，这两个因素合在一起，逻辑部分维护的内计算变得十分重要。

正由于软件系统存在缺陷的不可避免特性，所有软件都为防止问题发生及发生之后的处置采取了措施，这些措施为逻辑部分维护内计算提供了很好的借鉴。

6.5.5 计算架构中的算法

算法是计算架构中一类十分重要的特殊构件。计算架构本身不创新算法，创新算法是一类智能任务。计算架构对于算法有三项动作：选择算法、确定参数、使用算法。

选择算法是指计算架构根据承担的任务和内计算的特点，确定在架构不同部分采用什么样的算法。对于赋予式计算架构，算法选择是人的任务。人不仅确定在架构的各个功能系统使用什么算法，而且将这个算法变成软件，并嵌入相应软件中。吴恩达先生的猫脸识别、谷歌的 AlphaGo 系列、所有赋予式计算架构无一不是如此。

确定参数是指有些算法在使用前需要针对任务调整好参数，才能有效地将算法的功能变成问题求解过程的能力。一些模式分类算法，几乎所有的确定物质部件运动轨迹的算法都需要设定参数。确定参数有两种模式，一是在赋予时参数已经确定，或是需要参数时由人输入；二是在赋予时确定了参数确定的内计算模块，满足条件时即触发运行。

使用算法是指计算架构根据确定的问题求解策略或内计算流程，

在相应的过程中一次使用特定的、具体化的算法。使用“特定的、具体化”的算法，是想强调，任何计算架构使用的不是一般的理论的算法，如一阶隐马尔可夫模型、贝叶斯参数估计或卷积神经网络，而是与特定功能模块需要的特定计算要求一致的具体化的算法。

计算架构中的算法主要用于计算资源分配、问题求解策略生成、物理行为轨迹算法、符号信息集合中特定对象的识别、求解过程、评价等。

计算架构的算法覆盖极其广泛的门类，随着应用的发展，还会继续增加。值得一提的是，同一问题可以用不同的算法实现，甚至可以用完全不同的算法来实现。计算架构的算法选择标准，不是复杂性和纯学术的先进性，而是问题求解或内计算达到目的的有效性。此前已经定义过有效性，那就是结果的质量和达到结果使用的资源。同等质量下，资源使用少的为优。此前也已经定义过成熟度，成熟度高的智能过程，是算法复杂性和算法使用量不断降低的过程，很多纯逻辑的问题求解，成熟度趋近于 1 的过程，大多成为一个连接串，从起点串到终点，结果就产生了。

6.5.6　硬件实现的要求

计算架构的计算既存在与以符号处理为主的主流硬件不同的逻辑和过程特征，也有很多计算需求与目前的处理架构相符，硬件系统需要一定的调整以适应智能计算架构的需求。

变革的方向是，研制以微处理为基础的高度独立并发流程与内计算和外部任务并行的芯片及计算机系统，并与目前主流计算机系统一起构成智能计算的硬件系统。

6.5.6.1　需求特征

智能计算架构对信息处理硬件的需求特殊性体现在四个方面：连接以最小构件为基础的语义计算、大数量微处理器及逻辑相对独立的并发、内计算、微功能单元和连接为基础的存储模式。

连接以最小构件为基础的语义计算是与基于符号处理的计算模式本质上的不同。基于符号计算的一些程序可能不适用于语义计算或需要进行一些改造。主要的不同在于很多处理必须以最小构件为基本单位，场景和连接是确定一个符号与另一个相同符号差别主要依据。这些特征需要设计一套完整的标识体系及与之一致的计算模式。

大数量微处理器及逻辑相对独立的并发是对芯片和计算机系统的操作系统提出了结构性的、计算逻辑上的课题。

内计算不仅需要芯片和操作系统进行结构性调整，还需要平衡内计算和执行外部任务时资源的调用，平衡如何满足基于符号计算和基于语义计算不同的资源需求。

微功能单元将处理、描述和连接组合在一起，基于控制、场景、结构、任务等不同特征的连接成为智能计算架构基本形态，信息的存储模式应该适应这一普遍需求。

6.5.6.2 智能芯片

芯片是计算硬件的基础，适应上述需求的智能芯片至少应具备下列特征：支持以构件为单元、连接为主体的存储和传输，支持相对独立、在一定意义上绝对独立的数量大、计算量小或很小的并发处理，支持连接为中心的串处理。

支持以构件为单元、连接为主体的存储和传输的处理特征是每次存取只有很小的数量，因为有大量并发微计算中心，存取十分频繁；每次操作的逻辑流程十分短，一步或几步就结束了对一个或几个构件的操作；经常发生不同的微处理器，也是并发微计算的中心，要求对同一个构件进行包括修改在内的操作，操作的特征是不可预期的，因为微计算中心是根据处理的结果来做出是否修改的决策。

支持相对独立、在一定意义上绝对独立的并发处理是智能计算的基本特征。微处理器的基础是具有发起计算的最小智能单元，也接受计算架构控制功能系统任务的最小计算单元。这种特征决定了芯片上存在大量独立的、没有统一控制的、存在强弱不同联系的处理。而且这种处理又呈现前一段讨论的处理特征。

支持连接为中心的串处理是智能计算中比较常见的处理模式。这种模式的特征是处理的逻辑流程固定，没有因判断而形成的分叉或循环，一个连接、操作组成的流程直至结果的产生。重复执行的、解空间封闭、每个解的路径确定，一个流程的作业需求都能满足的智能任务问题求解大都属于这个范畴，生产、管理的自动化系统或智能系统中的作业模块是这类方式的典型。

满足上述要求的智能芯片实现有多种模式。如可以采用弱芯片架构，每个芯片的处理能力比较小，一个个弱芯片在操作系统的管理下实现性能很高的计算。也可以采用强芯片架构，每个芯片的性能很高，集成了数百上千亿的逻辑单元，划分成大量的区，实现前述要求。前一种方式硬件成本低，但软件成本高；后一种方式硬件成本高，操作系统改变小，但芯片设计的工作量大。

设计符合基于语义、微计算的智能芯片是智能计算的基础。智能芯片的功能不仅体现在芯片上，同样需要改变操作系统，才能实现智能计算的有效性。

6.5.6.3 智能计算系统

智能计算系统的特征是实现有效的智能计算，包容符号计算的需求。为适应智能计算，计算系统需要调整架构，每一类调整不存在不同的选择。

首先，一台计算机中，智能计算芯片与传统芯片的比例，传统芯片中，又选择什么样的类型，是基于ARM、基于x86体系、基于PLC还是基于GPU。显然，不同的计算架构不应该采用相同的芯片类型及其组成比例。

其次，操作系统。一套计算机系统的性能，芯片只是基础，操作系统起着更重要的作用。操作系统的改变十分复杂。智能计算架构中，既有的不同芯片与智能芯片同时存在，这是对操作系统的根本性挑战。

第三，计算系统的结构选择，是采用若干台性能高的计算机还是选择数量更多的单台性能比较低的计算机；是在一台计算机中实现不同芯片的组合，还是用具有不同计算特点的计算机构成的群体来实现智能计算。采用不同计算特征的计算机组成的体系，降低了操作系统的复杂性，但增加了该系统执行任务时跨计算机调度的难度。

无论采用何种方式，满足智能计算的需求，传统的芯片和系统需要做出质的改变。根本还在于智能芯片和相应的操作系统。

6.5.6.4 非生物智能体计算资源的形成与扩展

过程控制和资源占有是区分非生物智能体主体性的两个核心标志。在前面的讨论中，我们回避了这个问题。当人主导的组合智能主体中的非生物智能客体进化到非生物智能体时，如何自主扩展满足增长的计算资源和物理资源需求将成为关键问题。

即使是非生物智能体，我们假定初始形成依然是基于人采用赋予模式，需要讨论的是扩展问题。

扩展的外部条件趋于具备，这是信息网络及网络上资源的发展决定的。区块链就是很有说服力的例子。初始区块链功能是赋予的，第一个区块链也是赋予者自己创制的，也可以理解为赋予的，但此后它就基于互联网，在互联网上蔓延。尽管矿机和交易平台有人买单、有人参与，但中本聪没有为这些资源的形成做过任何努力。当然，参与者买单是为了利益，反过来也说明，只要一个基于互联网发展的系统，存在一个让其他人主动参与的动力机制，系统自主的计算资源和物理资源的形成和扩展是可能的。

这是一个十分深刻的例子。因为区块链上的利益是基于区块链而产生的。起始时，没有剥夺别人，也没有人出让利益。后面交易的得失是由区块链规则确定的。

6.6 本章小结

本章讨论智能计算的体系架构及实现过程的主要问题。

6.1 节给出了一个与基于符号处理的冯·诺依曼架构不同的基于语义的智能处理架构，解释了这个架构中的主要构成和特点。本章除了介绍结构时，兼顾了人、组合智能主体和非生物智能体，其他部分均以非生物智能体为对象。

智能处理的核心是基于语义，语义通过一系列特殊的功能和结构实现。6.1～6.3 节从三个方面勾画了语义处理的结构特征。6.1 节以从触发开始的控制系统确立了计算架构基于语义的主体性。语义从感知开始，计算架构的全过程以语义为控制和实现主体性的基础。6.2 节通过微功能单元进一步落实语义性。一个微功能单元就是一个具有特定功能或解释能力的语义单位，通过处理和连接，以语义的方式成为整个架构中一个基本构件。6.3 节以微功能单元为基础，组合成功能组和功能系统。功能系统及计算架构自主的控制系统一起，使计算架构的所有构件以语义方式连接在一起。

6.2 节和 6.3 节从最基本的构成单元开始，逐一介绍了计算架构的功能系统。一个具有自主控制能力的智能计算架构，至少要有控制类功能系统、连接类功能系统、执行类功能系统和构件描述类功能系统。通过这些功能系统使非生物智能体的主体性、功能和信息三大要素经由连接和处理得到落实并具备发展的基础。

描述构件是非生物智能体所有功能和信息的承载体、复制的基因、智能行为可调用记忆。连接与描述构件一起构成信息的语义性。外部感知、连接、描述构件、微处理、内计算构成智能计算架构持续走向完善的机制。

6.4 节分析了智能计算架构结构的起点和成长。列举了不同主体性质起点和成长的主要形态。分析中特别指出，已经不存在超越人的智能的生物智能进化路径，与人相同的智能进化路径一定会被人切断。分析还指出，在智能已经进化到如此复杂的高级阶段，由于竞争和速度压力，不经人的赋予产生非生物智能体的可能性也基本不存在。所以非生物智能体，不管其智能特征如何，起点都是由人赋予。介绍了三种赋予模式及其对成长的影响。同样由于智能已经到了复杂的高级阶段，成长的主要模式是交互。主要是人与非生物智能体的交互，也包括非生物智能体之间跨架构的交互。强调指出，人与非生物智能体交互的过程也是人逐步退出的过程，这是一个必然规律。本节还给出了交互模式实现的条件，还原则性地介绍了智能计算架构发展过程中如何应对冗余、沉淀、简化，如何实现全局优化。

6.5 节主要讨论智能计算结构实现的具体性问题。智能的特征是具体化，是具体地承担各种类型的智能任务。智能计算架构与基于符号的冯·诺依曼架构不同，存在各具特征的计算架构，所以讨论比较原则，具体的讨论要针对特定功能的智能计算架构。本节重点讨论了微处理和内计算，这是智能计算模式中最具特点的部分。作为计算的实现，不可避免地涉及算法，强调了算法在智能计算中不可或缺和算法的多样性、算法仅是智能计算中的一类工具，问题求解中的算法的使用随着智能计算能力的增强而递减。微处理和内计算决定了智能计算需要智能芯片和包含一定智能芯片的智能计算机系统。

本章还讨论了更加敏感的问题。在互联网全球普及和网上各类资源持续增长的前提下，非生物智能体自主获取计算资源的可能性。实际上，如果智能计算架构能自主管理和操纵各项控制功能系统，能够自主获取计算资源和物理资源，那么，非生物智能体也就形成了。

第7章

智能的未来

智能进化正在进入第六阶段——非生物智能体发展阶段，人类社会走向智能时代正在形成共识。智能时代的愿景基于智能的发展。本章讨论智能的未来图景及实现的可能路径。

7.1 未来图景

在社会、经济、军事等领域以人工智能为代表的智能技术的应用正在加速发展，这是技术和需求双轮驱动的结果。对于智能技术的发展及可能设想的智能社会，有期待、有困惑、有质疑。勾画智能演进的未来图景，推动智能朝着合理的方向发展，是智能理性和社会理性的共同责任。

本节从智能时代的一般愿景，智能主体、能力和信息的发展状态，走向理想图景的路径和理性规范 6 个方面先做概要介绍，本章的后续内容将依次展开。

1. 智能时代的一般愿景

各类智能主体各按其责，承担社会各项必要劳动，包括经济、社会、文化、军事、生活等各个方面。智能主体的能力远远超越今天的能力，基本实现无人生产，绝大部分服务由非生物智能体承担，防务和战争的一线基本无人。人类不再承担任何有损自身身心健康或不愿意承担的事务。许多今天人类不能承担又十分紧迫的任务，如地球和外星探索、尚未解决和新出现的科学难题，等等。

智能的发展与社会理性的增长同步，适应新格局的社会法律和制度同步制定。地球文明由各类智能主体共同创造，各类智能主体遵循共同的社会规范。地球更加宜居、生态文明逐步提升。应对地球本身危机及诸如地外文明或地外天体入侵等重大事件能力大幅增强。

2. 智能主体

人依然是最主要的智能主体。

非生物智能体形成并不断完善、类型不断增加。

组合智能主体成为承担各类社会事务的主要模式。组合智能主体的主导者从当前人承担，转向人与非生物智能体分别或共同承担。

组合智能主体中的非生物智能客体，也可称之为数字设备或自动化系统、智能系统，类型持续增加，直至覆盖所有的智能任务。

3．能力

人的智能继续发展。在多智能主体的社会中，发展的方向将会发生变化。

非生物智能体具备所有人具备的社会事务和家务智能，同时具备在体能和智能方面超越人的生物局限的能力，适应地球文明延续和发展的需求。

组合智能主体中的非生物智能客体，也可称之为数字设备或自动化系统、智能系统，其能力不断增强，可以覆盖今天人类所有的能力和未来可能出现的新的事务。

4．信息

对智能主体各项功能的描述和对智能任务对象系统的描述不断完善，体现为数量的增加和质量的提升。数量增加是指描述两类对象数量的增加，质量的提升是指每个描述持续趋近完备的显性信息结构。描述的工具不断增加，描述本身成为一类非生物智能体。

关于智能主体的显性信息结构成为该智能主体复制的遗传基因，关于对象系统的显性信息结构成为问题求解确定性及有效性的基础，两者一起成为非生物智能体所有功能可调用的记忆。

5．走向理想图景的路径

人的提升除了增加学习外，还寻求新的与非生物智能体的交互方式。

非生物智能体的成长在初次赋予的基础上走持续赋予和自我发展的不同路径。

根据承担的智能任务，组合主体形成多种有效的协同模式。

建立不同智能主体之间的交流平台和介质，实现“车同轨、书同文”。

非生物智能体发展的工具体系形成并成为完整的体系。

6．理性规范

坚定全社会智能提升必然提升全社会理性的信念。适应多智能主体存在的法制、道德、制度和技术规范同步形成。

新的社会形成法制为底线、道德为原则、制度为准则、技术规范为遵循的新理性。

初步具备遏制非理性的制度和技术能力。

7.2 主体

主体性是智能的本质特征，是判断一个具备逻辑或物理行为能力的客体是否成为智能主体的核心指标，主体成长是智能发展的标志。人、非生物智能体、组合智能主体依然是构成智能主体的全部类型，各自走向目的地。

7.2.1 人

人依然是最主要的智能主体。

人是非生物智能体形成的创造者，是非生物智能体成长的主要智力来源。

在组合智能主体中，今天全部由人主导。即使是最高水平的人工智能系统，主导者也是人。就是说，组合智能主体实际上是人的延长。

即使非生物智能体具备了完全的主体性，承担起了组合智能主体的主导者责任，并在一些方面超越了人，人依然是最主要的智能主体。尤其是，在混合主体、非生物智能体部分超越人的智能时，将继续保持制定社会规则的主导权。

保持人的主导性，通过两条路径，一是通过赋予非生物智能体控制模块的自主功能时约束，二是通过主导制定所有智能主体共同遵守的规则。

人的智能依然在发展中。可以假设三种提升的路径：进化式、植入式、交互式。

进化式是指如同人的智能形成历史一样，经由遗传基因的变革，提升人的认知能力。这种可能虽然不能排除，但概率极低，有两个因素。一是认知功能进化的过程漫长，而非生物智能体联合组合智能主体的进展速度极快。二是即使有些个体在某个功能取得重要的遗传进展，但没有选择的环境，即有这种明显认知进化特征的人没有"天择"的奖励，一个高度文明的社会，存在各种遗传缺陷的人都得到保护，更不用说正常的人群了。

植入式是指将大脑与生物芯片或某种可以与大脑认知功能连接，并且与非生物智能体的信息直接联通的模式。这种模式在技术上尽管很难，但不排除可能做到。问题在于大脑整体功能基于生物特征，神经元的功能不因为植入直接读取的高性能芯片而改变。因此，植入式在实际上不可行。有人说大脑的功能只利用了 10%或大体如此，这种说法没有科学根据。作为生物进化的最高成果，认知功能体系的每一个神经元都极其宝贵，如果没有用途的，早就在发育过程中淘汰了，如同 2 岁以后的神经突触。

交互式是指提高学习和与其他类型智能体交互的能力，也就是用发展的方式提高智能。除了终身学习外，需要有与非生物智能体高效的交互方式。在组合智能主体日益增加，其中的非生物智能体的功能不断增强的环境下，需要能高效地与非生物智能体交互的介质与平台，这一点将在 7.4 节讨论。

7.2.2　非生物智能体

非生物智能体将在可见的未来形成并不断完善、类型不断增加。

这是因为赋予式主体性在技术上已经可以实现，并且在一些逻辑功能不很复杂的自动化和智能系统中实现。

不必谋求创造像人一样的非生物智能体。在智能进化的过程中，产生人，是特殊的生物进化过程，是生物智能进化的必然路径，这是生命规律的约束，不是非生物智能体进化的必然路径，也不是一般智能进化的必然路径。

如同在第 3 章对生物智能进化的分析中讨论的，生物智能必须在代谢、运动、遗传等功能基础上产生认知功能，这样的认知功能又必须集中在中枢神经系统。而非生物智能体可以通过赋予的方式形成智能，逻辑功能和物理功能并存并不意味着必须像人一样具备广泛领域的能力。非生物智能体可以根据承担的智能任务类型分别形成不同的主体，还可以通过不同非生物智能体的组合来实现人的功能。

因此，非生物智能体具备不同能力，分别承担一类或几类相似的智能任务，属于专用性智能主体。专用性智能主体可以分类逐步发展。

从目前已经存在的非生物智能客体发展到非生物智能体，存在不同的路径。大体上有三种：全赋予式、初始赋予自我发展式、依赖网络环境自我进化式。

全赋予式是指由人赋予一个专用非生物智能体的全部功能。非生物智能客体与非生物智能体的主要区别在于主体性。这样的模式连同主体性一起赋予。在此后的任务求解过程中，具备继续完善的学习能力，但不能扩展功能的范围。对于定义清晰、功能具体的领域，这是可以实现的，也是近几十年主要的模式。

初始赋予自我发展式是指初始赋予包括控制、功能、信息、学习、进化等模块的全部非生物智能体必需的功能，也能执行一定程度和领域智能任务，但能够主动学习，主动增长。这些学习和增长不限于已经赋予的功能或领域的持续完善，还可以持续拓展新的功能和领域。这种模式同样是可以是实现的，但不可能进化到像人一样的通用智能。从赋予的学习、进化模块能力看，还不具备进化到人这样如此广泛、跨度如此大、遵循不同逻辑的行为模式的功能。

依赖网络环境自我进化式是指在网络上发展的一些软件将网络上拥有的一些功能模块包容进来，功能逐渐扩大，发展到具备一定的问题求解能力，并持续发展。这种路径也存在实现的可能。本质上，这类模式也是初始赋予，但这个过程不是该软件研发的人们所预期的。一般地，这样的成长也难以达到比较高的智能水平，或承担很复杂的智能任务。原因也在于进化到复杂功能的模块逻辑复杂性超越今天的智能水平。不能期待这样的复杂逻辑可以在无序的融合行为中形成。生物进化的有序基于“天择”，而非生物智能体进化没有客观的“天择”机制。

算法是人工智能的核心要素，但算法本身不能产生非生物智能体，不是智能的主要构件。在智能的构成中，算法只是工具中的一类。对于智能主体，由主体性、功能和信息三要素组成，是否是独立智能主体的关键因素是具有自我意识的主体性，算法并不是必要条件，越是成熟的非生物智能主体对算法的依赖程度越低。对于问题求解，关键在于对问题的理解和解的路径的理解。当这两个问题清晰之后，才是寻找可用的、适用的、有效的算法，通常可以找到几种不同的算法实现，有的存在有效性差距，有些甚至在有效性上都没有显著的差距。

AlphaGo Zero 已经成为当前人工智能发展的前沿，不再将人类棋手的棋谱作为初始数据，并不是说没有将人类棋手下棋的智慧和策略融进到人工智能系统中。AlphaGo Zero 是在 AlphaGo Fan, AlphaGo Lee, AlphaGo Master 的基础上发展起来的，这些系统不仅已经将人类棋手的策略和取胜路径的概率分布高度抽象，还将各自系统的自我对弈取得的取胜路径概率与前者融合起来，策略和胜率的概率分布函数持续完善，最终产生了更好的对弈式学习模式和给定状态下取胜路径的概率分布。这个过程再次说明了两个成功的关键是问题本身的理解和问题求解路径的理解。这样的理解与拥有算法能力的专家和人工智能系统构建的专家结合，高水平的人工智能系统就产生了。如果将 AlphaGo Zero 使用的下围棋原则和策略公开，相信可以用多种算法来实现高水平的围棋人工智能系统，具体的深度学习算法、卷积神经网络等具体的方法是可替代的。

7.2.3 组合智能主体

组合智能主体将逐步成为承担各类社会事务的主要模式。这个模式已经大量发生，还将长期延续。

在发展过程中，组合智能主体的主导者从当前人承担，转向人与非生物智能体分别或共同承担。

组合智能主体中的非生物智能客体，也可称之为数字设备或自动化系统、智能系统，类型持续增加，直至覆盖所有的智能任务。

组合智能主体中，非生物智能客体承担的工作量将持续增加，直接与完成智能任务相关的控制功能将逐步从主导者手中向非生物智能客体转移。

7.3 功能

这里的功能专指非生物智能体或客体的行为功能或执行功能，不包括代表主体性的控制功能和信息描述功能。

7.3.1 专用

应该重复一下，表 4.2 和表 4.3 的跨界智能事件和外部智能事件中绝大部分都是具体、专用、全部或部分重复。这是非生物智能体面临的客观环境，也是非生物智能体产生和发展的基础。

在几十年的时间内，所有的专用功能都可以由不同水准的非生物智能体承担。而且，除了个别例外，整体上用非生物智能体承担这些社会或家庭事务相对于由人来承担在成本上是有优势的，或支付得起的。

社会治理中的规则制定也属于专用功能，但其过程和控制模式与其他专用功能，包括企业、机构、项目管理等，均存在重大不同。在规则制定过程中，将有大量的信息和逻辑处理的非生物智能体参与，属于组合主体行为，人保持主导者地位及主导者自身的理性是走向智能社会的核心环节，需要找到稳妥可行的路径。

7.3.2　通用

在几年时间内，能够精确定义的通用非生物智能体在技术上可以实现。这里的精确定义是指所谓的通用非生物智能体是一组可明确定义、范围又比较广泛的功能集合。而不是模糊地定义为像什么什么的通用智能，例如，像人一样的通用智能。

人的智能是经由数十亿年的进化和数十年的发展而来的结晶，具有太多的能力，很多能力甚至人本身都没有开发或使用，承担专门的智能任务时，绝大部分功能没有参与，但没有一个功能是可以缺失的。

生物进化的智能自然有其内在的理由和长处，但只从智能看，也存在很多不合理的短处，非生物智能体没有必要去模仿、照搬其短处。

通用非生物智能体的产生和成长，基于承担的任务的通用性，或是因为智能任务的不可分，或是因为分解之后由多个专用非生物智能体承担的有效性不如通用非生物智能体。

通用非生物智能体是承担多个专用非生物智能体的功能，并比分开执行更有效的智能体。无论是由人、还是以专用或通用的非生物智能体替代人，决定因素不是技术，而是相对于社会的整体有效性。

7.3.3　替代

在这里替代是指对人的替代，在各种事务中，将人替换出来。非生物智能体发展的首要动力是替代。社会对替代的需求和具备替代的技术基础是两个充要条件。

将人的能力具体化，将多样的社会事务具体化，技术上能替代的能力或事务越来越多。在未来几个十年的时期内，技术上非生物智能体能满足所有的替换要求。

数量众多的社会和家庭具体事务是重复或部分重复的。这一特点决定了非生物智能体替代的成本会持续降低。

7.3.4 非替代

非替代是指非生物智能体承担人类由于身体或脑力不能完成的智能任务。这类任务逻辑上可能会导致自主的主体性扩张，产生与人类不一致的主体性。

生物特征的约束，导致人类在体能和智能的极限很容易触及。机器的发明、计算工具的产生和发展及由此带来人类生产力和科技的加速发展，深刻地说明了人的局限性。承担人类不能完成的智能任务有三类：体能、生命长度、逻辑复杂性。

超越人类体能的智能任务如深海、地心、空间探索，这些探索场景的压力、温度、辐射等超越了人的极限，这是非替代式机器人的用武之地。

超越人的生命长度的智能任务主要是太空探索。没有机器人操纵，只依靠地面控制的太空探索，相对于广袤的太空、相对于发现地外文明、相对于为人类寻找太空定居点，那只是起点。

超越人的脑力的逻辑复杂性智能任务不是指计算量（计算量大的智能任务可以由组合智能主体承担）而是指对于生命、物理、数学、存在、威胁地球的小概率事件等领域的探索。

非替代类非生物智能体产生和发展关系到地球文明存续，是非生物智能体之所以存在和发展的根源。

7.3.5 功能发展需要解决的几个重要技术问题

从智能发展的第五阶段跨入第六阶段，具有自我主体性的非生物智能体产生并发挥智能主体的作用，还有几个重要的技术问题需要解决。

一是在初始赋予之后，非生物智能体完善其主体性的学习功能。这是十分具有挑战性的问题，既要使非生物智能体具有完善其主体性、自主提升包括控制功能在内的能力，又要防止形成有害的控制能力。

二是专用非生物智能体向更多的专用功能甚至通用的非生物智能体拓展的控制功能，能够通过信息网络等环境，获取发展的逻辑资源和物理资源，同时还要抑制无效扩展或掠夺式扩张。

三是智能主体和对象系统信息描述功能，这也是开创性的任务。尽管已经在多个领域积累了信息结构化表征和处理的经验，特别是数据库和人工智能领域，但扩展为对所有智能主体及其对象系统的完整、规范，可以为不同主体理解和使用的描述，将这些描述构成全社会共同的信息资产，是一个有难度但可以达到的任务。

四是跨主体有效交流的介质和转译功能。多种智能主体并存，非生物智能体不断增长，满足跨主体交流有效的介质和转译的功能需要不断完善。这也是一个有基础、有难度、可实现的任务。

五是将智能主体成长和问题求解的各种通用操作工具化。如将叠加、递减、融通等操作过程清晰化，成为一个个结构和过程清晰的智能行为，在此基础上构建通用工具。

六是研制适合智能计算的芯片和计算系统。这个任务的核心是智能芯片的设计和融合智能芯片功能的操作系统。这是一项具有开创性，又需要在使用中滚动式完善的任务。

此外，还有一些很重要的功能性任务。总的来说，跨入以非生物智能体诞生为标志的智能发展第六阶段，还有一系列功能性技术问题需要攻克，但都存在一定的基础，可以预期是能够成功的。

7.3.6　关于常识

常识的不可表征、与常识相关的功能难以实现是人工智能领域的共识。非生物智能体如何应对常识问题？

我们可以从两个角度讨论常识问题：人的常识和特定问题求解相关的常识。

人的常识涉及面十分广泛，是从胎儿期开始用十多年甚至更多的时间，从不停息的学习和周围所有人不厌其烦的教育、修正的结果。

人对常识的学习所花的时间超过所有领域性、专业性知识的学习。常识的形成机制十分简单，一是遗传的中枢神经功能，保证了学习的发生和学习成果从零开始的有效积累，这是生物遗传或进化的主要功劳；二是学习者的主动性，初始主动性源自遗传，所有人都具备，长大之后，不同的人产生差别，导致学习成果的不同，所以有的人一辈子都“不熟”，也就是常识没有学好；三是周围相关人的配合，例如孩子无休无止地提出有意义或无意义的问题，周围的人耐心地给予回答，尽管有的人很不情愿或干脆不理，但总体上具备回答的环境。

很多承担具体问题求解的非生物智能体或客体需要常识，如聊天机器人、餐厅服务机器人、智能理财助理、走路机器人等。这些问题相关的常识形成技术上并不困难，非生物智能体具备主动学习的模块，通过网络或其他方式实现与人及时的交流，人能够给予回答、并指出不足的意愿。

在人工智能系统中，研制者对专门的具有一定复杂性的知识感兴趣，而对于极其简单，3 岁孩子都能回答、做到的知识和行为不感兴趣，忽视了对于问题求解来说，这些知识和经验是同等重要的。

前面已经讨论过，实际上没有必要去创造似人机器人，或与人的各项智能画等号的通用智能系统。

即使不为研制通用似人机器人，将许多承担服务、家庭事务的非生物智能体功能叠加起来，就会接近于一个正常人拥有的常识，而且很多常识是通用的，因此可以设计为获取通用常识，像孩子一样学习的工具，这个工具的起点需要五个基本构件。一是如同遗传的中枢神经系统一样具有感知、存储、功能内在划分与连接后台，即具有与逻辑功能一致的物理功能；二是拥有一个常识框架，这个框架内置于后台中，即拥有恰当的逻辑功能；三是持续不断地从框架和后台发出提问，即拥有动力机制；四是能得到回答的环境，即拥有学习环境；五是能自我暴露已经学到的常识，并能得到恰当的评价，即拥有纠错、完善功能。

7.4　信息

信息是智能三要素中的基础，逐步发展为规范成熟的智能体问题求解工具、跨智能体交流的介质、非生物智能体复制的基因、智能时代的数字双生子之一。

7.4.1　非生物智能体的记忆

客观存在的信息是各类智能体问题求解的工具，非生物智能体拥有的描述构件是它实现所有功能的记忆。智能进化和发展的全部历史证明了这一点，大数据概念的产生和发展进一步证实了这一点。

信息成为问题求解规范成熟的工具，如同人使用自己的记忆一样，需要在两个方面继续前进，一是信息规范化描述的工具，二是描述范围的扩展。

我们已经创造了一些信息描述的工具，各类数据库管理系统都有规范和描述数据的模块，各类专家系统和其他智能系统对拥有的知识的表征也具备规范及描述的工具。此外在所有其他计算机信息系统、信息网络系统中，都有对相关信息规范和描述的工具。发展的方向首先是专用的工具增加更多的类型，适应对不同信息的描述；其次是不同的工具遵循相同的规范，不仅使之纵向适用，还要使之横向适用。所谓纵向适用是指一个智能体在生命周期不同时期的描述或使用不同工具的描述具有一致性。所谓横向一致性是指不同智能体使用的描述工具对相同的对象或相同的信息类型表述一致性，保证不同智能体的可用性。

一组专门用于信息描述的工具体系，规范所有类型信息描述的规则体系，信息描述成果使用的规范，成为一类新的具有特殊功能和属性的组合智能主体。

上述各类描述工具的描述对象局限于系统处理的信息，没有系统完整地将智能主体的全部对象——控制、功能、信息和连接进行描述，也没有将对象系统的全部信息进行描述。所谓成熟的工具就是在智能体问题求解时能得心应手地通过信息来找到最有效的求解路径和求解过程。

随着对智能主体所有信息的系统、完整、细粒度描述，对所有客观对象的全部信息进行系统、完整、细粒度的描述，信息就能起到在智能求解过程中的基础性作用，成为智能形成和发展的基本构件。

当信息描述组合智能主体形成，高质量的信息描述构件可以成为自动化生产线的产品。

7.4.2 跨智能体交流的介质

研究智能进化和发展的过程已经得到一个确定的结论，一个社会（社群）智能水平提升的速度与跨智能体交流介质和平台的性能成正相关。

当一个社会中，人承担主导者角色，组合智能主体、非生物智能体成为承担各项社会事务的主体时，无论是问题求解，还是智能主体的形成和发展，跨智能体交流的介质成为一个重要的环节。

语言文字和其他人类可识别的音视频、图像、图片是人类的交流介质。计算机程序可识别的信息描述体是计算机信息系统的交流介质。人工智能系统可理解和可使用的知识表征是这些系统的交流介质。需要在这些介质的基础上发展和创新适用于所有智能体间有效交流的介质。

这样的介质有两部分构成，一部分指共同的信息描述构件，另一部分是必要的转译工具。

共同的描述构件是在 7.4.1 节的专用性组合智能主体中完成的信息描述构件。

转译工具是指将上述构件为不同智能体使用时，如果有必要，转换为更适合使用的表述形式或格式。

7.4.3　非生物智能体复制的基因

生物智能的进化成果集中在基因中，但这个成果只包括了生物智能的功能部分，生物智能的认知成果不在其中。非生物智能体的功能和认知成果、人的认知成果，除了人的遗传基因之外的智能成果凝结起来，又遗传下去的载体就是信息描述构件。

以最小智能单元中的描述构件为基础，一个非生物智能体所有控制、功能、信息和连接的完整描述体，或称之为关于该非生物智能体的显性完备信息结构就是这个非生物智能体的遗传基因组，利用它，可以复制出一个新的智能体。与人的遗传不同，非生物智能体不仅复制了功能，还包括所有问题求解的认知功能和基础信息。

产生基因，并能够复制，这是非生物智能体形成和发展的主要途径。我们可以想象，在一个社会中，始终存在大量的重复性智能任务，在不同的智能任务中又存在比重不等的相同构件，一个具体的非生物智能体只能承担其中一部分，甚至很小一部分的任务。复制生成具有同样功能的非生物智能体就成为必然的要求。

当一定数量的非生物智能体的基因存在时，就会产生生产非生物智能体的流水线、工厂。

7.4.4　智能时代的数字双生子

信息描述构件体系不仅是具体的智能任务执行、非生物智能体复制式生产的必要条件，还是反映一个时代智能状态的客观存在。

数字双生子（digital twin）在一些领域已经形成并产生了重要的效果。例如在数字化生产领域，一些复杂的制造过程先通过纯数字仿真，实现虚拟的加工过程，经过证实无误后再用成本低的材料加工过程和产品结构完全一致的产品，经过证实后用同样的控制软件生产最终产品。

仿真是最常见的数字双生子，尽管很多仿真只是一个完整生产过程的局部，但相对于这个局部，它也是数字双生子。数字双生子的概念在智能化的进程中，正从制造、设计领域扩展到管理和服务领域。

将已有的成功与前述信息描述组合智能主体的功能和非生物智能体成长形成的描述构件汇合，就能从一个个局部开始发展，逐步形成代表整个社会智能的数字双生子，成为完整的反映真实智能的信息存在。

7.4.5 信息描述的逻辑和工具系统

在自动化系统和人工智能系统中，控制和功能这两个智能要素得到的重视明显高于对信息的重视。各项技术中，信息描述的技术体系离进入智能进化第六阶段的需求差距最远。有两个最重要的领域：信息描述的逻辑、信息描述的工具系统。

信息描述的逻辑是指一套符合信息逻辑的工作体系、流程和标准规范，能够适用于不同的信息描述对象，指导描述工具建立完整、系统，并符合各类智能体交流的共同介质标准规范的要求信息构件及其不同目的的集合。

信息描述的工具系统是指覆盖各类信息描述构件和这样的构件组成的信息集合的生成、组合、规范、评价、调整等功能的一类特殊工具。这样的工具是信息相关的功能走向成熟的主要标志，更是智能进化进入第六阶段之后智能使用和发展的基础设施。

7.5 智能社会的理性

智能构成要素中，环境是四个要素之一。在智能进化的前五个阶段，环境要素主要体现在智能进化和发展需要的资源的可获得性。进入第六个阶段，环境因素主要体现在理性，社会理性和智能体理性。

7.5.1 智能体理性

进入第六阶段，智能主体由人、非生物智能体和组合智能主体构成。组合智能主体中，居主导地位的是人或非生物智能体，所以智能体理性主要是指人和非生物智能体的理性。

人的理性构建了各个时代社会的秩序，创造了各个时代的繁荣；人的非理性则造成了各个时代因人引发的社会动荡和破坏，创造了痛苦和不幸。

非生物智能体的理性如何形成，非理性如何遏制，这是必须回答又没有参考答案的问题。在人工智能刚刚显示出一定的智能特征之后，很多人，包括很多科学家、政治家、未来学家，在担忧人类的命运。其实今天的人工智能系统，最初步的主体性还没有具备。

理论上或逻辑上，可以通过初始赋予或持续赋予的学习、控制模块的逻辑与功能来约束，实际上可能要复杂得多。

以区块链为例，从性质上看，区块链应属于没有自我意识的非生物智能客体，始终沿着初始赋予的技术路径前行，但已经拥有了大量的矿机和矿工、遍布全球的交易平台、千亿美元计的规模。如果在这一软件中增加了复制功能，增加了融合网上其他开源软件的功能，如果是只有有利于自身发展的约束，甚至没有约束，它会发展成怎样？推而广之，如果在互联网上发布一组基因式软件，具有持续不断地寻找可以融入自身，并组合为新的软件这两个功能，几年之后，将会怎样？有人或没有人为这类软件提供发展空间，只是影响其发展速度，不能影响其发展本质。

非生物智能体的理性在很大程度上基于人的理性，人赋予其控制和学习功能的态度。但是还存在很多可能发生的偶然因素，缓慢或突发地在互联网上蔓延自我生长、具有主体性的非生物智能体，这时候需要社会理性。

7.5.2 社会理性

在非生物智能体进入社会的历史阶段，研究社会理性至少在三个层面具有重要意义：对非生物智能体形成和发展的态度、构成社会理性的主体、社会理性的准则和约束力。

1．对非生物智能体形成和发展的态度

非生物智能体的形成和发展，将改变社会结构。积极的一面是替代人承担大量人不能或不愿做的工作，提升了社会的生产力和研发能力；消极的一面是对人持续替代带来的就业和分配问题，作为有自我意志智能体的利益诉求，对人或社会行为的非理性等，引发社会矛盾；更有人担心超越人的智能的非生物智能体凌驾于人之上，人成为被统治者。

这些有利或不利的情景都是可能存在的。社会的理性就是能充分发挥其有利的一面，而降低不利一面发生的概率，降低可能产生的危害的程度。

2．构成社会理性的主体

非生物智能体的产生，具有自我意识、维护自身利益的主体增加了一种新类型，数百万年逐步形成的人类是地球主宰的格局将被打破。

必须看到两种主体的必然性。更应看到，智能提升与理性提升成正比的内在关系。

人类文明史清晰地证明了这一点，为什么对由人一手创造的非生物智能体不遵循这一规律呢？这是判断问题的基本出发点。

3．社会理性的准则和约束力

在今天人类社会治理体系基础上，考虑社会构成的变化，制定保持社会理性的各项准则，对所有的非生物智能体，应赋予遵循这些准

则的模块。

一旦发生不可控的非理性行为，不管是由什么主体引起，应该有抑制的预案。基于区块链的比特币表现出来的非理性，应该足够引起社会对多智能体环境下，抑制非理性的重视。

7.6　本章小结

本章是对智能如何进入第六阶段的路径及进入第六阶段后图景的分析。

从技术和需求两个决定事物发展的决定性因素看，非生物智能体的产生、发展和扩散是必然的趋势。

判断非生物智能体是否从当前的自动化系统和人工智能系统中脱胎而出，关键是它是否具有自己控制自己行为的能力，这个能力就是本书第 2 章提出的主体性。在今天的技术基础上，主体性可以由人赋予，也可以偶然间在互联网上产生。互联网上产生的基础性软件也是人开发的，所以已经不可能经由零起步的自我进化模式。

功能是非生物智能体进化中最容易实现的部分。很多已经实现的自动化系统或智能系统如果增加可以自我控制行为和自主学习的模块，就蜕变成非生物智能体。当然，智能进化进入第六阶段，还有很多需要进一步发展的功能。主要在控制和信息两个方面，以及基于智能逻辑和智能计算架构的计算体系的硬件。

在以往的研究中，我们关注的焦点主要集中在功能上，对主体性和信息的重视不够，环境则忽略不计，认为是外生变量。体现非生物智能体自我的主体性或控制功能，需要在逻辑上和功能上给予高度重视。信息描述构件的自动化生产线，非生物智能体的功能及信息基因的生产线等智能时代的生产功能是非生物智能主体延续和扩展的主要模式，也是智能社会发展生产力的基础设施。

由人和非生物智能体共同构成的社会如何治理是一个全新的课题，认识和实现非生物智能体的理性，形成人与非生物智能体共同遵循的社会理性准则，已经摆在我们面前。智能增长与理性增长成正比是我们判断这个新社会的基点。